行 銷 學 (下冊)

著者
Charles W. Lamb,
Joseph F. Hair,
Carl McDaniel

譯者
郭建中

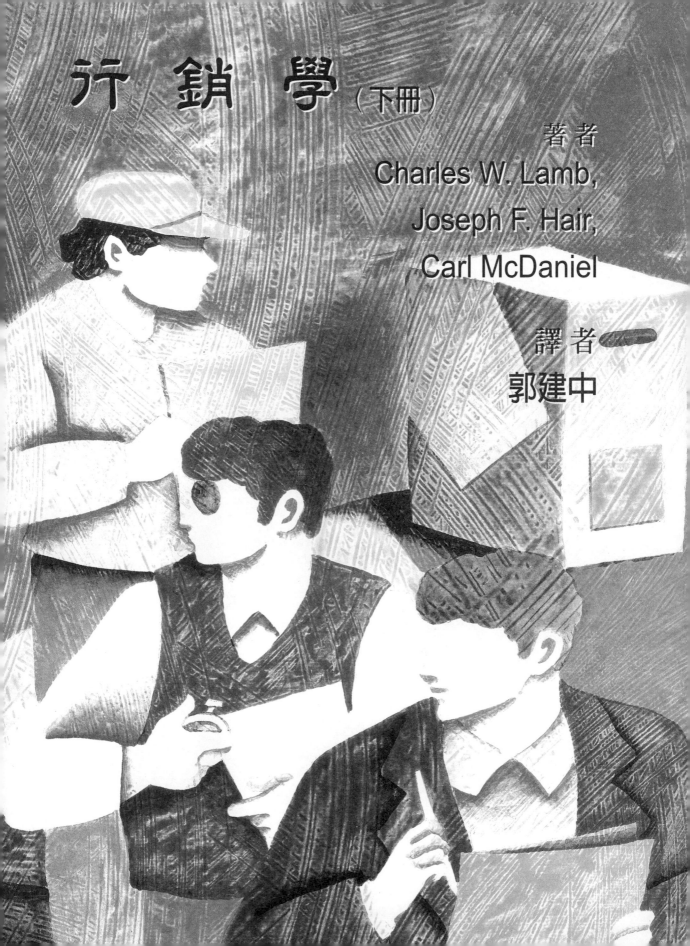

目　錄

第四篇

配銷決策

學習目標

在讀完本章之後，各位應當能夠做到下列各項：

1. 解釋什麼是行銷通路以及為什麼需要中間商。

2. 描述行銷通路中的成員，他們的功能和活動內容為何。

3. 討論消費商品和企業商品這兩種行銷通路的差異。

4. 描述可供選擇的各種通路安排。

5. 討論會影響通路策略的各種議題。

6. 討論全球市場中的通路架構和決策。

7. 討論實體配銷的重要性。

8. 討論將實體配銷服務和成本加以平衡的概念。

9. 描述實體配銷系統下的子系統。

10. 討論在服務業中和實體配銷有關的特定問題點和機會點。

11. 討論實體配銷中的新技術和正竄起的新趨勢。

第14章

通路與實體配銷

　　想要吸引當今大學生的注意，可不是一件容易的事。只要問問一些大型製造廠商，如家樂氏和凱文克萊（Calvin Klein）等，它們是如何嘗試想將自己的商品和服務介紹到全美各大學院校去的經驗就知道了。這些廠商都發現到，大學生對行銷活動的接受度並不高。事實上，多數的大學生對行銷活動普遍採取不信任的態度。除此之外，多數的大學生對廣告都很小心警戒，完全不欣賞強力推銷式的廣告手法。

　　為了挽回大學生的注意力，並克服他們對行銷活動的意興闌珊，製造商紛紛與各行銷組織締約合作，因為後者專攻的就是大學生的市場，這類組織包括了市場來源公司（MarketSource）、大學行銷公司（Collegiate Marketing Co.）和美國大學行銷公司（American Collegiate Marketing Co.）等，它們提供的服務有校園報章雜誌（例如 U 和 Link）的配銷運作；音樂會和電影欣賞等這類校際活動的主辦籌備；發送傳單和海報，以利商品的當地促銷活動以及贈送商品樣本等。

　　這些術有專精的行銷組織在面對大學生市場時，無可避免地也經歷到了一些困難。某些有瑕疵的配銷運作，使得他們在贈送免費樣本或進行校園的商品和服務促銷活動時，往往只能得到事倍功半的效果。類似像免費樣本的配銷問題有很多，其中包括了把樣本放置在學生不常到訪的區域，例如人群不多的書店；要求學生出示身分證明，並簽下姓名才能領取樣本；以及將樣本流失到一些不相干的訪客手中，例如高中生或其他非大學院校的學生等。除此之外，在發送樣本時，每一個人所拿到的樣本數也缺乏有效的控制。此外，就其它促銷活動來說，例如報章雜誌上所刊登的廣告，它們出現的時機往往不對，總在活動過後才刊出來，而且海報也沒有被張貼好。

　　為了克服這些問題，類似像行銷來源公司這樣的組織，無不想盡辦法以最少的資源浪費為原則，來進行在大學市場中的商品或服務配銷。首先，它們儘量不採用直接郵寄或是大量配銷的手法，因為這一大堆郵件可能永遠離不開那個被運送的大箱子，即使這些郵件從大箱子裏拿了出來，也可能不會被放進個別的個人信箱中，事實上，它常常是一疊疊地堆放在某個角落，供路過的人順手拿取。第二，書店裏必須進行監控，以確保發送樣本和促銷材料的時間性和效益性。這些透過書店所發送的樣本和傳單都必須進行編碼，以利追蹤瞭解該書店是否遵照適當的發送過程來運作。另外，就海報而言，公司會雇請在校學生的協助來進行發送張貼，這些學生雇員在經過全盤的過濾篩選之後，聘以合理的酬庸請他們在校園裡發送或張貼海報和傳單。爲了要監控這些學生雇員，公司方面還會提供拍立得相機，要求學生將工作成果拍攝下來，一旦照片沖洗出來，就可領取該有的工資。以上所有的改變，即便不能達成完全消除的目的，也是可以降低從商品製造商到最終接收者（大學生），這一條通路上的資源浪費程度[1]。

你還能提出哪些建議來改善樣本和促銷商品的發送呢？是接觸這些大學生最有效的方法是什麼？相同的問題會在本章針對行銷通路和實體配銷的討論中加以詳細地說明。

行銷來源公司（MarketSource Corporation）

行銷來源公司是如何定位這個大學市場的？它提供了哪些廣告媒體來觸及大學生這個族群？

http://www.marketsource.com/

1 解釋什麼是行銷通路以及爲什麼需要中間商

行銷通路和實體配銷

行銷通路

又稱配銷通路，由相互依賴的各種組織所建構起來的一種商業架構，這個架構起於商品的原始製造點，迄於最終的消費使用者爲止。

通路（channel）這個專有名詞係取自於拉丁文canalis，也就是水道運河的意思。行銷通路可以被視作爲一種大型的水道或管線，而商品、所有權、傳播溝通、財源所得和支出、以及伴隨而來的各種風險等都在這條管線水道上流經通過，最後傳送給消費使用者。正式的說法，**行銷通路**（marketing channel，也稱之爲**配銷通路**，channel of distribution），是指源於相互依賴的各種組織所建構起來的一種商業架構，這個架構起於商品的原始製造點，迄於最終的消費使用者爲止。所有的商品經由實體配銷的運作在各個行銷通路中不斷流動著。實體配銷具備了五項明顯的個別分支系統：倉儲、物料處理和包裝、存貨控制、訂單處理以及運輸等。稍後，我們會在本章內文中將這些分支系統以及實體配銷中的未來趨勢等，做一詳細的說明。而本章在一開始，就要先討論行銷通路所能滿足的三項重要需求：提供勞力上的專業分工；克服差距問題以及提供接觸上的效率性等。

提供勞力上的專業分工

　　根據勞力的專業分工概念，將複雜的任務細分成幾個簡單的小任務，然後再分配到各個術有專精的人員手上，如此一來，就能創造出較大的效益性和較低的平均生產成本。製造廠商利用可大量生產單一商品的有效設備，來達成規模經濟的目標。

　　行銷通路也可以透過勞力上的專業分工來達成規模經濟的目標，這種作法就是協助那些缺乏推動力、財源、或專業知識的生產製造商，將商品直接賣給最終使用者或消費者。在某些個案裏，例如像軟性飲料等這類消費便利品，若是由廠商直接將商品賣給數百萬名的消費者（也就是接受個別訂單和進行個別的運送），所付出的成本將會十分驚人。也因為這個理由，製造商雇用了通路成員來做廠商本身所無法做到的事，或者是雇用通路成員來做它們所擅長處理的事。通路成員在某些方面，比起製造廠商來說，要來得有效率多了，因為它們和顧客們老早就建立起良好的關係。因此，它們的專業更能增進通路上的整體表現。

克服差距

　　行銷通路也有助於克服因生產上的規模經濟所衍生出來的數量、配置、時間、和空間等差距問題。舉例來說，假設貝氏堡每天平均生產五千份的饑餓傑克牌速食鬆餅（Hungry Jack instant pancake mix），但即使是最會吃的鬆餅迷，一年內也吃不了這麼多的鬆餅，更別提是一天之內了。這種為了要達成低單位成本目標而生產出來的大規模數量，就會造成**數量差距**（discrepancy of quantity）的問題，也就是指商品的製造量和最終使用者所想要購買的份量，這兩者之間的出入差距。行銷通路可藉著商品的儲存和適當數量的配銷來克服這種數量上的差距，使得消費者可以買到他們所需份量的各種商品。

　　大規模的生產製造不僅會衍生出數量差距的問題，也會產生配置差距的問題。**配置差距**（discrepancy of assortment）的發生是因為消費者無法從單一商品中獲得所有必備項目來完成真正的需求滿足。就鬆餅而言，若是要達成最大的滿意度，還需要有其它的商品才能完成配置的目標。最起碼，多數的人都需要一付刀叉、一個盤子、一些牛油和蜂蜜；有些人則可

數量差距

商品的製造量和最終使用者所想要購買的份量，這兩者之間的出入差距。

配置差距

無法從單一商品中，獲得所有必備項目，來完成真正的需求滿足。

能要加杯柳橙汁、咖啡、奶油、糖、雞蛋以及培根或香腸。即使貝氏堡是一家大型的消費商品公司，也不可能爲了饑餓傑克牌鬆餅的配置問題，而做到最大的配置效果。因此，爲了要克服這類的配置差距，行銷通路將許多必要的商品聚集在單一定點上，以完成消費者所需要的商品配置。

時間差距
商品被製造出來的時機和消費者準備要購買的時機，這兩者之間的差距出入。

　　時間差距（temporal discrepancy）之所以存在，是因爲商品雖然被製造了出來，可是消費者卻還沒有準備要購買它。而行銷通路可在預期需求的前提下，先保留存貨，以便克服這類時間差距的問題。舉例來說，製造季節性商品的廠商，例如聖誕節的裝飾品等，即使消費者的需求在非當季的時候非常的低，該公司仍然必須進行整年的生產運作。

　　此外，因爲大量的生產製造需要許多潛在性的買主，而市場又大多散佈在廣大的地理區域內，因而造成了空間性的差距。採行大量生產的製造商，它們的商品都必須有全球性或至少是全國性的市場容量來吸收。而行銷通路可將商品分配到消費者可便利取得的地點上，進而克服空間差距的問題。舉例來說，汽車製造商旗下的各個經銷自營點，它們和消費者的距離非常近，因此得以克服空間差距的問題。

提供接觸上的效率性

　　行銷通路所要滿足的第三種需求就是找出方法來克服沒有效率的接觸方式。假定超級市場、百貨公司和購物商場等全都不存在，你的額外支出成本會是如何呢？如果你必須到製酪場才能買得到牛奶；到畜牧場才能買得肉類。再想像你必須到養雞場才買得到你要的雞蛋和雞肉，而你想吃的各種水果和蔬菜，也必須到不同的農田菜園裏才買得到。結果，你爲了要買這幾項雜貨，而必須耗掉這麼多的時間、金錢和體力。而通路架構就可以減少這些所需交易的數量，把商品從製造商那裏帶到消費者處，讓所有貨品的配置集中在一個定點上，以利取得的方便，進而簡化了整個配銷過程。

　　讓我們看看另一個例子，也就是（圖示14.1）中所描述的。在你的班上有四名學生，他們每一個人都想買一台電視機，在沒有類似像線路城這樣的中間商情況下，五家電視機的製造商，梅各納凡克斯（Magnavox）、銳新（Zenith）、新力、東芝和RCA等都需要個別進行四次的接觸，才能聯絡得上在目標市場中的這四名消費者，所以總計會發生二十次的交易處

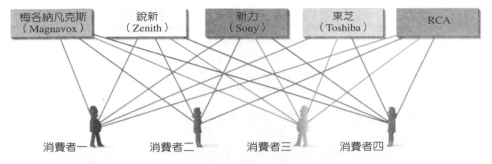

在沒有中間商的情況下：五家製造商×四名消費者=二十次的交易處理

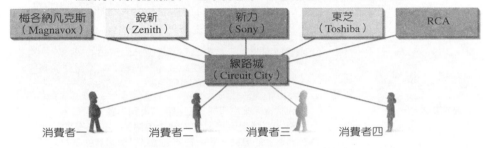

在具備了中間商的情況下：五家製造商+四名消費者=九次交易處理

理。但是，如果每一家製造商只需和中間商角色的線路城接觸一次，交易
處理的數量就降低爲九次而已，因爲每一家製造商不用再和四名消費者進
行個別的接觸，只要把商品賣給一家零售商就可以了；同樣地，你的同學
也只要從一家零售商那裏選購商品，而不必去每家製造商走一趟了。

　　這個簡單的例子完整描繪了接觸效率上的概念。美國的製造商所針對
銷售的目標市場往往是數以百萬計的個人和家庭，在通路上使用中間商的
情況下，就可大量降低所需接觸的數量，進而讓製造商能夠更有成本效益
地提供商品給全世界的消費者。

通路的功能

　　在行銷通路上的中間商往往有幾個基本的功能，可以讓貨品在製造商
和消費者之間的流通更形順暢。（圖示14.2）所摘要的就是中間商所扮演
的三種基本功能。交易處理功能是指和可能買主的接觸與溝通，讓他們知
道現存的商品，並向他們解釋這些商品的特性、優點和好處等。邏輯計算

功能類型	描述
交易處理功能	接觸和促銷：接觸可能顧客、促銷商品、訂單的促成 協調：決定需要買賣多少量的貨品或服務、使用什麼形式的運輸工具、何時送達、付款的時間和方法等 風險承擔：假設存貨預備的風險
邏輯計算功能	實體性的配銷：運送和儲存貨品以便克服暫時性和空間上的差距 分類：以下列幾種方法克服數量和配置上的差距 ●分類：將異質性的供應品細分成個別的同質性存貨 ●累積：將相似的存貨結合在一起，成為更大型的同質性供應品 ●分配：將異質性的供應品分成幾個少量的份量 ●分門別類：整合各種商品形成分門別類的組合，使得購買者可以在單一定點上就買得到他們所想要的各種東西。
助益性功能	研究調查：集合有關其它通路成員和消費者的資訊 財務：擴張信用和其它財務上的服務，以便有助於貨品在通路上的流動，使它們能到達最終消費者的手上

功能則包括了分類、累積、分配以及把商品分成同質性或異質性的不同類別等。舉例來說，農產品的分級作法就是分類過程的典型代表；而將來自於不同產地的A級蛋集中在一起，正是累積過程的典型描繪；另外，超市或其它零售店會整合各種不同的商品項目來滿足消費者的需求，則是分類整理功能的展現。第三個基本功能是助益性，包括了研究調查和財務上的助益性。研究調查藉著問題的詢問來瞭解有關通路成員和消費者方面的資訊，例如：購買者是誰？他們集中在哪裏？他們購買的理由是什麼？財務上的助益性則可確保通路成員擁有足夠的資金讓商品在通路上流動，以達到最終消費者的手上。

　　一家公司可能提供一項、兩項或所有三項功能。請參考一下克拉瑪飲料公司（Kramer Beverage Company）的例子，它是庫爾斯（Coors）啤酒的經銷商。身為一家啤酒經銷商，它所提供的功能包括交易處理、邏輯計算和助益性通路等多項功能。克拉瑪公司的業務代表會聯絡當地的酒吧或餐廳，商談有關銷售的問題，也可能因為顧客的大量購買而給予價格上的優惠折扣，然後再安排交貨的事宜。在此同時，克拉瑪公司還會提供助益性功能，亦即延長顧客的信用付款。另外，克拉瑪的商務代表會協助在當地定點的啤酒促銷事宜，例如張貼懸掛庫爾斯啤酒的海報和招牌等。克拉瑪公司也提供邏輯計算的功能，它會將來自科羅拉多州哥頓市（Golden）庫爾斯啤酒廠所製造的各類型庫爾斯啤酒累積起來，儲存在冷藏倉庫裡。在接到訂單的時候，克拉瑪公司會針對個別顧客的需求，將啤酒分類成不同的組合，舉例來說，當地的智利燒烤店和酒吧（Chili's Grill & Bar）可能需要兩桶庫爾斯啤酒、三桶庫爾斯淡啤酒以及兩箱瓶裝的吉利安紅（Killian's Red）。接著這些啤酒會被放到有冷藏設備的貨車上，運送到前述的餐廳。抵達之後，克拉瑪公司的送貨人員會將這些成桶和成箱的啤酒搬進餐廳的冰箱裏，也可能為酒吧後方的冷飲器重新裝滿啤酒。

　　雖然通路中的個別成員可能有所增減，但仍然會有某些人來執行這些基本的功能，他們可能是製造商本身、最終使用者或消費者、類似像批發商和零售商這樣的通路中間商、甚至也有非成員的通路參加者。舉例來說，如果製造商決定要裁撤掉自己的貨車群，就得另外想辦法把這些貨品運送到批發商那裏。這項任務可以靠批發商自己來完成，因為它可能擁有一些貨車；也或者可以靠非成員類的通路參加者來達成，例如獨立的貨車公司等。這類的非成員也可以提供許多其它的基本功能，而這些功能一度曾是某個通路成員所該提供的，例如，研究調查公司就可能展現它的研究功能；廣告代理商則是促銷功能的最佳幫手；運輸和倉儲公司則可執行實體的配銷功能；而銀行則是財務功能的不二人選。

通路架構

3 討論消費商品和企業商品這兩種行銷通路的差異

　　就商品而言，它有許多條通路可讓自己到達消費者的手中。行銷人員會在現有幾個可資利用的替代方案上，尋找出一條最具效益性的通路管道。出售類似像口香糖或糖果這樣的便利品，一定和特殊品（例如朋馳汽車）的販售方式不同，因為這兩種商品所需要用到的配銷通路大不相同。同樣地，對主要設備供應商（例如波音飛機）來說非常適當的通路，絕對不適用在類似像布萊克和戴克（Black & Decker）這樣的輔助設備供應商的身上。為了要描繪這類消費商品和產業商品在典型行銷通路上的差異，我們在下一個部分就會針對每種商品類型的行銷通路架構進行討論。

消費商品的通路

直接通路
製造商直接將商品販售給消費者。

戴爾電腦
戴爾公司如何利用網路為電腦的銷售建立一個全新的通路管道呢？戴爾提供了什麼樣的支援性服務？
http://www.dell.com/

（圖示14.3）描繪了製造商將商品送到消費者手上的四條途徑。製造商可採行**直接通路**（direct channel），將商品直接販售給消費者。直接行銷的活動──包括了電視購物、郵購和類似像線上購物以及電視聯播網上的家中購物等電子零售形式──都是這類通路架構的最佳寫照。舉例來說，消費者可以直接從目錄上選購戴爾電腦、康柏電腦和蘋果電腦，也可以從戴爾公司的網際網址上直接購買戴爾電腦的設備，這之間完全沒有中間商。製造商自行擁有專賣店和工廠銷售點，例如雪威──威廉斯（Sherwin-Williams）、雷夫羅倫（Ralph Lauren）、奧麗達（Onida）、和西點派普利爾（West Point Pepperel）等，也都是直接通路的其它例證。農夫們所聚集的市場也是另一種直接通路。有關直接行銷和工廠銷售點等的議題，我們會在第十五章的內文中詳細地說明。

圖示14.3
消費商品的各種行銷通路

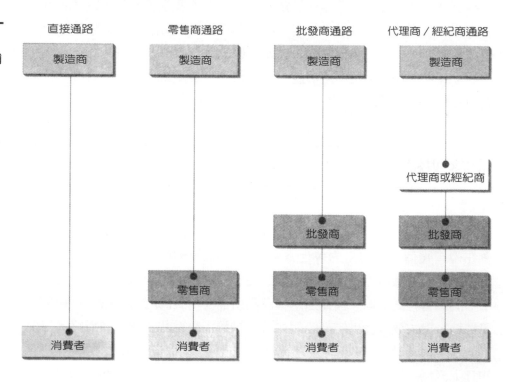

而行銷通路上的另一相反作法則是代理商／經紀商的通路方式，這種方式的其中過程相當複雜。某些市場之所以會採行代理商／經紀商的通路

作法是因為該市場中有許多小型的製造商和零售商，可是卻缺乏各種資源去找到對方。代理商或經紀商會把製造商和批發商找來一起進行協調，可是在買賣的貨物上卻不冠上它自己的頭銜。貨物的所有權直接交付給一家或多家批發商，然後再賣給零售商。最後，零售商才把商品賣給消費者。舉例來說，一名食品經紀商代表著雜貨商品的買方和賣方，這名經紀商是許多不同製造商的代表，他拿商品的銷售量和專精於食品類的批發商協談；這些批發商再把商品轉售給雜貨店和便利商店。

大多數的消費商品都是經由其它兩種配銷通路而販售出去的：（1）零售商通路和；（2）批發商通路。若是零售商的規模相當大，可以從製造商那裏採購大量的商品，則零售商通路就成了最普遍採行的方法。渥爾商場、西爾思百貨以及汽車自營商等，都是這類在其中省略過批發商運作的零售商通路作法。批發商的出現多是運用在低價且經常購買的商品身上，例如：糖果、香煙和雜誌等。舉例來說，馬斯（Mars）公司將它的糖果以大宗的方式賣給批發商，批發商再將購得的大宗數量拆成較小的單位數量，以滿足個別零售訂單的需求。

產業商品的通路

正如（圖示14.4）所描繪的，在產業市場或企業對企業的市場上，有五種一般常見的通路架構。首先，直接通路在產業市場中是很典型的一種作法。舉例來說，購買原料、主要設備、加工材料和供應品等大宗商品的製造商，都是直接從其它製造商那裏直接進貨的。需要供應商提供特殊規格的製造商，往往也比較喜歡採行直接通路的作法。舉例來說，克萊斯勒汽車和供應商之間所需要的直接溝通和它們中間極為龐大的訂單往來，使得所有的通路作法都變得不切實際，只有直接通路的作法才是最有效的。從製造商到政府買主的這條通路也算是直接通路的一種，正如第七章的內文所談到的，許多來自於政府方面的購買多是經由投標的方式才得以產生，所以，直接通路就變得非常吸引人。

公司若銷售的是低認定價值或一般認定價值的標準化商品，它們就往往會採行產業經銷商的作法。在許多方面，產業經銷商就像是為各種企業組織所準備的超級市場一樣。產業經銷商可以算是批發商和通路成員，它可以購買商品，並將自己的職稱加在這些商品上面。此外，它們也常常保

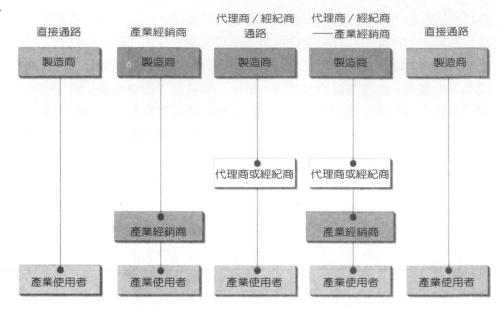

圖示14.4
產業商品的各種通路

| 直接通路 | 產業經銷商 | 代理商/經紀商通路 | 代理商/經紀商——產業經銷商 | 直接通路 |

製造商	製造商	製造商	製造商	製造商
		代理商或經紀商	代理商或經紀商	
	產業經銷商		產業經銷商	
產業使用者	產業使用者	產業使用者	產業使用者	產業使用者

市場行銷和小型企業

送到門口的小龍蝦，利用了網路之便

　　布雷德和卡特福利爾（Brad and Carter Fourrier）這兩個表兄弟，都還是路易斯安那州州立大學的在學學生，他們在1997年的九月，就寫下了自己成功的一頁。他們的新投資事業「送到門口的小龍蝦」利用了網路之便，闖出了自己的一番名號。這兩個表兄弟都曾為當地的海鮮市場工作了許多年，老早就想要擁有自己名下的事業。他們的第一個點子是開一家外燴服務公司，專門為路易斯安那州巴頓路居（Baton Rouge）附近地區提供小龍蝦饗宴。但是在完成了整個事業計畫之後，他們才發現活龍蝦和水煮龍蝦的直接送貨這門生意，利潤很高，而且在全美市場上也沒有什麼競爭對手。

　　在對自己的構想進行一番調查時，他們利用了網路上的引擎搜尋站，找尋和食品、到家快遞服務、餐廳以及其它字眼等有關的各種資訊。他們所學到的第一件事就是雖然有很多家公司都在網路上從事食品販售的生意，可是賣海鮮的卻很少，賣小龍蝦的則更少了。他們從其它網址中下載了許多資訊，使得他們得以針對取貨、裝填、包裝、送貨以及收款等發展出有效的過程辦法。

　　為了要在市場上打開他們公司的知名度，於是雇用了來自路易斯安納州州立大學管理資訊系的學生，為他們進行首頁和網址的設計和執行。他們的網址中包括了會閃閃發光的圖案和一張小龍蝦的照片，並可高速連結到其它相關的網址上。在他們的網址裏，還有商品的介紹，經驗描述、送貨方式的選擇、價格及如何進行購買等介紹文字。

　　藉著網路之便，這對表兄弟得以進行這項新投資的調查工作，瞭解其中的威脅點和機會點在哪裡。同時，在決定進行這項生意之後，他們也才能夠以獨特的購買方式塑造出屬於自己的潛在市場。

　　布雷德和卡特應該開始販售其它種類的海鮮嗎？以目錄或直接郵寄的方式，可以為他們的事業再開啓新的契機嗎？為什麼？

持一定量的商品存貨，然後進行販售並提供服務。通常小型的製造商沒有能力擁有自己的業務人手，這時，它們就需要利用到製造商的代表或銷售代理商來將商品賣給產業經銷商或使用者。舉例來說，在加州長灘（Long Beach）的阿佛列克斯公司（Alflex Corporation）就靠著全國三十四名獨立的製造商代表，將它的彈性導管（用來保護銅線或其它商品的一種東西）販售出去。這些代表在他們各自的活動區域內提供倉儲設備，然後再將這些商品運送給經銷商，後者再賣給產業界的使用者。但是，並不只有小型的製造商才能受益於製造商代表和代理商的協助。許多大型的公司也會採用製造商代表的作法，而不在公司內部建立起自己的業務人手。

可供選擇的各種通路安排

4 描述可供選擇的各種通路安排

很少有製造商只採用單一形態的通路方式來疏通自己的商品，它們通常會同時擁有幾個不同或替代性的通路選擇，也就是下列幾個方式：

◇ 多重性通路：當某家製造商選定兩或多種通路來配銷相同的商品到目標市場時，這樣的安排方式就稱之為**雙重配銷**（dual distribution，或稱**多重性配銷**，multiple distribution）。舉例來說，惠而浦（Whirlpool）公司把它的洗衣機、乾衣機和電冰箱直接銷售到房屋建商或包商那裏，可是它也把相同的電器商品銷售到零售店裡去，再轉賣給消費者。例如，史派吉爾（Spiegel）曾經只使用直接郵購的單一通路，現在也開了一些零售店。擁有第二品牌的製造商也可以利用多重性通路的作法。舉例來說，天美時公司向某個利基市場推出售價較高的拿帝可（Nautica）手錶系列，採行的就是另一種全新不同的配銷通路。為了跨越上流市場的門檻，拿帝可手錶只在專門店裡才有售，和天美時推銷旗下較低售價的手錶系列所利用的大眾市場通路明顯不同。固特異輪胎橡膠公司（Goodyear Tire & Rubber Company）則是推出第二個品牌的另一個例子，除了經由經銷商和特價賣場所售出的輪胎之外，固特異還打算透過三千家獨立的自營商，將另一條獨有的輪胎商品線介紹到市面上[2]。

雙重配銷
或稱多重性配銷，某家製造商選定兩或多種通路來配銷相同的商品到目標市場上。

◇非傳統通路：通常非傳統通路的安排作法有助於區別該公司的商品
和競爭對手的不同。舉例來說，製造商可能決定使用類似像網際網
路、郵購或資訊性廣告片等方式來銷售自己的商品，取代原來傳統
性的零售商通路。雖然非傳統通路可能會侷限了某個品牌在市場上
的鋪貨含蓋面，可是也讓製造商在不必建立通路中間商的情況下，
就得以進入某個利基市場，吸引到顧客的注意。另外，非傳統通路
也可為較大型的公司提供另一種管道選擇，舉例來說，塔可貝爾公
司正在雜貨店、機場和學校裏試銷某種重新包裝過的墨西哥風味食
品；麥當勞也正試著透過便利商店裏的顧客電腦站、塔西可
（Texaco）加油站上的附設餐廳、外燴服務以及到府送貨等方式來銷
售漢堡和薯條；家樂氏和通用米爾公司也正嘗試利用自動販賣機來
擴張既有的零食類配銷通路。

◇策略性通路聯盟：最近，許多製造商紛紛組成了**策略性通路聯盟**
（**strategic channel alliances**），也就是利用另一家製造商的既有通
路。採行這種聯盟式作法通常是因為行銷通路的設立費用太過昂貴
和時間支出太過耗時。歐鮮沛（Ocean Spray）公司就和百事可樂公
司組成了策略性的通路聯盟，以便增加前者品牌在市場上的曝光
率。歐鮮沛公司因為享用了百事可樂的配銷通路，才得以將它的蔓
越梅雞尾酒果汁、蘋果汁和其它果汁等各種瓶裝和罐裝飲料，透過
便利商店、小型賣場和百事可樂的自動販賣機等進行販售。同樣
地，盧本梅公司也和法摩（Phar-Mor）特價商店組成了非常密切的
促銷聯盟，該商店中絕大多數的塑膠製家用品都是由盧本梅公司提
供的。在法摩商店裏，含括了應有盡有的盧本梅賣場，其中陳列了
五百六十項左右的盧本梅產品。策略性聯盟也多發生在比較不傳統
的販售點上，例如電子銀行。微軟企業和威世卡國際公司（Visa
International）就共同創造了一個系統，可以讓消費者經由威世卡會
員銀行的電腦網路，來支付帳單和使用其它銀行的功能[3]。策略性聯
盟的作法對有著文化差異、距離阻隔或各種障礙阻斷通路的全球市
場來說，也是一種很普遍的作法。安豪瑟（Anheuser-Busch）公司
和麒麟釀酒公司（Kirin Brewing Company）就建立了策略性聯盟，
後者控制了日本過半的啤酒市場。在雙方的協議下，聯盟中所稱的
日本百威公司（Budweiser Japan Company）可以透過麒麟公司的通

麥當勞以及阿瑪可（Amoco）在這家加油站的定點上有策略性聯盟的關係。顧客們在用過加油站和便利商店的服務之後，可順便在麥當勞點個餐。
©1996 Todd Buchanan

路，全面配銷販售旗下的百威啤酒[4]。

◇逆向通路：逆向通路（reverse channels）的發生，多是因為商品在傳統通路上有相反的流通方向——從消費者流向製造商。這類通路對那些需要維修或回收再利用的商品來說，格外重要。舉例來說，汽車公司通常都會擁有一個服務部門，以利顧客將他們的車子送回來修理。而類似像新力這樣的高科技生產製造商，也會建立起全國服務網，專門修理旗下的電器娛樂設備。軟性飲料和啤酒製造商也會利用逆向通路來回收玻璃瓶。它們也曾是鋁罐回收的大型推動者，因為這樣的回收對它們來說，具備了經濟上的利用效益。為了資源回收而進行的逆向通路作法，現在已經愈來愈普遍，因為製造商都已逐漸明瞭這些原本丟棄在掩埋場的實體廢棄物，應有受到限制的必要性。寶鹼公司則重新設計過自己的塑膠瓶和塑膠容器，改以可回收再利用的塑膠製品來裝盛內容物。為了達成任務，寶鹼公司設置了逆向通路來收集回收可用的廢棄塑膠容器。現在，寶鹼公司和通路中間商一起合作進行廢棄塑膠容器的收集、分類、切割、清潔、和丸狀塑型等工作。這些塑膠製的丸狀物會被運回寶鹼公司，成為新塑膠瓶和容器的再生原料。

逆向通路
商品在傳統通路上有相反的流通方向——從消費者流向製造商。

通路策略的決策

在設定行銷通路策略時，往往需要先定下幾個關鍵性的決策。首先，行銷經理應該決定配銷在整體行銷策略中所要扮演的角色究竟是什麼。除此之外，他們也要確定自己所選定的通路策略必須能和商品、促銷以及定價策略等相互配合。在做完這些決策之後，行銷經理也要分析有哪些因素會影響通路的選擇，以及什麼樣的配銷密集度才算是合理適當的。

影響通路選擇的各種因素

行銷人員在選定一個行銷通路之前，應先詢問幾個問題。而最後真正的選擇則有賴於幾個因素下的分析結果，這些因素之間往往有著互動的關係，另外，它們也可以被歸納成市場因素、商品因素和製造商因素。

市場因素

影響配銷通路選擇的幾個最重要市場因素，都是有關目標顧客的考量問題。尤其行銷經理應該要能回答下面幾個問題：誰是潛在顧客？他們會購買什麼？他們在哪裏購買？他們什麼時候購買？他們是如何進行購買的？除此之外，通路的選擇也要看看製造商究竟是賣給消費者？抑或是賣給產業顧客？產業顧客的購買習慣和消費者大不相同，前者的購買量是屬於大宗性質，也需要賣方提供較多的顧客服務；而後者只能購買小份量的商品，有時候在特價商店裏進行購買時，甚至不在乎廠家是否有提供服務。

地理位置和市場規模對通路的選擇來說也很重要。就如同慣例一樣，如果目標市場集中在單一或幾個特定區域內，就很適合透過業務人員來進行直接的銷售。若是市場散佈得很廣泛，中間商的採行作法就可能比較划算。市場量的規模也會影響到通路的選擇。一般來說，大的市場就需要比較多的中間商。舉例來說，寶鹼公司必須讓它旗下的眾多家用品品牌接觸到數以百萬計的消費大眾，所以它需要很多的中間商，其中包括了批發商和零售商等。

商品因素

　　愈是複雜精細、需要特殊訂製且售價愈昂貴的商品，往往比較適合採行直接行銷通路的方式。這些商品若是以直接銷售的模式進行，通常會有不錯的業績結果，其中例子包括了藥品、科學儀器、飛機和電腦主機系統等。從另一方面來說，愈是標準化的商品，它所需的配銷通路就愈長，所牽扯在內的中間商數量也就愈多。舉例來說，各家廠商的口香糖除了口味和形狀以外，它們的配方大抵都相同。而口香糖也是售價非常低廉的商品，所以它的配銷通路中往往有許多的批發商和零售商。

　　在選定行銷通路時，商品的生命週期也是很重要的因素之一。事實上，通路的選擇會隨著商品的生命變化而改變。例如，當影印機第一次在市面上問市的時候，它們都是由業務人員進行直接的銷售。但是到了現在，你可以在很多地方買得到影印機，其中包括了倉儲俱樂部、電器百貨商店和郵購目錄等。一旦商品普及化，對使用者來說也不再那麼令人感到畏懼之後，製造商就可以開始尋求更多樣的通路選擇。開特力運動飲料一開始的時候，只售給運動隊伍、體育館和健身俱樂部，等到這種飲料普及化之後，超市也就加入了販售之列，而便利商店和藥房等也跟著加進通路當中。現在，你也可以在自動販賣機和某些速食店裏買到這個商品。

　　另一個因素則是商品的脆弱度。類似像蔬菜、牛奶這種易腐壞的商品，它們的生命週期非常的短。而像磁器、水晶等這類易碎商品，它們的經手處理時間也必須愈短愈好。因此，這兩種商品都需要相當短的行銷通路才行。

製造商因素

　　有關製造商自己本身的因素，對行銷通路的選擇來說也是很重要的。一般來說，擁有財務、管理和行銷等大型資源的製造商，它們比較有能力可以採行直接通路的方式。這些製造商能夠雇請和訓練自己的業務人員，在倉庫裏儲存自己的貨物，並且向它們的顧客延展信用等。相反地，比較小型或狀況不佳的公司就必須靠著中間商來為它們提供以上的服務。擁有數條商品線的公司和那些只有一到兩條商品線的公司比起來，前者比較能夠選擇直接一點的通路作法，而業務支出也可以平均分攤在這許多商品的身上。

　　想要對定價、定位、品牌形象和顧客支持度等採行控制手法的製造商，往往會影響到通路的選擇。舉例來說，以獨有的品牌形象在販售商品的公司（例如設計師香水和服飾），通常會避開特價店這類的通路。名牌商品的製造商，如古奇（Gucci）（手提袋）和哥蒂亞（巧克力），則會將它們的商品陳列在昂貴的店家裏出售，為的就是要維持住自己一貫的品牌形象。但是有許多製造商也會拿自己的品牌形象來下賭注，在特價通路中進行試銷活動。李維史壯斯公司就將它的配銷通路擴張到JC潘尼和西爾思這類的百貨商店裏。而JC潘尼現在也成了李維史壯斯公司的最大宗顧客。

配銷密集度

　　企業組織可以有三種配銷選擇權：密集配銷、選擇性配銷或者是獨家配銷。

密集配銷

密集配銷
以市場最大涵蓋面為目標的一種配銷。

　　密集配銷（intensive distribution）就是以市場最大涵蓋面為目標的一種配銷。製造商儘可能將它的商品鋪貨到每一個銷售點，讓潛在消費者隨處都可以買得到它的商品。如果購買者沒有意願去尋求某個商品（對便利性商品和操作性供應品來說，事實的確如此），該商品就必須讓購買者很容易接觸得到才行。認定價值低、又需要經常購買的商品，往往需要比較長的通路管道，例如，你就可以在各式各樣的店裏面發現得到糖果的蹤跡，這種商品通常由食品或糖果批發商以小包裝的方式轉賣給零售商。像箭牌口香糖公司（Wrigley Company）就沒辦法將它的口香糖直接售給每一家服務站、藥房、超級市場和特價店等，因為這種作法的成本實在太高了。

　　許多採行密集配銷策略的製造商，它們的貨品有很大的比例都售給了自願進行商品儲存的批發商。而零售商對商品處理的意願（或無意願）也會影響到製造商能否達成密集配銷的目標能力。舉例來說，如果某個零售商在店裏已經陳列了十種品牌的口香糖，它就可能沒有太大興趣再多陳列另一種品牌的口香糖了。

選擇性配銷

所謂**選擇性配銷**(selective distribution),它的作法就是對自營商進行過濾篩選,只留下某些單一地區的少數自營商而已。美泰格(Maytag)採用的就是密集配銷的作法,它在某個地理區域內選定了幾家自營商,專門出售它旗下的洗衣機、乾衣機和其它電器等。同樣地,DKNY的服飾也在幾家被選定的零售點裏才販售,也因為市面上只有少數幾家零售點,所以消費者必須自行尋找它的商品。選購品和某些特殊品往往都是採用選擇性配銷的方式來進行。而處於企業對企業市場中的附屬設備製造商也多是採行選擇性配銷策略。

有幾點過濾的標準,可用來篩選自營商。類似像NEC這樣的附屬設備製造商在選擇自營商時,就很注重後者是否能恰如其份地進行商品服務;而類似像銳新這樣的電視製造商,它重視的是自營商的服務能力和該自營商的品質形象。但如果製造商想透過每家自營商達到貨品大宗流通的目的,它就得選擇那些有能力做到這個目標的自營商,當然,小型自營商也就不在它的考慮範圍之內了。

獨家配銷

在市場涵蓋範圍上最受到限制的就是獨家配銷（exclusive ditribution），因為它只能在某個既定區域內選定一或少數幾家自營商而已。也因為買主若是想買到該商品，必須積極尋找或經過長途旅行之後，才能買得到，所以獨家配銷只能侷限於消費特殊品、少許的選購品和主要產業性設備等。例如勞斯萊斯汽車、克里斯動力船（Chris-Craft power boats）和貝帝彭高樓起重機（Pettibone tower cranes）等，就是採用獨家配銷的方式。有時候，有些新公司（例如特許權代理商）會授權一些獨家專售的區域，以便在某個特定地區取得市場上的涵蓋率。另外，有限的配銷通路也可能為該商品營造出獨家專有的形象。

除非製造商能向零售商和批發商做出保證，讓它們享有某個區域的獨家代理權，否則零售商和批發商可能不願意花上太多的時間和金錢，來為商品進行促銷和提供服務。因為若是擁有獨家代理權，就可讓自營商免於直接競爭的壓力之下，成為該製造商在當地進行促銷活動的主要受益者。而獨家配銷的方式，也讓溝通管道得以順利地建立起來，因為製造商只需要和有限幾家自營商溝通就可以了，不必再為了和一大堆的客戶交易而搞得焦頭爛額。

雖然獨家代理有它的好處存在，但是免不了還是有些壞處。舉例來說，若是市場需求很殷切的話，獨家銷售網的範圍可能就不夠大。除此之外，如果製造商堅持要採獨家配銷的作法，若是逢上了需求低落的時期，就可能讓整個通路陷入財務危機之中。例如，本田（Honda）公司的亞庫拉（Acura）部門使用了獨家配銷策略，為的就是要為這款高價房車營造出特殊不同的形象地位。亞庫拉的自營商在一開始的時候就處於奮力掙扎勉強求生的境地，因為這種車是屬於小型的利基市場，轉售需求相當低。而且諷刺的是，後續的服務和維修也不太需要。可是在經過了幾年之後，亞庫拉的自營商系統藉著品質和服務的提升，也成了市場上很強的競爭者。

全球行銷通路

　　對專事商品出口或國外製造的美國企業界來說，全球行銷通路是非常
重要的。各執行主管在設計國外市場的行銷通路之前，都應事先體認出每
個市場上所具備的特殊文化、經濟、組織機構以及法律上等不同觀點。在
全球市場上推出新商品的製造商都面臨到一個艱難的決策：究竟該利用哪
一種類型的通路架構？更重要的是，究竟應不應該由公司內部的業務人手
進行直接的銷售？抑或是透過獨立的國外中間商，如代理商和經銷商等？
若是使用自己公司的業務部門當然比使用國外的中間商要來得有可控性，
而且少了一些風險。可是，在一個陌生的國度裏建立起自己的業務人手，
也意味著你要作出更大的承諾犧牲，不管是財務上或組織上皆是如此。

　　行銷人員應該明瞭，國外的通路架構可能和美國本土的通路架構不盡
相同。舉例來說，美國公司若是想在日本市場上經常性地出售一些貨品，
就必須穿越三個層面左右的批發商和附屬批發商：也就是全國或首要批發
商、次要或地區性批發商以及當地的批發商。另外，各個國家市場中可資
利用的通路類型也各不相同，愈是在經濟上高度開發的國家，它的通路類
型也就愈深入、專門。因此，若是想在德國或日本販售商品，你就有好幾
種通路形態可以選擇。相反地，開發中國家如印度、衣索匹亞和委內瑞拉
等，它們可資利用的通路管道就極為有限，只有少許的郵購通路、自動販
賣機、或者是專門的零售商或批發商。

　　現在既然你已經熟悉了行銷通路上的架構和策略，接下來就該瞭解商
品在穿過配銷通路時，所用的各種具體辦法。以下幾個單元討論的就是實
體配銷的角色和範圍。

實體配銷的重要性

　　實體配銷（physical distribution）是行銷組合中的要素，可用來解釋商
品是如何流通和被儲藏的。實體配銷是由所有商業活動所組成的，其中包
括了原料、零件或完成品的儲存和運送，如此一來，才能讓它們在需要的

實體配銷
行銷組合中的要素，
可用來解釋商品是如
何流通和被儲藏的。

時候和可用的情況下，到達該送抵的地方。

後方勤務
定義比較廣泛的專用名詞，可將實體配銷包含在內，它包括了原始材料和組成零件的採購和管理運作，以便進行生產之用。

有一個定義比較廣泛的專用名詞可將實體配銷包含在內的就是**後方勤務**（logistics），它包括了原始材料和組成零件的採購及管理運作，以便進行生產之用。而後方勤務和實體配銷管理則有以下幾種活動：

◇從原始材料和零件的出處來源一直到進行生產製造的所在地，進行流通上和儲藏上的管理。
◇在工廠、倉庫和配銷中心這三者之間，進行原始材料、半成品和完成品的流通管理。
◇往中間商和最終購買者的方向，規劃和協調出完成品的實體配銷。

總而言之，負責後方勤務的主管們有責任引導原料和零件流向生產部門，並將完成品或半成品送入倉庫，最後再送到中間商或使用者的手上。（圖示14.5）就描繪了這種後方勤務的流程圖。

實體配銷服務

實體配銷服務
由供應商所呈現出的整套活動內容，以確保適當的商品會在適當的時間內出現在適當的地點上。

實體配銷服務（physical distribution service）就是由供應商所呈現出的整套活動內容，以確保適當的商品會在適當的時間內出現在適當的地點上。顧客們對這些活動，幾乎沒有什麼興趣，他們只對活動的結果和從活動中所受惠的利益點有興趣而已，換句話說，就是配銷的效益性。顧客尤其在意的是，他們究竟要等多久才能拿到訂貨；每次送貨的品質水準是否一致；要花多久時間才能完成訂貨；以及當商品送抵時，其貨品狀況是否完好如初等。訂單的處理、訂單的整合以及最後的送抵，這之間的連帶關係對買方來說並無關重要，他們重視的只是供應商在表現結果上的品質和準時性。

以服務的層面來說，負責實體配銷的主管必須要對顧客的需求非常敏銳。最起碼，你要顧及到顧客在需求上所在意的有效性、時效性和品質水準。所謂有效性是指可立刻完成訂單要求的比例或百分比。目前出缺的貨品必須在下一次的訂單中補齊，但卻會造成時間的延誤和額外成本的支出，或者顧客也可能因此而取消訂單。對買主來說，在實體配銷服務上的時效性是指下訂單到接到訂貨為止，這中間所經過的最短可能時間。品質水準則是指運送損壞以及運送內容或數量不符的低發生率。

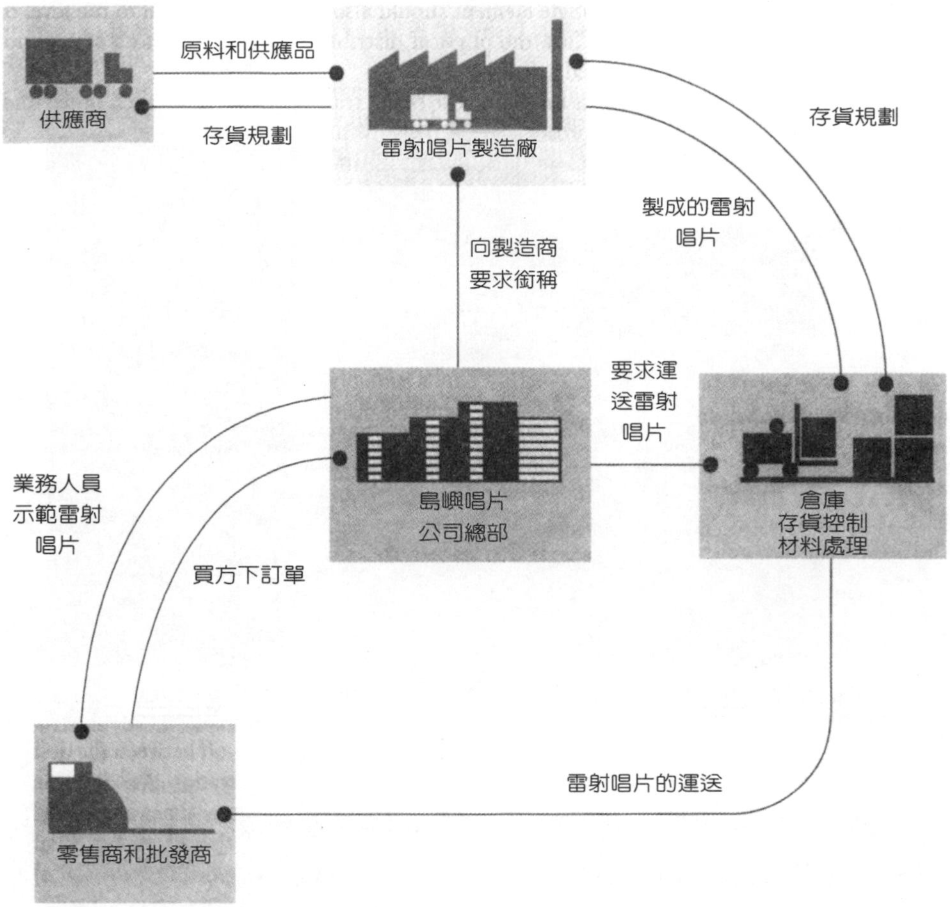

供應商

原料和供應品

存貨規劃

雷射唱片製造廠

存貨規劃

製成的雷射
唱片

向製造商
要求銜稱

要求運
送雷射
唱片

島嶼唱片
公司總部

倉庫
存貨控制
材料處理

業務人員
示範雷射
唱片

買方下訂單

零售商和批發商

雷射唱片的運送

服務和成本間的平衡

8 討論將實體配銷服
務和成本加以平衡
的概念

　　許多配銷經理都設法將他們的服務水準維持在儘可能擴大服務範圍，
並儘可能減低成本的定點範圍。為了達到這個目標，他們必須利用整體成
本的方法來檢查實體配銷系統上所有部分的總成本——也就是倉儲、物料
處理、存貨控制、訂單處理和運送等。整體成本法的基本構想就是檢查各
種因素之間的關係，例如倉庫的數量、完成品的存貨量以及運輸費用等。
當然，只要和顧客服務有關的任何單一要素成本，都得經過檢查才行。因
此，實體配銷系統是被視做為一個整體，而不是一些非連帶性的系列活動
而已。

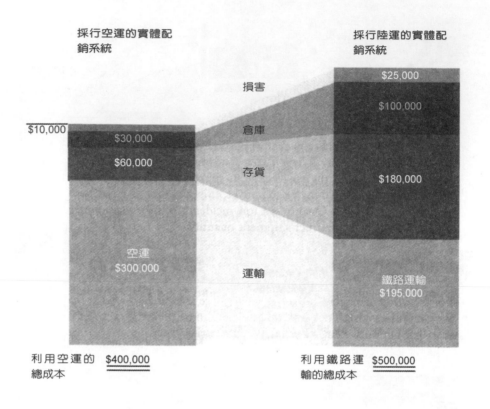

採行空運的實體配銷系統

採行陸運的實體配銷系統

損害

倉庫

存貨

運輸

$10,000
$30,000
$60,000
空運
$300,000

$25,000
$100,000
$180,000
鐵路運輸
$195,000

利用空運的總成本　$400,000

利用鐵路運輸的總成本　$500,000

通常，利用空運所必須支出的高成本可以靠整體成本法來補償。因為快速的運送可能可以降低因距離太遠而必須加設幾間倉庫的總數，因此，空運的較高成本就可以靠存貨和倉庫方面的節流來達到更佳的補償效益，這也是（圖示14.6）當中所描繪的。舉個例子來說，瑞典的富豪汽車製造商，就能夠快速地將汽車零件運送到位在北美地區的富豪汽車代理商，如此一來，不僅顧客滿意，存貨數量也降低了。該製造商的所有零件小自螺帽、螺栓，大到汽車擋泥板，都從哥德堡（Gothenburg）被載運到奧斯陸（Oslo）或則是哥本哈根（Copenhagen），而只為了趕上飛往美國的每日班機。這些貨物早在之前就已經先結關了，這樣子，才可以節省時間，快速地通關。一旦飛抵美國之後，這些貨物會及時送到最近的一家聯邦快遞服務站，以便安排當天下午的出發行程。在這樣的運送體系之下，富豪汽車可讓美國方面的代理商，在最多不超過兩天的時間，就可取得零件。這種運輸形式非常昂貴，可是富豪的配銷系統卻能夠成為顧客滿意計畫中的其中一部分。

執行整體成本法時，必須進行一些協商各半的交易。舉例來說，想要

北美富豪汽車公司
富豪如何透過網路來促銷它的零售通路？哪一家富豪代理商對你來說最方便？
http://www.volvocars.com/

為顧客提供隔天送抵，又想儘可能降低運送成本的供應商，就需要在服務水平（昂貴的隔天送抵）和運送目標（最低成本）之間，達成各半交易的平衡點。又例如英代爾公司想要在運送時間上減低一些變異性，同時也想降低顧客方面的存貨量，因此，它利用聯邦快遞為它進行Pentium微處理機的配銷事宜，也就是將該商品從馬尼拉工廠運送到顧客接收的碼頭上。雖然這種運送方法很昂貴，可是卻增加了運送上的時效性，把訂單的處理和運送時間從原來的十四天減到了四天左右，同時也降低了運送存貨的成本。

　　理想中，配銷經理會想盡辦法來充份運用整體配銷，也就是說，他會設法平衡所有的配銷活動，以便儘量壓低整體配銷成本，但仍舊維持實體配銷服務上的適當水準。但是如果降低成本同時擴大服務的這種作法無效的話，就會變成局部優化（suboptimization）的結果，也就是說，在實體配銷中的各個元素部分，有可能產生互相矛盾的問題。例如，運輸人員想要讓顧客在當天就拿到貨，可是訂單處理人員卻需要花兩到三天的時間來處理一份訂單。

　　局部優化通常發生在實體配銷上，因為不同的經理人員所監視的配銷功能各有不同。舉例來說，存貨控管可能是生產部門的責任；而訂單處理則歸於會計部門所管轄。更麻煩的是，這些部門的經理對顧客服務和成本的看法，都各有不同的目標要完成。而唯一的解決之道就在於最高管理階層從中找出後方勤務和實體配銷的角色，幫助公司達成整體目標；並在公司的組織架構裏，建立起良好的協調系統。西爾思百貨在整體配銷成本概念的執行上就做得相當地成功。在過去的三年內，該公司每年都可減少四千五百萬美元左右的成本支出，對它來說，目前的整體成本只佔了整體銷售額的21.6%，而JC潘尼公司的成本卻佔了23.8%。不僅如此，西爾思的貨物從供應商到百貨店這之間的流通時間，只需要花上以前時間的一半。這種成本節流和生產力增強的相關好處，就是加倍了存貨的價值[5]。

實體配銷的子系統

　　實體配銷系統（physical distribution system）是由五個明顯個別的子系

9 描述實體配銷系統下的子系統

實體配銷系統
由五個明顯互有關連的子系統所組成，這也是實體配銷經理運作下的幾個主要功能：倉儲、物料處理、存貨控管、訂單處理以及運輸等。

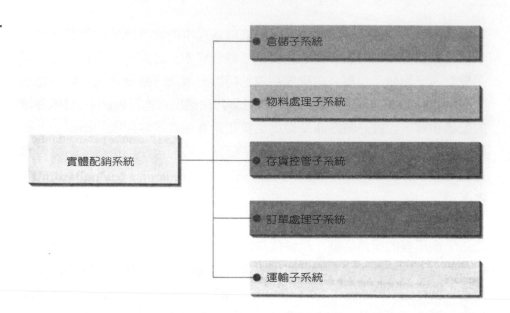

實體配銷系統

● 倉儲子系統

● 物料處理子系統

● 存貨控管子系統

● 訂單處理子系統

● 運輸子系統

統所組成的，這也是實體配銷經理運作下的幾個主要功能：決定倉庫的地點、數量、規模和類型；設立物料處理和包裝系統；維持存貨控管系統；設立訂單處理過程；以及選定運輸模式等。這些子系統都出現在（圖示14.7）中。雖然這些子系統在這裏是以個別方式進行討論，其實，它們彼此之間是有高度關連性的。

倉儲

　　配銷經理必須監視從製造商到最終消費者這之間的貨品流通情形。但是，最終使用者需要用到該貨品的時間可能和製造商生產和販售該貨品的時間並不相符。類似像穀物、小麥這類季節性生產的商品，消費者對它們的需求卻是全年無休的。另外一些商品，像是聖誕節的裝飾品和火雞等，幾乎全年都有生產，可是消費者到了秋天或冬天才需要用到這些商品。因此，管理階層必須有一套完善的倉儲系統，以便保留這些商品，直到需要時，再將它們運送出去販賣。倉儲系統有助於製造商進行供需之間的管理或者是生產和消費之間的管理。它對買賣雙方來說，都提供了時間上的緩衝效益，也就是說，賣方可以將商品儲存起來，直到買方需要或想要買的時候，再拿出來販賣。即使有些商品是經常使用的，而非季節性的商品，可是許多製造商還是會儲存過量的商品，只為了避免某些時候可能發生的

供不應求情況。但是,儲存額外多出的商品也有一些壞處,其中包括了這些存放商品可能發生的保險成本、稅金、過時或毀壞、被偷竊和倉庫的運作成本等。另一個壞處則是機會成本,也就是喪失了靈活運用資金的機會,因為這些資金都被套牢在這堆被儲藏的商品上了。

物料處理

物料處理系統(materials-handling system)負責存貨在倉庫的流入、存放和流出。物料處理包括了以下幾個功能:

◇接收貨品,存入倉庫或配銷中心。
◇對貨品的驗明、分類和貼上標籤。
◇將貨品分配到某個暫時存放的區域中。
◇找出、選出或拿出貨品進行運送(為了運送之故,可能包括會以保護性容器進行商品的再包裝)。

物料處理系統的目的就是要以最短的處理過程時間來快速地進行商品項目的流通。若是以非自動的手工物料處理系統來進行的話,單一商品就

物料處理系統
負責存貨在倉庫的流入、存放和流出。

有了物料自動處理系統，商品的經手處理次數降低了，因此，也比較不容易造成損壞。
©David Joel/Tony Stone Images

可能需要經過十二次以上的換手處理。而每一次處理的時候，成本和被損壞的風險就跟著提高；而商品在每一次的拿取之間，它的包裝也跟著必須多承受一次的壓力破壞。要是有了自動系統，這中間的許多功能就可以利用電腦系統來進行合併和處理。

巴克斯特醫療（Baxter Health Care）公司是一家健康醫療商品的製造商和行銷公司，它使用非常精細複雜的物料處理系統來降低商品的處理，並將成本維持在最低的局面。一旦貨物送到倉庫，條碼標籤就會被貼在這些貨品的平台上，然後再由一個自動傳送機器，將它們安置到預定的儲存區域中。到了那裏，推車操作員會對標籤進行掃瞄，而內藏式的無線搖控電腦也會告知操作員該將貨物放在哪個地點。當需要提取貨品來完成訂單的申購時，該貨品就會從貨架上被拿取下來，放進箱子裏，然後再輸入另一個條碼，接著再將箱子放到自動傳送機器上。自動掃瞄器會檢查每一個在傳送機器上通過的貨品，讀取其中的條碼，然後再將每一個箱子自動歸類於適當的運輸線上。這種自動系統讓巴克斯特公司得以高度控制訂貨的處理、放置、拿取和順序進行，以利運送之便。

包裝

包裝商品以便進行運送，這也是物料管理最重要的一件事。包裝可以防止被運送的物料在途中遭到破損、毀壞、蟲咬和灰塵的沾染。

設計良好的包裝可以固定住物料，防止它的移動。舉例來說，水福／衛居伍德（Waterford/Wedgwood）是愛爾蘭著名的水福水晶（Waterford crystal）經銷商，它使用有黏性的泡狀包裝物，可以緊貼在玻璃上，不僅可縮短處理經手的時間，也可以降低對商品的損害。大型的商品，如傢俱或電腦設備等，則需要靠內含有保護裝置的運輸工具來運送。

自動辨識和條碼輸入

物料處理就像其它實體配銷的子系統一樣，都是靠著快速、精確的資訊來進行驅動的。**自動辨識**（automatic identification）或稱為auto ID，就是在商品進入或離開倉庫的時候，或者是在製造商或零售商接收到商品的時候，使用辨識技術在商品上做記號或讀取其中的記號。雖然條碼辨識仍然是最普遍的一種辨識方法，但除此之外，自動辨識系統還可以利用聲音辨識、無線頻率或磁化條片等各種方法來進行。

自動辨識
或稱為auto ID，當商品進入或離開倉庫的時候，或者是在製造商或零售商接收到商品的時候，使用辨識技術在商品上做記號或讀取其中的記號。

自動儲存和檢索

和自動辨識系統一起分工合作的是**自動儲存和檢索系統**（automatic storage and retrieval systems; AS/RS）。AS/RS會在倉庫或配銷中心裏進行貨品的自動儲存或檢索。這些系統可以降低商品的經手次數，並牢記住商品的確實放置地點。AS/RS也可以改善取貨的精確性，並提高準時運送的比率。

當新的物料送抵倉庫時，就會先進行條碼化的工作，然後再進入AS/RS當中。從這裏開始，商品可能會被放進自動傳送系統中，接著自動導引工具會將貨物拿起來，放進它在倉庫貨架上的所屬位置中。當某份訂單被輸入到AS/RS時，自動導引工具就會對著倉庫貨架上的所有條碼化商

自動儲存和檢索系統
在倉庫或配銷中心裏進行貨品的自動儲存或檢索的一種系統。

品進行掃瞄，找出訂單上指定的項目，然後再將這些貨品放進自動傳送系統中，把它們送出去進行裝箱運送。

合併化和貨櫃化

現代化的物料處理，其中有兩個極為重要的部分：合併化和貨櫃化。合併化（unitization）或稱unitizing，是處理小型包裝的一種有效技術，也就是將所有的箱子堆放在平台或滑板上，然後再以推高機、卡車或傳送裝置等機械來進行搬移。

貨櫃化（containerization）則是將大宗貨品放進堅固貨櫃裏的進行過程，而這種貨櫃可以不用再經過任何裝箱，就能夠在貨櫃船、貨櫃車、飛機和火車之間來回運送。貨櫃必須被送抵到目的地之後才能夠開啓，因此可以減少商品的損壞或被偷竊的可能。基本上，它們可以算是一種直接從製造工廠運送到受貨點的小型倉庫。而且這種以貨櫃拖車做為一般運送形式的各種貨櫃，可以不斷地重複使用。一般來說，貨櫃的平均壽命是十年，如果有了損壞，也能夠進行修補。

存貨控管

實體配銷的另一個重要功能是設立存貨控管系統。存貨控管系統（inventory control system）可以做好並維持適當的商品分類，以便滿足顧客的需求。

有關存貨的決策對實體配銷系統的成本和服務本身有其重大的影響。若是有太多的商品被堆放在存貨裏，成本就會提高，而商品過時、被偷或損壞的風險也會跟著提高。如果手邊保留的商品太少，則可能會讓公司陷於商品短缺和引起顧客的憤怒等風險之中。因此，存貨管理的目標就是要讓存貨量維持在最低的水平線上，但仍可以因應顧客的需求，維持適當的供給量。

及時存貨管理

及時存貨管理（just-in-time-JIT inventory management）乃是借自於日本的一種作法，它可重新設計和簡化整個製作過程。對製造商來說，JIT代表的是，將原料送抵裝配線上，以有效的工作流程順序，「及時」地將東西組裝完畢，再將完成品立即送到顧客的手上。對供應商來說，JIT代表的是，在幾天之內或甚至幾小時之內，而不是幾個禮拜之內，就將商品提供給顧客。有愈來愈多的美國製造商開始採行及時存貨管理系統，就1997年而言，在所有的貨運裏頭，有55%是採用及時送出的方式。

JIT的基本假設前提是「過多的存貨是不好的」，因為它會將資金綁住。有了JIT，採購公司可以靠著訂購頻率的提高和小份量的採購方式等，來降低手邊原料和零件的儲存數量。舉例來說，通用汽車公司和一般的汽車製造商，大多維持八個小時左右的零件供應量。而派卡電氣（Packard Electric）公司是好幾家汽車製造廠的汽車線路供應商，因為只有在生產線需要的時候，它才會將各種電線送過去，所以貨運時間的精準性對派卡電氣公司來說，就變得很重要。

採行JIT技術的生產設施都必須經過重新的設計，以便將運作過程中的所有涉入機器做更緊密的結合，進而降低工作時間。JIT系統只有在需要零件的時候，才會將零件輸送到生產線中有需求的定點位置上。因此，再也不會有成堆的存貨等在機器的旁邊了。

JIT對製造商的最大助益就是降低了存貨的數量。舉例來說，位在田納西州春陵市（Spring Hill）的鈤星動力火車製造裝配廠，它的存貨供應量在任何時候都很少超過兩個小時以上，這和其它汽車製造廠採行兩個禮拜的存貨供應量，方法上明顯不同。除此之外，JIT也創造出較短的交貨時間，同時向其它供應商取貨的時間也縮短了。而製造商也可以和供應商維持良好的合作關係，並降低生產和倉庫方面的成本。同時，也因為安全存貨量的降低，所以就沒有多餘的存貨可讓你彌補錯誤，因此製造商絕對不能在作業上產生任何錯誤。結果造成採行JIT辦法的製造商必須確保它從供應商那裏所接收到的零件都是高品質的零件，而且也要很有信心認定供應商都可以掌握住送貨的時效性。最後，JIT也能減少文件往來的數量。（圖示14.8）就摘要了JIT的許多好處和風險。

但是，及時存貨管理也不是沒有什麼風險。因為JIT的執行就是一個不斷改善的過程，必須要花很長一段時間，才能得到效益上的各種獲利。許多經理都試著想讓JIT的好處更快地呈現出來，可是結果卻是令人失望的。西吉歐（Shigeo Shingo）是JIT的創始人之一，他知道豐田汽車公司花了二十年左右的時間才將JIT發展完備。所以他預估，現在想要執行JIT的公

JIT的好處	JIT的風險
降低存貨的數量程度	太快執行JIT原則
較短的交貨時間	在沒有實施其它的JIT原則下，就直接
改善和供應商的關係	降低存貨的數量
降低生產和倉庫成本	增加運送的成本
較優良的供應品品質	「供應商的恐慌」
較少的文件往來	員工的壓力
	因為供應商的延誤，所可能造成的瓶頸
	問題

司，至少要花上十年的時間才能看到滿意的成效。除此之外，許多公司都誤以為JIT就是表示存貨數量的刪減而已，卻沒有多加注意JIT的其它要素，例如品質的控管、溝通的頻率、有效的工廠配置設計、經常性的定期維修和最簡化的商品設計等。忽略這些相關因素的經理主管，將可能面臨到交貨延誤、貨品短缺以及顧客抱怨等種種風險的出現。

因為存貨的低數量，所以JIT對供應商的要求往往以小份量的物料、多頻率的訂購次數和準時的物料送達為標準。在鈤星汽車的製造工廠裏，在二十四小時之內，來自於供應商的送貨可能高達八百五十次之多。送貨的準時度以約定時間的五分鐘以內為限。在送貨上有所耽誤的供應商，若是造成了生產上的延誤，每超過一分鐘就要罰款五百元美金[6]。

JIT也因為造成了「供應商的恐慌」而著名。許多供應商因為製造商執行JIT辦法而被迫削短送貨時間。在某些個案裏，製造商的存貨只是從自己的倉庫換到了供應商的倉庫而已。另外，JIT也可能造成員工之間的壓力。從許多日本公司和美國公司的經驗得知，存貨上的大量減少可能會導致嚴格編管的工作流程，進而增加生產線上員工的壓力程度。最後，JIT也可能因為供應商的些許延誤，而造成生產上極為嚴重的瓶頸問題。請想想看，若是通用汽車公司的安全帶唯一供應商有罷工的情形發生，那麼對通用汽車將會造成什麼樣的嚴重影響後果。

為了克服在執行JIT時對供應商所造成的負面影響，許多公司都已經開始採行JIT第二代辦法（JIT II），也就是及時存貨管理的最新版本。JIT II包括了和供應商共享最新出爐的內部所有權資料，例如銷售預估等。除此之外，供應商的代理人員也可以在製造商的設施用地設立自己專屬的辦公室，進而替代原來的採購代理人，為自己公司下達採購訂單。但是，就像原來的JIT一樣，JIT II也需要一段調適期讓製造商和供應商建立起彼此之間的互信程度，以及克服雙方因為洩露自己太多機密資訊而造成的恐懼心理。解決這個問題的唯一辦法就是簽定記載詳細的機密性合約條款。JIT在某些地方的確有其成功之處，也因此不得不讓人深思推出JIT第三代（JIT III）的可行性如何[7]。

聯邦快遞和其它隔夜送抵貨物的快遞公司，在成功的JIT通路策略上也扮演了一個關鍵性的角色。這些公司讓許多商品完成了快速、有效和可靠的配銷目標。隔夜快遞所提供的好處包括了降低存貨和運輸的成本；降低在倉庫方面所做的投資；以及改善貨運的追蹤系統等。有很多種不同類型的商品和公司都受惠於隔夜快遞的策略，其中在性質上完全迥異的商品包括了MK戴蒙公司（MK Diamond）的鋸子和刀片；國際半導體（National Semiconductor）的晶片；戴西特克（Deisytek）電腦與辦公室自動化設備和配備等；以及零售商林曼馬可世（Nieman Marcus）。若想知道更多的相關資訊，包括配銷辦法的各種個案研究等，請參考聯邦快遞公司在www.fedex.com網址上所呈現的學習研究室（Learning Lab）。

訂單處理

實體配銷的另一個重要活動就是訂單的處理。訂單處理在貨品服務中的適當表現，永遠不會讓人覺得是多餘的。

貨品和資訊的流程

一旦訂單進到系統中，管理階層就應該進行兩個流程的監控：貨品的流程和資訊的流程。通常來說，即使公司方面做出了最佳的規劃，也無可避免地會被訂單處理系統搞得昏頭轉向。所以很顯然地，業務代表、辦公室人員以及倉庫和出貨人員這三者之間的良好溝通，對正確的訂貨處理來說，是有多麼的重要了。不管是貨品送錯了；抑或是只能達成訂單上的部分要求，這些事件都會造成顧客方面的抱怨，就如同延誤交貨或存貨用罄時，所得到的顧客反應是一樣的。所以你必須對貨品和資訊的流程持續進行監控，以便在發票開立和貨品運出之前，事先找到錯誤。

自動化的好處

就像存貨管理一樣，訂單處理也可透過電腦技術的使用，達到自動化的結果，這種電腦技術就是為人所知的EDI——電子資料交換（electronic data interchange）。EDI背後的基本構想就是以電子來傳輸必要的資料，取代在商業交易中所必須進行的文書往返（例如，訂購單和發票等）。使用EDI的公司可以降低存貨數量；增加現金的流通；簡便整個操作過程；並增加資訊交換的速度和精確度。而且一般相信，EDI可以增進買賣雙方更親密的合作關係。在《財星》（*Fortune*）雜誌前一千大公司裏頭，約有三分之一（還包括了這些公司的顧客和供應商）都已採行EDI的作法。而採購單則是電子傳輸中最常見的一種文件[8]。

零售商早已成為EDI的最主要使用者，這個事實一點也不令人感到驚訝。對渥爾商場、目標商場、K商場以及其它等賣場來說，後方勤務的速度和精確度早已成為這整個零售大餅上的關鍵性致勝要素了。許多大型零

廣告標題
一瞬即逝！

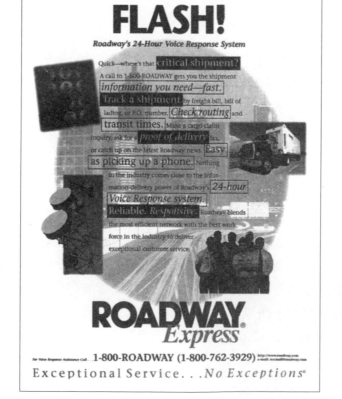

運輸模式的選定是根據運輸工具的成本、運輸時間、可靠性、設備能力、普及度和可追蹤性等原則來進行的。
Courtesy Roadway Express

售商也要求它們的供應商必須具備EDI技術。EDI可和零售商的「有效的顧客回應」（efficient consumer response）活動一起通力合作，這種活動的設計就是透過改善後的存貨、訂單和配銷技術，以適當的形式和顏色，把適當的商品陳列在貨架上[9]。（請參考第十五章，其中內文將討論更多有關零售商對EDI技術的使用）

運輸

實體配銷經理也要決定該使用哪種模式的運輸工具，來將商品從製造商的所在地搬移到買方的手上。當然，這樣的決策和其它實體配銷決策也有著相當的關連性。運輸中的五種主要模式分別是：鐵路運輸、汽車運輸、管線運輸、水路運輸、和空中運輸。配銷經理往往會根據幾個基本原則來進行運輸模式的選擇：

◇成本：某個特定的運送媒介把商品從原產地送到目的地的索價總數。成本通常以一噸一哩（ton-miles）爲計算單位（一噸一哩就是指一英里距離的一噸（或是兩千英磅）貨物之運送）。

◇運送時間：運送媒介承載貨品的總時數，其中包括了取貨和交貨的時間、處理的時間以及從原產地搬移到目的地的時間。

◇可靠性：運輸媒介將貨品保持在可被接受的完善情況下，準時送達到目的地，達成運作表現的一貫性。

◇設備能力：運輸媒介提供適當設備和條件，來搬運某些特定貨品的能力（例如冷藏設備等）。

◇普及度：運輸媒介將貨品透過某特定管道或運輸網路，進行運送的能力。

◇可追蹤性：找出貨物下落和進行貨物轉換的輕易程度。

運輸模式的使用有賴於貨主的需求而定，也就是和以上描述的六種標準相關的各種需求。（圖示14.9）針對各種運輸模式在這些標準中的利益得失，做了一番比較。

	最高 ←				→ 最低
相關成本	空運	貨車	鐵路	管線	水路
運輸時間	水路	鐵路	管線	貨車	空運
可靠度	管線	貨車	鐵路	空運	水路
設備能力	水路	鐵路	貨車	空運	管線
普及度	貨車	鐵路	空運	水路	管線
可追蹤性	空運	貨車	鐵路	水路	管線

10 討論在服務業中和實體配銷有關的特定問題點和機會點

服務業的實體配銷

在我們的經濟體系中，成長最快速的就是服務業。雖然在服務業中的配銷系統很難讓人看得出來，但用來管理存貨的相同手法、技術和策略等，也可以用來管理服務方面的存貨。舉例來說，醫院的病床、銀行的戶頭或飛機上的乘客機位等。而配銷上的規劃和執行品質，對成本和顧客的滿意度來說，也會有很重大的影響。

服務業的配銷和傳統製造業的配銷，這兩者之間的唯一區別就在於服務業的生產和消費是屬於同步發生的。在製造業中，若是發生了生產上的問題，就可以靠存貨的安全數量或更快速的運輸模式來救急。可是這種配銷上的救急辦法卻不適用於服務業。服務業的好處也往往不夠具體，也就是說，你不太能看得出來某項服務的利益點是什麼，例如某位醫生的實際醫術。可是消費者卻看得出來某項商品所提供的利益點，例如可在地毯上清除灰塵的真空吸塵器。

因為服務業是以顧客為導向的，所以顧客服務永遠放在最優先的地位。而服務業的配銷則著重在三個主要部分：

◇儘可能縮短等候時間：儘量縮短顧客在銀行裏排隊等候提款的時間；在餐館裡等候餐點的時間；以及在醫院裏候診的時間長度。這對服務品質的維持來說，是很重要的關鍵因素。

◇妥善管理服務的容量能力：對商品製造商來說，存貨扮演的是一個緩衝的角色，它能在尖峰需求的時候，不用多做額外的努力，就能提供更多的商品。服務業則沒辦法做到這點。如果他們沒有能力來滿足需求，不是會讓某些顧客失望；就是得降低自己的服務水準；再不然，就只能擴大自己的服務容量了。舉例來說，在課稅期間，稅務公司可能會湧進許多顧客要求服務，所以它若不想將送上門的生意拱手讓人，就得多加派暫時性的人手來幫忙。

◇透過全新配銷通路，改善服務的送達：就像製造商一樣，服務業現在也正嘗試使用一些不同的配銷通路來送達自己的服務項目。這些全新的通路可以延長服務的時間（例如全天候自動櫃員機），或增加顧客的便利性（例如外送披薩和到府的醫療服務）。舉例來說，有一種有別於一般醫院的醫療場所叫做醫療商場（medical malls）正在發展當中，它提供了各種完備的醫療服務，可讓你得到最妥善的醫療照顧。就像傳統的商場一樣，這些可供購物的區域也配備了噴水池、美食廣場和其它各種舒適優雅的環境。它和一般購物賣場唯一的不同就在於它的商品分類，它的商品從X光、強心針，一直到門診病人的外科手術等，都涵蓋在內[10]。

在配銷通路上做了某些改變的另一種服務業就是銀行業。銀行界現在都有提供電腦軟體，以便讓顧客從很遠的地方就可以管理運作自己的財務。這種無文件式的理財方法，除了可快速領到現金之外，還可以讓顧客做許多事情[11]。不久之後，顧客就可以在自動櫃員機上以支票兌現款項；存入支票；列印每個月的交易明細表；以及購買旅行支票、飛機票和各種表演的入場券等[12]。事實上，這種全新的銀行理財方式將可以讓顧客從全國各家銀行中選出其中幾家，而選擇的結果必定是由電子銀行取代多數的傳統銀行營業處[13]。

雖然服務業所提供的利益點並不夠具體，可是它們還是擁有補給品、原料和存貨系統。舉例來說，銀行必須有存款帳戶、貸款條件和電腦系統等，以便掌握顧客的帳戶資訊和生產每個月的交易明細表。同樣地，餐廳也要儲存一些盤子、銀器、玻璃器皿以及各種不同的食物和飲料，如此一來，才能為它的顧客提供滿意的餐點。

聯邦快遞和達美樂披薩（Domino）這兩家公司的創新服務配銷，已經劇烈影響到各自的產業了。這兩家公司都因為著重服務的時效性和送達服務的地點位置，而使得它們的市場佔有率多所斬獲。聯邦快遞保證包裹和文件會在隔夜送達到各個顧客的手上，滿足了各家快遞一向達不到的顧客需求重點。達美樂的創新作法則是讓外送披薩在30分鐘以內就送到顧客的府上。但是現在這個披薩界的巨人已經不再提供時效保證了，因為他們的送貨司機發生了車禍，而達美樂披薩卻輸了這場官司。

實體配銷的趨勢

今天，有許多先進的科技和商業趨勢都在影響實體配銷這個產業。其中包括了自動化、電子配銷、環保議題、由第三者承包後方勤務和合夥關係、運輸上的品質議題以及全球配銷等。

自動化

人工處理的配銷方式已然過時。電腦科技大大提高了實體配銷的效率，例如倉儲和物料的管理、存貨控管以及運輸等。本章已經舉出很多利用電腦科技和自動化的相關例子，上從衛星追蹤陸上運輸媒介一直到電子資料的交換、電腦化的存貨系統和條碼化的自動辨識技術等。

自動化的重要目標之一就是把第一手的資訊傳送到決策者的辦公桌上。長久以來，貨主一向認為運輸系統就像一個「黑洞」一樣，因為當商品和物料再度出現於某個工廠、商店或倉庫之前，它們是完全不在貨主的視線掌控範圍內的。但是現在的運輸媒介已裝設了追蹤系統，可以掌控貨物的行蹤；監視運輸工具的速度和所在位置；並在瞬間對行程安排做成決策。這種因自動化而為配銷過程所帶來的快速交換資訊，將有助於各方人員進行更有效的規劃。而由供應商、買方和運輸媒介這三方面所做的連結，也更促使了共同決策的可行性。同時，也因為有愈來愈多的公司投身於全球市場的競爭之中，瞬間及時的資訊也就變得愈形重要了起來。

電子配銷

電子配銷（electronic distribution）是當今實體配銷競賽中最新被開發出來的一種技術。若是以廣義的界定來說明的話，它是指以類似像光學纖維電纜的傳統輸送形式，或是以衛星傳送電子訊號等各類電子傳送方式，

電子配銷
以類似像光學纖維電纜的傳統輸送形式，或是以衛星傳送電子訊號等各類電子傳送方式，來為任何一種商品或服務進行配銷。

來為任何一種商品或服務進行配銷。舉例來說，網際購物（Internet Shopping Network，簡稱ISN）（http://www.isn.com/）是電腦軟硬體的線上最大賣主，最近它才又增添了可下載軟體部門（Downloadable Software division）。顧客可上網進入ISN當中，選擇他所想要購買的軟體，然後輸入自己的信用卡代碼，該軟體就可立刻被下載使用。在不久的將來，由於全新的壓縮技術將比過去更能進行資料的壓縮，而使得電影和音樂光碟也能下載到家用的電腦娛樂設備中。這種方法將會對於目前我們所知道的電子傳輸配銷造成革命性的變動，這其中包括了報紙、書籍、雜誌、視聽娛樂以及其它等等。

環保議題

環境保護法和消費者的自覺，都對美國企業該如何進行公司的管理運作，造成了相當深遠的影響。同時，後方勤務和配銷經理也和攸關自己公司的環保議題有愈來愈不可分的連帶關係。舉例來說，運輸部（Department of Transportation）現在要求處理危險物品的所有工作人員都必須接受訓練，而且每兩年就要接受一次測驗。這項規定適用於各種危險物品的運輸範圍，無論運載量、運載次數、被運載貨物的危險程度、公司規模或員工數量等內容多寡，都一視同仁。

對環保的關心，連帶地也降低了包裝過程中的浪費程度。配銷經理開始改進包裝的設計，消除過度包裝的情形，回收使用只用過一次的包裝材料，並轉向使用較低廉、含有再生物質的包裝材質，或者是比較不佔倉庫空間的其它包裝。愛瑟艾倫（Ethan Allen）是全美最大型的傢俱製造商暨零售商之一，它就為自己的包裝材質建立了一種創新的再生回收系統。該公司和聯合包裹服務（United Parcel Service）公司一起合作，將愛瑟亞倫公司運貨專用的發泡材質回收回來，然後再還給該材質的製造商阿瑪泰克（Ametek）公司。這個計畫降低了愛瑟艾倫的廢棄成本，還為自己增加了額外的收入，因為阿瑪泰克公司會付費給傢俱公司，向它買回這些包裝材質。

一旦美國公司開始進行全球化的配銷，無可避免地，它就必須面臨其它國家的環保法規。就後方勤務和配銷的領域而言，單是歐洲各國的環保標準就各不相同——從包裝標準、貨車尺寸、載貨重量，一直到噪音污染等，這些標準都各有不同。有些歐洲標準遠比美國當地的標準要來得嚴苛許多。舉例來說，在德國，若是將包裝材質火化或丟在掩埋場裡，都算是違法的行為。此外，製造商有責任在商品賣出之後，將包裝回收回來。為了表示遵從法律的決心，賣方會向政府所核准的第三者購買「綠點」（green dots），然後貼在包裝上。這些用來購買綠點的金額會被收集起來做為包裝回收和再生利用系統的補助金。若是貼有綠點的包裝材質被製造商隨意丟棄的話，該製造商就會被課以罰金。惠普（Hewlett-Packard）公司為了符合德國市場方面的要求，在運送桌上噴射（DeskJet）印表機時，不再採用以往常用的紙箱包裝，反而設計了一種特殊的箱匣，可以安全地裝載著用透明塑膠製品包裹的印表機。這種方法不僅減少了包裝上的浪費，也降低了機器損壞的可能性。而運送處理者現在也可以清楚地看見自己所經手處理的貨品是一台印表機，而不單單只是一個紙箱而已。

後方勤務的承包和合夥運作

後方勤務的承包
製造商或供應商將運輸上的購買和管理，或者實體配銷上的其它子系統，如倉儲等，轉交給某個獨立自營的第三團體來進行。

在配銷產業中，後方勤務的承包商已成了最快速成長的一個行業。在後方勤務的承包（contract logistics）裡，製造商或供應商將運輸上的購買和管理，或者實體配銷上的其它子系統，如倉儲等，轉交給某個獨立自營的第三團體來進行。採行後方勤務的承包作法，可以讓公司減低存貨，只在少數工廠和配銷中心裏存放一些物料，可是仍然能提供一樣或者更好的服務水準，然後還可以將自己的投資重心轉移到核心事業上。舉例來說，通用汽車就利用位在邁阿密的賴德（Ryder）公司來縮短它的運貨時間，進而提高了凱迪拉克車在佛羅里達州的營業額。因為通用汽車發現到，許多豪華車的買主不願花上幾個禮拜的時間，只為了等候一部高級房車。所以通用汽車設置了實驗性質的凱迪拉克顧客快速送貨系統（Cadillac Customer Rapid Delivery System），由賴德公司全權處理送貨事宜。該系統在奧蘭多（Orlando）擁有一家可停放一千四百台凱迪拉克車的配銷中心，車款數量之多是其它汽車代理商所無法辦到的[14]。

一點也不令人驚訝的是，後方勤務的承包作法也往往讓供應商、零售商、或製造商和某個運輸媒介、倉儲專家、或後方勤務管理供應商形成一種獨特的合夥關係。有許多正在尋求合作夥件的公司也正勵行及時存貨管理的作法。通常在複雜的配銷系統中，常常需要在緊湊的時間內將組合零件送到裝配生產線上，或是將服飾送到零售貨架上。而後方勤務的承包商則可以協助公司在期限以內完成送貨的任務；進行緊急訂單的即刻處理；並提高訂貨送達的精確度。

庫爾斯釀酒（Coors Brewing）公司就利用專事後方勤務的承包商來協助它處理啤酒配銷的事宜。因爲在以往，庫爾斯公司都是自己直接將啤酒運送到六百五十家以上的經銷商處，結果數年下來，該公司終於明瞭到這套系統是不可能跟得上需求的成長速度。於是庫爾斯公司和二十四家具有冷藏設備的公立倉庫結成聯盟，這些倉庫可以透過和柏林頓北方鐵路的合夥關係與庫爾斯公司連成一氣，庫爾斯也因此而得以降低成本，增加收益。

運輸品質

必須利用運輸業的公司都知道，運輸品質是成功與否的部分關鍵所在。有許多公司都已經發展出一套正式的品質衡量辦法，專門用來測定旗下運輸單位的品質標準。其中在品質上最重要的要求之一就是取貨和送貨的準時性、價格和運送時間以及行程表的可靠與否。大多數的運輸公司都以開發貨物追蹤系統和刪減文書處理，來回應以上要求。

貨主們也都開始以少數幾個運輸公司來負責大部分的運輸事宜。你常常可以發現到，某家公司只擁有六到八個左右的運輸媒介，可是這些運輸媒介卻負責了該公司近乎90%的運輸量。西爾思百貨店就將它的陸上運輸媒介數量從原來的三百五十家刪減到十五家左右。史耐德全國公司（Schneider National）是全美最大型的貨車運輸公司，它和西爾思公司共同合作，爲後者載運絕大多數的商品。西爾思承諾給予史耐德公司一定程度的運貨量，而史耐德公司則報以精細設備的添購，專門用來運載西爾思所托運的商品。相對的，西爾思則節省了一些支出[15]。和少數幾家運輸媒介形成合夥關係的好處不少，不僅在溝通上有了改善，運輸公司也明瞭自己擁有一定程度的貨源需要運輸，同時，貨主也可以在配銷系統中，透過集中管理的功能，發揮最大的控制效果。

全球配銷

這個世界對行銷人員來說，眞是愈來愈友善了。過去十年來，自由市場經濟的逐漸盛行，不僅掃除了許多原有的障礙，也讓各企業發現到，整個世界的市場比起以往來說，要更具有吸引力了。

正當全球貿易逐漸成為各大小型公司在市場上的致勝關鍵時，有一種經過深思熟慮的全球性後勤策略也正逐步變得重要了起來。有關送貨方面的疑慮，對某些公司來說，特別是小型公司，正是它們不敢邁向國際市場的主要原因。即使對那些在海外市場上有過輝煌戰果的公司來說，它們對後方勤務所產生的種種問題，也常常是頭疼不已。大型公司擁有資金可以建立起全球性的後勤系統，可是小型公司卻往往得靠貨運公司的服務，才能將它們的商品運到國外市場。

對任何規模的進口商來說，最具關鍵的全球性後勤議題之一就是應付各個國家的貿易法規。貨主和經銷商必須明瞭它們究竟需要具備哪些許可證、執照和註冊文件，同時根據它們所要進口的貨品種類去瞭解適用於每個國家的關稅、配額和其它相關法規？另一個要列入考量的重要因素則是地主國的基本交通設施。舉例來說，獨立國協（前蘇聯）位在主要都市以外的地區，其基本交通設施就非常的不足，比如說能承載重型卡車通過的路面，以及可靠的運輸公司等，全都明顯不足。同時偷竊和搶劫貨物的行為也屢見不鮮。而且正如「放眼全球」方塊文章中所談到的，經銷商在中國大陸也遇到了類似相同的經驗。

回顧

一旦你讀完本章，你就會明瞭行銷通路是如何運作的，以及實體配銷是如何讓貨物從製造商的工廠轉移到最終消費者的手上。不同的消費目標市場，其行銷通路的架構也往往不同。舉例來說，正如本章啟文中所談到的，許多製造商在面對大學生市場時，往往會碰到許多困難。因為大學生對行銷手法一向很謹慎小心，所以許多公司不得不雇用在校生到校園裡配銷它們的商品。對於未來，這些公司則希望能以網際網路做為商品資訊和訂購的配銷通路。

放眼全球

中國大陸的實體配銷

中國大陸是目前世界上正在竄升的最大型經濟動力屋，因為它擁有十二億的消費人口。根據預估，中國大陸的每年經濟成長將會超過10%。可是老舊的港口設施、破落的鐵公路網、以及幅員廣闊的土地等，在在都讓貨品的進出造成了很大的不便。

在穿過中國大陸時，你會發現到都市裏的道路通常是阻塞不通的，而港口和火車站的基本設施也不足，例如用來搬運貨物的推高機等。另外在高速公路和道路上時常可見到搶劫的土匪。而在某些地區，當地村落的村長甚至立起了路障，要求通行者付出過路費才准通行。而某些商品的關稅甚至高達200%。這種種問題都讓許多貨品在中國大陸不得其門而入。

請看看以下這個例子，某位顧客透過福斯公司在上海的合資工廠中訂了一部福斯汽車，預估需要六到八星期才能將汽車送達到顧客的手上，可是該名顧客卻無法期待自己可以看到一部全新閃亮的福斯汽車，上頭沒有刮痕、凹陷或者里程表上也沒有任何里程數的顯現。因為對某些顧客來說，唯一得到這部汽車的方法就是把它開到你的眼前來 —— 這是許多個案都發生過的事情，這部車也許要經過兩千英哩以上的長途跋涉或者穿越過許多高山、沙漠，甚至是途經許多未鋪柏油的土石路面等。

中國大陸的貨運系統有待加強的地方還很多。鐵路運輸是如此地不可預測，以致於每年從礦場裡挖出來的煤炭，有30%仍留在原地等待火車的運送。此外，該國的鐵路運輸也和世界其它工業化的國家大不相同，因為其它國家的鐵路運貨方式都是以貨櫃來裝載的。而一名IBM的個人電腦部經理卻說：「在這裏，我看過貨運工人把我們裝載著電腦的紙箱，一箱一箱的丟進火車裡。」雖說如此，中國大陸可是和蘇俄、伊朗、土耳其等共同合作，為外界打開了中亞的大門。

在航空貨運方面，中國大陸也只達到了部分要求而已。一名香港成衣商回憶道，他曾親眼看到自己的貨上了飛機，飛離上海，可是不久之後，又被卸了下來，只為了裝載來自政府方面的貨品。

現在有一群民營的貨運公司正逐漸在市場中竄起，可是送貨仍然是個大問題。因為北京城規定貨車不准在白天時候出入城內，以致於許多公司，像康柏電腦和IBM等，都必須對送貨上的延誤加以忍耐，並將送貨行程安排在半夜進行。

也許對中國大陸來說，發展最良好的就是沿著長江所建立起來的配銷通路了。長江是世界上的第三大河流，也是最古老的通商水路之一。長江水路的改善已使得許多汽車製造商，如通用汽車、法國的豐禾汽車（Citroen）以及中國的堂飛汽車（Dongfeng）等，都在長江沿岸設置了自己的根據地。除了汽車廠商以外，還有英國安全玻璃（British safety-glass）和馬來西亞的輪胎製造商。而國際上的消費性電器鉅子如飛利浦公司（Philips Electronics）、三上電器（Samsung Electronics）、以及NEC等，還有可口可樂、葛雷斯歐（Glaxo）、亞普強（UpJohn）和必治妥（Bristol-Myers）等各家公司，也都在長江沿岸落居了下來。可是這中間還是有許多問題有待改善，因為水路方面仍有許多極為原始的作法，比如說必須以平底木筏和小船來進行接駁等。

在世界上還有哪些地區的運輸設施是不夠完善的？貨主們該利用什麼策略來克服這類鐵公路和港口方面的問題呢？

資料來源：1996年7月11日出刊之《華爾街日報》，刊登在A1頁之〈一窩蜂的鐵路建設開啓了通往中亞利基市場的大門〉（Rail-building Boom Begins to Open Doors to Central Asia Riches）一文，Kyle Pope著；1996年8月4日出刊之《華爾街日報》，刊登在A1頁之〈個人電腦製造商發現，無論中國大陸的潛力有多厚，它實在是個一團亂的市場〉（PC Makers Find China Is a Chaotic Market Despite Its Potential）一文，David Hamilton著；1995年12月13日出刊之《華爾

街日報》，刊登在A1頁之〈有力的長江在中國大陸的經濟上扮演了一個主要的角色〉（The Mighty Yangtze Seizes a Major Role in China's Economy）一文，Marcus Brauchli著；1994年4月4日出刊之《交通世界》（ Traffic World），刊登在第18-19頁之〈為了維持大本營，改善服務，運輸媒介將為中國大陸的破落設施進行投資〉（To Maintain A Stronghold, Improve Service, Carriers Invest in China's Decayed Infrastructure）一文，Karen Thuermer著。

總結

1. 解釋什麼是行銷通路以及為什麼需要中間商：行銷通路是由幾個能展現協調功能的成員所組成的。有些中間商會購買並轉售商品；有些中間商則旨在買賣之間的所有權交換，並不在商品上頭放進它的銜稱。非成員類的通路參加者並不會加入協商的活動之中，它們的功能只是做為行銷通路架構中的輔助部分而已。

   中間商之所以被含括在行銷通路中，通常是因為三個重要的理由，第一點，中間商的術有專業有助於改善行銷通路的整體效益；第二點，中間商有助於克服一些差距問題，讓商品在數量上和配置上都能滿足消費者和企業買主的需求，並讓他們在方便的地點上就能買得到所需要的商品；第三點，中間商可減少將貨品從製造商配銷到消費者和最終使用者這個過程中所發生的交易次數。

2. 描述行銷通路中的成員，他們的功能和活動內容為何：行銷通路成員有三種基本功能。交易處理功能包括了接洽和促銷、協商以及風險的承擔等。通路成員所展現的邏輯計算功能則包括實體配銷和分類的功能。最後，通路成員也有助益性的功能，例如研究調查和財務等方面。

3. 討論消費商品和企業商品這兩種行銷通路的差異：消費商品和企業商品的行銷通路在複雜度上有明顯的不同。最簡單的消費商品通路就是從製造商到消費者的直接銷售。企業界也可以將商品直接販售給企業主或政府單位。一旦中間商介入之後，整個行銷通路就會變得較為複雜。消費商品的通路中間商包括了代理商、經紀商、批發商和零售商。企業商品的通路中間商則有代理商、經紀商和產業經銷商。

4. 描述可供選擇的各種通路安排：製造廠商往往會採行各種不同的通

路方式來將商品送到消費者的手上。在雙重配銷或是多重性配銷中，廠商會選擇兩種或多種不同的通路來配銷同樣的商品。非傳統通路則可讓製造商的商品有別於競爭對手的商品，也可為該製造商提供另一條銷售的通路。策略性通路聯盟則是利用其它製造商的既有通路。最後是逆向通路，當商品在傳統通路上以反方向的方式行進時，也就是從消費者處流向製造商，就是所謂的逆向通路。逆向通路通常用在需要修理或回收的商品上。

5. 討論會影響通路策略的各種議題：在決定行銷通路策略時，行銷經理必須先瞭解有哪些市場、商品和製造商因素會影響到通路的選擇。同時，行銷經理也需要針對配銷密集度的適當程度做出決定。

6. 討論全球市場中的通路架構和決策：對尋求海外成長的美國公司來說，全球行銷通路已變得愈來愈重要了。製造商若是想將商品推行到國外市場上，它們就必須先決定該使用哪一種類型的通路架構，尤其要決定的是：究竟該採用直接通路來銷售商品？抑或是透過國外中間商的穿針引線？行銷人員應該要知道，國外市場的通路架構可能和他們所習以為常的美國市場通路架構大不相同。

7. 討論實體配銷的重要性：在今天這個競爭激烈的環境中，行銷經理更要瞭解實體配銷的重要性。現在有許多公司不只重視商品或價位的區隔化，也紛紛在貨品和服務的配銷方法上達成有效的競爭優勢。

8. 討論將實體配銷服務和成本加以平衡的概念：今天，大家都已認定實體配銷的服務領域可以讓廠商為自己和其它競爭對手劃定區別。因此，許多實體配銷經理都努力想要在顧客服務和整體配銷成本之間，發揮最大的平衡效果。有關服務的重點包括了訂貨的有效性、送貨的時效性以及貨運上的品質水準（送貨狀況和精確度）。在評估成本時，實體配銷經理必須檢查配銷系統上的所有部分。

9. 描述實體配銷系統下的子系統：實體配銷系統有五個基本部分，或稱為子系統：倉儲、物料處理、存貨控管、訂單處理以及運輸等。在評估倉儲選擇時，實體配銷經理必須先決定所需倉庫的數量、大小和地點位置。物料處理的重點在於包裝、條碼輸入、自動儲存和檢索、以及合併化和貨櫃化。存貨控管系統規定何時應該購買以及該購買多少（訂貨的時間和訂貨量）。訂單處理則是監視貨品和資訊的流程（訂單的輸入和訂單的處理）。最後，運輸主要包括了鐵路運輸、汽車運輸、管線運輸、水路運輸和空中運輸。運送貨物的其它選擇性辦法則是綜合的運輸形式和類似像貨物運輸業的輔助性媒介。

10.討論在服務業中和實體配銷有關的特定問題點和機會點：服務業的經理就像是製造業的經理一樣，也使用相同的作法、技術和策略來管理運作實體配銷功能。服務業的實體配銷著重在三個主要部分：儘可能縮短等候時間；妥善管理服務的容量能力以及透過全新配銷通路，改善服務的送達。

11.討論實體配銷中的新技術和正竄起的新趨勢：在當今的實體配銷產業中，有許多新趨勢都正在竄起之中。先進的科技和自動化技術將第一手的配銷資訊傳送到決策者的辦公桌上。這些技術也讓供應商、買方和運輸媒介這三方面產生了連結，使得他們可以做出共同的決策，並創造出全新的電子配銷通路。就像當今的其它產業一樣，有關環保方面的議題也對實體配銷造成了一定程度的影響。各公司行號因政府單位對運送危險物品的關切而陸續做出了善意的回應，同時也發展出許多計畫來減低包裝浪費的程度。另外，許多公司雇用第三者來幫它們處理配銷過程中的絕大多數貨品，而省下了大筆的金錢和時間。此外運輸公司也在送貨和取貨的時效上做了改進，並開發貨物的追蹤系統，和貨主之間採行電子通訊方式。

對問題的探討及申論

1.請描述下列消費商品最有可能採行的配銷通路什麼：糖果棒、鎚子、非虛構書籍、新款汽車、農產市場的商品以及音響設備等。

2.請列出行銷通路需要重新設計的三個理由。請個別舉證，來支持你的看法。

3.請就你所熟悉的商品，描述它的配銷通路。請解釋你為什麼認為它的通路架構就像你所描述的一樣。

4.你被聘請去為某家新公司設計配銷通路，這家公司專門為大學生的社團製造販售一些新奇的小東西。請寫一份備忘錄給該公司的總裁，描述你所設計的通路應如何地運作。

5.實體配銷系統可以將目標設定在最低成本的運作上嗎？為什麼可以？或為什麼不可以？

6.你認為哪一種實體配銷策略最理想？為什麼？

7.請找出運送以下貨品的最適當方法：木材、海鮮、天然瓦斯、精緻的磁器、汽車。請說出你的理由。

8.假設你是某家醫院的行銷經理，請寫一份報告，指出你所關心的實體配銷功能。請就服務和貨品的實體配銷之間的異同性進行討論。

9.請從班上選擇一到兩個同學，組成一個小組，在你的社區中找出兩家零售商進行訪問。其中一家必須是小型的當地零售商；另一家則是較大型的連鎖分店。舉例來說，你可選擇一家當地的服飾店或餐廳，然後將它拿來和地區性或全國性的連鎖店做比較。請訪問這兩家店的經理或副理，瞭解當地零售店用來吸引顧客的零售組合和全國性零售分店所使用的零售組合有什麼不同？請準備一份書面報告，向你班上同學進行提案報告，請提出當地零售店該如何和全國性零售分店在市場上進行競爭。

10.請引用綠樹會員（GreenTree Associates）用來詢問國際性經銷商的問題，提出其中三個最有趣的問題（最起碼要涵蓋一個行銷方面的問題）。你為什麼選擇這三個呢？
http://www.greentree.com/distbook.html

11.什麼是世界貿易網服務（TradeNet World Service）？這類組織如何影響現有既定的通路和配銷？
http://www.tradenet.org/

學習目標

在讀完本章之後，各位應當能夠做到下列各項：

1. 討論零售業在美國經濟上的重要性。

2. 解釋零售商的分類別。

3. 描述零售經營的幾個主要類型。

4. 討論無店面式的零售技巧。

5. 說明加盟業的定義，並描述其中的兩種基本形式。

6. 列出在發展零售行銷策略時，所牽涉到的主要任務有哪些。

7. 描述零售業的未來趨勢。

8. 討論零售業的現存問題。

9. 列出專營批發活動的各種公司類型，並描述它們的功能。

第15章

零售業與批發業

在今天這個競爭日趨激烈的世界裏，零售業正奮力掙扎想要找出最新的辦法來贏得購物者的歡心。一度曾將購物當作是娛樂運動的消費者，現在都漸漸開始將這件事情視爲一樁苦差事了。消費者的缺乏興趣已經讓很多零售商垂死以待，這其中包括了愛狄森兄弟商店（Edison Brother Stores）、海斯汀思集團（Hastings Group）及布雷李斯（Bradlees）等。消費者愈來愈偏向於有效率的購物方式，他們不想再花太多的時間和金錢在購物上頭。爲了解決這個問題，零售商們重新拾回吸引消費者的黃金定律：以適當的價格，在適當的時間和適當的地點提供適當的商品。說的簡單一點：今天的消費者想要更省事的購物方式。

零售商紛紛發出各種辦法做爲回應，舉例來說，目標商店（Target）就計畫要以適當的商品提供給消費者。爲了達到這個目的，目標商店執行了一個稱之爲顯微行銷（micromarketing）的策略，也就是每一家分店的出售貨品都要迎合顧客的特定偏好才行。類似像賀卡、裝潢格調、音樂和服裝等，也都必須迎合當地種族和年齡族群上的喜好風格。爲了要成功，目標商店計畫要以店裏30%的貨品式樣來反映出當地顧客的喜好不同。

渥爾商場則極力瞄準顧客對適當商品和適當價格的需求，它擴大了商品的選擇範圍，同時壓低價格。渥爾商場在不同的進貨階段上都進行了成本的削減——從製造商到批發商，再到商店的貨架上。渥爾商場在過去十年來將15%的銷貨支出降低了四個百分點。

其它零售商則嘗試在適當的時間和適當的地點提供便利的商品。舉例來說，金融機構都在促銷全新的「電話貸款」服務。不管借貸的理由是什麼，消費者只要撥一通電話，就可以借到貸款金額。在這種全新的貸款過程中，你不用再和放款經理約定碰面時間，也不用再跑好幾趟銀行，只爲了填寫一大堆表格。

伊茲（Eatzi's）餐廳是一家全新的餐廳，所有者是布林克國際（Brinker International）公司，該餐廳也希望能在商品的便利性上大作文章。它奉行「外帶餐」的作法，因爲美國的晚餐習慣正逐漸改變中，所以該餐廳結合了超市和餐廳的概念，推出家用餐點的另一種選擇。它以不需要額外調理時間的居家烹調餐點來應付消費者這種與日俱增的需求。伊茲餐廳每天都會準備四百種左右的菜單，除此之外，還有其它各種商品項目，都是消費者可能想買來營造在家用餐氣氛所用的東西，例如鮮花、美酒和佐料等[1]。

正如以上這些例子所證明的，吸引消費者已然成為當今零售商主要的關切重點。而在未來，你認為還會有什麼因素能影響到商店裏的零售組合呢？本章就是要探究這些問題的答案，並藉由討論零售商和批發商在配銷通路上所扮演的中間商角色，從而找出其中更多的答案。不管是零售商還是批發商，它們所扮演的通路角色都促使了其中的商品和服務源源不斷地流向最終消費者。

本章一開始就先討論零售業的角色，以及用來分類零售運作的一些辦法。此外，我們還會描述有關零售行銷策略方面的決策議題。同時，也會摘要總結批發商的各種類型，以及預期批發業的未來趨勢。

1 討論零售業在美國經濟上的重要性

零售業的角色

零售業
為了個人用途和非商業的用途，而將貨品和服務賣給消費者的所有直接相關活動。

零售業（retailing）──為了個人用途和非商業的用途，而將貨品和服務賣給消費者的所有直接相關活動──增進了我們日常生活的品質。當我們採購雜貨、做頭髮、買衣服、書籍、以及其它許許多多的商品和服務時，我們就是在和零售業打交道。由零售商所提供的數百萬種貨品和服務，也正好反映出了美國社會的需求和生活形態。

零售業直接或間接地影響著我們所有的人。事實上，零售業是擁有最多雇主的產業之一，大約有超過兩百萬以上的美國零售商雇用了將近一千九百萬名的員工。每一年，零售業都可以達到兩兆美元的營業額[2]。小一點的零售商，包括小型餐館等，它們的營業額就佔了上述總營業額的一半以上。

雖然大多數的零售商規模都相當小，可是其中少數幾個大型企業卻主宰著整個零售產業，它們的總家數還不到整個零售業的10％，可是其營業額卻佔了整體零售營業額的一半以上，而旗下的員工人數也幾乎是該產業員工總數的40％。（圖示15.1）列出了美國十大零售商。

'95年排名	公司	零售形式	'95年收入／十億美元	'95年總店數
1	渥爾商場 阿肯色州貝托維（Bentonville）	折價商店、超級購物中心、和倉儲俱樂部	$89.1	2,943
2	西爾思羅依巴克公司 （Sears, Roebuck and Co.） 伊利諾州郝夫曼產業 （Hoffman Estates）	百貨公司和郵購目錄展示店	34.9	2,306
3	K商場（K Mart） 密西根州特洛伊（Troy）	折價商店、超級購物中心、家用品中心	34.4	2,477
4	克羅傑（Kroger） 俄亥俄州辛辛那提（Cincinnati）	超級市場和便利商店	23.9	2,144
5	蒙頓郝森企業 （Dayton Hudson Corporation） 明尼蘇達州明尼波理斯 （Minneapolis）	折價商店和百貨公司	23.5	1,029
6	JC潘尼 德州布雷諾（Plano）	百貨公司、郵購目錄展示店和藥房	21.4	1,883
7	美國商店公司 （American Stores Company） 猶他州鹽湖市	超級市場和藥房	18.3	1,650
8	價格／成本公司（Price/Costco） 華盛頓州伊薩夸（Issaquah）	倉儲俱樂部	18.2	240
9	安全路公司（Safeway, Inc.） 加州普林森頓（Pleasanton）	超級市場	16.4	1,059
10	家用補給站 （The Home Depot） 喬治亞州亞特蘭大	家用品中心	15.5	423

圖示15.1
美國十大零售商

資料來源：1996年八月號的《連鎖店時代》（*Chain Store Age*）中的州立產業特別報告：〈前一百大連鎖店〉（The Chain Store Age 100）一文，第3A-4A頁。

零售運作的分類

2 解釋零售商的分類
及零售業的角色

零售組織可以根據它的所有權、服務程度、商品配置和價格等進行分類。尤其，零售商可以利用後面三個變數來為自己在競爭市場中定位。（正如第八章所談到的，定位就是一種策略，可用來影響消費者對某個商品和其它所有競爭商品之間關係的認定。）這三個變數也能以各種不同的方法進行結合，從而創造出各種明顯不同的零售運作。（圖示15.2）就列出了本章所要討論零售店的幾種主要類型，並根據它們的服務程度、商品配置、價格和毛利等的不同來進行分類。

圖示15.2
各種類型的商店以及它們的特徵

零售店類型	服務程度	商品配置	價格	毛利
百貨公司	有些高到高度	廣泛	適中到高價	有些高
專賣店	高度	有限	適中到高價	高
超級市場	低度	廣泛	適中	低
便利商店	低度	一般到有限	有些高	有些高
全線折價商店	適度到低度	一般到廣泛	有些低	有些低
折價專賣店	適度到低度	一般到廣泛	有些低到低價	有些低
倉儲俱樂部	低度	廣泛	低價到非常低	低
特價零售店	低度	一般到有限	低價	低

所有權

零售商可依所有權的形式進行廣泛的分類，其中包括了獨立性、連鎖性或者是特許加盟等各種形式。零售商由某個人或幾個合夥人所擁有，而不是某大型零售組織體下所運作的某個部分而已，這樣的零售商就稱之為**獨立的零售商**（independent retailers）。就全球來說，大多數的零售商都是屬於獨立自營性的，在他們自己的社區，經營著一或數家的零售店。地方性的花店、鞋店和民間小吃店都是屬於這種類型。

連鎖店（chain stores）是由某大組織體所擁有和運作下的一個小團體。在這種所有權形式下，許多行政方面的事務都是由所有連鎖店的總部辦公室來統籌處理。店裏出售的多數貨品也多由總部辦公室來進行採購。

加盟店（franchise outlets）是由個人所擁有和經營運作的，可是卻必須經過大型支援組織的許可營業。加盟店的形式結合了獨立所有權和連鎖店組織企業的兩種好處。我們會在本章稍後的地方再詳加探討這個部分。

獨立的零售商
零售商由某個人或幾個合夥人所擁有，而不是某大型零售組織體下所運作的某個部分而已。

連鎖店
由某大組織體所擁有和運作下的一個小團體。

加盟店
由個人所擁有和經營運作，可是卻必須經過大型支援組織的許可營業。

服務程度

零售商所提供的服務程度可依全套服務到自助服務的程度範圍來分類。有些零售商，例如獨家代理的服飾店，所提供的就是高水準的服務，他們為顧客提供服飾修改、信用簽帳、到府送貨、諮詢參考、不受約定的退貨政策、預付定金、禮物包裝以及私人購物等各項服務。折價店所提供的服務往往比較少；而類似像工廠直營和倉儲俱樂部之類的零售商，則完全沒有提供任何服務。

商品配置

商店定位或分類的第三個基準就在於它所銷售之商品線的廣度和深度。舉例來說，類似像印記卡片專賣店（Hallmark card stores）、淑女足下小鋪（Lady Foot Locker）以及TCBY優格專賣店（TCBY yogurt shops）等這樣的商店，它們在商品的配置上非常集中，只販售單條或少數幾條商品線，可是這幾條商品線上的貨品卻非常的充足深入。從另一端來看，全線折價店在貨品的配置上就牽涉很廣泛，可是相對地，深度卻不足。舉例來說，目標商場的貨品包括了汽車百貨、家庭清潔用品和寵物食品等，可是單就寵物食品來看，可能就只有四到五個品牌的狗食而已，而在超級市場裏，狗食的品牌可達二十種之多。

另一些零售商，像是工廠直營店，可能只販售某單一商品線的部分商品而已。麗茲克萊邦（Liz Claribrne）是女性服飾的主要製造商，它在許多自營店中，只出售自己品牌的部分項目而已。而像家用補給站或玩具反斗城這類折價專賣店，它們只集中在幾條商品線上（例如建築和家居補充品或是玩具等），可是卻有很廣泛的商品配置。

價格

價格是用來定位零售商店的第四種辦法。傳統的百貨公司和專賣店都是以全額的「零售建議價」來出售商品。相反的，折價店、工廠直營店和特價零售商則使用低價策略來吸引消費者的上門。（圖示15.2）的最後一欄就出示了每一種商店類型的毛利情況。所謂毛利（gross margin）就是指零售商將所賺取的金額扣除掉售出貨品的成本之後，其金額佔總營業額比

毛利
零售商將所賺取的金額扣除掉售出貨品的成本之後，其金額佔總營業額比率的多寡。

率的多寡。毛利多寡通常和售價的高低很有關聯。舉例來說，傳統的珠寶店售價很高，毛利相對也很高；工廠直營店的售價低，所以也只能獲取較低的毛利。在拍賣期間的商品降價活動和競爭市場中的價格戰，它們的削價求售都是爲了吸引顧客的上門，但同時也造成了毛利的滑落。舉例來說，當渥爾商場進入阿肯色州某一社區的雜貨生意之後，隨即就爆發了激烈的價格戰。在價格戰邁入白熱化的階段時，一夸特的牛奶售價下降了50%（低於一品脫牛奶的價格），而一條吐司售價也只有九毛美元，這樣的價格是不會讓任何零售商賺到利潤的。

3 描述零售經營的幾個主要類型

零售經營的主要類型

零售店有幾種類型，每一種類型都根據顧客的購物喜好，提供不同的商品配置、服務程度和價位。

百貨公司

百貨公司
將幾個營業部門集中在同一個屋簷下的商店。

百貨公司（department store）將幾個營業部門集中在同一個屋簷下，所以它的各種購物商品和特殊品貨色齊全，其中包括了服飾、化妝品、家用品、電器、有時候甚至也出售傢俱等。顧客們可以在每個部門選購商品，不用再到集中式的收銀機面前進行結帳。每一個部門都被視爲一個單獨的購物中心，具備了促銷、購買、服務和控管等各種經濟功能。每一個部門也都有自己的採購員（buyer），他或她不只要爲自己的部門進行採購，也要負責該部門的促銷事宜和人事問題。爲了維持百貨公司的統一形象，中央管理階層必須負責整體的廣告計畫、信用政策、樓層擴張、顧客服務以及其它相關事宜等。

採購員
百貨公司部門主管，他或她不只要爲自己的部門進行採購，也要負責該部門的促銷事宜和人事問題。

就現在來說，大型獨立的百貨公司已經很少了，大多數的百貨公司都是全國性的連鎖店。其中全美最大的幾家百貨連鎖店包括了西爾思、爹頓郝森（Dayton-Hudson）、JC潘尼、聯合百貨公司和五月百貨公司（May Department Stores）等。這些組織企業的零售連鎖店全都不只一家，它們從折價連鎖店到高級服飾店，算得上是應有盡有[3]。另外，還有兩家逐漸竄起的百貨連鎖店，一家是位在阿肯色州小岩城（Little Rock）的迪爾拉百貨公司；另一家則是總部位在西雅圖的諾德史壯百貨公司。迪爾拉的專業配銷一向非常著名；而諾德史壯的創新顧客服務也為人所稱道。在過去這幾年來，市場上所有的焦點都集中在這兩家日益茁壯的百貨連鎖店身上，大家都看好它們的未來遠景。

JC潘尼公司與史賓吉爾公司，請比較這些電子購物的選擇。線上購物可以為消費者帶來什麼好處？你認為會有什麼壞處呢？
http://www.jcpenney.com/
http://www.speigel.com

每一年，百貨零售業都有戲劇化的事件發生。消費者在1980年代晚期親眼目睹了全國幾家有名的大型百貨連鎖店，它們之間的接收、合併和併購等種種上演戲碼。類似像布魯明戴爾（Bloomingdale's）、沙克第五大道（Saks Fifth Avenue）以及瑪沙菲爾德（Marshall Field's）等零售界的巨人，也因為龐大的債務和停滯不前的消費者需求，而被迫下海拍賣。而其它許多百貨公司也為了償還大筆的債務，不得不削價求售。在這樣的過程中，它們變得愈來愈無新意，甚至造成了某些百貨公司的倒店關門。

最近幾年來，消費者變得愈來愈有成本意識和價值觀念了。類似像蓋普（The Gap）商店以及一些折價店、目錄展示店、甚至是線上電腦購物等各種購物方式五花八門，全都利用了百貨公司的既有弱點，趁機推出各種琳瑯滿目的商品選擇，還有優惠價格和不同以往的便利好處。它們在新科技的採行上和節省勞力的策略投資上都快人一步。除此之外，它們的低成本架構也能在價格上嘉惠於顧客。同時，像麗茲克萊邦（Liz Claiborne）、貝絲（Bass）、卡文克萊和雷夫羅倫（Ralph Lauren）這些製造商，都開了專屬於自己品牌的直營店。而渥爾商場和目標商場等這類折價店，也盡力想提升賣場中服飾商品的品質，因而從百貨公司那裏拉走了不少生意。

百貨公司的經理們正想盡各種策略，以防自己的市場佔有率流失。其中之一就是將百貨公司重新定位為特殊專賣店的集大成，他們將各部門劃分成幾個小型的精緻專賣店，每一個都有各自獨特的品味和風格，就像市面上的專賣店一樣。同時，百貨公司也提升對顧客的服務水準，以便轉移顧客對價格的注意力。服務內容包括了服務人員的補充輪替、延長營業時間、親切的招呼問候、售後服務及個人服裝造型的規劃等。最後百貨公司也都力圖事業上的擴張與店內的重新設計，並在其中注入新的活力，以期呈現全新的商品促銷方向，並反映出它們在行銷領域上的成長結果。

特殊專賣店

特殊專賣店的形式可讓零售商將自己的區隔策略琢磨得更加精細，並

類似像「維多利亞的秘密」這樣的專賣店，總是以它們的商品來迎合特定目標市場的需求。
©John Abbott

特殊專賣店
只專營某種類型商品的零售店。

以它們的商品來迎合特定目標市場的需求。**特殊專賣店**（specialty store）不只是一種商店的類型而已，也是一種零售經營的方式，也就是說，這是一種只專營某種類型商品的店，其中例子包括了兒童服飾、男性服飾、糖果、烘焙食品、上選咖啡、運動商品和寵物百貨等。典型的專賣店所出售的特殊商品，比起百貨公司來說，其商品配置範圍較小，但卻相當的深入。一般來說，專賣店裏術有專精的銷售人員會提供無微不至的顧客服務。這種形式已經在服裝市場和其它領域中日益風行。班尼頓（Benetton）、渥頓書（Waldenbooks）、維多利亞的秘密（Victoria's Secret）、美體小鋪（The Body Shop）、美足小鋪（Foot Locker）以及克雷和貝諾（Crate & Barrel）等都是極為成功的專賣店零售商。請看看「放眼全球」一文中所談到的星鹿咖啡（Starbucks Coffee），它是如何將專賣店的成功經驗移植到日本市場。

到專賣店購物的消費者通常不太在乎價格的高低，相反的，與眾不同的貨品、店內的外觀裝潢和服務人員的經驗態度才是他們所重視的。一般來說，製造商也比較喜歡在小型專賣店裏出售自己的商品，更甚過於在大型零售店和百貨公司裏進行販售。舉例來說，廣受歡迎的湯瑪斯坦克車引

放眼全球

日本聞到星鹿咖啡（Starbucks）而醒了過來

　　星鹿咖啡（Starbucks）讓日本的連鎖咖啡吧無不膽顫心驚。當位在東京最繁華地區的一則戶外廣告──「即將開幕：星鹿咖啡」於1996年的早春刊登出來的時候，當地的咖啡吧全都進入了草木皆兵的階段。鄰近的一家咖啡吧徵募了一些不動產經紀人，要求他們協助調查星鹿咖啡可能在哪個地點開店。其它的日本咖啡吧則開始在店內提供「西雅圖咖啡」，或是重新裝潢，以期自己的店看起來很像星鹿咖啡吧。另外還有一些公司則到美國本土進行市場情報的蒐集，想要找出星鹿咖啡的秘方。

　　這種焦慮緊張的狀況似乎有些奇怪，畢竟日本是全球排名第三的咖啡消費國，僅次於美國和德國。當地的市面上早已充塞了各式各樣的咖啡店和咖啡自動販賣機──光是可口可樂就有超過80萬台的自動販賣機有售罐裝咖啡──所以看起來應該算是個成熟過剩的市場。同時，日本人的口味一直對拉塔咖啡（caffe latte）和摩卡咖啡（caffe mocha）之類的濃咖啡不太能接受，他們飲用的都是即溶咖啡或罐裝的即飲咖啡，以及美國式的熱咖啡。

　　可是星鹿咖啡一向擅於創造出人們對咖啡的品味要求，這是眾所皆知的事實，而日本的咖啡承辦商最怕的就是1996年八月在東京銀座全新開張的星鹿咖啡吧，這家店可能會在日本當地創造出全新的咖啡市場，而那個市場也正是這些日本商人積弱不振的所在。「過去幾年來，我們一直對濃咖啡飲料可能會攻陷日本整個咖啡市場的這個夢魘，揮之不去。」布朗多企業（Pronto Corporation）的總裁西子和納（Seiji Honna）如是說道，該企業是一家很大型的連鎖咖啡吧，擁有將近94家分店。「而我們卻不知道該如何製作出一杯上好的濃咖啡。」

　　星鹿在日本市場的登陸，讓許多類似和納先生的執行主管憂心不已，因為他們不知道該如何進行第一步接觸。像星鹿這樣的美國公司在日本大張旗鼓地進行開張，我們可從當地日本人的看待方式驗證出日本在開發有創意且具消費者導向的服務業上，還落後了一大步。

　　有些日本連鎖咖啡吧的經營者承認，他們的確缺乏星鹿咖啡的精緻度，也就是他們所稱的「商店的包裝」，亦即是將店內設計、包裝設計和其它廣告推銷技巧，全部加以整合，形成一個引人注目的整體識別。而星鹿咖啡的日本合夥公司，撒沙比（Sazaby）公司在高級零售業中也算得上是佼佼者，因此將有助於星鹿咖啡在日本市場上建立起基本的形象地位[4]。日本消費者在一開始的時候可能需要一點小小的教育，以便引導他們解除對各種濃咖啡的重重疑慮。可是日本星鹿咖啡的總裁陽子（Yuji Tsunoda）認為，這些消費者很快就可以學會了。「四年前，有多少美國人知道拉塔咖啡、杜皮歐濃咖啡（doppio espresso）或卡布其諾咖啡（Cappucino）？」他說道，「應該是由我們來協助顧客去更瞭解咖啡才對。」

　　事實上，在東京新開張的星鹿咖啡專賣店裏，牆上的菜單就是以英日文兩種語言並列。星鹿甚至還提供日本版的小手冊，內容就是「濃咖啡──你需要知道些什麼呢？」員工和顧客都可以參考一種類似像藍圖的圖解表，上頭詳細記載了拉塔咖啡的各種確實規格，甚至連浮在咖啡上頭約四分之一英吋厚的泡沫鮮奶都有說明。東京的星鹿專賣店也把在美國店內所用的一切行頭全都照單接受，其中包括了大杯子、濃咖啡調製器、投幣式咖啡沖調器、濾淨器和杯墊等。

　　在街道另一頭的布朗多咖啡吧，它的咖啡要便宜多了，大約只要160塊日元（美金1.5毛），而星鹿卻索價250塊日元（美金2.3毛）。可是布朗多的低矮天花板、室內昏暗裝潢和自助餐式的托盤，實在很難讓人把它和上選咖啡連想在一起，店裏的食物就更不用提了。布朗多的咖啡餐點包括了熱狗麵包加上義大利麵和炸雞，以及鹹味的麵條三明治，上頭還撒了些許的海藻。而從另一方面來說，星鹿提供的就比較偏向於精緻的美食餐點──小餅乾、鬆餅、牛角麵包、三明治以及上頭撒有芝麻粒的圈餅等[5]。

　　你還能想到哪些特殊專賣店，可能可以成功地移植到國外市場上？你認為它們可能會遭遇到什麼阻礙？

擎玩具（Thomas the Tank Engine toys），它的製造商就從玩具反斗城之類的大型零售店裏撤櫃出來，只將這種玩具鋪貨在小雜貨零售店和其它小型的專賣店裏。透過玩具專賣店出售商品，可為湯瑪斯戰車營造出一種與眾不同的形象，而且小型專賣店在新玩具概念的測試上，也比較沒有風險負擔[6]。

超級市場

美國消費者的可支配收入，其中有8%都用在超市的購物支出上。[7]超級市場（supermarket）就是一種大型、部門化、自助式的零售商，專門出售食品和某些非食品類的項目。

十年前，產業專家預估超市產業會逐漸衰退，因為它只有1%到2%的銷售利潤比率。這些專家起初認為超級市場只需要擁有不斷成長的顧客群，以量化的維持來制衡這種低利潤的收益。可是儘管每年的平均人口成長率有不到1%的成長，超級市場仍然在營業額上逐步的滑落。結果，專家們不得不在人口趨勢的因素以外，另尋有關消費者生活形態和人口學方面的變化因素。他們終於發現到，這其中還有好幾種趨勢會影響到超級市場的產業。

舉例來說，消費者的外食機會增加了。消費者每年花在食物上的金額超過五千億美元，可是需要在家烹調的食物卻不及這筆金額的一半，和1965年比起來，在家烹調食物的支出就滑落了70%。一般預估這種趨勢還會持續下去，而且，到了1997年年初的時候，花在餐館和外帶餐點的費用支出將會佔掉全國雜貨的大部分營業額。而這種外食市場的成長更受到了婦女人口投身職場的推波助瀾，因為她們需要的是便利又省時的商品。雙薪夫妻也需要一次解決式的購物場所，而且有愈來愈多的有錢顧客也願意在特殊食品和熟食上多花些錢。

因為各商店都在尋找如何配合消費者對一次解決式購物需求的方法，所以傳統的超市就逐漸被較大型的超級購物中心給取代了，而後者的規模往往是超市的兩倍大。超級購物中心滿足了當今顧客對便利性、多樣性和服務的需求。超級購物中心所提供的一次解決式購物內容包括了食品和非食品類，再加上許多其它的服務，其中包括藥房、花店、沙拉吧、店內西點烘焙、外帶餐食品區、餐館用餐區、健康食品區、影帶出租區、乾洗服務區、皮鞋修理、底片沖洗、和銀行金融服務等。有些購物中心甚至還設置了牙醫診所和眼鏡行。這種在同一個屋簷下提供各式各樣貨品和服務的趨勢作法就稱之為**混合式商品組合**（scrambled merchandising）。

　　另一個影響超級市場的趨勢是消費者在認定價值感方面的焦點重心所在。消費者現在都已逐漸將購物場所轉換到倉儲俱樂部和折價中心，因為那裏的食材售價都很低廉。類似像渥爾商場和K商場之類的大型供貨中心，它們都增加了農產品、肉類和西點烘焙之類的貨品比例；在此同時，超級市場也增加了很多大包裝份量的商品，例如：十二捲一綑的衛生紙、二十四罐裝的軟性飲料、多盒包裝的穀類食品等。也因為這些零售商之間的不同區別逐漸淡化模糊，而使得價格成為大家矚目的焦點。雙重和三重兌換券、每日特價以及價格上的促銷活動等，在在都使得市面上的價格戰愈來愈白熱化。

　　許多超級市場都調整自己的行銷策略，來吸引特定的消費區隔市場，以求贏過那些以低價做為唯一競爭手段的對手們。超級市場藉著提供更大的便利性和更廣泛的商品選擇，特別是在生鮮類和服務部門上，終於讓自己能在日趨熙攘的市場中找到一席立足之地。

便利商店

　　便利商店（convenience store）可被界定為一種小型的超市，所販售的商品線很有限，而且是高流通率的便利商品。這些自助式的商店通常位在住宅區的附近，每天24小時營業，每週七天。便利商店所提供的正如它的名稱所暗示的一樣：便利的位置、很長的營業時間以及快速的服務等。但是，它店內商品的價格卻往往高於超級市場。也就是說，顧客必須為它的便利性多付出一點。

　　自1970年代中期一直到1980年代中期這之間，便利商店如雨後春筍般地紛紛開張，許多便利商店還附設了自助式的加油站。而全套服務式的加油站則開設了自營性的小型商店，販售香煙、汽水和點心等做為對便利商店的反擊。超級市場和折價商店也以一次解決的購物方式和快速的結帳來招攬顧客的上門。為了對抗加油站和超級市場，便利商店的經營者也都改變了策略作法。他們以影帶的出租、健康美容用品、高品質的三明治和沙拉系列以及生鮮的農產品，來擴大店內非食品類的商品項目範圍。有些便利商店甚至販賣店內調理好的必勝客披薩和塔可貝爾等熟食。其它零售商則實驗性地執行便利商店的作法，提供新鮮調理好的熟食，再加上傳統便利商店慣有的鹹味零食和飲料，以期能吸引更多的女性顧客。舉例來說，圓圈K（Circle K）公司最近開張了一家大型的實驗性商店，就叫做愛蜜莉的餐點等（Emily's Meals & More），該店提供調理好的熟食，有點心、熱騰騰的主菜和其它各種餐點項目[8]。

折價商店

折價商店
以低價、高流通率和大宗貨品等為競爭基準的零售商。

折價商店（discount store）就是以低價、高流通率和大宗貨品等為競爭基準的零售商。這類折價店已迅速竄起成為零售業中的一股主流勢力，一部分是因為自1990年代的經濟衰退以來，消費者就對支出花費變得謹慎小心多了，再加上人口變遷等其它因素。1960年代的折價商店多是以全商品線的折價為重點，可是到了今天，折價商店卻可以再被細分為全線折價商店、折價專賣店、倉儲俱樂部和特價零售店等。

全線折價商店

全線折價商店
一種折價商店，所提供的消費者服務較有限，可是店內卻有配置廣泛的全國知名熱銷商品，

和傳統的百貨公司比起來，全線折價商店（full-line discount stores）為消費者所提供的服務較有限，可是店內卻有配置廣泛的全國知名熱銷商品，其中包括了家用品、玩具、汽車零件、五金類、運動用品和園藝用品等，還有服飾、寢具以及一些亞麻製品等，有些甚至還出售不會腐壞的食品類，如軟性飲料、罐裝食品和洋芋片等。就像百貨公司一樣，全國性的連鎖組織也主宰著折價商店的整個產業。全線折價商店往往被稱之為量販店。量販（mass merchandising）是一種零售策略，也就是零售商利用大宗貨品的中低價位和較少的顧客服務，來刺激商品的高流通率。

量販
一種零售策略，零售商利用大宗貨品的中低價位和較少的顧客服務，來刺激商品的高流通率。

就營業額來說，渥爾商場就是屬於最大型的全線折價零售商，它的分店超過了兩千九百家，另外，它也將自己的版圖延伸到小型城鎮的外緣地帶，以期能吸收附近方圓的零售生意。其實，渥爾商場之所以成功，大部分歸功於它對商品的獨到眼光、成本意識、有效的溝通、配銷系統以及許許多多自動自發的員工。該公司預計每年可增加一百家以上的分店，年收益則有20%的成長[9]。

除了在美國本土的豐收以外，渥爾商場也致力於海外版圖的擴張，所

到之地包括了墨西哥、加拿大、波多黎各、巴西、阿根廷和中國大陸等。海外的零售事業對大型零售商來說，無疑是一大挑戰。就拿在墨西哥的例子來說好了，渥爾商場發現到，墨西哥的商店和美國本土的商店存在著很大的不同差異。位在墨西哥的超級購物中心，其業主本來認定來店裏購買一般商品的顧客也會順帶買些雜貨回去。可是卻沒想到墨西哥人仍然在鄰近的肉舖、玉米餅店、麵包店、水果攤和雞蛋店裏買東西。部分原因是因為類似像玉米餅之類的食物不經久放，最好不要隔夜再吃，所以許多墨西哥人還是習慣到鄰近商店裏買菜，因為他們相信那裏的肉類和蔬菜會比較新鮮[10]。

K商場是排名第二的折價商店，擁有大約兩千五百家分店，可是年營業額卻只有渥爾商場的三分之一左右。K商場將店內裝潢重新設計，並擴充商品線和廣告宣傳，以期改進它的企業形象，可是卻發現成效有限。事實上，K商場已經關閉了數個營業點，銷售額也出現了滑落的現象。就像渥爾商場一樣，K商場也力圖擴張海外市場，其中包括墨西哥以及一些東歐國家，可是海外市場的戰果也是備嚐艱辛。

有一種混合式的全線折價商店稱之為**超大型賣場**（hypermarket），它是源自於歐洲的一種商店類型。這種光芒耀眼的超大型賣場結合了超級市場和全線折價店的特點，其佔地空間多在二十萬平方英呎到三十萬平方英呎之間。雖然這種賣場在歐洲非常成功（因為那裏的消費者並沒有太多的零售店選擇），可是在美國本土卻不見得吃香。舉例來說，多數歐洲人仍然會為了食物上的需要，到好幾家小店裏選購食材，所以就讓超大型賣場有了可趁之機。從另一方面來說，美國人卻有一大堆貨色齊全的各種商店可供選擇，根本不缺這種大型賣場。根據零售業執行主管和分析家的說法，美國消費者發現這種超大型賣場實在太大了。不管是美國渥爾商場的超大型賣場，抑或是K商場的超大型賣場，全都無法通過市場上的實驗階段。

和超大型賣場很類似，可是卻只有一半規模的，就是**超級購物中心**（supercenter），它結合了雜貨和一般貨品，再加上種類繁多的各種服務，如藥房、乾洗、人像攝影工作室、底片沖印、髮型沙龍、和眼鏡行等多項服務。這些超級購物中心以每日特價的方式推出各種食品，使得超級購物中心的聲名遠播全國[11]。渥爾商場現在有三百家左右的超級購物中心，並打算以此形式替換掉許多老舊的渥爾商場。在利用了超級購物中心做為自己

超大型賣場
結合了超級市場和全線折價店兩者於一身的零售商店，其佔地空間多在二十萬平方英呎到三十萬平方英呎之間。

超級購物中心
結合了雜貨和一般貨品，再加上各種服務項目的零售商店。

的成長媒介之後,渥爾商場的管理階層發現到,當渥爾商場轉型成為超級購物中心之後,店內一般貨品的營業額也相對地成長了20%到30%[12]。於是K商場也馬上跟進,開了一家同樣的K商場超級購物中心。這兩個零售巨人的作法,對傳統的超級市場來說,無疑是一大威脅。而目標商場也不甘示弱,立刻開了第一家屬於自己的超級購物中心,其中貨色涵蓋了品質比較高級的一般商品和服飾店,另外還結合了雜貨類、銀行分部、藥房、攝影工作室以及餐廳等各項服務[13]。

超級購物中心也威脅著歐洲傳統的小型和中型食品店,使得它們紛紛關門大吉。街角的老式商店和家庭經營式的小本生意,都敵不過這類既提供食品、藥物、服務,又不缺一般商品的大型連鎖店。許多歐洲國家都正在立法,想要讓超級購物中心難以在當地生根立足。例如,法國就通過法案,禁止佔地超過一千平方公尺(相當於一萬零八百平方英呎)的超級購物中心被核准營業。比利時和葡萄牙也都通過類似的法案規定。而在英國和荷蘭,市鎮以外的地區對超級購物中心並沒有設限。可是這些國家對大型商店仍有許多的強制規劃和限制手法,它們會要求這些零售商著重環保,贊助城市中心的更新活動,並協助消除小型零售業主的疑慮等。

折價專賣店

折價專賣店
這種零售商店只提供單一商品線上的各種齊全貨色,並使用自助式、優惠價格、大宗貨品和高流量的方式來增加自己的競爭優勢。

類別商品尖兵
折價專賣店的別稱,因為它對某類區隔商品太瞭解,所以能夠完全主宰這個領域。

另一個折價性的利基市場就是專營單一商品線的**折價專賣店**(specialty discount store),舉例來說,運動器材店、電器商店、汽車零件百貨店、辦公室用品店和玩具店等。這類商店都只提供單一商品線上的各種齊全貨色,並使用自助式、優惠價格、大宗貨品和高流量的方式來增加自己的競爭優勢。折價專賣店也被稱之為**類別商品尖兵**(category killers),因為它對某類區隔商品太瞭解,所以能夠完全主宰這個領域。其中例子包括專營玩具的玩具反斗城、專營電器的線路城(Circuit City)、專賣辦公室用品的史戴堡/辦公補給站(Staples/Office Depot)、專營家用修理工具的家用補給站(Home Depot)、專營傢俱的宜家(IKEA)和專營嬰幼兒用品的莉兒商品和寶貝超級店(Lil' Things and Baby Superstore)。

玩具反斗城就是第一個出現在市面上的類別商品殺手,它提供各種五花八門的玩具,通常來說,一家分店就提供了不下一萬五千種的玩具項目,單價約比其它競爭對手少了10%到15%。就在玩具反斗城首次在零售業中出現時，當時的百貨公司都是於聖誕節左右才會推出大量的玩具商品，可是玩具反斗城卻是反其道而行，全年都有各類的玩具可供選擇。除此之外，這塊玩具大餅還分散到許多小型玩具連鎖店或零售雜貨店的手上。但玩具反斗城明亮的倉庫店面，不僅吞食了大部分的玩具市場，也讓許多小型玩具店節節敗退，更讓百貨公司撤掉了它們的玩具部門。目前在全球共有一千兩百家分店的玩具反斗城，營業額高達九十億美元，並佔有美國玩具零售市場的25%[14]。玩具反斗城於1984年開始進攻海外市場，第一站是加拿大，然後是歐洲、香港和新加坡。自那時候起，該公司就陸續在十一個國家，開設了兩百家以上的分店。現在的海外營業額約佔該公司所有收益的21%，它並打算在西元兩千年以前，於全球各地再開設七十到八十家左右的分店[15]。

另一個概念相當新穎的折價專賣店就是婚紗店（bridal superstore），專門為準新人提供全套的結婚商品和服務。這種婚紗店的起源概念乃是利用了美國當地不算完善的結婚市場條件，因為在以前，即將結婚的新人平均要跑十五到三十家不同的商店，才能將所有的婚禮籌備事宜辦妥。除此之外，婚紗店的利潤源源不斷，絕對不會受到經濟衰退的影響。事實上，婚紗店的概念起源自1980年代晚期，經歷了生活風格和購物形態的改變，再加上外國製造廠願意和折價店合作，以及百貨公司退出這種需要高度服務的婚紗生意等。類似像大衛的婚禮（David's Bridal）和我們願意——婚紗店（We Do-The Wedding Store）等，都為消費者提供了廣泛的商品配置，其中包括新娘禮服、新郎禮服、參加來賓的服飾、配件首飾、婚禮文具、婚宴上的禮物、現場裝潢變更以及各式各樣的晚宴鞋和宴會服。婚禮顧問通常會隨侍在側，以便協助準新人進行婚禮的規劃，同時還會提供有關當地花店、攝影師、外燴業者、音樂演奏、禮車服務和接待場所等各類資訊[16]。

倉儲俱樂部

倉儲會員俱樂部（warehouse membership clubs）專門出售有品牌的電器、家用商品和雜貨等，選擇內容很有限。通常這些貨品是從倉庫的營業點，以大宗買賣和現金交易的方式賣給會員們。倉儲俱樂部的個別會員可以享有較低的優惠價格，或者是不用付出額外的入會費。

美國玩具反斗城如何透過它的網址，將目標鎖定在父母親的身上？它又是如何瞄準兒童目標市場的？
http://www.toysrus.com/

倉儲會員俱樂部
只提供有限服務的零售批發商，專門出售有品牌的電器、家用商品和雜貨等，選擇內容很有限。通常這些貨品是以大宗買賣和現金交易的方式賣給會員們，對象為小型的企業主和團體。

倉儲俱樂部對超級市場有其重要的影響,因為倉儲俱樂部的營業額大約有60%都來自於雜貨類的項目。倉儲俱樂部的會員們往往受過不錯的教育,經濟上比較富裕,而且比一般超市的購物者擁有更寬廣的家居環境。這些核心顧客在倉儲俱樂部裏購買一般的貨品,然後再到專賣店或食品店裏購買生鮮食品。

激烈的競爭對倉儲俱樂部這個產業來說,也是屢見不鮮。一般常見的競爭手法包括了削價求售;以低於成本的價格出售;將營業點開設在可直接和對手進行競爭對抗的地點;有時候甚至雇用對手的員工,以便在當地市場上取得優勢先機。目前,有三家倉儲連鎖店掌控了80%的倉儲市場,它們分別是渥爾商場的山姆俱樂部(Wal-Mart's Sam's Club)、好市多公司(Price-Costco)、和BJ's[17]。

山姆俱樂部和好市多公司都曾忙著向墨西哥的消費者介紹這種倉儲俱樂部的概念。艾律拉俱樂部(Club Aurrera)就是渥爾商場和墨西哥最大型的零售商西佛拉(Cifra)公司所共同投資的倉儲俱樂部,雙方都打算以倉儲商店來突襲墨西哥這個國家的零售市場。

特價零售店

特價零售店（off-price retailer）的售價約是傳統百貨公司售價的75%或更低，因為它是以現金交易的方式購進存貨，同時也不要求收益上的特權。特價零售商通常會以成本價或低於成本的價格來購得製造商的過剩商品，也會吸收那些倒店貨、略有瑕疵的貨品以及未出清的季末商品。然而也有很多特價零售店提供高品質的當季現貨。特價零售店的上門顧客只能就眼前看到的商品或他們認定划算的商品進行選購，而店裏每個月的貨品樣式和品牌也經常變動。目前市面上有數百家特價零售店，最有名的就是T.J.麥克斯（T.J. Maxx），羅斯商店（Ross Store）、馬歇商店（Marshall's）和星期二早上商店（Tuesday Morning）。

另外，有關特價概念的各種有趣變化也已經出現在市面上：

◇單一售價的商店：有一種全新類型的特價零售商在過去幾年來蓬勃地發展，那就是單一售價的商店（single-price store）。通常的作法是每個商品都賣一塊美金，消費者可在店內買到任何東西，從足下穿的鞋子到頭上用的洗髮精都有可能。單一售價的商店通常不附任何商品標籤，顧客必須從一堆堆的貨品裏搜尋自己喜歡的東西。一般來說，這種店會從各種不同的來源購得大宗商品，其中包括批發商和獨立自營的小販。他們所購得的多數商品都是被出清的存貨以及不再續產的商品。雖然單一售價商店在1990年代早期，經歷過一段輝煌的成長階段，可是像高貴不貴批發商公司（Value Merchants Inc.）和一律壹塊錢（All-for-a-Dollar）這兩家店，目前都已面臨了破產的邊緣。由於消費者開始普遍認定這種單一售價店的貨品品質不佳以及貨色選擇無法預測等，在在都使得這種店逐步地被市場所淘汰。

◇工廠直營店：工廠直營店（factory outlet）是由某個製造商所擁有和經營的特價零售店。因此，它往往只販售一條商品線，也就是自己工廠所生產的商品。每一季，製造商都會有5%到10%左右的產品無法透過正常的配銷通路來出售，因為這其中有些是出清的存貨（不

特價零售店
這種零售商的售價約是傳統百貨公司售價的75%或更低，因為它是以現金交易的方式購進存貨，同時也不要求收益上的特權。

工廠直營店
由某個製造商所擁有和經營的特價零售店。

續產的商品）、有些是工廠的次級品、有些則是被退回來的訂貨。有了工廠直營店，製造商就可以規範過剩商品的出售事宜，而且他們也知道，這樣的出售利潤絕對高過於將貨品拋售給自營性的批發商。工廠直營店的位置通常坐落在偏遠的鄉下地區或者是靠近度假勝地的所在。多數的直營店都位在離大都會或郊區購物中心大約三十哩左右的地方，如此一來，才不會和販售自己商品的百貨公司打對台。一些在工廠直營店嚐到甜頭的製造商包括了麗茲克萊邦（Liz Claiborne）、J夥伴（J. Crew）和凱文克萊；西點派普洛（West Point Pepperel）紡織品；盎尼達銀器（Oneida silversmiths）以及且斯科廚房用品（Dansk kitchenwares）等。頂級的百貨公司，包括沙克斯第五大道（Saks Fifth Avenue）和尼曼馬可斯（Neiman Marcus）等，也都開設了屬於自己的特價直營店，專門出售流通率很低的商品。迪拉百貨公司（Dillard Department）也開了一系列的存貨出清中心，以便把那些在百貨公司裏賣不出去的貨品，做最後一次的存貨出清。另外，諾德史壯公司和波士頓凡爾尼（Boston's Filene's）也為了出清存貨，分別經營了諾德史壯瑞克店（Nordstrom Rack）和凡爾尼的地下室（Filene's Basement）兩家直營店。

無店面式的零售業

無店面式的零售業
不用親身造訪商店就可購物。

目前為止所討論到的零售業都是有店面的零售方式，也就是顧客必須親身到店裏購物。相反的，**無店面式的零售業**（nonstore retailing），其購物方式卻是不用親身造訪商店。因為消費者對便利性的要求，使得無店面式的零售業大行其道，成長速度甚至快過傳統的零售業。無店面式的零售方式包括了自動販賣機、直接零售和直接行銷。

自動販賣機

自動販賣機販售
利用機器進行貨品的銷售。

在零售業中不太起眼，但卻佔有非常重要地位的就是自動販賣機。**自動販賣機販售**（automatic vending）就是利用機器來銷售貨品，例如可樂、糖果或零食等自動販賣機就在各大學的自助餐廳和辦公大樓裏處處可見。

由於方便的關係，於是消費者願意付出比在傳統零售商所付出還要多的錢去買自動販賣機裏頭的商品。

零售商總是不斷尋求新的機會，透過販賣機出售商品。舉例來說，為了擴張配銷，超越百貨公司、便利商店、和熟食店等各種通路，史耐波（Snapple）遂開發出一種前罩玻璃式的自動販賣機，可以同步提供五十四種不同的口味。另一項創新發明則是提供非傳統式的出售貨品，例如個人份的披薩、薯條、卡布其諾咖啡、速食晚餐和錄影帶等。玩具商人也利用自動販賣機在速食店裏出售玩具。美國南方大約有二十家左右的漢堡王速食店有設有自動販賣機，專門出售交易卡（trading cards）；而美國各地的必勝客也都有自動販賣機出售貼紙和運動卡。銷售柯達相機和軟片的自動販賣機現在也開始出現在運動場、海灘和一些高山名勝上。另一個趨勢則是擁有重複顧客群的自動販賣機所專用的借帳卡。

直接零售

在直接零售（direct retailing）中，由業務代表以逐家拜訪、辦公室洽談或舉辦家庭銷售聚會等各種方式來進行商品的銷售。類似像雅芳、玫琳凱化妝品（Mary Kay Cosmetics）、挑剔的大廚（The Pampered Chef）、奧斯邦書籍（Usbourne Books）和世界百科全書（World Book Encyclopedia）等零售商就是採用上述這些方法。多數的直接零售商最近似乎都很喜歡採用聚會的作法來取代原先那種挨家挨戶登門拜訪的兜售方式。聚會手法就是由某個人，或稱主持人去儘可能地招攬許多可能買主。大多數的聚會都是社交聚會和商品展示會的結合體。

直接零售商的業績受到了婦女投身職場的影響甚大。職業婦女白天不在家，也沒有什麼時間參加銷售聚會。但塔波威爾（Tupperware）公司仍然很相信銷售聚會的作法，它認為職業婦女現在有了更多可支出的金錢，只是比較不容易接觸得到她們而已。所以現在該公司的業務代表都改在辦公室、公園、甚至是停車場上舉辦所謂的銷售聚會。他們高舉著「停下腳步，買個東西」的牌子，以誘使那些職業婦女加入類似像「自我成長」課程和「定製廚房」等這類的組織聚會。雖然多數的雅芳業務人員仍然採行逐門拜訪的銷售方式，該公司也開始試著採用直接郵購的作法，該活動又稱之為雅芳精選品（Avon Select），來提升銷售量。雅芳公司提供了一組

直接零售
由業務代表以逐家拜訪、辦公室洽談或舉辦家庭銷售聚會等各種方式來進行商品的銷售。

免付費電話號碼，以利消費者的電話申購，同時也可以透過傳眞來訂購[18]。

為了因應美國市場營業額的滑落，許多直接零售商都積極向海外市場探索發展的機會。舉例來說，直接零售商就在長久以來受制於共產黨統治下的中國南方有了不錯的成績。雅芳於1990年開始在中國大陸製造和販售化妝品。第一年的營業成績就是當初銷售預估的兩倍以上。現在，這家公司在當地擁有超過一萬五千名的獨立業務代表人員販售雅芳的美容用品，其中許多人的每月佣金都在五百塊美金以上，這筆數額幾乎是多數中國人的一年收入。雅芳公司的廣州廠，其附近一百英哩半徑範圍內就居住了六千萬左右的人口，所以當地的雅芳公司根本不愁它的顧客來源。除此之外，雅芳在香港的電視台大做廣告，這個電台也同時向中國大陸播放，所以當地的婦女早就對雅芳這個品牌耳熟能詳了。

直接行銷

直接行銷

讓消費者從家裏、辦公室裏或其它非零售場所中，直接進行購買的一些技巧。

直接行銷（direct marketing）有時候也稱之為直接回應行銷（direct-response marketing），也就是讓消費者從家裏、辦公室裏或其它非零售場所中，直接進行購買的一些技巧。這些技巧包括了直接郵件、郵購目錄、郵購訂單、電話行銷和電子零售等。採用這些方法的購物者比較不受限於傳統的零售購物狀況。沒有時間購物，或是住在鄉下偏遠地方和郊區的消費者，比較可能成為直接回應式的購物者，因為他們重視的是直接行銷所能提供的便利性和時間彈性。

由於直接行銷上的先進技術和資料庫行銷的大量使用，使得隱私權成為許多消費者和政界人士所關心的議題。當今有許多消費者都感受到直接行銷的各種技術已侵犯到他們的隱私權。消費者定期收到陌生人寄來的郵件，而其中內容又高度涉及到個人性的資料，這種種一切都讓人覺得份外不安。許多消費者都質疑這種為了要達到銷售目的，蒐集這麼多的資料，並儲存在資料庫裏的作法，是否眞的很必要？！解決消費者對隱私權的疑慮，將會是跨進西元兩千年的直接行銷商人所必須優先解決的部分。

直接郵件

直接郵件可以是最有效，也可以是最沒有效的零售技巧，這之間全取決於郵寄名冊的品質如何，以及郵件內容的有效性如何。有了直接郵件，行銷人員就可以根據人口統計資料、地理位置、甚至是心理分析等因素，來精確地瞄準顧客。來自於內部資料庫或是購自於仲介商的一份優良郵寄名冊，每一千個姓名的索價大約在三十五美元到一百五十美元之間。舉例來說，一名洛杉磯的電腦軟體製造商專門販售病歷管理方面的程式軟體，所以可能會購買一份記載當地所有醫生資料的名冊，然後該製造商再設計一份直接郵件，其中說明該製造商軟體系統的優點是什麼，再將郵件寄給每一位醫生。現在，使用直接郵件的商人甚至以錄影帶取代平面信函和手冊，向消費者傳達它們的銷售訊息。

現在的直接郵件商人在進行「正確顧客」的瞄準上，都變得愈來愈精細了。他們利用統計方法來分析普查資料、生活形態、財務情形以及過去的購物和信用狀況，然後再從中選出最可能購買他們商品的顧客群。舉例來說，類似像戴爾電腦這樣的直接行銷商人，可能會利用這種技術瞄準到五十萬名有著適當的支出形態、人口因素和喜好習慣的人們。要是沒有了這份名冊，戴爾電腦就很可能每年都要寄出數百萬張的郵件。但是，有些郵件信函可能只需瞄準一萬名左右的最佳顧客，不僅能為公司省下一大筆郵資費用，也顧及到了業務方面的成績。

郵資的上揚和紙張的成本、愈形激烈的競爭以及來自政府方面的可能規範等，都削減了直接郵件商人的利潤收益。採行直接郵件的公司，現在都開始尋找替代的方法，例如，私人快遞服務。

直接郵件商人也可能受害於「垃圾郵件」的負面形象影響，因為消費者的郵箱裏每天都充滿了各式各樣的直銷郵件，其中大多數都不會被拆閱。根據估計，平均一名消費者每週都會收到十二份左右的直銷信函，可是其中只有三分之二會被該名消費者拆閱。另外，這個行業也常常出現騙局式的直接郵件，其中最慣見的伎倆就是通知消費者已經幸運中獎，就在消費者打算領獎時，卻被通知需要先購買該公司的商品才行。

郵購目錄

現在的消費者幾乎可從郵購上，買到任何一種東西，從最普遍的書籍、音樂和馬球衫，到無奇不有的倫敦計程車、英國鄉間領地或鑲滿鑽石的胸罩等，都有可能[19]。每一年約有一百三十億份目錄會被郵寄出去，照這個數字算起來，全美國的每一個男性、女性和小孩平均都會收到五十一份目錄。一般來說,一戶家庭每四到五天就會接到新的郵購目錄[20]。儘管女性佔了郵購人口的大多數,男性的郵購人口在最近幾年來也有愈來愈多的趨勢。因為改變中的人口結構促使男性所要負擔的購物責任愈來愈大,所以經由郵購來進行購物似乎比到商場買東西要來得經濟有效多了[21]。

成功的目錄,它的創造和設計都是在市場上有高度區隔性的。西爾思的目錄業績曾經滑落過,於是它以特殊精品的精選集取代以前那種厚厚一冊的目錄作法,將目標市場瞄準在特定的市場區隔上。某些類型的零售商也發現到郵購的銷售效果比較好。舉例來說,電腦製造商就發現,將電腦透過郵購方式販售給在家使用電腦的人或是小型企業的使用者,效果相當不錯。就美國的電腦市場來說,幾乎有五分之一的個人電腦是透過郵購出售的,消費者若是經由郵購方式買到電腦,可省下大約20%的經銷商費用[22]。有些郵購電腦公司甚至還提供一年以內的電腦免費維修服務;三十天內的全額退費保證;以及專門解決疑難雜症的免付費電話號碼。

改善的顧客服務和快速的送達,都使得消費者對郵購的信心大增。L.L.比恩公司(L.L. Bean)和陸地盡頭(Lands' End)公司就是在顧客服務上最為人稱道的兩家郵購目錄公司。購物者可以一天二十四小時進行訂購,而且退貨時,不管任何理由,都可以獲得全額退費。其它成功的郵購公司還包括史賓吉爾公司(Spiegel)、J.夥伴(J. Crew)、維多利亞的秘密(Victoria's Secret)、以及莉莉安文諾(Lillian Vernon)等,它們都將目標鎖定在辛苦工作卻又顧家的嬰兒潮世代,這群人士沒有時間也或者不太願意到零售店裏購物。為了維持競爭優勢,並為顧客節省時間,幾乎所有的目錄郵購公司都建立了內含顧客資料的電腦資料庫,如此一來,就不必重複抓取顧客的住址和分析信用狀況等。它們也和隔夜送達的快遞公司合作,例如UPS和聯邦快遞等,進而加快郵購的送抵速度。事實上,某些商品儘管在凌晨十二點半才被訂購,卻可以在當天早上的十點半送到顧客的眼前。

郵購目錄業就像直接郵件公司一樣,也對高漲的郵資和紙張成本叫苦連天。為了削減這方面的支出,郵購商人正設法試用新的快遞服務,成本只要美國郵政服務的九五折到八五折之間。這類替代性的快遞方式通常會雇請專人把用塑膠紙包好的目錄掛在收件人的門把上,這種作法的好處多多:可以掌控送達時間、沒有法律可以約束送交的內容是什麼,並減少郵購目錄在郵箱裡塞疊的情形。

L.L.比恩公司的顧客
服務一向爲人所稱
道，購物者可透過電
話，全天二十四小時
的進行電話訂購，同
時，不管任何理由，
只要退貨，就可以獲
得全額退費。
Courtesy L.L. Bean

　　美國郵購公司也都發現到海外市場的機會點，特別是日本和歐洲市場。史賓吉爾公司的艾迪包爾部門（Eddie Bauer division）最近就將它旗下的年輕休閒服系列推銷到歐洲市場上，另外也打算在日本市場進行郵購事業。L.L.比恩公司則已將郵購事業在全球一百五十個國家裏頭進行紮根，該公司的海外營業額約有70%來自於日本市場；20%來自於加拿大；6%則來自於英國。郵購事業在海外市場的盛行，全是因爲全球雙薪家庭的日益增多；更快捷的快遞服務以及對郵購接受度的日益升高之故。事實上，美國郵購公司在海外市場的未來命運將取決於它們是否能在國外成功地打造出相同的國內行銷和配銷能力。同時，它們也必須根據當地的競爭環境修正自己的營運作法。舉例來說，法國的郵購巨人雷利多（La Redoute），就很小心地應付J.夥伴公司的即將登陸，它推出一份郵購目錄，上頭提供的服飾系列很類似於J.夥伴公司的服飾，同時還可對法國當地八百個營業點提供48小時以內的免費快遞服務[23]。

電話行銷

電話行銷
利用電話直接向消費
者兜售商品。

電話行銷（telemarketing）就是利用電話直接向消費者兜售商品。它包括了撥出的推銷電話；以及撥入的電話，也就是800免付費電話或900開頭的付費電話。

撥出的電話行銷是一種蠻具吸引力的直接行銷技巧，因為郵資不斷的提高，但長途電話費卻日益地降低。另外，銷售成本的不斷提高也迫使行銷經理開始利用電話行銷的作法。行銷經理在尋找方法控制成本的同時，也發現到應該如何快速地找到潛在顧客群，不要和太過嚴肅的買主扯太多以及和定期購買的顧客保持密切的友善關係。同時，他們也會為即將成交的業績，進行比較長時間的電話溝通。

許多消費者都認定這種電話行銷的作法相當地擾人，他們討厭在不當的時間裏，接到這種喋喋不休的推銷電話，推銷的東西五花八門，從雜誌到鋁製外牆都有可能。若是這通電話是電腦語音式的，消費者就更生氣了。雖然電話行銷的形象是如此的糟糕，撥出式的電話行銷卻已漸漸成為一種極度精密複雜的事業。特別是因為先進的科技可讓電話行銷公司在尋找潛在顧客和銷售線索這方面，有更大的精準度。

撥入式的電話行銷活動，它所使用的800或900號碼，主要是用來做為訂貨專線、提供消費者服務、以及在其中找尋銷售線索之用的。撥入式的800電話行銷曾經很成功地和電視、電台以及平面媒體等立即回電活動合作長達二十五年之久。但是最近出現消費者必須付費的900電話號碼，卻愈來愈受到行銷公司的歡迎，因為這種方法可讓公司在節省成本的情況下，抓到自己的目標顧客群。而900付費電話的好處之一就是它可讓行銷人員找到合乎要求的來電者。雖然付費的方式會讓整體來電量減少，可是打進來的電話卻往往真的是對商品有興趣的顧客們。

電子零售

電子零售包括了24小時播放的在家購物電視網，以及透過電腦的線上購物。

電視購物

電視購物是直接回應行銷中很特殊的一種形式。這些節目會展示商品，收視者可撥免付費電話直接向廠商以信用卡的方式訂貨。隨著忠誠顧客群的擴大，電視購物已快速成長為數十億美元的消費市場了。事實上，電視購物可以將銷售訊息傳達到擁有電視機的每一戶家庭裏。

最有名的電視購物網路就是家庭購物網（Home Shopping Network）以及QVC網——品質、價值、便利（Quality, Value, Convenience）。電視購物網現在則推出了更新的服務，來吸引經濟上更富裕的觀眾群。而且有許多傳統零售商，如梅西百貨公司（Macy's）、諾德史壯（Nordstrom）和史賓吉爾（Spiegel）等，也都開始實驗進行它們自己的電視網。電視購物更席捲了整個全球市場。德國的第一家電視購物頻道叫做H.O.T.——家庭訂購電視（Home Order Television），於1995年首度播出；而透過電視網所進行的直接購物，也已在英國、法國以及歐洲其它十五個國家裏生根發芽了[24]。

這些業者預見家庭購物電視網將會在未來的互動式和多重媒體服務中，扮演一個非常重要的角色。而未來的家庭購物服務也會把消費者的電視轉變成一台智慧型的電腦和現金收銀機，可讓消費者從中觀賞付費電影和體育節目、進行電視購物以及其它等類似活動。事實上，佛羅里達州的收視戶現在已經可以從電視上瀏覽某一家超級市場兩萬種以上的商品目錄，以及某藥房所賣的七千五百種藥品項目。只要使用手控式的遙控器，就可以輪替觀賞這些商品，找出其中的指示用法或其中的成份[25]。

電腦線上購物

線上零售就是以個人電腦為一般人提供雙向互動式的服務。它可為顧客提供各式各樣的資訊，包括新聞、天氣、證券資訊、運動消息和購物新知等。使用者通常可透過必要的軟硬體，以每月付費的方式，「訂閱」這些資訊，並得到購物上的服務。他們經由數據機「進入」線上服務中；或者，零售商也可以開發並配銷自己的商品目錄光碟，專門用於個人電腦上。舉例來說，史賓吉爾公司就希望能改變電子購物的外貌，以全新的光碟目錄來誘導女性購物者的上門[26]。

奇才（Prodigy）、電腦服務（CompuServe）、吉尼（GEnie）和美國線上（America Online）就是最受歡迎的幾家電子購物資訊服務站。使用戶可透過各商家的線上服務，接到手冊、目錄和其它套裝資料的廣告宣傳，然後購物者再從自己的電腦螢光幕上，查詢到更多的相關資訊或直接訂購該商品。舉例來說，想要購買兒童自行車的家庭，可以在電腦螢光幕上看到他們所要購買的自行車款式，然後找到能提供最優惠價格的廠商。一旦決定之後，他們就可以使用電腦將訊息傳送給該零售商，然後再以電子傳輸方式，從自己的銀行帳戶撥款給零售商。最後，零售商再以快遞服務將自行車送到府上。

線上購物最成功的登入方式之一就是網際網路購物網（Internet Shopping Network，簡稱ISN），它是電視零售商家庭購物網路公司（Home Shopping Network, Inc.）的部門之一。ISN可提供三萬五千種以上來自於六百多家製造商的電腦軟硬體商品，其中某些軟體可以經由下載商店（Downloadable Store）直接取得。ISN裏頭包括了商品描述、規格說明和性能好處的解說，再加上價格、商品變更說明、最新到貨資訊、商品運送和帳單事宜等各種即時內容。而ISN之所以這麼成功是因為電腦商品的目標市場中，有絕大多數的人都是電腦通。

儘管它在便利性方面的潛力無窮，線上購物還是有它的問題存在。其中最大的問題就是參加線上服務的訂閱人數並不太多，而參加者往往並不是典型的購物者。大多數的使用者都是男性，可是就全國來看，購物支出仍是以女性為主。除此之外，對大多數的美國家庭來說，購物是一種有趣的活動，而電腦卻不是那麼的有趣。但是，現在有許多線上商家也正朝著這個方向努力當中。PC花卉（PC Flowers. http://www.pcflowers.com）就是奇才服務站裏頭規模最大的全國性花店。線上訂花服務對線上的使用人口來說是再適合不過了，因為買花的人口大多集中男性身上。

加盟業

所謂**加盟權**（franchise）就是指授權人同意將某商品的事業權利交付給加盟人來經營或販售的一種持續關係。**授權人**（franchiser）創造出商號、商品、經營辦法以及其它等等。而**加盟人**（franchisee）則相對地付給授權人一些金額，以取得名稱、商品或事業辦法的使用權利。由雙方當事人所簽定的加盟協定，通常有效期可達十到二十年，在這段期間內，如果雙方都同意的話，加盟人可以和授權人進行該協定的補充和更新。

網際網路購物網路
這個線上購物資源可以為會員提供何種的好處？
http://www.isn.com/

5 說明加盟業的定義，並描述其中的兩種基本形式

加盟權
經營某個事業或販售某個商品的權利。

授權人
商號、商品、經營辦法和其它事物等的創始人，同意將經營權交付給另一位當事人，由後者來販售商品。

加盟人
被認可的個人或事業體，有權販售另一當事人的商品。

爲了得到加盟的權利，加盟人通常會在一開始就一次付清所有的加盟金，這筆金額的多寡由個別授權人來決定，可是通常是在五千美元到十五萬美元之間。除了這筆初始的加盟金之外，加盟人還需要每週、每兩週或每月付出一筆權利金，該權利金的額度約是毛收益的3%到7%之間。加盟人也可能需要負擔廣告費，這筆廣告費往往涵蓋了促銷材料的成本，而且，如果授權人的規模夠大的話，該筆費用也可能涵蓋一些地區性或全國性的廣告。舉例來說，漢堡王的加盟權，每一家店大約價值在四萬美元左右，再加上付出該店總營業額的3.5%做爲權利金，以及4%做爲每年廣告費的貼補之用。而加盟人的開店成本，例如地點的設置、各種供應品的第一次購買等，大約要再花上七萬三千美元到五十一萬一千美元之間。以上這些金額對多數的授權人，如麥當勞、溫蒂漢堡、愛波拜（Appleby's）、TGI星期五餐廳（TGI Fridays）等來說，是很普遍的典型。

　　加盟權對於那些想要擁有和經營某個事業體的個人來說，是有一些好處的：

◇以相當少的資本，就有機會成爲獨立的自營商。
◇該商品已在市面上建立起一定的地位了。
◇技術訓練和經營管理的協助。
◇授權人所強制推行的品管標準，可透過加盟系統，確保商品的統一性，進而幫助加盟人在事業上的成功立足。

　　相對的，授權人也能透過有限的投資、店主的合作、以及大量貨源的賣出等，來進行公司的擴張行動。另外，授權人也往往要靠加盟人的協助來進行新商品的開發和流行風潮的探索，因爲後者比總部裏的主管們更容易接觸到消費者。舉例來說，雞蛋麥鬆餅（Egg McMuffin）是麥當勞裏最受歡迎的項目之一，它就是由某位加盟人發現到速食早餐中的機會點，而發明創造出來的[27]。

　　加盟權的作法並不算新穎，通用汽車自1898年起，就利用過這個辦法；而律薩爾藥房（Rexall drugstores）自1901年開始，也用過這類的作法。現在，全美各地約有五十萬以上的加盟常備組織，總營業額高達了八千億美元。大多數的加盟權都屬於零售業，以價值約兩兆美元的零售總營業額來看，加盟業就佔了42%以上[28]。（圖示15.3）提供的是有關加盟業的

營業額	●1995年的加盟業營業額已超過九千億美元。 ●加盟業佔了所有零售營業額的42%強。 ●預估到西元兩千年以前,加盟業的整體營業額將會高達一兆美元。
工作	●所有的加盟常備組織約雇用了九百萬名以上的員工。 ●在1995年的時候,所有的加盟常備組織共締造出十七萬份以上的新工作。
成長	●每個工作天中,約計每八分鐘就有一家新的加盟店開張。 ●加盟店的數量自1992年的五十五萬家成長到1997年的五十八萬家。 ●每一年,只有不到5%的加盟店會失敗,或無以為繼。
加盟人	●94%的加盟店主會成功。 ●若是可以重新選擇的話,約有75%的加盟店主願意再從事一次這種加盟生意;但只有39%的美國公民會願意再做他現有的工作或事業。 ●加盟人的每年稅前平均毛收入超過十五萬美元。 ●一名加盟人的平均總投資成本約在十五萬美元左右。 ●美國約有四百家以上的加盟授權公司,它們在海外市場的營業單位超過四萬家以上。

資料來源:摘錄自於國際加盟業協會的「加盟業的真相事實」(Franchising Facts)@www.entremkt.com/ifa。此翻印係經過華盛頓特區國際加盟業協會的核准。

一些事實真相。若是想瞭解詳情,可聯絡位在紐約的加盟業商業協會,也就是國際加盟業協會(International Franchising Association),或者直接拜訪它們位在網際網路上的網站(www.entremkt.com/ifa.)。

今天的加盟業有兩種基本形式:商品和商號的加盟以及事業體形式的加盟。就商品和商號的加盟(product and trade name franchising)來說,是指某個自營商同意販售由某家製造商或批發商所提供的某個商品。這種方法常被廣泛地運用在汽車和卡車業、軟性飲料瓶裝業、輪胎業以及加油站等產業中。舉例來說,某當地輪胎商可能擁有販售米奇林(Michelin)輪胎的加盟權。同樣地,某特定區域的可口可樂瓶裝業者就是該商品和商號的加盟人,有權可以在瓶中填裝可口可樂,並販售可口可樂。

事業體形式的加盟(business format franchising)指的是授權人和加盟人之間的持續事業關係。一般來說,授權人將權利「賣給」加盟人,讓後者有權使用前者進行事業的格式或辦法。自1950年代起,這種加盟形式已在零售業、餐飲業、飯店業、印刷業和不動產業等迅速地蔓延擴散。類似像麥當勞、溫蒂漢堡、漢堡王之類的速食店,也都是使用這種加盟形式。其它提供這類加盟形式的業者還包括凱悅集團(Hyatt Coporation)、優內可集團(Unocal Corporation)、美孚集團(Mobil Corporation)、鄧普徵信公司（Dun and Bradstreet）[29]。

就像其它零售業一樣，授權人也都在海外尋求新的成長契機。對美國的授權公司來說，澳洲是最受歡迎的國家之一。而類似像墨西哥、土耳其、委內瑞拉和中國大陸等這類新竄起的國家，也很吸引美國授權人的注意。事實上，美國政府也試著要讓開發中國家的加盟事業更順暢容易，所以提供了50%的貸款額度，以便授權人開發國外的加盟事業。加盟業在東歐國家也受到很大的歡迎。必勝客就在匈牙利開了它第一家的國外加盟店，而且該店開張以來，門外經常有長達一百五十名左右的顧客排隊等候。現在匈牙利將會有十五家以上的必勝客加盟店即將開張，再加上二十二家肯德基炸雞店和四十家甜甜圈咖啡店（Dunkin' Donuts）。

授權人有時候也允許海外的加盟人在它的事業體格式上做一點小幅度的改變。舉例來說，麥當勞在日本大約有超過八百家以上的加盟店，當地的加盟店就正在試驗一些有著日本口味的食品項目，例如蒸包、咖哩飯、起司豬肉燒烤漢堡等。而位在印度新德里的麥當勞也以羊肉取代了牛肉，因為當地有80%的印度人是印度教的信徒，而這個宗教的信徒相信牛是生命來源中的神聖象徵。另外，該店也以米製的蔬菜漢堡做為菜單上的主要賣點，這種漢堡加了豌豆、紅蘿蔔、紅辣椒、黃豆和印度香料等，另外還有蔬菜麥香塊（Vegetable McNuggets）等[30]。

零售行銷策略

6 列出在發展零售行銷策略時所牽涉到的主要任務有哪些

零售業者必須根據整體目標和策略性規劃，發展出市場行銷策略。零售業所追求的目標可能包括更多的流動客源、某項單品有更好的銷售量、形象的提升、或者是知名度的提高等。而零售業者用來達成上述目標的幾個策略包括了拍賣活動的進行、店內裝潢的更新改變、或者是推出全新的廣告。而這些策略性的主要工作不外乎就是界定和選定一個目標市場，再發展出適當的零售組合來配合進行。

界定一個目標市場

在發展零售策略時，其首要任務就是界定目標市場。這個過程最先要做的就是市場區隔，也就是第八章所討論的主題重點。有時候零售連鎖業不免失於手忙腳亂，只因為管理階層看不清該店應針對什麼樣的顧客來服務。舉例來說，限量（The Limited）公司在1980年代曾有過非比尋常的成功經驗，它銷售了許多流行服飾給年輕女孩們。可是到了今天，曾讓限量公司在業績上有過輝煌成績的年輕女孩們都已經長大成熟了，她們現在都是到能反映出自己成熟風味的服飾店裏購物。而這時的限量公司卻將事業重心轉移到辦公室的淑女套裝上，這個策略非常地失敗，因為它只是更加深了現有顧客的困惑而已。結果造成這家公司不得不裁撤掉幾個事業部門[31]。

創造零售組合的首要條件就是先決定目標市場。例如，目標商店的運動商品展售辦法就是依照當地店家和地區的客源人口資料，來配置相符合的商品。運動商品陳列的空間大小以及店內的促銷活動等，也是根據每一家店不同的目標市場而做不同的改變。同樣地，JC潘尼公司的管理階層也重新界定了它的目標市場，將更上層社會的消費者含括在內。該連鎖店不再出售類似像傢俱、運動商品、主要電器以及五金工具等這類的硬體商品，反而集中於百貨公司裏較有利可圖的各類商品，如服飾、珠寶和化妝品等。它的店內裝潢也重新作了改變，以期吸引上流社會的消費者。

零售業中目標市場的界定往往是根據人口資料、地理位置和心理分析等因素。便利商店可能將它的首要目標界定在35歲以下的已婚男性，收入較低，家中有兩個年幼的孩子。而當地的小型雜貨店則可能將它的目標市場界定在居住於周遭附近的人們。另外，百貨公司則瞄準有著高度流行意識的青年男女和一些保守人士。前者比其它區隔市場，更願意花錢去買高品質的服飾；而後者想要的卻是舒適和價值感。

零售業者必須針對那些會影響目標市場的各種趨勢潮流進行監控和評估，如此一來，若有必要，才可以調整零售組合。隨著有愈來愈多的人都成為居家工作者（home-based workers）以及許多小型企業的急速竄起（有許多個案都是大型企業自行縮水下的犧牲者），更造就了家庭辦公室這個市場的擴張。居家工作者每年都會在個人電腦、傳真機以及電話商品和服務等市場上支出約六十億美元。零售業者西爾思百貨就應和了這個潮流，發展出家庭辦公室中心，在某些分店裏專營居家工作者所需用到的一些設備用品。

選定零售組合

零售業者結合零售組合中的各種元素，進而形成某種單一零售方法來吸引目標市場。**零售組合**（retailing mix）是由六個P所組成的：行銷組合中的四個P（商品、地點、促銷、和價格），再加上人員和陳列展示（請參看圖示15.4）。

零售組合
六個P的組合：商品、地點、促銷、價格、人員和陳列展示——用來將商品和服務販售給最終消費者。

六個P的組合可塑造出商店的形象，進而影響消費者的認知。購物者透過對各家店的印象，爲每一家店進行心中的定位。零售行銷經理必須確定，該店的定位一定要能符合目標顧客群心中的期望才行。正如本章一開頭所談到的，零售商可以在三種層面上進行定位：店內人員所提供的服務、商品的配置和價格等。管理階層也應該儘可能地利用其它部分——地點、陳列展示和促銷——來調整該店的基本定位。

商品提供

商品提供
零售商提供給消費者的商品組合，也稱之爲商品搭配或貨品組合。

零售組合中的第一個要素就是**商品提供**（product offering），也稱之爲

圖示15.4
零售組合

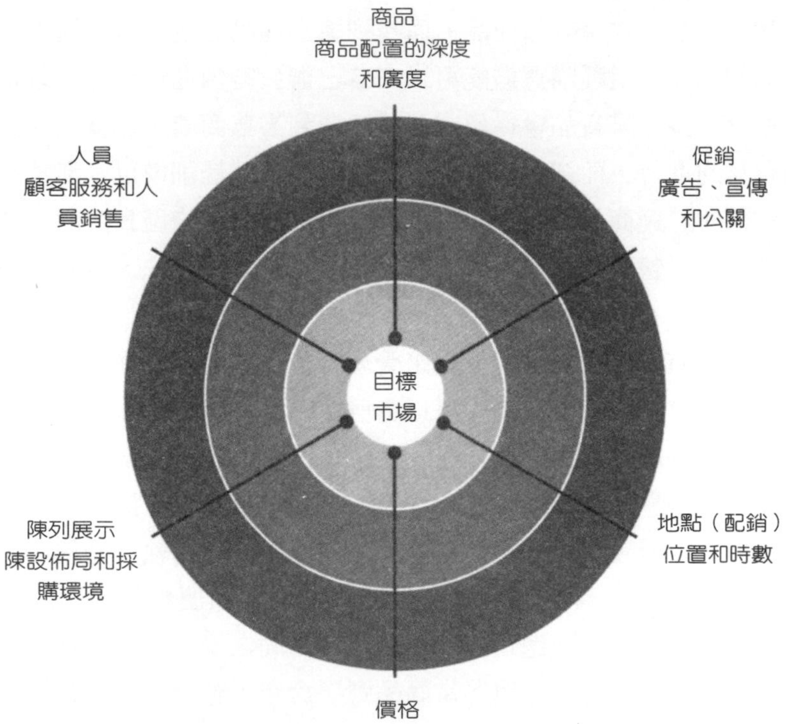
商品
商品配置的深度
和廣度
促銷
廣告、宣傳
和公關
地點（配銷）
位置和時數
價格
陳列展示
陳設佈局和採
購環境
人員
顧客服務和人
員銷售
目標
市場

商品搭配（product assortment）或貨品組合（merchandise mix）。零售商根據目標市場所想要買的東西，來決定自己要賣些什麼。他們可以根據市場研究、過去的銷售歷史、流行趨勢、顧客的要求以及其它來源等，來決定最後的方向。舉例來說，就在多數公司都開始勵行辦公室休閒星期五的政策之後，布魯克斯兄弟（Brooks Brothers）公司，也就是專售男女性高級上班服飾的零售業者，也不得不以卡其褲、休閒裙以及各式各樣的亮彩襯衫和領帶，來調整自己的商品線，使自己更能符合現代潮流[32]。

　　商品提供在發展上的最基本問題就是商品搭配的深度和廣度。廣度是指所提供的商品分類；而深度則是指在一項類別中，所提供出來的不同品牌數量。價格、店內設計、陳設和服務等，對消費者決定到哪家店購買，有很重要的影響，但其中最關鍵的還是在於貨品的選擇。舉例來說，西爾思在某項極具企圖心的計畫當中，想將自己重新定位成一家有競爭力的中價位百貨公司，於是它在服飾和家用流行品的陳設上，增加了一些空間，不再強調工具類和電器類的商品。西爾思的策略還包括裝潢改建計畫，同時極力拉攏女性消費者到店裏購置服飾和化妝品。這個策略被證明非常有利於西爾思百貨，因為它的業績顯然高過於其它的競爭對手[33]。

　　在決定什麼商品可以滿足目標顧客的需求之後，零售業者接下來就必須找到貨源所在，並且評估商品。而找到適當商品之後，零售買主會進行購買合約的協商，這種購買機能可以在自己辦公室內進行，也可以在外頭廠商處進行。接下來貨品會從賣方那兒，運到零售商處，也就是運貨、儲藏、和存貨的進行。而這其中可運用的花招技巧就是削價以求滯銷商品的流通，和保持熱銷商品的貨源充足。然後，就像所有的優良體制一樣，最後的步驟就是對整個過程進行評估，以尋求更有效的方法，並設法解決其中的問題和瓶頸。

　　有一種最有效的新方法可以用來管理存貨，並使商品從供應商、配銷商、一直到零售商處的流通過程可以更為簡便，那就是效益性消費者回應（efficient consumer response，或稱ECR）。ECR的核心就是電子資料交換，或稱EDI，也就是電腦與電腦之間的資訊交換，這其中包括了自動貨運通知、提貨單、存貨資料以及預估數字等。在ECR完備的執行過程中，當商品被買進的時候，就會先在零售店裏掃瞄一遍，順便更新該店的存貨記錄。賣方在確定訂單、運送日期、以及運抵時間之後，就會將貨品運送出去，同時以電子方式傳送貨單。當商品到了倉庫，就會被掃瞄存進存貨的記錄當中，然後再被送到店頭去。貨單內容和接收到的資料必須要相同一致，最後再經由電子傳送進行付款，也就完成了整套作業了。

　　許多零售商都正在實驗ECR和EDI的作法，或者已成功地採行這兩者。迪爾拉（Dillard's）是其中一家成長最快速的百貨連鎖店，它擁有一套很先進的ECR系統。迪爾拉所出售的每一個商品項目都擁有自己的條碼，所以不管哪一天，管理階層都可以知道公司裏究竟有幾雙九號的西部牌（West）女性後縷空鞋正待出售。如果鞋子賣得很快，迪爾拉的ECR系統就會自動從公司倉庫裡多訂一些貨，相對地，倉庫也會自動再向賣方訂貨。因此，迪爾拉百貨店就比競爭對手較不易在熱銷商品上缺貨，也不會多進一些滯銷貨。

　　先進的電腦科技也有助於零售業者找到新的事業契機。例如市面上最新的流行風潮是什麼，這些流行樣式可以在電腦中重新創造，然後再將設計以電子方式傳輸給製造商，進行生產製造。於是不必再像往常一樣，一等數月，現在只要幾週的時間，全新的商品就可以被生產出來，放在貨架上等著出售。這種速度給了迪爾拉之類的零售業者很大的競爭優勢可凌駕於其它的流行商品零售商之上。

促銷策略

　　零售業的促銷策略包括了廣告、公關宣傳、和業務促銷等。其策略的目標就是要在消費者的心目中進行該商店的定位。零售業者設計出引人注目的廣告、策劃出不同階段的特別活動和各種促銷來瞄準他們的目標市場。舉例來說，今日的隆重開幕乃是集合了廣告、貨品、親切的招呼和光華璀璨的林總裝飾所混合交織出來的一種歡樂氣氛，而這些為了開張所做的一切──報紙上大篇幅的報導、特別活動、媒體廣告和店內陳設等，全都是精心策劃下的結果。

　　雖然像西爾思和JC潘尼等這類零售大老，都是以全國性廣告為主，但多數零售業者的廣告還是比較偏向地方性質。零售業者的地方性廣告在傳播上較著重於自己商店的介紹，例如地點位置、貨品內容、營業時間、價格和特別的拍賣活動等。從另一方面來看，由零售業者所製作出的全國性廣告，其重點一般都放在形象的塑造上。舉例來說，以「西爾思的柔軟面」（Softer Side of Sears）為主題號召的全國性廣告活動，就是用來為西爾思進行重新的定位，使它成爲低價但卻有著流行意識的服飾零售商。另一則隨附廣告——「來看看西爾思的各種面貌」（Come See the Many Sides of Sears），則是用來促銷該零售商的非服飾商品，例如工具、塗料、和汽車零件等。

通常大型的零售商和知名的服飾設計師，以及專賣特殊品的製造商等，在廣告上都擁有受人矚目的光環籠罩著。舉例來說，雷夫羅倫（Ralph Lauren）和芙利斯（Foley's）百貨連鎖店兩者所合作下的廣告，可以讓消費大眾知道，芙利斯賣的是最新流行的商品，相對地，雷夫羅倫精品的聲望也可以因爲自己和這家極爲成功的流行商品零售商連成一氣，而被提升不少。這種合作模式就稱之爲合作廣告（cooperative advertising），這在成衣界來說，相當地普遍。最近，這種模式也開始盛行於包裝商品公司和零售業之間。傳統上，製造商人會付費給零售商，請後者在它的傳單上提到前者的商品；抑或是製造商人製作出一支電視廣告，在商品廣告的結尾處，加上幾家零售商的名稱，這種方法也可以運用在平面廣告上。可是現在這類廣告卻有了更密切的合作關係，彼此雙方也都擁有更明確的目標。舉例來說，在中西部所播放的酷樂飲料（Kool-Aid）廣告就邀請收視者「到羅傑店」（Kroger），以美金一塊兩毛九購買十盒他們最喜愛的解渴清涼飲料——酷樂[34]。

這陣子，許多零售業者都放棄使用媒體廣告，而改以直接郵件或促銷活動來替代。多年來，餐飲業者就成功地以經常性的用膳者活動來進行促銷。類似像梅西百貨和布魯明戴爾百貨（Bloomingdale's），它們也經常推出不同的購物活動來回饋購物者，從拍賣預告、免費的禮物包裝、到不同消費金額就有不等的折扣數，各類花招，應有盡有。其它零售商則大量利用直接郵件和郵購目錄等方法，來證明這種成本效益極佳的辦法，絕對可以增加品牌忠誠度和核心顧客的消費額度。諾德史壯（Nordstrom）公司的郵購目錄，爲了要瞄準在家購物的顧客們，也在目錄上提供了各種品牌和自營品牌的服飾、皮鞋和配件等。類似像羅威（Lowe's）和家用補給站（Home Depot）這樣的家用修補工具零售商，也是利用直接郵件來進行促銷，促銷期間通常集中在假日，因爲在這個時候，人們才有時間從事必要的修補工作。

贊助社區活動或是支持有著良好動機的事件，都可以爲零售業者在當地製造出宣傳效果和優良形象。許多大型百貨公司也會贊助假日期間的遊行慶典活動，而許多零售商則會支持社區中的各類活動。舉例來說，目標商店就將稅前營收的5%捐贈出來，做為社區的服務計畫。該公司也是人道居留組織（Habitat for Humanity）的最大贊助者，該組織專門為世界上的貧困人家建築家園。目標商店的員工們每年都會建造出五十棟新家，而目標商店本身則捐助現金、供應補給品和傢俱等。目標商店也加入好鄰居志願者計畫（Good Neighbor Volunteer program），該商店的員工每年奉獻幾千個小時為不同的代理組織從事志工的工作；另外還加入關懷托兒組織（Child Care Aware），協助父母尋找並選擇合格的托兒照顧；除此之外，也參與地球日（Earth Day）的活動。

適當的地點位置

零售組合中的另一要素就是地點，或者說是零售店的坐落位置。選擇適當的地點是一個極具關鍵性的決策。首先，這算是一筆相當大又耗時甚久的資源支出，會影響到該零售商未來的應變力。不管它是用承租或用購買的方式，只要涉及到地點位置方面的決定，就暗示了這是有關長遠之計的打算。再者，地點位置也會影響到未來的成長，你所選定的地點應該是個成長中的繁華經濟地帶，能夠維繫得住創始店的生意和未來可能的分店發展。最後，當地的環境也會隨著時間而改變，如果該地點的價值不若以往，這家零售店就可能面臨重覓營業地點或關門大吉的命運了。

在選擇開業的坐落位置時，一開始就要先進行社區的選定，這項決策大半取決於經濟成長的潛力和穩定性、競爭環境、政治氣候以及其它相關因素等。最近幾年來，對地點位置最有真知灼見的就是T.J.馬克斯（T.J. Maxx）和美國玩具反斗城這兩家零售商。它們大多將新店開設在人口快速成長的區域中，這些區域的人口數恰好能配合它們的顧客群層面。

有些時候，並不是經濟上或政治上的因素，而是地理上的位置因素才讓某個社區雀屏中選。渥爾商場最成功的營業點之一就位在德州的勞瑞多（Laredo），這是一個鄰近墨西哥邊境的城市。該店不僅吸引來自於勞瑞多的顧客們，也吸引了很多墨西哥人穿過邊界，到店裏購買美國商品。在夏威夷的K商場對日本購物者來說，是一大吸引賣點。這些日本人來到夏威夷購買折扣商品，使得地理位置成為當地零售商的一大優勢[35]。

完成地理位置或社區的選定之後，零售業者接下來就必須選定開店的位址。除了成長潛力以外，其它重要的因素還包括鄰近地區的社會經濟特性、客源量、土地成本、分區規定、現有的競爭態勢以及大眾的交通運輸等。

在地點位址上最大的贏家莫過於渥爾商場，它是第一家將店的位址設在小型偏遠市場的零售商，進而建立了它的全國性地位。類似像麥當勞、目標商場和K商場等這些零售商，也都開始向它跟進，將店的位址設在小型的城鎮裏，而不是大都會地區，因為後者的競爭環境實在太過激烈了。但是，也有許多大型零售商並沒有受到預期中的熱烈歡迎，特別是那些位在東北部的小鎮城市。許多當地的商人和居民擔心這些全國性大型零售商的進駐，會搶走當地店家的生意，製造交通問題，甚至破壞了該鎮的歷史性特徵。舉例來說，當家用補給站試著在新澤西州的貝管納克（Pequannock Township）籌備開店時，就遭遇到了非常大的阻難。有一個團體叫做關懷社區保留地的市民（Concerned Citizens for Community Preservation），籌備了一個活動專門用以抗衡家用補給站的開店計畫，他們製作傳單、標語，上頭列出所有和零售業者有關的犯罪、交通以及安全等問題[36]。渥爾商場也曾經歷過類似的困難，因為光是一家渥爾商場，就在單一位址上提供了一個小型城鎮所具備的美髮沙龍、郵件中心、驗光服務、旅行社、藥房和食品供應站等多項零售業務。

最後一個有待零售商決定的地點決策就是：是否應該擁有一家自營性的賣場單位或者成為購物中心的其中一員。

隔離式自營商店

大型零售業者，如渥爾商場、K商場或目標商店，以及販售一些購物商品，如像俱和汽車等之類的店家，它們都可以運用隔離式的自營性營業位址來販售商品，因為它們都是屬於「目的終點」店，也就是消費者在計畫中要去拜訪採購的所在營業處。換句話說，消費者會把它的營業點位置找出來。隔離式的營業點方式可能有幾個好處，包括較低的店址成本或租金，以及附近沒有競爭對手等。但從另一方面來看，也可能比較難以吸引顧客的到訪，又沒有其它零售店在附近和它一起分擔成本的支出。

有一家店就因為這種隔離式的營業作法而生意興隆，那就是位在加州二十九棕櫚樹（Twenty-Nine Palms）的達美樂（Domino's）披薩店。這家唯一坐落在軍隊基地裏的披薩店，對一萬一千名海軍艦隊成員及其家屬來說，就是一種家的代表，它每週都可售出四千份的披薩。其它的速食營業點，如漢堡王和麥當勞，也因為市場的關係，而將店址坐落在大學校園或甚至是高中校園裏。服飾零售商，包括了全國性的連鎖店如塔玻茲（Talbots）和蓋普（The Gap）等，也都在尋求隔離式自營店的可能。這些零售商都發現到，消費者比較喜歡到地區性商店街以外的地方採購商品。[37]

購物中心

購物中心的日益崛起，始於二次世界大戰之後，在當時，美國人口也漸漸遷移至郊區地帶。而第一個出現的購物中心是條狀中心（strip centers），通常分佈在一條繁忙街道的兩旁，其中包括了超級市場、百貨鋪和一些專賣店等。對那些未經規劃的商業地區來說，這些條狀中心還是非常受到大眾的歡迎。

接下來就是小型社區購物中心（community shopping centers）的出現，通常會伴隨著一到兩家的小型百貨公司分店、更多數量的專賣店、一或兩家餐廳以及幾家服飾店等的開張。這些購物中心所提供的購物種類繁多，有採購品、特殊品和便利品等，同時也在街道旁提供停車場，它的零售佔地多在七萬五千平方呎到三十萬平方呎左右。

最後上場的是超大型的地區性購物商場。地區性的購物商場若不是圍起來經營，就是搭建共同的屋頂以利各種天候情況下的採購。許多這類商場還會飾以綠樹、噴泉、雕刻作品、以及其它裝飾等來營造出整個購物環境。它們都擁有佔地好幾畝的免費停車場。而「致勝商店」（anchor stores）或「生財商店」（generator stores）（如JC潘尼、西爾思或主要的百貨公司等）等多設置在商場的盡頭處，以便創造出大量的購物客源。

全美國最大型的購物商場於1992年開張，位置靠近明尼蘇達州的聖保羅（St. Paul）和明尼波里斯（Minneapolis）。光是一個屋簷下就有多達七十八英畝和四百兩千萬平方呎的佔地面積。美國購物商場（The Mall of America）誇稱它有超過四百家以上的商店、一座十八洞的高爾夫球場、十四家電影院、十三家餐廳、兩座美食廣場和一個佔地七英畝的史努比遊樂場（Camp Snoopy amusement park），該遊樂場是由納特的漿果農場（Knott's Berry Farm）所經營。這家商場將自己促銷成為觀光客的必訪之地，而商場中有30%的客源多來自於一百五十英哩以外的地區。

若是坐落在社區購物中心或是地區性的購物商場中，對店家來說都有

一些好處。首先,該處的所有設施都是用來吸引購物者的上門;第二,整個購物環境、致勝商店和「村落式廣場」(village square)等的活動,往往會吸引到大批的人潮進駐;第三,停車位隨處可得;第四,購物中心或商場會營造出一個統一形象;第五,每一個營業攤位都必須分攤整個商場所進行的促銷活動費用和公共區域的管理費。最後,購物商場往往將目標市場瞄準在不同的人口結構上,舉例來說,有些購物商場走高級路線;有些則瞄準在一心想買拍賣品的客源身上。

把營業地點設置在購物中心或商場中,也有一些缺點,因為該店的租金必定很昂貴;商場中一般性的促銷活動也不見得能為你的店多吸引到一些顧客;同時,對出售的貨品和營業時間有一定的限制規範;而「致勝商店」則是商場中所有營業店中的靈魂主角，其它的店不過是配角而已；另外，在同一個商場內，有可能會面臨到其它對手的直接競爭。

條狀中心和小型社區裏的購物中心，其數量大約佔了所有零售中心數量的85％；但在營業額上，卻只佔了所有購物中心整體營業額的50％而已。零售業分析家都預期在西元兩千年以前，美國消費者會將他們的購物活動逐漸集中在鄰近地區的條狀型購物中心裏。隨著對時間性的要求愈來愈殷切，消費者重視的將是速度和便利性，而不再是地區性的大型商場所提供的豪華感和多樣化。事實上，在這樣的預期心理下，許多全國性的購物商場都在重新調整腳步，讓自己儘量類似開放型的條狀購物商場。這種重新發展購物商場的舉動就叫做「反商場」（demalling），代表了和封閉型購物商場漸行漸遠的一種行動趨勢[38]。

零售價格

零售組合中的另一個要素就是價格。零售的最終目標是要把商品賣給消費者，所以適當的價格對銷售來說是很具關鍵性的。因為零售價格通常是根據貨品的成本而定，所以定價的最重要部分就在於採買上的時效性。

價格也算是零售商店定位策略和分類上的一個要素。較高的價格通常表示有一定的品質保證，同時也有助於提升該零售商的聲望形象，就像主人以及裁縫師（Lord & Taylor）、沙克斯第五大道（Saks Fifth Avenue）、古奇（Gucci）、卡地亞（Cartier）和尼曼馬可斯（Neiman Marcus）這類店一樣。從另一方面來說，例如目標商店和T.J.麥克斯（T. J. Maxx）等這類折價店和特價商店，它們所提供的則往往是物超所值的商品。

在美國零售業者之間，有一種定價趨勢正在盛行，那就是每日特價的活動（everyday low pricing，簡稱EDLP），它是由渥爾商場率先在零售業中發起的活動。EDLP提供消費者恆常性的低售價活動，而不是定期性地舉辦特價活動。舉例來說，零售業的巨人，聯合百貨公司（Federated），也就是梅西百貨（Macy's）和布魯明戴爾百貨（Bloomingdales）的母公司，計畫要以每日特價的方式，在接下來的這幾年內推出很大的折扣價[39]。同樣地，蓋普（The Gap）也在牛仔褲、牛仔襯衫、襪子和其它項目上，降低價格，以便保護和擴大該公司在休閒市場上的佔有率。而類似像艾柏森（Albertson's）和溫迪賽（Winn Dixie）等這些超級市場，也都成功地採行了EDLP的作法。

在英國的零售市場中，消費者也希望能有類似上述的定價作法。一項英國消費者的調查報告指出，受訪者都希望商店可以提供每日特價的活動。事實上，消費者願意以較少的服務來換取更優惠的售價[40]。

零售商店的陳列展示

一家商店的陳列展示有助於營造該店的形象，並在消費者的心目中塑造其定位。舉例來說，想要將自己定位成高級商店的零售業者，就可能會採用較大方或較精緻的陳列方式。

店內陳列展示的其中要素就在於它的採購環境（atmosphere），也就是由店內的實質陳設佈局、裝潢和環境等所傳達出來的整體感受。採購環境可能是放鬆或忙碌的、豪華或樸素的、友善或冰冷的、井井有條或雜亂堆積的、也可能是有趣或嚴肅的。舉例來說，只要看一眼高速商店（Express stores），就會讓住在郊區的購物者以為自己到了巴黎的精品店，店內的標語都是法文，連背景音樂也是歐洲味十足。同樣地，許多超級市場都盡量想讓自己的店看來像是歐洲老式街道上的市集商店，它們有街燈式的照明裝置、有可坐下歇腳的咖啡座椅和頂著彩色布篷的木製涼亭[41]。

最近，零售業者更在自己店內的採購環境中加添了娛樂等要素。位在芝加哥的耐吉城商店（Nike Town），看起來就像是一座博物館，它的三層樓都以真人尺寸的麥可喬丹（Michael Jordan）雕像襯以各式各樣的商品來展示，另外還有棒球傳奇人物諾連萊恩（Nolan Ryan）的球鞋等紀念遺物。而氣墊鞋的歷史介紹則說明了某些耐吉運動鞋鞋底氣墊的構造來源。另外還有一座影視劇院，專門播放耐吉的廣告和耐吉運動器材的介紹短片。

零售店內的陳設佈局（layout）是成功與否的重要關鍵。陳設佈局必須經過規劃，如此一來，才能有效地運用店內的所有空間，其中包括走廊、固定裝置、貨品的展示和非售貨地區等。有效的店內陳設佈局可以讓消費者的購物輕鬆又便利，可是卻也能有力地影響到顧客的走動形態和購買行為。而在店內陳設佈局的設計上，超級市場一向是零售業者之間的佼佼者。

在店內採購環境的營造上，有下列幾個極具影響力的因素：

◇員工的類型和密度：員工的類型是指員工的一般特性，舉例來說，整潔的、友善的、有專業素養的、抑或是非常著重服務的。密度則是指在賣場中每一千平方呎的員工人數。類似像K商場這樣的折價店，其員工密度就很低，為的是要營造出「請自己動手」的採購氣氛。相反地，尼曼馬可斯店內的員工密度就很高，這表示這家店對顧客的服務是無微不至的。但是，若是店內的員工太多，而顧客人數卻太少，就會讓顧客心生畏懼，有壓迫感。

◇貨品的類型和密度：貨品出售的類型和陳列的方式，都將為零售業者所想要營造出的採購環境錦上添花。類似像沙克斯（Saks）或瑪沙菲爾德（Marshall Field's）這種聲望十足的名店，店內出售的都是最有名的品牌，陳設方式也以精簡大方為原則。而折價店和特價商店也可能出售知名的品牌商品，可是其中有許多是次級品或非當季的商品。它們的貨品可能堆得半天高，以致於延伸到了走道上，給人一種「我們的貨源非常多，請自由拿取」的印象。IKEA是來自於瑞典的家用品和傢俱百貨店，它在店內以為數眾多的展示間和佈景來陳列自己的商品，每一個「房間」都擺妥了傢俱，並以在IKEA買得到的各類貨品來裝潢，大至於沙發或細工傢俱，小到燭台、牆飾畫作、窗檯飾品等，應有盡有。所有陳設都有助於購物者將傢俱、擺飾等商品在現實生活中視覺化。然後購物者再前往拍賣樓層，在那裏，所有的貨品都被堆疊在「自己動手拿」的購物環境裏，任由購物者自己搬取。

◇裝置類型和密度：裝置設備可以是一張很高雅（精緻的木製品）、很流行（鉻黃色調和毛玻璃）、抑或是很老舊的桌子（就像在古董店裏看到的一樣）。店內的裝置應該要和店主所想營造的整體採購環境相符合才行。把科技放進店內的裝置當中，這是最近咖啡店和遊樂廳甚為流行的一種作法。其中最盛行的就是加裝可上網的個人電腦，讓店內消費的顧客使用，同時也可讓顧客在店裏待得久一點。可是零售業者要小心，若是使用太多額外的裝置，可能會讓顧客搞不清楚這家店究竟賣的是什麼。蓋普（the Gap）就將商品陳列在桌上或層板上，取代了傳統常用的條狀貨架，這種陳列方式營造出一種休閒寬敞的採購環境，而擱置在展示桌上的貨品也可讓顧客輕鬆自在地觸摸和觀賞。

蓋普將商品陳列在桌上或層板上，取代了傳統常用的條狀貨架，這種陳列方式營造出一種休閒寬敞的採購環境。
©Elizabeth Heyert Studios, Inc.

◇聲音：對顧客而言，聲音可以是愉快的，也可以是令人不悅的。在一家精緻的義大利餐廳裏播放古典音樂有助於營造氣氛，就像在卡車休息站裏播放西部鄉村音樂是同樣的道理。音樂可以誘使顧客在店裏待得久一點；買的東西多一點；或甚至是吃得快一點，好讓桌子空下來留給下一批客人。舉例來說，市調人員發現到，快節拍的音樂往往會讓客人的進食速度加快，咀嚼次數降低，而且每一口的份量也增多了；另一方面來說，慢節奏的音樂則會讓顧客悠哉地進食，吃的也比較少[42]。當購物者正在進行非常感性的購買決策時，音樂也會造成很大的影響，對多數消費者而言，這些感性商品包括了珠寶、運動服和化妝品。零售業者可以利用音樂的氣氛來迎合消費者的人口特徵和店內的所售商品。音樂可以控制店內客源的腳步速度、營造商店形象、並吸引或引導購物者的注意力。舉例來說，位在倫敦的哈洛茲（Harrods）公司就以現場演奏的豎琴、鋼琴和風笛等，在不同的百貨部門營造不同的購物氣氛。咖啡廳也將音樂納入它的經營範圍內，就像一些主題餐廳（theme restaurants）、硬石咖啡廳（Hard Rock Cafe）、好萊塢星球餐廳（Planet Hollywood）、哈利戴維森咖啡廳（Harley Davidson Cafe）、和雨林咖啡廳（Rainforest Cafe）等，它們都將吃漢堡和薯條轉變成為一種全新的用餐體驗。歐邦沛（Au Bon Pain）和星鹿（Starbucks）也都有出售它們店裏頭所使用的背景音樂，目的就是要提醒消費者在它們店內用餐的感覺。維多利亞的秘密也在市面上推銷自己的音樂，該店相信這個音樂是自己形象和店內氣氛的結合體[43]。

◇ 氣味：味覺也可以刺激買氣或減少銷售量。義大利餃和麵包的絕妙氣味可以引誘顧客上門。相對地，不好的氣味也會讓顧客打消來意，例如煙草味、發霉味、殺蟲劑的味道和室內芳香劑的過濃味道。如果某家雜貨舖有烘焙食品的香噴噴氣味，該店的業績就會增加三倍。百貨公司總是以目標市場所喜歡的香味來取悅顧客，而且效果不錯。另外，一點也不令人驚訝的是，好的氣味通常會讓顧客很開心，但不好的氣味則會讓顧客的心情沉入谷底。最近由社會心理學家所做的實驗指出，比起在氣味不佳的環境中，烘焙咖啡或烘烤餅乾的香味讓購物者的機率提高了兩倍，願意為陌生人換一塊美金零錢[44]。

◇ 視覺因素：顏色可以塑造心情或讓注意力集中，因此對採購環境的氣氛營造來說，相當地重要。紅色、黃色和橘色被認為是溫暖的色調，可以用來營造溫暖和親密的感覺。冷色調則包括了藍色、綠色和紫色，可用來打開封閉式的空間，創造出高雅潔淨的氣氛。有些顏色很適合用來做為展示背景，例如鑽石在黑色或藏青色的天鵝絨襯托下，更顯得璀璨光華。燈光照明也在店內氣氛的營造上佔有很重要的地位。珠寶最好展示在高聚光力的燈光底下，而化妝品則最好放在比較接近自然的光源底下。渥爾商場發現到某些部門所用的自然光對銷售業績很有助益，於是在許多設施上都裝置了自然光[45]。戶外的光線也會影響到消費者的惠顧程度，根據消費者的說法，他們很怕在天黑以後到某些地方購物，為了安全上的理由，他們比較喜歡明亮的照明設備[46]。店內若是能塑造出戶外的景觀，對氣氛的營造也很有幫助，同時能為購物者留下良好的第一印象。舉例來說，哈利斯提特（Harris Teeter）超級市場就利用鄉間的格局、材料和細部材質，將店內的農產市場主題延伸到該店的外觀上頭。該店開放式的人字型屋頂和整體的建築輪廓，都是鄉野農村建築的縮影，這樣的外觀傳達出哈利斯提特的品質聲譽以及對生鮮食品的著重程度，進而讓購物主覺得買得安心[47]。

人員和顧客服務

人是零售業中獨有的環節，即使只是短暫的接觸，多數零售買賣都會涉及到顧客與銷售人員這兩者之間的關係。若是顧客在雜貨舖購物，收銀人員就會爲顧客結帳裝袋。而如果是在很具聲望的服飾店裏購物的話，店員可能就會協助顧客挑選款式、尺寸和顏色，也可能會協助顧客進行試穿；提供修改服務；包裝商品；甚至還會招待一杯香檳。而銷售人員爲顧客所提供的服務內容，全視該店的零售策略而定。

當公司靠著既有的顧客群而存活下來的時候，優良的服務對成長緩慢的經濟體來說，更顯得十分地重要。研究調查顯示，老顧客的維繫可以得到利潤平均值以上的營業水準和更大的成長契機。家用補給站就是採行這種經營哲學的公司行號之一，它爲顧客提供了卓越的服務品質。家用補給站的銷售人員都是徵召自木匠、水電工之類的專業人員，該公司鼓勵他們爲顧客花上必要的服務時間，即使是幾個小時也在所不惜。路威商店（Lowe's）也採行了類似的作法。

零售業的銷售人員還有另一個業務上的功能：說服購物者購買商品。因此，他們必須能夠說服顧客，即他們所販售的商品也正是顧客所需要的。銷售人員通常會接受兩種一般性的銷售技巧：換購價昂商品（trading up）；以及建議式銷售（suggestion selling）。換購價昂商品是指說服顧客捨棄他們原先預期要買的商品，改買比較貴的商品。但是爲了避免賣給顧客一些他們不需要或不想要的商品，銷售人員必須要很小心地執行這項銷售技巧。建議性銷售則是多數零售業者都會採行的常見方法，也就是以相關性的商品項目，來儘量擴大顧客原先的購買範圍。舉例來說，麥當勞的收銀員可能會詢問顧客，是否想在漢堡和薯條以外，再加個蘋果派。銷售建議和買賣品質高、價錢昂貴的物品這兩種方法，往往可協助購物者找出自己眞正需要的東西，而不是賣給他們一堆毫無用處的商品。

正如本章一開頭所談到的，服務程度有助於零售業的分類和定位。服務程度指的是服務提供的類型（信用服務、快遞服務）和服務的品質。所謂品質服務的例子包括了快速的結帳速度VS.緩慢的結帳速度；學有專精，

市場行銷和小型企業

專業知識：小型企業的成功要素

專業的銷售知識並沒有在大型連鎖商店裏消聲匿跡，只是變得很稀有而已。這樣的局勢剛好為小型獨立的零售自營商創造出絕佳的機會，因為他們非常瞭解自己的商品，而且他們所出售的商品，也可能打破一般的商場慣例：

其中一個例子是位在匹茲堡的銳可──拉馬聲管公司（Record-Rama Sound Archives）。這家公司擁有佔地約一萬平方英呎的商店面積，同時也接受郵購訂單。它在1996年的預估營業額約有270萬美元。對該店的所有人保羅馬惠尼（Paul C. Mawhinney）來說，唱片不只是一項生意而已，它還是馬惠尼的摯愛。把這一生的摯愛轉變成一項事業，正是馬惠尼成功的原因所在。1950年代，當馬惠尼還是十幾歲孩子的時候，就開始蒐集唱片了。一直到1968年為止，他就擁有了約計14萬張左右的唱片。「我走到了一個頂點，在那個點上，我必須要決定我的下半輩子究竟該做什麼。音樂是我的最愛，所以我決定要把我這一生都奉獻給它。」馬惠尼如是說道，現在的他已經五十多歲了。他的這家小店據稱是全世界最大的唱片集散地之一，總值約在5,000萬美元左右。據估計，從1948年以來，一直到今天為止的所有熱銷唱片，該店約擁有其中的99%，另外目前在市面上已流失的各種唱片，該店也擁有四分之三左右。總計約有1,500萬張單曲唱片、8萬5,000張CD、和75萬張LP，都陳列在一間有著一排排類似像圖書館書架的房子裏，高度幾乎到達屋簷。在這裏，隨時可以進行研究調查。

另一個例子則是位在芝加哥艾爾卡拉家族（Alcala's）的西部服飾店（Western Wear）。該店的經營面積約1萬平方英呎，它是一家西部牛仔靴和西部服飾專賣店，就位在該城市的西北方。預估1996年的收益可高達140萬美元。這個家族企業創始於1972年，一開始的時候，艾爾卡拉家族只有一個小店面，專門出售一些售價不高的服飾商品，這個生意一直延續到1980年代中期，該店創始人的兒子注意到店內所出售的少許西部商品非常搶手，於是說服他的父親多進一些靴子、帽子和襯衫之類的存貨。接下來的這幾年，西部服飾和靴子之類的商品，逐漸取代整個生意。「老實說，整件事情並沒有經過什麼規劃，」艾爾卡拉如是說道，「我們買進愈多西部商品，就賣得愈多，所以我們就儘量增加這類商品的進貨。」到了今天，該店出售整套的西部服飾和配件，從身上的裝束，到騎馬的馬鞍，應有盡有，可是靴子仍佔了整個營業額的大宗比例。在店內的貨架上，充塞著各種尺寸、各種寬度、款式的靴子，數量超過5,000雙以上，有鴕鳥皮製成的靴子，也有鰻魚皮製成的靴子，五花八門，無奇不有。根據估計，芝加哥當地每賣出10雙靴子，其中就有9雙出自於艾爾卡拉商店。

對靴子的「專業知識」是該公司之所以成功的主要因素。有許多靴子都是該店的員工特別精心設計的。該店員工必須經過數天的訓練，以期全然瞭解好靴子的精髓所在。「他們必須非常喜愛靴子，而且也要穿靴子，」艾爾卡拉這樣說道，「這是這份工作的必要條件。」協助顧客選擇：細心服務：同時傳達自己的專業知識，這正是「我們和競爭同業完全不同的地方。」他繼續說道，「只有商品本身，那是辦不到的。專業性地試穿靴子和帽子，免費的修改，以及終其一生的清潔保證服務，這些正是我們所售的每一雙靴子所擁有的品質證明。」[48]

為數眾多的小型零售商都曾證明，擁有商品的專業知識和熱忱可讓自己顯得「小而美」，並以此做為競爭優勢對抗市場上的「大傢伙」。你認為還有哪些因素可能對小型零售商的成功有所助益呢？

樂於助人的銷售人員VS.制式化、懶散和擺架子的店員。品質服務也可解釋為對所售商品的專業和熱忱。請讀一讀「市場行銷和小型企業」的方塊文章，瞭解某些小型企業是如何利用自己的知識和專業，為顧客提供高品質的服務。

7 描述零售業的未來趨勢

零售業的趨勢

預估未來的這個舉動，難免會有些風險，但是零售業的全球化、零售業者利用娛樂設備來吸引顧客的上門以及提供更高的便利性等，卻是零售業未來的三個重要趨勢。

全球化的零售業

美國零售業者目前正在全球市場上試驗它們的商店概念，這個舉動一點也不令人意外。隨著國內零售市場上永無休止的競爭和黯淡無光的成長遠景，已趨成熟飽和的零售業者都開始向外積極尋找一些正處於消費經濟急速成長的國家，在其中探索可能的海外契機。

最近，因為幾個事件的促成，而使得海外市場擴張的可行性大增。首先，大眾傳播媒體和通訊網路的全球盛行使得全世界的品味和商品偏好更趨於一致性，結果造成美國休閒風和其代表商品，如李維牛仔褲（Levis）、耐吉運動商品（Nike）等，都成為非常熱銷的商品。第二，貿易障礙和關稅的降低，如北美自由關稅協定（簡稱NAFTA）和擁有十五個會員國的歐盟組織（簡稱EU），都讓美國零售業者得以向墨西哥、加拿大和歐洲等國跨足進軍[49]。最後，一些未完全開發市場的高度潛力也讓美國零售業者蠢蠢欲動，這些市場包括拉丁美洲和亞洲，舉例來說，中國大陸擁有全世界25%的人口數，最近才開始對外界開放其市場。雖然中國的大部分人口還欠缺足夠的消費能力，不過預估在未來五十年內，該國的經濟成長將會讓世界上的其它國家都顯得黯然無光[50]。

對美國零售業者來說，向墨西哥和加拿大發展似乎要比跨海到其它地區進行零售事業要來得合理多了。文化上的共通點是個很大的關鍵因素，特別是就美國和加拿大這兩個國家而言。加拿大的消費者就像美國的消費者一樣，對價格非常敏感，甚至有過之而無不及，因為該國的稅賦相當地重。就像它南方的鄰居一樣，加拿大人也在尋求高品質但低售價的商品。這樣的結果當然造成了家用補給站和優勝者服飾（Winners Apparel）等這類美國商店在當地大放異彩。

墨西哥對某些美國零售業者來說，也像是一塊磁鐵一樣，吸引著它們的高度興趣，因為當地的經濟成長潛力不容忽視。該國約有38%的人口都在十四歲以下，而且中產階級的人口數也在不斷上揚之中，因而造就了墨西哥這樣一個深具魅力的市場[51]。除此之外，墨西哥也是一個「未經開發的商店」處女地，該國每一千人只擁有五百五十平方英呎面積的食品店和服飾店，相較於美國的每一千人擁有一萬九千平分英呎，簡直有天壤之別。

對大型的美國零售業者來說，歐洲等國則提供了完全不同的成長契機。西歐約有三百五十萬個商店（每一百個人就有一家商店可供使用），可是多數都是小型舊式的雜貨舖。歐洲高度分散式的市場對高度資本化的美國零售業者來說，正是一個可待豐收的大好場所。當類似像渥爾沃斯（Woolworth）公司的美足小舖（Foot Loker）這樣的類別商品殺手出現在歐洲市場時，它貨色齊全的各類運動鞋和休閒服，立刻席捲了當地市場，擊敗了當地所有的競爭對手。而全球性品味的同質化，也造成當地民眾對美國運動鞋和牛仔褲的大量需求。同時各零售店所提供的低廉價格和貨色齊全的各類商品，對購物者來說，也是一塊能牢牢吸引住人的磁鐵。

西爾思和JC潘尼則是兩家企圖在海外市場力圖發展，以彌補國內市場停滯局面的零售業者。西爾思在墨西哥曾經非常地成功過，雖然這家公司遠在1940年代晚期，就已進駐墨西哥這個市場，可是它的快速成長卻是在近幾年力圖振興該店的形象品質，以期吸引墨西哥的富裕消費者之後，才逐漸顯現的。西爾思在墨西哥當地的百貨公司，其地板樓層皆是以大理石鋪製而成，再加上溫和的採光設備、高級的香味、鞋類和流行服飾等。除此之外，JC潘尼也在墨西哥大興土木地建造百貨公司；而位在日本的JC潘尼則增加了將近一百萬平方英呎的零售面積，因為它在歐亞瑪貿易公司（Aoyama Trading Company）（日本最大的男性服飾零售商）旗下所擁有的三百家百貨公司內，出售自營品牌的各類服飾。同時，JC潘尼也正在研究調查到智利、希臘、台灣和泰國等地設置零售據點的可行性[52]。

娛樂設備

在零售店內加添娛樂設備，是最近幾年來非常盛行的一種作法。小型零售商和全國性連鎖店都不約而同地利用娛樂設備，好讓自己有別於其它的競爭對手。

　　娛樂設備不只侷限在音樂、影視、服裝秀或由肥皂劇明星或暢銷書作者的客串露面而已，它包括了讓購物者擁有一段快樂時光、刺激他們感覺或感動、以及招攬顧客上門、讓他們留在店裏、鼓勵他們消費和再次上門等種種手段和方法。書店內安靜舒適的沙發和咖啡廳，以及結合了書本和音樂的零售業者，如邦恩斯和諾柏（Barnes & Noble）、一百萬冊書刊（Books-a-Million）、邊界（Borders）和媒體演出（Media Play）等這類商店，它們的手段作法就像是哥須溫（Gershwin）的曲調從諾德史壯（Nordstrom）百貨公司中庭內的鋼琴裏流瀉出來是一樣的道理。可是你若是想抓住眾多年輕消費者的注意，就得在服飾店、美髮沙龍和主題餐廳裏，增添一些聲光效果十足的影音設備才行。舉例來說，每日星球（The Daily Planet）是一家位在紐約州拉格林基維拉（LaGrangeville）的餐廳，店內到處佈以懷舊的主題飾物，有電影和卡通的海報，電視螢幕上貼著有關老式電影的剪報和自動投幣點唱機等。同樣地，位在科羅拉多州和德州的小型連鎖店：賴利的鞋店（Larry's Shoes），也在店內加添了卡布其諾咖啡吧台，另外還提供很多有關鞋類的資訊。

　　零售業之所以加添這些娛樂性設備，部分原因是受到MTV和一般娛樂已漸漸成為美國人部分生活的影響所及。這種趨勢潮流對零售業者來說，經證明相當地有效，可以區隔自己的賣點，同時也給了潛在顧客一個再度光顧的好理由。「如果他們很開心，他們就可能多瀏覽一些，多買一點，而且不會光顧競爭對手的店。」[53]

便利性和效率性

　　正如本章啓文中所談到的，現在有愈來愈多的消費者都在尋求方法，讓自己的購物可以更快一點和更有效率一點。隨著75%的女性投身在全職的職場中，消費者便不再像以前那樣，可以全心地投入於購物樂趣之中了。自1980年以來，購物者從每個月可逛三家購物商場，逐步轉變成每個月只逛一‧六家購物商場。同時，也從購物行程上的七家商店縮減到三家而已[54]。這個結果造成零售業者必須學會更小心地經營購物者在店內的購物經驗才行。消費者不再因為某家店能夠符合他的期望，就覺得非常滿足。他們希望能從零售業者那兒得到超乎自己期待以外的更愉悅經驗。而零售

業者所能超出顧客期待以外的責任範圍包括了購物和購買過程的協助、商品的送達和安裝、售後服務以及商品的替換和更新等。

以上方法的各類例子包括了為那些不想在交通上大費周章的購物者提供載運服務、托嬰服務、在購物期間提供免費飲料和清涼冰點以及提供停車位給購物常客。舉例來說，位在波士頓的星星商場（Star Market）就提供托兒中心，讓前來購物的父母們，放心地購買店內的商品[55]。有些藥房還增加了一些便利性的措施，例如購物車道，讓車主不下車就可以買到必要的藥品；以及提供感冒針劑和膽固醇測定的額外服務[56]。除此之外，零售業者還保留了消費者對商品方面的個別喜好記錄，以便讓店主在消費者下次選購商品時，可以提供必要的個人協助。而有關銷售方面的協助還包括預先為顧客留下一些他或她個人偏好的商品項目。舉例來說，該店的記錄顯示，某位消費者偏好某種款式的打扮，於是銷售人員就可以為該名消費者展示當季流行的那一類款式[57]。超級市場的零售專家也預估，在未來的零售業者，特別是超市業，將會成為真正的行銷商家，而不是配銷中心而已。

例如，包裝商品和各類產物將不會在超級市場中出售，訂單下達後的15分鐘之內，貨品就會直接送到消費者的家中，讓消費者不用上街購物就可以悠遊於購物的樂趣之中，任何晚宴上所需的各類新鮮蔬果、肉類和調理食品等，皆一應俱全。因為需要各類產品的消費者可以利用手握式掃瞄器，把商品的條碼記錄下來，順便更新他手邊的電子採購名單。雜誌上的廣告也會登入條碼，以便讓消費者掃瞄這些頁碼，將最新出售的商品記錄在自己的採購名單上。超級市場的另一個新方向則是依解決辦法的分類方式來出售商品，而不是以材料成份的傳統方法來進行分類。舉例來說，用來烹調義大利麵的所有材料將會集中在店內的某一個區域裏，其它可能的解決辦法類型還包括「兒童午餐」、「減肥餐」、「橋牌俱樂部」、「緊縮預算」、或「新奇刺激」等不同的類別。位在尼德蘭的幾個商店，就已經開始採行這種分類辦法了。舉例來說，某家雞肉舖就出售各種商品項目，足夠讓前來購物的消費者調理出一份完整的餐點。而倉儲俱樂部的充斥也正說明了消費者的確需要一種更簡便的方法，讓他們完成自己一點也不喜歡的購物活動。其它產業也已經加快腳步，企圖改善自己的便利性。自動櫃員機已經讓上銀行提領現金這件事變得不是那麼地必要；披薩店的到府送達服務也讓上披薩店吃披薩成了可有可無的選擇。而郵購藥品事業也已經成長為數十億美元的生意了，所以現在大部分的醫藥處方都可以靠郵購來獲取。而家庭購物頻道以及郵購目錄在過去這幾年來，如雨後春筍般地快速崛起，對超級市場而言，這些作法的勢在必行只是時間早晚的問題而已。

8 討論零售業的現存問題

影響零售業的現存問題

雖然普遍來說，零售業是非常有利可圖的，特別是那些列在（圖示15.1）的各家公司，但是對這個產業而言，也不是沒有遭遇到一些困難的。這個產業除了競爭十分激烈以外，還必須面對一些其它問題，其中包括沒有效率的營運管理、為數眾多的商家、類別商品的殺手、替代性的零售方式以及消費者購物活動的減少等。

凡事採預先防範的經營管理、注重效率以及對市場的透徹瞭解等，這些都是在這個競爭激烈的產業中成功的必要條件。擁有好點子，可是卻缺乏經驗、訓練或資本的小型企業體，幾乎都很少能維持一年以上的經營。正如某位老練的執行主管所說的，「零售業就是一個專吃生手的產業。」每一年都會有一萬兩千家左右的零售店在市面上消聲匿跡[58]。

其實，讓零售業和百貨公司最頭痛的一個問題就是商家實在太多了，而這個現象的形成是因為零售連鎖店大肆擴張後的結果。零售空間的成長速度遠超過人口的成長和消費者支出的成長。就全國而言，零售空間在過去這十年來，已增加了50%，高達四十六億平方英呎，也就是說每一個美國公民可擁有十八平方英呎的購物空間[59]。同時，每一平方英呎的零售業績（該產業生產力的主要衡量標準）也滑落了12%[60]。因此，整體來說，零售空間遠遠超過實際需要的零售營業面積。

另外，針對小型特定的區隔市場而展開的市場行銷（利基行銷），也對傳統的百貨公司和特殊品專賣商店造成可能的傷害。類別商品的殺手可在單一商品類別中提供各式各樣的齊全貨色，不管是財務背景、行銷技巧或者是合理的售價，這種種利多特性讓它們不論在任何市場上都能無往不利，儘管所在市場已趨飽和，也還是可以達到收益上的目標。當然，這類經營手法已嚴重地影響到小型連鎖店和少數幾間自營性百貨公司的生存空間。

除此之外，替代性的零售手法，如：郵購、網際網路和其它各種線上零售方法，在在都對傳統的零售商店造成一定的威脅。而來自於線上購物的威脅將會變得愈來愈嚴重，因為線上聲光效果的表現和互動式的交易方法，將會吸引到更多的顧客，而且一旦交易回應的速度加快，信用卡的安全問題也獲得解決之後，就會有更多的顧客投身在線上交易的購物方法上。到了那個時候，傳統的零售業者就得給消費者一個好的理由，告訴他們為什麼要離開居所前往店裏購物，畢竟線上購物是不需要舟車奔波地跑到購物中心去，就會有人把訂購的商品送上門來。此外，網際網路上的購物者也可以進行線上購物的各種比較，同時還可以從線上消費者所推崇的《消費者報告》（ *Consumer Reports* ）這本刊物上，找到有關商品的評估看法[61]。

雖然1990年代的經濟情勢看好，但是和1980年代比起來，消費者在美國本土的消費支出仍然顯得遲緩了許多。在過去十年的購物樂趣中，消費者已買齊了夠多的各類商品，現在起，他們開始在支出上進行節流，並設法存點老本。今天的消費者在打開皮包之前，一定會先三思而後行。研究調查顯示，當今的消費者比起1980年代而言，在購物上要顯得興趣缺缺。對他們而言，現在的購物無疑是一種苦差事，而不是一種娛樂。設法縮短購物時間已成為一種新的潮流，事實上，這股潮流甚至演變成精確購物（precision shopping）的作法。也就是說，許多消費者不再一家店接著一家店地進行比價，尋求殺價購物的樂趣，相反地，他們現在所選擇的都是每天能夠提供物超所值的零售商店，例如折價賣場和直接行銷的各種零售手法[62]。

9 列出專營批發活動的各種公司類型，並描述它們的功能

批發中間商

配銷通路上的另一個重要成員就是批發中間商。批發中間商是指一些組織經營體，負責把製造商所生產的商品和服務流通到零售商那裏。通路架構上的不同變化，大部分取決於批發中間商在數量和類型上的各種變數。整體而言，批發中間商有兩種主要類型：批發商（merchant wholesalers）以及代理商和經紀商（agents and brokers）。典型上來說，批發商會在商品上加上自己的權利（所有權）；代理商和經紀商則只是協助把商品從製造商那裏賣到最終使用者處。（圖示15.5）就顯示出這兩種主要類型的批發中間商。

一般而言，商品的特性、買方的考量和市場上的狀況等因素，都是製造商用來決定究竟該使用哪一類型的批發中間商。對批發中間商的類型可能造成影響的商品特性包括：這是標準化的商品？還是定製化的商品？商品的精細度如何？以及商品的毛利如何？而影響選擇批發中間商的買方考量則包括：該商品的購買頻率如何？買方在接收到商品前，願意等多久的時間？最後決定批發中間商類型的市場特性則包括：在這個市場上有多少買主？這些買主是集中在特定的區域內？還是分散在不同的地區？（圖示15.6）就將這些決定性因素表列出來。舉例來說，某家製造商一年只生產幾部太空火箭專用的引擎機器，因此它可能需要代理商或經紀商來為它銷售商品。除此之外，需要這種商品的幾個顧客可能都集中在火箭發射站的附近而已，所以使用代理商或經紀商的作法應該是比較好的選擇。從另一

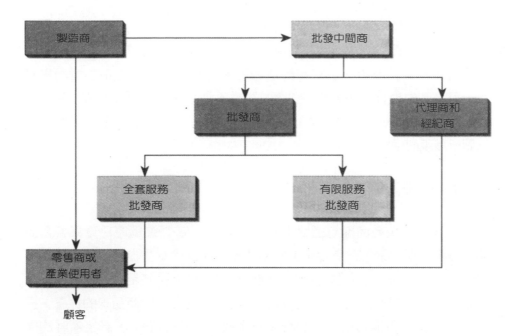

圖示15.5
批發中間商的主要類型

決定因素	批發商	代理商或經紀商
商品的本質	標準化	非標準化、特殊規格
商品的專門技術性	精細的	簡單
商品的毛利	很高	很低
訂購的頻率	經常	不常
訂單下達和貨品送達之間的時間長度	買主比較偏好較短的時間	買主可接受較長的時間
顧客的數量	很多	少許
顧客的集中度	分散	集中

圖示15.6
使用批發商類型的決定因素

資料來源：摘錄自1989年二月號的《產業行銷管理》（*Industrial Marketing Management*），第27到33頁的〈經銷商和代理商所經手的商品和市場〉（Products and Markets Served by Distributors and Agents）一文，Donald M. Jackson和Michael F. D'Amico著。此翻印係經該出版商之同意。版權所有，©1989伊爾瑟糜爾科學公司（Elsevier Science Inc.）。

方面來看，印製數千本刊物的出版商，它的顧客分散區域極為廣闊，而且整年都有這類商品上的需求，所以就會採行批發商的作法。

批發商

在批發業的營業額中，將近有60%是由批發商所貢獻出來的，同時，它們也佔了批發組織體數量上的80%[63]。所謂批發商就是指從製造商處購買貨品，再轉售給企業體、政府單位、其它批發商或零售商的一個團體。所有的批發商都對它們的所售商品擁有所有權。多數批發商都經營著一家以上的倉庫，做為收貨、儲存和轉運之用。它們的顧客多是中小型的零售商，可是其中也有一些製造商和企業客戶。批發商可以再被分成全套服務批發商（full service）和有限服務批發商（limited service），這種分類均視它們所展現的通路功能而定。

全套服務批發商

全套服務批發商擁有通路上的所有功能。它們會為客戶蒐集各類商品，提供分期付款、並有促銷上的協助和技術上的意見提供。除此之外，它們也會有業務人手來聯絡客戶；儲存和送達商品；甚至也可能提供研究調查和規劃上的支援協助。全套服務的批發商還會根據商品線的性質，提供商品的安裝和維修服務。全套服務也表示「不辭千里」滿足顧客的需求，例如以最急件的方式為顧客送達商品。

有限服務的批發商

正如它的名稱一樣，有限服務批發商的功能只有全套服務批發商的部分而已。一般來說，有限服務批發商只負責一些快速流通的有限商品線。它們不提供分期付款，也不提供市場資訊。在批發商的產業中，有限服務批發商只佔了一小部分而已。

代理商和經紀商

代理商和經紀商可代表零售商、批發商和製造商，它們並沒有把銜稱放在貨品的上頭。銜稱就代表了所有權，而所有權則代表控制的權利。代理商和經紀商並不像批發商，前者只是協助銷售，對銷售的條件並沒有太多的貢獻。但是它們卻可以根據銷售量的多寡，來抽取佣金。另外，它們的通路功能也比有限服務批發商還要來得少。

批發業的未來趨勢

　　某些大型零售商發現到，批發中間商對它們來說其實是不必要的。雖然批發中間商一度曾是配銷管道中的靈魂人物，可是現在它們的存在價值卻正受到雜貨業、量販業、藥品業和企業供應商等這類產業的質疑。製造商擔心批發商所添加上去的利潤會損及它們在商品上的競爭優勢。零售業者和消費者則認為，若是自己不能直接和賣方打交道，就可能會失去議價的空間能力。於是乎，來自於行銷管道兩端的壓力分頭出現。舉例來說，即使在日本這個市場，許多零售業者也藉著去掉配銷管道中的批發商，來達到削減價格的目的。若是可以直接向製造商進貨，就能以低於百貨公司售價的三分之二出售商品。許多反應靈敏的批發商，在察覺到現今時勢只能允許少許的批發業者存活下去，於是便將自己重新定位成「有著附加價值的經銷商」（value-added distributors），同時在製造商和零售商之間，扮演著更具靈活性的協調角色。未來在這個產業中，只有懂得為客戶確認和衡量配銷選擇；並以通路資訊中心自許；同時又可以降低商品運送成本的批發商，才會是最後的贏家。LCR是一家營業額高達上百萬美元的鉛管供應批發商，公司就坐落在路易斯安納州的巴頓魯居（Baton Rouge），它就是上述作法的成功奉行者。該公司開發了非常精密的電話行銷網，並在附加價值的服務上增添了資訊蒐集和分析等功能，以便協助顧客做出更具見地性的決策，但是這其中最有創意的作法莫過於「你的另一處倉庫」（Your-Other-Warehouse）這個概念，而這家公司也因為這個概念而順理成章地成為許多小型鉛管零售商的主要批發商。上述這個概念再加上隔夜快遞服務，使得LCR得以接管許多小型零售商的存貨業務，為客戶省下不少的錢。這種創新作法現在正為LCR每年賺進數百萬美元，而這是以往不曾有過的業績，也是這種作法下的必然結果。

回顧

　　現在讓我們回想看看，本章啓文中所談到的消費者購物形態的轉變。零售業者不再只是和其它零售業者競爭而已，例如折價店、專賣店、百貨公司和其它零售形式等（直接郵寄零售商等），它們所面臨的挑戰是要找出吸引顧客注意力的各種辦法。零售業者瞭解到，它們必須給消費者一個正當的好理由，說服他們到店裏消費。爲了達到這個目的，許多商店都正設法進行零售策略的轉型，以便反應出消費者眞正需要的東西：那就是更省事的購物方式。

總結

1. 討論零售業在美國經濟上的重要性：有兩個重要的理由使得零售業在美國的經濟市場上扮演著重要的角色。首先，零售業可提供大量且多樣的商品和服務，進而增進我們日常生活的品質；再者，零售業雇用了美國工作人口的絕大部分──估計超過一千九百萬人。

2. 解釋零售商的分類別：市面上有各種不同的零售商。零售組織可以根據它的所有權、服務程度、商品配置和價格等來進行分類。依照所有權的不同形式，零售商可略分爲獨立性的零售商、連鎖店或加盟店等。而零售業者所提供的服務程度，也可以依深淺等級來劃分。另外，零售業者還可以依商品配置的深度和廣度來分類，有些零售商擁有很集中的商品配置，有些則在商品配置上十分地廣泛。最後，價位高低也可以用來爲商店分類，從標榜低價位的折價店到提供高價位的獨家專賣店等，就是這種分類上的代表。零售業者也往往會利用後面這三個變數，來爲自己在競爭市場上定位。

3. 描述零售經營的幾個主要類型：零售店的幾個主要類型包括了百貨公司、專賣店、超級市場、便利商店和折價店。百貨公司擁有各類購物商品和特殊品，貨色齊全，全都分門別類地被劃分在各個獨立的營業部門底下。而它的高價位也因爲百貨公司非常注重顧客服務和店內裝潢，而得以彌補過來。特殊專賣店通常在貨品的配置上比較狹隘，可是卻很深入，而且很重視與眾不同的商品和對顧客的服務水準。超級市場則是大型的自助式零售商店，可提供貨色齊全的各類食品和非食品。便利商店所出售的商品線很有限，可是都是一些高流通率的便利商品。最後是折價商店，它提供低價位的一般商品，同時也可被再細分為全線折價商店、折價專賣店、倉儲俱樂部和特價零售店。

4. 討論無店面式的零售技巧：無店面式的零售業，也就是在店舖以外的地方進行購物，通常有三種主要類型：自動販賣機是利用機器來銷售貨品。直接零售的銷售交易則往往發生在住家之中，通常是透過逐門逐戶的推銷拜訪和舉辦銷售聚會而做成的交易。直接行銷則是指利用一些技巧，讓消費者直接從家裏進行購物的行為，這些技巧包括了直接郵件、郵購目錄和訂單、電話行銷、以及類似像家庭購物頻道和透過網際網路所進行的線上購物等各種電子零售。

5. 說明加盟業的定義，並描述其中的兩種基本形式：加盟業是指授權人同意將某商品的事業權利交付給加盟人來經營或販售的一種持續關係。現代的加盟業通常有兩種基本形式：商品和商號的加盟指的是某個自營商同意販售由某家製造商或批發商所提供的某個商品或商品線。事業體形式的加盟則是指授權人和加盟人之間的持續事業關係，在這個關係裡，加盟人可使用授權人的名號、事業形式或事業辦法，並付出一些費用做為換取這個使用權利的條件。

6. 列出在發展零售行銷策略時，所牽涉到的主要任務有哪些：零售管理一開始就需界定目標市場，通常界定的根據包括了人口資料、地理位置和心理分析等因素。 在決定好目標市場之後，零售經理接下來就該發展零售組合中的六個變數，也就是商品、促銷、地點、價格、陳列展示和人員。

7. 描述零售業的未來趨勢：隨著競爭環境的愈趨激烈和國內市場的遲緩成長，在營業額上已趨飽和的零售業者都開始向外積極尋找一些正處於消費經濟急速成長的國家，在其中探索可能的海外契機。世界各地的品味和商品偏好趨於一致；貿易障礙門檻的降低；以及各個未開發市場的出現等，在在讓零售業者感受到擴張海外市場的可行性大增。除此之外，在零售環境中加添一些娛樂設施也是這幾年非常盛行的策略手法，小型零售商和全國性連鎖店都不約而同地利用店內的娛樂設施，讓自己有別於其它的競爭對手。最後，未來的零售業者將會爲消費者提供更便利和更有效率的購物服務，商品材料不只在店內出售而已，它們會直接送到消費者的家中，讓購物者不用上街購物就可以悠遊於購物的樂趣之中。先進的科技使得消費者可以更輕鬆地取得他們所想要買的商品，而消費者對便利性需求的與日俱增，也促使了零售業者開始以各類解決方法來爲店內的商品進行分類，而不再是傳統的分類方式。

8. 討論零售業的現存問題：有幾個問題一直困擾著零售業，其中包括沒有效率的經營管理；商家店數太多；類別商品的殺手和替代性的零售方式；以及消費者購物活動的減少。首先，零售經理在經營上常常沒有做到事先預防和效率性的管理要求，或者對整個競爭市場缺乏全盤性的瞭解，進而導致旗下零售店的關門大吉；再者，因爲連鎖店的過度擴張，使得過去這幾年來零售空間的成長大過於人口和消費者支出的成長；第三點，類別商品殺手在單一商品類別上以低價方式提供各式各樣的貨色選擇，在在威脅到百貨公司和量販商店的生存，也嚴重擠壓到小型連鎖店和少數幾家獨立零售商的存在空間。另外，替代性的零售方法，例如家庭購物頻道和電子零售等，也都對傳統零售業造成很大的衝激影響。最後是工作機會的成長遲緩和經濟衰退等，也都導致美國消費者在支出上的小心謹慎。結果當然造成了今天的消費者在購物上比起1980年代來說，要顯得興趣缺缺許多。

9. 列出專營批發活動的各種公司類型，並描述它們的功能：批發中間商可被細分爲兩個基本類型：批發商和代理商／經紀商。批發商是獨立的事業體，可在貨品上頭放上自己的銜稱，以及負擔所有權的擁有風險。全套服務批發商具備通路上的所有功能；有限服務批發商正如它的名稱一樣，只具備部分通路功能而已。代理商和經紀商會促進銷售，但卻不會在貨品上放入自己的銜稱，也不會加入一些銷售條件。經紀商會把買賣雙方聚集在一起，而代理商的功能則是爲單一製造商或是爲彼此擁有互補性商品線的數家製造商擔任業務人員的角色。

對問題的探討及申論

1. 請針對結合了超級市場和全線折價店兩者特點的超級購物中心，探討它在最近趨勢潮流中有哪些行銷方面的啟示。

2. 請解釋倉儲俱樂部的功能，為什麼它被同時歸類於零售業和批發業？

3. 請在你的社區中找出一項成功的零售事業。是什麼樣的行銷策略導致它的成功？

4. 你想要說服你的老闆（也就是某家零售店的店主）相信，店內採購環境的重要性。請寫一份備忘錄，上頭詳舉幾個有關店內採購環境如何影響你自己購物行為的例子。

5. 討論全球性零售業的可能挑戰。

6. 有人要求你針對消費者對便利性和效率性的需求將如何影響零售業的未來，進行簡短的評論，請為這個主題準備一份大綱提要。

7. 為什麼零售界會有「這是一個專吃生手的產業」這樣的說法？

8. 如果你打算開一家建築商品店，你會需要批發商的服務嗎？如果需要的話，你會選擇哪一類的批發商，為什麼？

9. 請和班上三位同學組成一個小組，在你所居住的城市裏找出幾家有販售錄放影機、CD唱盤和電視的不同零售店。小組成員必須分頭拜訪這些店，並描述每一家店所出售的商品和品牌。並請準備一份報告，上頭描述每家店所出售的不同商品和品牌，以及各家店的不同特性和個別服務程度。舉例來說，有哪些品牌在渥爾商場和K商場出售？有哪些品牌在肯波（Campo）和西羅（Silo）出售？以及有哪些品牌在獨立性質的特殊專賣店裏出售？請說說為什麼不同的商品和品牌會配銷到不同類型的店裏頭？

10. 請到下列網址中拜訪它的食品店，其中的「示範廚房」（Demonstration Kitchen）是如何協助該網站中的食品類和酒類進行零售推銷？

http://www.virtualvin.com/

11. 在這個網址上，擁有最快速的數據機、最多記憶體、最大型的終端機和硬體磁碟機以及所有可能周邊設備的最頂級電腦機型，其價值究竟是多少？然後再到這個網址上找一部比較經濟實惠的電腦機型，比較這兩者之間的特性和價格。

http://cmp.gateway2000.com/

12. 零售業者為什麼要在線上出售它們的平面目錄？

http://www.catalogsite.com/

第四篇
批判思考個案

渥格林公司（Walgreen Company）

「藥品業不再只是一個購買藥方的場所，它也可以成為健康綜合資訊的來源中心。」這是大學商學院研究所（Harvard Business School）兩位教授李察諾曼（Richard Norman）和瑞菲爾拉莫銳茲（Rafael Ramirez）的說法。過去那種只賣藥品的零售藥房時代已經過去了，取而代之的，是有愈來愈多的藥房已轉型成為健康照護業中的積極角色，這都得感謝健康照護業的崛起和來自於其它零售業者的競爭使然。

自1980年代中期以來，有愈來愈多的雇主利用「照護管理計畫」（managed care programs）來降低他們在健康照護給付上的支出成本。舉例來說，在1988年的時候，只有不到三分之一的健康照護保險戶加入照顧管理計畫當中，可是到了1995年，人數就突破了一半以上，預估在未來這十年內，人數將會超過美國保戶人口的九成以上。

照護管理計畫會和藥房協調有關處方藥的成本，同時鼓勵使用低價位的一般性藥物，而不是某些有品牌的處方藥，而且會要求醫生只開立那些歸類在「處方一覽表」裏頭的各類藥品。事實上，這些照護管理計畫已取代個人成為藥房的零售消費者。不過屢見不鮮的是，由照護管理計畫所協調提供下的賠償率往往太低，以致於藥房的毛利被減到幾乎是無利可圖的地步。

從另一方面來看，來自於超級市場、折價連鎖店和郵購藥品的競爭也是與日俱增。最近這幾年來，超級市場在非食品類的市場行銷和價位上，有愈來愈積極的運作態勢，特別是在健康食品和美容用品這兩類商品上更是如此，而這些商品在過去原本是藥房的主流商品。另外類似像渥爾商場、目標商店和K商場這些折價商店，也都積極佈署上述這兩類商品線和一些不需處方即可出售的藥品類。就目前來說，幾乎所有的大型超市和折價連鎖店都有屬於自己的藥房櫃台。除此之外，照護管理計畫也鼓勵它的訂戶多多利用郵購方式來取得處方藥，因為郵購的藥品價格只需當地藥房提供價格的七五折左右。

而渥格林公司就是一家處於當今零售環境下，仍能做出積極回應的藥房連鎖店。身爲全國最大營業量的藥品零售商，渥格林公司不惜將鉅資投入最新的科技中，把重點擺在商品和行銷的便利性上，同時也將自己定位爲一次解決式的健康照護中心。

爲了要努力降低成本和獲取更高的效率性，資訊和技術對渥格林來說，變得日益重要了起來，特別是照護管理計畫在藥品業有愈來愈活躍的趨勢之後，資訊和技術的重要性更是不容小覷。今天，有三分之二以上的處方箋來自於提供照護管理計畫的第三者。渥格林公司也是其中一家首度裝設販賣點掃瞄器的藥房連鎖店，同時它也使用這類資訊來分析店內的銷售、價格和營業成果資料，並進行存貨成本的管理。渥格林的策略性存貨管理系統（Strategic Inventory Management System，簡稱SIMS）可被整套併入它的配銷中心裏，讓買方用來決定自己的購買決策。存貨的減少也可以達成節流的效果，因爲店主不須再在存貨上投入太多的勞動資本。掃瞄器的使用也可以降低勞動成本，因爲你不必再費心於貨品的價格標籤問題。而且還可透過對當週或當天不同時間銷售變化的監視，來排定員工的排班表。因爲渥格林公司的網狀作業提升了整個及時配銷環境（包括賣方、倉庫和配銷中心），使得訂貨和補貨作業變得更加有效率，同時也增加了該店的收益。

經由電腦和掃瞄器所蒐集到的顧客資訊，可以讓渥格林公司更看得清楚每一家分店的顧客層面。舉例來說，如果某家店的大部分顧客都是糖尿病患者，該分店就可以爲糖尿病患者設置特殊的服務定點。針對慢性病顧客所進行的用藥分析，也有助於提前告知顧客最新出爐的藥品資訊和治療方法。

所有新式又省時的服務內容，都是爲了反映出渥格林公司想要迎合顧客對便利性要求的企圖心。該公司旗下許多全新和重新裝潢過的分店，都設置了一個、兩個、甚至三個車道窗口。除此之外，現在有幾百家的渥格林分店也都開始提供24小時的營業服務。它的1-800-WALGREENS專線，可處理緊急性質的處方快遞服務，而且在某些市場中，電話系統還可以讓需要補充藥方的顧客叩應進來，也可以爲處方箋的號碼打卡記錄，還可以讓顧客方便，代收開立好的處方箋。此外，各分店也增加了一些高獲利的便利商品項目，例如牛奶、一小時的快速沖印服務和影帶的出租等，這種種措施都是爲了增進顧客的便利性，也增加了各分店的獲利可能性。

這種對便利性的要求，也促使渥格林公司一腳踢開條狀式的商場作法，而改以在定點上建造全新獨棟式的商店，這些商店都附設了停車場，而且即使開車也看得到它的明顯店招。全新的分店遠比傳統的渥格林商店要來得大多了，平均佔地面積都在一萬四千平方英呎左右。店內的陳設佈局也比較井井有條，爲的是讓購物者可以快速地進出購物。此外，渥格林也把現今藥房中常見到的一些既單調又狹窄的貨架給替換掉，改以設計輕盈、空間寬敞、色彩豐富的陳列方式，裏頭還有寬敞的等候區供顧客使用。最後還有一種較小型的分店格局，稱之爲快速藥局（RxPress），這種營業點只出售藥品，而且提供非常方便的車道窗口服務。

渥格林體認到自己的最大長處還是在於藥品業，所以就將這些分店定位爲博學多聞而且是全方位服務的健康照護中心。藥劑師會爲病人們提供專業諮詢，以配合他們的藥物控制，同時還提出一些有關健康養生和健身之道的有效資訊。爲了培養顧客的忠誠度，藥劑師也會研讀病人的用藥情況，以便找出所用藥物是否有互斥作用；以及是否有過度用藥和浪費藥物的可能狀況發生。渥格林公司還會採取醫藥方面的例行性工作，而這些工作也是多數照護管理機構所不屑執行的，因爲它們認爲這種需要麻煩到醫生問診的作法，實在是太費時又太耗成本了。但是現在有超過兩千一百家以上的渥格林商店，在每年秋天的時候會提供感冒的預防注射。除此之外，渥格林的中部佛州店（Central Florida outlets）也在最近開始爲女性顧客們提供骨質疏鬆症的篩檢活動。

問題

1. 就處方藥的多數營業額來看，照護管理計畫已儼然取代個人消費者，成爲零售消費中的絕大多數。這樣的結果對渥格林的零售策略會有什麼影響？特別是把照護管理計畫當做爲目標顧客群之後，又會如何改變渥格林公司的傳統零售策略（也就是指商品、地點、價格、促銷、陳列佈局和人員等）？
2. 你覺得渥格林公司這麼強調便利性的商品和服務，甚至超過對藥品事業的注重程度，這樣的作法會成功嗎？爲什麼會成功？或爲什麼不會成功？
3. 渥格林公司還可以爲顧客提供哪些其它的便利性或健康性的服務商

品？

4. 渥格林公司對建造獨棟式的店址和較大型的店內設計，覺得會有什麼好處？若是只建造較小型、專售藥品的營業點，又有什麼好處呢？

5. 還有哪些方法可以讓渥格林公司運用在它的販售點掃瞄器資訊上，進而建立起顧客的忠誠度？

第四篇
行銷企劃活動

配銷決策

接下來要描述行銷計畫中行銷組合的「地點」部分，或稱配銷。請先確定你的配銷計畫必須符合目標市場的需求和欲求，而這些目標市場也正是稍早前所描述確認過的，它們亦符合前面單元所談到的商品和服務議題。此外，也請參考（圖示2.8），在其中找出額外的行銷計畫主題。

1. 討論雙重／多重配銷的啓示意義。舉例來說，如果你的公司是透過某家大型百貨公司和它的目錄來販售商品，接著又決定要設置自己的線上全球網站，並開設一間工廠直營店，這些舉動會對通路關係造成什麼影響？提供給最終消費者的價格又會有什麼改變？對促銷工具來說，又是如何呢？

行銷建立者應練習

※銷售計畫樣板中的配銷通路部分

2. 你所選擇的公司應該使用什麼樣的通路？請描述牽涉其中的中間商和它們的可能行爲。這些通路對你來說有些什麼啓示意義？

行銷建立者應練習

※銷售來源分析試算表中的聯合要素部分

3. 對你公司的商品而言，什麼是最佳的配銷密集度？
4. 有哪些類型的實質配銷設施對商品的配銷來說是很必要的？它們應該放置在什麼地方？商品又該如何配銷呢？請說明你對運輸工具的選擇理由。
5. 你需要使用那些類型的零售組織來販售貴公司的商品？它們的坐落地點對目標顧客群來說，很方便嗎？該設施的採購環境又該如何？

第五篇

整合式的行銷傳播

學習目標

在讀完本章之後，各位應當能夠做到下列各項：

1. 討論行銷組合中的促銷角色。

2. 討論促銷組合中的各種要素。

3. 描述傳播的過程。

4. 解釋促銷的目標和任務。

5. 討論效果層級的概念和它與促銷組合之間的關係。

6. 討論影響促銷組合的各個因素。

7. 解釋如何創造出一個促銷計畫。

8. 討論促銷活動中的道德和法律層面。

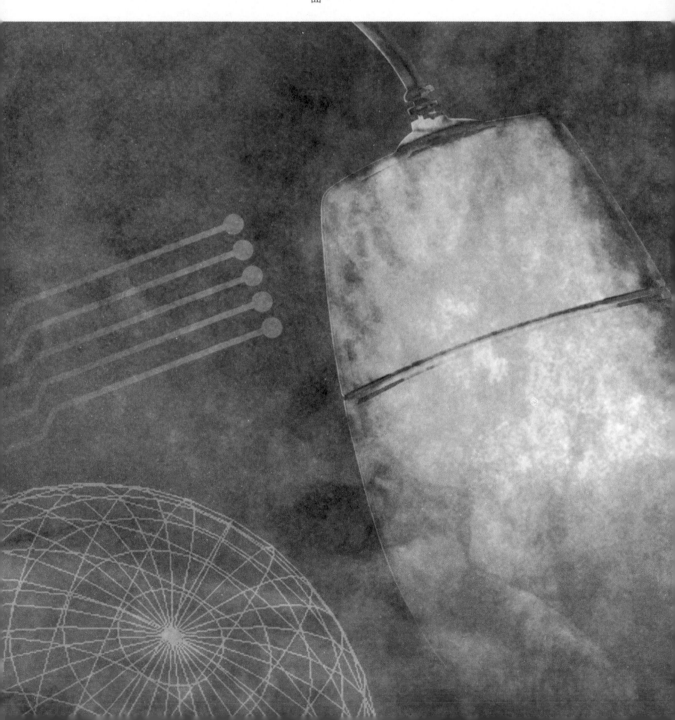

第16章

促銷策略與行銷傳播

　　1995年8月24日，微軟公司（Microsoft Corporation）首次推出世人期待已久的視窗九五操作系統軟體（Windows 95），同時隨之來的各種促銷奇襲手法，也不得不令露華濃（Revlon）這家一向擅於面部彩妝的化妝品公司，更是為之面紅耳赤。這樁全球性的行銷盛事，利用了所有可能想像到的媒體管道和行銷手法，舉凡電視、報章雜誌、合作性廣告，一直到店內促銷、公共關係和自我宣傳等各種招數，全部傾囊而出。也因為第一年的促銷預算就高達了兩億美元以上，另外再加上來自於各零售商和軟硬體公司所共同出資的五億美元預算，更使得鑽研市場行銷史的歷史學家們，很難再從其中找出任何一種促銷手法，足以和視窗九五這場驚天動地的上市活動互相抗衡比擬。

　　這個軟體界的巨人為了視窗九五的上市，緊緊抓牢了傳統性的消費行銷作法，也就是在電視和平面廣告上，大肆宣傳商品和它的利益點。在滾石搖滾樂團（Rolling Stone）「發動我」（Start Me Up）這首曲調的襯托之下，電視廣告直接把操作系統軟體呈現在螢光幕上，由滑鼠按下「開始」的圖型鍵。這個按鍵象徵了視窗九五具備了傲人的能力，可以讓使用者以全新的方法來從事電腦活動，同時也開啟了電腦的更多功能。該廣告鼓勵使用者加入視窗九五的活動，也意謂著加入一個正在改變電腦世界的創舉當中。這個電視廣告在全球二十三個國家同時播出，同時也出現在全球網站上，讓網際網路的用戶可以進入到屬於微軟公司自己的首頁當中。

　　另外，為這個全新操作軟體所展開的銷售促銷，還包括了五千包的傑克脆餅（Cracker Jack）內含有視窗九五的鑰匙鍊和贈送券，凡是買到其中一包的少數幸運者，就可免費獲贈個人電腦。在英國，微軟公司在空曠的原野上繪製出超大型的視窗九五標誌，可從飛機上俯瞰觀賞。在多倫多，有一面三百英呎高的視窗九五旗幟，在該城市最高建築物的頂端迎風招展著。在澳洲，所有在8月24日出生的新生兒都可免費獲贈一套軟體，這使得澳洲地區在那天就創造出七百名最新的「早期採用者」（early adopters）。該公司也在全美四十座城市舉辦各種新上市活動，從拉斯維加斯拉薩飯店（Luxor Hotel）的兩千人宴會，一直到矽谷大美國主題公園（Great America's theme park）的四千人全天候歡樂嘉年華會，各式慶祝活動，令人目不暇給。

電腦零售商也參與了各式各樣的上市花招。有許多零售商加入所謂「午夜狂熱」（Midnight Madness）的活動當中，在8月23日的午夜十二點打開店門九十五分鐘，出售視窗九五的第一批版本。根據專家的預估，在8月24日視窗九五正式上市以前，各家店的操作示範就超過了一百二十萬次，同時，由電腦零售商所放置的店內陳設也高達二十五萬個。

除了有大量的廣告預算和銷售促銷預算來支持視窗九五的上市活動以外，另外還有花費最少，甚至不須花費半毛錢的促銷手法在為視窗九五的上市活動推波助瀾。因為眾家媒體的哄抬造勢，使得大約有五百名採訪記者和一大堆電視從業人員都聚集在華盛頓州的雷蒙市（Redmond），也就是微軟公司上進行上市活動的大本營裏。光是平面媒體，視窗九五就佔據了三千種報章雜誌的頭條版面內容，而在上市前的兩個月內，也有六千五百篇報導出現在各平面媒體上。在電視新聞中，視窗九五上市的頭條消息也凌駕於其它新聞之前，這其中包括了波斯灣戰爭和迪士尼接收首都城（Capital Cities）／ABC傳播公司等重大新聞。

為了要增加媒體上的花招，微軟公司的創始人兼總裁，比爾蓋茲（Bill Gates）也添上了一腳。他為了要為視窗九五造勢，不惜讓自己個人和名字大量地曝光於媒體之中。也為了要闡述視窗九五為什麼會改變電腦的世界，比爾蓋茲特地參加「早安美國」（Good Morning America）和「賴利金現場秀」（Larry King Live）等有名的電視節目，也參加了十數個其它的電視訪問，同時還出席了無數次的各式盛宴。除此之外，比爾蓋茲也在一部長度三十分鐘，黃金時段播出的宣導短片中領銜主演，他在短片裏告知觀眾們視窗九五的優點是什麼，這部短片在視窗九五上市後的兩天起，開始進行全面性的播出。比爾蓋茲甚至主演了一部可口可樂的廣告片，這部廣告片只在上述短片的廣告時段內獨家播出。

所有這些促銷上的努力對微軟公司來說都不是白費的：在上市後的三十天內，視窗九五就在全世界售出了七百萬套軟體；一年之後，視窗九五更舉辦了銷售突破四千萬份的周年慶祝活動[1]。

微軟公司在促銷上使出渾身解數就只為傳達出視窗九五的上市訊息。它利用廣告來闡述視窗九五的優點；利用微軟公司和零售商贊助的銷售促銷活動來製造高潮和帶動買氣；另外，媒體上的宣傳更增加了整個活動的熱絡情勢；而公共關係上的努力經營，也在微軟總裁為視窗九五的造勢活動上扮演了最佳推手的角色。上市期間所創造出來的種種促銷手法，確保了這套軟體的問市成功，也讓數百萬名的個人電腦使用者都採用了這套軟體。

正如你所看到的，微軟花了很大的努力在行銷組合中的促銷部分。行銷組合中的促銷角色究竟是什麼？各公司可以利用哪些類型的促銷工具？以及有哪些因素會影響工具的選擇？又該如何製作促銷計畫呢？本章都會為您一一解答。

行銷組合中的促銷角色

1 討論行銷組合中的
促銷角色

要是沒有有效的促銷手法，不管商品的開發、定價或配銷等做得再完善，也很難在市面上存活下來。所謂促銷（promotion）就是來自於商家的訊息傳播，在其中告知、說服和提醒某個商品的潛在買主，爲的是要影響他們的意見或激起某些回應。

促銷策略（promotional strategy）就是把促銷上的各個要素適當運用的一種計畫，這些要素包括了廣告、公共關係、人員推銷和銷售促銷等。正如（圖示16.1）所呈現的，行銷經理必須就整個企業組織行銷組合商品、地點（配銷）、促銷、和價格下決定該公司的促銷策略目標是什麼。行銷人員利用這個整體目標，就可以把促銷策略的各個要素結合在一起（促銷組合），然後併入整個協調計畫當中。於是促銷計畫就成爲行銷策略中用來擊中目標市場不可或缺的部分。

促銷策略的主要功能就是要說服目標顧客群，某公司所提供的產品和服務，存在著不同於競爭品牌的差異化利益點。而這種差異化的利益點是指某家公司及其商品的獨有特性，目標市場認爲這些特性很重要，而且優於其它競爭品牌。這類特性可能包括較高的商品品質、便捷的到府快遞、低價位、優良的服務、或者是其它競爭廠商所沒能具備的各種特性。舉例來說，露華濃的不褪色唇彩系列（ColorStay Lipcolor）可讓使用者一天下來也不用擔心口紅脫妝的問題。該公司利用名模辛蒂克勞馥透過廣告現身說法，傳達這個商品的差益化利益點，進而刺激了市面上對這種商品的需求。因此，促銷可以算是行銷組合中很重要的部分，它可告知消費者有關商品的利益點，並爲商品在市場中定位。

促銷

來自於商家的訊息傳播，在其中告知、說服和提醒某個商品的潛在買主，爲的就是要影響他們的意見或激起某些回應。

促銷策略

把促銷上的各個要素適當運用的一種計畫，這些要素包括了廣告、公共關係、人員推銷和銷售促銷等。

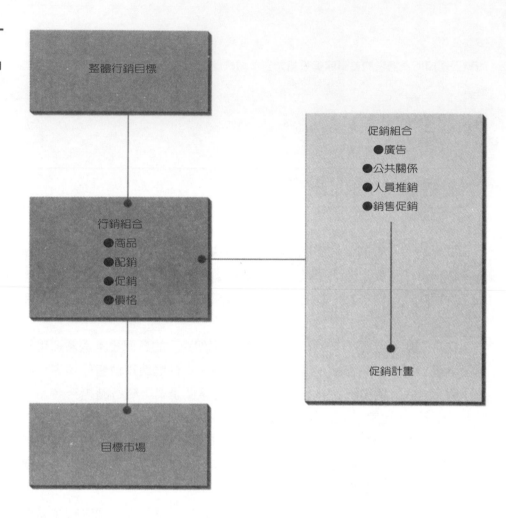

整體行銷目標

行銷組合
●商品
●配銷
●促銷
●價格

目標市場

促銷組合
●廣告
●公共關係
●人員推銷
●銷售促銷

促銷計畫

2 討論促銷組合中的
各種要素

促銷組合

促銷組合

促銷工具的結合，其
中包括了廣告、公共
關係、人員推銷和銷
售促銷等，可用來正
中觸及它們的目標市
場，並達成企業組織
的整體目標。

　　多數的促銷策略都會利用各種要素，其中包括了廣告、公共關係、人員推銷和銷售促銷等，來正中觸及它們的目標市場，這樣的結合就叫做促銷組合（promotional mix）。所謂適當的促銷組合就是指管理階層相信這樣的結合作法可以滿足目標市場的需求，並達成企業組織的整體目標。若是某單一促銷要素所分到的資金愈多，以及管理階層愈強調某單一要素的技巧，就表示對整體組合來說，該單一要素所扮演的角色非常重要。

廣告

不管是數百萬美元的大規模活動，抑或是報紙上的分類廣告，幾乎所有販售貨品或服務的公司或多或少都會運用到廣告。所謂廣告（advertising）就是指任何一種付費的傳播形式，並可在其中確認出贊助者或公司的身分。傳統的媒體包括電視、電台、報紙、雜誌、書刊、直銷、戶外廣告板和運輸看板（transit cards）（張貼在巴士、計程車和巴士站的平面廣告）等，都是常用來向消費者進行傳播的媒介。但是，行銷人員現在也發現了很多新的方法，可以用來傳送他們的廣告，特別是透過如網際網路、電腦數據機和傳真機等的電子媒介物。

廣告的首要好處之一就是它具備了一次可向很多人進行傳播的能力，所以它的平均接觸成本就顯得非常的低。廣告擁有可以正中觸及多數大眾的好處（舉例來說，透過全國電視聯播網），也可以瞄準小眾的潛在顧客，例如利用直銷或是透過同業雜誌的平面廣告來選定某個顧客族群。

雖然廣告的平均接觸成本相當低，可是整體廣告成本卻是耗資甚鉅。這種情況使得全國性廣告只能侷限在一些具有相當財力的公司身上。舉例來說，福特汽車爲了推出1996年的新款釷星，就在三個月左右的時間，花了將近五千五百萬美元的廣告費。新款釷星車的廣告片在全國性的電視聯播網上播出，平面廣告則出現在消費性的各大雜誌媒體上。身爲福特公司有史以來最大手筆的上市活動之一，它甚至還包下幾個主要雜誌的所有廣告版面，成爲當期雜誌的唯一廣告主，例如《運動畫報》（*Sports Illustrated*）的足球特刊、秋季的《她》（*Elle*）雜誌風向時裝版和特別報導披頭合唱團（Beatles）的《生活》（*Life*）雜誌等[2]。小型公司很少能像福特公司這樣大手筆地爲全國性的廣告活動耗費鉅資。

我們會在第十七章的內文中更詳盡地探討這些廣告方面的議題。

公共關係

各企業組織非常在意目標市場對它們的觀感如何，所以往往花了很多錢，想要建立起正面的公共形象。公共關係（public relations）就是一種行銷功能，可用來評估大眾的態度；並在該企業組織中找出公眾可能感到興趣的領域範圍；再計畫性地展開行動，來贏取公眾對它的瞭解和接納。公

廣告

非個人性的單向式大眾傳播形式，內容是一個商品或某家企業組織，必須付費才能播出。

公共關係

一種行銷功能，可用來評估大眾的態度；並在該企業組織中找出公眾可能感興趣的領域範圍；再計畫性地展開行動，來贏取公眾對它的瞭解和接納。

共關係有助於企業組織和它的顧客、供應商、股東、政府官員、員工以及營運所在地的當地社區等,進行溝通。商家對公共關係的運用,不只是爲了要維持正面的形象,也是爲了要教育公眾有關該公司的目的和方針、介紹新商品,並提升銷售的影響力等。

　　一個完整的公共關係計畫可以產生正面的公共宣傳效果。所謂公共宣傳(publicity)就是指各公司、貨品或服務以全新姿態出現在大眾媒體上的公眾資訊。但是一般來說,企業組織卻不是這類公眾資訊的主動提供者。舉例來說,幾項醫療調查報告指出,飲用紅酒對健康有很大的助益之後,酒類產業就得到了很正面的公共宣傳效果。紅酒的銷售量也在調查報告釋出之後,立刻呈現上揚的局面[3]。這個事件說明了行銷界的特有現象:不管你砸下多少百萬美元的廣告費,都不若免費的公共宣傳效果來得好。

　　雖然企業組織不用爲這類的媒體曝光付出任何費用,可是也不應該將公共宣傳視為是免費的。準備新聞稿的發佈和說服媒體人員刊登或播出新聞稿，這些都是要花錢的。因此，製造好的公共宣傳也要付出很大的代價。舉例來說，酒類製造商希望能充份利用科學界的研究結果（因為它們不被允許在廣告上運用這類資訊），於是就會贊助一些專題會議或研討會，來討論這類的發現以及酒類對飲酒者的好處何在，希望這些資訊的釋出可以獲得媒體的青睞採納[4]。

不幸的是，不好的公共宣傳也可能造成公司數百萬美元的損失。透過大眾媒體，全世界的人都會知道某家公司是否污染水源；製造瑕疵商品；旗下主管涉及賄賂等不法情事；或是被控其它不合法的行為等。這些報導下所導致的負面消費者反應，可能會讓該公司在營業額上有所損失，其影響層面也可能擴及整個產業。舉例來說，衛流捷飛機（ValuJet）在佛羅里達州艾文沼澤地（Everglades）的墜機事件，透過媒體的大肆報導之後，使得許多潛在乘客都因為擔心這種常見的削價手法所競相推出的低價班機，會有飛行安全上的問題而裹足不前[5]。

我們也會在第十七章，再進一步探討公共關係和公共宣傳等相關議題。

人員推銷

人員推銷（personal selling）就是在某個購買情況下，兩個人進行彼此溝通，互相試圖影響對方。在這樣的二分體狀況下，無論是買方或賣方都有自己特定想要達成的目標。舉例來說，買方可能希望儘量壓低價格，或確保品質上的一致性；而銷售人員則可能希望儘量提高利潤上的收益[6]。

人員推銷的傳統手法包括向一或多個可能買主進行有計畫的商品介紹或展示，以便達成交易。不管他是採用面對面或是透過電話來進行，人員推銷都是想要說服買主接受某個觀點，或是讓買主心甘情願地採取某些行動。舉例來說，汽車推銷員可能想要說服某位汽車買主，某款車型在某些特性上，優於其它競爭車款，例如耗油量、車內空間和車內裝潢等。一旦買主有些心動之後，推銷員就會更進一步地鼓勵買主採取行動，例如試開車子或是直接下訂等。一般來說，從人員推銷的傳統角度來看，推銷員的目的不外乎就是犧牲買主，創造出不是輸就是贏的必然結果。

目前很多有關人員推銷的主題都著重在如何發展銷售人員和買主之間

人員推銷
向一或多個可能買主進行有計畫的商品介紹或展示，以便達成交易。

的關係上，這種作法尤其適用於企業類和產業類的商品，例如重型機器或電腦系統等，消費性商品反而不是那麼地適用。關係銷售（relationship selling）強調的是雙贏的結果，亦即就長期而言，讓買賣雙方都受惠於彼此目標的共同達成。關係銷售並不是尋求快速的銷售途徑，也不是只求在營業額上有暫時性的突破成長；相反地，它是藉由和顧客建立起長期的關係，來試圖創造出顧客的參與度和忠誠度[7]。

人員推銷和關係銷售將會在第十八章有更詳細的說明討論。

銷售促銷

銷售促銷
除去人員推銷、廣告和公共關係這三者以外的其它所有行銷活動，可以刺激消費者的買氣和自營商的效率性。

　　銷售促銷（sales promotion）是除去人員推銷、廣告和公共關係這三者以外的其它所有行銷活動，可以刺激消費者的買氣和自營商的效率性。一般來說，銷售促銷是一種短期性的工具，可用來促進需求上的立即上揚。銷售促銷可以瞄準在最終消費者、業界顧客、或是某公司員工的身上。銷售促銷包括了免費樣本、競賽、獎金、商展、度假贈送和兌換券等。一個主要的促銷活動可能會使用到好幾種銷售促銷上的工具。舉例來說，吉列公司（Gillette）將超感應刮鬍刀免費贈送給全美國一百四十萬名年滿18歲的年輕男子，贈品內還附著一張便條紙，上頭寫道：「慶祝你的18歲生日⋯⋯來自於吉列公司的一份賀禮。」贈品包內裝了刮鬍刀、刮鬍泡和一張兩塊美金的刮鬍刀片等值兌換券。1996年的時候，吉列公司總共送出將近一千五百萬份的超感應刮鬍刀，在英國，他們是把贈品掛在一般民眾的門上；在瑞典，則贈送給徵召入伍的新兵們[8]。

　　通常行銷人員會利用銷售促銷來加強促銷組合中其它要素的功效，特別是對廣告和人員推銷來說。研究調查顯示，銷售促銷可加速銷售回應，進而對廣告效果有所助益。舉例來說，吉列公司為了要推出超感應刮鬍刀，在促銷活動期間特地提供「去零頭」兌換券。於是想要買超感應刮鬍刀的消費者在看到這個廣告訊息後，就會想要利用這張兌換券於新上市的特價期間試用看看這個商品。沒有了這張兌換券，這些消費者就可能會等上一段時間，才購買這個商品。

　　銷售促銷也會在第十八章，有更詳盡的說明。

行銷傳播

促銷策略和傳播的過程有非常密切的關係。身為萬物之靈的人類，我們總是在感覺、想法、事實、言論和感情上，訴諸於一些內涵意義。所謂傳播（communication）就是指我們透過一組常見的象徵事物，互相交換和分享其中內涵意義的一個過程。不管某家公司究竟是開發出一種新商品；替換掉某個舊商品；或只是在現存的商品或服務上，設法增加銷售而已，它都必須把這個銷售訊息傳播給所有潛在顧客。商家可透過它的促銷計畫，傳播有關公司及其商品的訊息給目標市場和不同的公眾群。舉例來說，百事可樂的廣告就透過籃球明星山奎歐尼爾這類的體育人物向它的兒童收視目標群傳達訊息。讀者不妨參考本章第126頁的方塊文章，歐尼爾在文章中親述有關百事可樂的傳播力量。

傳播可以再被分成兩個主要類別：互動式的傳播和大眾傳播。互動式傳播（interpersonal communication）是兩個人或兩個人以上的直接面對面傳播。進行面對面傳播的時候，人們可以看到對方的反應，也可因此立即做出回應。銷售人員直接面對客戶侃侃而談，就是行銷傳播上進行互動式傳播的最佳例證。

大眾傳播（mass communication）指的是向大批觀眾進行傳播。有許多行銷傳播都是針對整體消費者，通常是透過類似像電視或報紙這類大眾媒體來進行的。舉例來說，當某家公司進行廣告活動時，它往往不認識這群身處在傳播範圍內的人們。除此之外，該公司也無法針對消費者對它的訊息反應做出立即的回應。行銷經理反而必須等待一段時間，看看人們對大眾傳播的促銷反應究竟是正面抑或是負面的。來自於競爭對手的其它傳播訊息或者是收視環境中的種種干擾，都會影響到大眾傳播上的努力效果。

傳播過程

行銷人員是訊息的傳送者，也是接收者。身為傳送者，行銷人員會試著告知、說服和提醒目標消費者去接納某些貨品和服務購買需求上的行動方向。接收者的角色則是指行銷人員必須設法讓自己適應目標市場，以便發展出適當的訊息、修正現有的訊息，並找出最新的傳播機會。也就是

傳播
我們透過一組常見的象徵事物，互相交換和分享其中內涵意義的一個過程。

互動式傳播
兩個人或兩個人以上的直接面對面傳播。

大眾傳播
向大批觀眾進行傳播。

3 描述傳播的過程

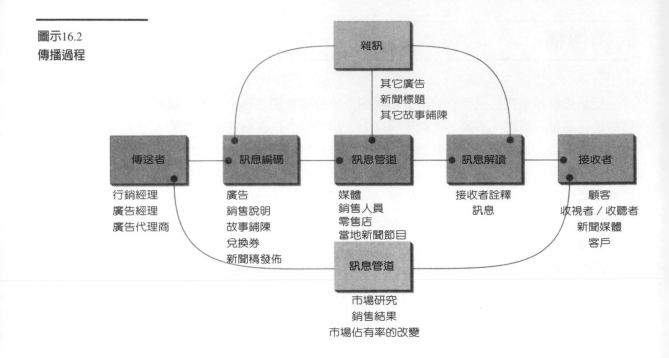

說，行銷溝通並不是單向式的過程，而是雙向式的過程[9]。（圖示16.2）就描繪出傳播過程中的雙向性質。

傳送者和編碼

傳送者
傳播過程中訊息的始作俑者。

編碼
將傳送者的點子和想法轉換成某種訊息，通常是以文字或記號表現之。

傳送者（sender）是傳播過程中訊息的始作俑者。在人與人之間的對話中，傳送者可能是父母、朋友或是推銷人員。就廣告或新聞稿發佈來說，傳送者則是公司本身。舉例來說，啓文中所討論到的微軟公司，就是發出視窗九五操作軟體上市訊息的傳送者。

編碼（encoding）則是將傳送者的點子和想法轉換成某種訊息，通常是以文字或記號表現之。微軟公司可能將它的訊息編碼轉換成某個廣告；微軟的業務人員也可能將促銷訊息編碼轉換成為某個銷售說明會。

編碼的基本原則就是：消息來源說的是什麼並不重要，重要的是接收者聽到了什麼。傳達訊息讓接收者適當地接聽收到，其中一個辦法就是使用精確的文字和圖形。舉例來說，視窗九五的廣告文案是這樣寫著：「請從這裏開啓，它是一個開啓鈕，但是它並不僅只是爲你展開運用方法、找到特定檔案、尋求協助、打開控制板或者只是爲你開啓任何一件你所想要

做的事情而已，它也是一個很棒的比喻。」平面廣告上則呈現出視窗九五主要螢幕畫面的詳細照片，並在上頭指出開啟鈕的按鍵可以簡化整個電腦運作需求，讓普通人能輕而易舉地使用一般個人電腦。

訊息傳輸

傳輸訊息需要用到管道（channel），例如聲音、廣播電台、報紙或其它傳播媒體。某種面部表情或某個手勢，也可以做為一種管道。

當接收者發覺到訊息，並將訊息放入自己的參考架構中時，接收的動作便已發生了。在雙向的溝通對話裏，例如由微軟業務代表為電腦零售商所舉辦的銷售研討會，接收度往往非常的高。相反地，若是採用大眾傳播的方式，接收者在接收訊息上，就可能產生可有可無的結果了，因為多數的媒體都充斥著各種「雜訊」。所謂雜訊（noise）就是指足以干擾、扭曲或延緩資訊傳輸的任何東西。在某些媒體上，例如報紙和電視，裡頭總是充塞著各式各樣的廣告，所以雜訊程度相當高，接收程度也就相對的降低。舉例來說，視窗九五廣告的接收程度，可能因為其它操作軟體的競爭，而受到一些干擾，例如麥金塔（Macintosh）或IBM的OS/2、各種軟硬

管道
傳播媒體，例如聲音、廣播電台或報紙，皆可用來傳輸訊息。

雜訊
足以干擾、扭曲或延緩資訊傳輸的任何東西。

夢寐以求的吸引力

山奎歐尼爾（Shaquille O'Neal）對行銷和廣告的看法

什麼是市場行銷？還有它為什麼這麼重要？我會根據自己同時身為運動員和市場商人的經驗，試著回答這些問題。市場行銷就是將概念、定價、促銷和有關點子、貨品以及服務等種種配銷，進行規劃和執行的一個過程，以便創造出能同時滿足個人和企業目標的各種交易。當我從一個局外人的角色來看時，我並不知道行銷可以是這麼的複雜，我也從來不知道類似像運動員這樣一個人，竟然可以對人們的思考過程和購買行為有這麼大的影響力。利用有名氣的運動員來推銷商品或服務，對銷售量竟然有這麼大的影響效果。看看麥可喬丹（Michael Jordan）！幾乎是在一夜之間，似乎所有的小孩都想穿喬丹氣墊鞋，再不然就是擁有一雙喬丹氣墊鞋。

為什麼會發生這種事呢？是因為偉大運動家的魅力使然？還是因為行銷手法實在太棒了？答案「不是前者，也不是後者」，應該是缺一不可。在我身為職業籃球選手的這幾年來，我曾經親眼目睹過運動員對球迷和一般群眾所發揮出來的驚人魅力。頂尖運動員就像是漢頓（E. F. Hutton）一樣，當他們說話的時候，人們就會專心傾聽，可是他們為什麼要專心傾聽呢？我相信他們之所以要聽我們說話，也就是運動員說話，是因為我們有可信度。有時候，公司行號利用運動人物和其它名人來促銷商品，正是希望他們就是恰如其份的意見領袖。名人推薦法的成功與否，全在於這個商品代言人的可信度和群眾魅力如何？以及人們對他或她的熟悉度又如何？如果這個商品代言人和商品之間的聯想程度可以確立，名人推薦法就往往可以成功。

可是行銷人員在選擇名人推薦商品時，必須要小心一點。比爾寇斯比（Bill Cosby）在擔任漢頓代言人的角色扮演上就栽了一個跟斗，可是在為柯達相機和傑洛果凍（Jello）這兩個商品代言時，卻相當地成功。消費者無法將比爾寇斯比和嚴肅的投資決策聯想在一起，可是卻能把他和休閒活動以及每日消費串連在一起。比爾寇斯比和投資？不可能吧？！這也是決定某位運動員究竟可以擔任什麼樣的商品代言人這麼重要的原因了。如果選對了商品，這名運動員就有很好的機會可以讓商品在市面上大放異彩。因為運動員的名氣和財富，或者是他的群眾魅力，都讓他有足夠的可信度成為一名成功的商品代言人。對可信度的最佳定義，我所能找到的就是在詹姆斯哥頓（James Gordon）《西方思維的修辭》（*Rhetoric of Western Thought*）一書中所談到的內容，作者說道，魅力「可以來自於某個人形於外的才能、成就、職位或者是地位、個性和外貌。」*這也是為什麼有名的運動員，因為自己的個性和地位，而使得他或她比一般默默無名的運動員，更能進行有效的傳播。說服性的促銷就是設計來刺激買氣的，例如，刺激你去喝可口可樂（或甚至百事可樂）。通常廠商不會想要得到立即的回應，它們只是想創造出一種正面形象，進而影響到長期買主的行為。在可樂大戰裏，我可以看到說服力對勝利的一方是有多麼的重要。你必須說服目標觀眾去買某種飲料或者改變心意，換買某種飲料。當我在百事可樂和那群人一起共事的時候，我就常常看到這樣一個明確的目標。對競爭激烈，已趨成熟的商品類別，如家用品、軟性飲料、啤酒和金融服務等來說，說服力也是一個很重要的目標。現在的市場已經被許多競爭者加以特性化了，行銷經理往往必須鼓勵消費者轉換品牌。他們希望說服性的廣告活動可以將某些買主轉變成為忠誠的使用者。

可信度也是一種正面的著力點，因為我總是喜歡稱它為「夢寐以求的吸引力」（dreamful attraction）。舉例來說，當我還年輕的時候，我夢想自己成為J博士（Dr. J）一樣的明星籃球員。我會把他在海報上的頭割下來，貼上自己的頭。

我想要成為J博士，這就是一種夢寐以求的吸引力。當今的年輕人也沒有什麼不同，就在幾天前，有個小孩把我攔下來，他告訴我，他想像我一樣。這就是所謂夢寐以求的引力所在。

這種夢寐以求的吸引力有助於銷售各類商品。就我的個案來說，百事可樂、斯柏丁（Spalding）、肯能（Kenner）和銳跑（Reebok）等，它們都希望能透過適當的包裝，把我對公司的目標觀眾群，也就是年輕孩子們，所可能擁有的吸引力發揮出來。可是很重要的是，這些公司必須要做好市場區隔的研究調查，先找出正確的目標市場才行。

行銷研究在市場行銷上扮演著一個很重要的角色。它可以提供決策者一些資料，是有關目前市場組合的有效與否，以及洞悉其中的必要改變在哪裏。它也可以警告經理人士有關市場方面的趨勢，以便他們早點對這些趨勢做出事先的回應，而不是被動地對某些已發生的狀況做出反擊而已。

行銷研究也可以用來瞭解人們對行銷構想的看法是什麼。就這件個案來說，它可能可以用來瞭解有關山奎歐尼爾的形象是什麼，也可以用來精確地獲知有關新商品的資訊是什麼。透過小組討論會和市場調查所蒐集到的這些資料，就可以加以利用，將正面的印象訊息傳播給大眾。舉例來說，讓我們看看麥可喬丹如何為他曾代言過的所有商品，傳達出正面的印象訊息。市場調查給了公司所需要的資料，以及麥可喬丹可以向大眾成功地傳播商品構想等這類資訊。另外，這些資訊也可以用來克服負面不良的影響，舉例來說，讓我們看看職業籃球明星丹尼斯羅德曼（Dennis Rodman）所曾有過的負面形象。藉由適當的調查和資訊蒐集，丹尼斯的負面形象才得以改正過來，然後他才可以試著以這種全新的形象，向公共大眾進行傳播。看來好的行銷調查是可以有助於「夢寐以求的吸引力」這樣的策略，因為它可以告訴我們，就我所代言的這些商品和服務而言，用來吸引目標觀眾群的最佳辦法是什麼。

有許多辦法可以進行傳播，我發現對我而言，最有效的辦法就是透過電視廣告。這個方法給了我一個機會去表達自己，把我們想要傳達的某項訊息，以我最真實的感受表達出來，不管是視覺上或者聲音上皆是如此。我覺得我擁有了客戶伊斯伍德（Eastwood）所稱的「立即效應」，透過了幽默感和非口語上的傳達方式，我表現出自己的影響層面。請看看隨著這篇文章所播放出來的影帶，你就可以聽到更多有關我在電視廣告片中的角色是什麼了。

為什麼山奎歐尼爾賣的東西有銷路呢？因為傳播的關係！雖然在許多廣告片中，我的口語傳達不夠充實，可是仍然具備了一定的效果。這一點讓我相信「你是誰」要比「你能說什麼」，來得重要多了。可是如果你可以將這兩項綜合在一起——「你是誰」和「你能說什麼」——你就可以想像一下這樣的傳播訊息在行銷過程上會有多麼的成功。安竺阿格西（Andre Agassi）在佳能（Canon）廣告片中最喜愛的一句話就是「形象代表了一切」，即使它不是代表一切，也幾乎是代表了所有。如果你有好的形象，把它和適當的商品擺在一起，然後適切地推銷出去，成功必然在望。

我曾經短暫性地參與過廣告片和商品的行銷活動，可是我從中學到很多東西。如果說有一種公式可以保證商品銷售的絕對成功，那就可能是：市場行銷+形象+有效的傳播=銷售量的增加，但願如此。

現在，你可以叫我山奎博士M.E.（行銷專家Marketing Expert的縮寫）。

為什麼山奎做為運動員的商品代言人，可以這麼的成功？

＊愛荷華州當布奎（Dubuque）肯大漢特出版公司（Kendall-Hunt Publishing Co.）1976年出版之《西方思維的修辭》，第207頁，James Gordon著。

體廣告或者是報章雜誌上其它有關電腦的相關報導等。而傳輸的過程也會被外在情況因素阻擾，例如實質環境（燈光、聲音、地點、天氣等等）；其它人的在場干擾；或者是消費者帶到現場中的當時心境等。大眾傳播也可能不會接觸到所有的目標消費者，因為就在視窗九五播放電視廣告的同時，有些目標收視群正在觀賞，有些則沒有。

接收者和解讀

接收者

將訊息解讀的人。

解碼

把訊息來源透過管道
所傳送到的一些語言
以及象徵，加以詮
釋。

　　微軟公司透過管道將它的訊息傳播給顧客，或稱接收者，再讓接收者（receiver）進行訊息解讀的工作。解碼（decoding）就是指把訊息來源透過管道所傳送到的一些語言和象徵，加以詮釋。溝通雙方彼此之間的互相瞭解，或者是共通性的參考架構等，這對有效的傳播來說都是很重要的。因此，行銷經理必須確定傳送出去的訊息和目標市場的觀念，這兩者必須十分契合才行。

　　雖然是收到了訊息，可是卻不見得能做出適當的解讀，甚至連聽都沒聽過，看也沒看過，因為這其中會發生選擇性暴露、扭曲和保留的情況（請參考第六章）[10]。甚至當人們接收到訊息之後，他們也往往會操控、改變和修正它，以反映出他們自己的偏見、需求、知識和文化等背景。會導致錯誤傳播的因素往往因年齡、社會地位、教育程度、文化和種族等的不同，而有不同。一項有關美國募兵廣告的研究調查發現到，目標觀眾群，也就是18到24歲的年輕男子，他們會接收到兩種訊息：有意的訊息和無意的訊息。某部電視廣告片呈現出大炮發射的畫面，這個畫面是為了要表現軍隊中的團結合作精神，可是目標市場卻將這個畫面詮釋為一種戰鬥技術，而這種技術在一般生活中是不切實際的。在這份研究中，教育程度、年齡、種族和先前的從軍經驗等不同的差異因素，都會影響到對廣告中訊息的詮釋[11]。

　　因為人們往往不會專心的傾聽和閱讀，所以他們很容易就誤解了其中的內容。事實上，研究人員發現到，不管是平面或電視傳播，其中有很大的比例內容都被消費者所誤解。其實，廣告中所用到的明亮色彩和實質圖形，就是為了要增進消費者對行銷傳播內容的瞭解。但是，即使用了這些技巧，也不能一定保證不出問題。有一個經典性的例子，可說明這種誤解的情況有多普遍。李維兄弟（Lever Brothers）公司寄出新上市陽光（Sunlight）洗碗精的試用樣本給許多消費者，這個商品成份裏頭含了純正的檸檬汁。該商品的包裝上頭清楚寫著：陽光是一種居家清潔用品。可是，許多消費者一看到陽光這兩個字，再加上一個大大的檸檬圖形，和「內含純正檸檬汁」等字樣，就認定這個商品一定是檸檬汁。

反饋

在互動傳播中，接收者對訊息的反應，可以很直接地反饋（feedback）給訊息提供者，反饋方式可能是口語的，例如「我很同意」；也可能是非口語的，例如點頭、微笑、皺眉或手勢等。

類似像微軟公司這樣的大眾傳播者，往往會被隔絕於直接的反饋之外，所以它們必須依賴市場調查或銷售趨勢分析，來得到一些間接的反饋內容。該公司可能會針對曝露在視窗九五訊息底下的電台聽眾或雜誌讀者，他們所認得、記得或說出這些訊息比例的多寡，來做為衡量的辦法。間接的回饋作法，可以讓大眾傳播者決定是否該繼續、修正或是撤換掉某個訊息。

在我們這個日益全球化的社會裏，行銷經理必須時常為其它國家創造促銷方面的訊息。「放眼全球」方塊文章就要告訴我們，在面對國外市場時，行銷人員所面臨到的挑戰是什麼。

反饋
接收者對訊息的反應。

傳播過程和促銷組合

促銷組合中的四個要素在目標市場的影響能力上，各不相同。舉例來說，促銷組合要素可能可以直接或間接地傳播給消費者；該訊息也可能是單向式或雙向式的；回饋速度可慢可快，內容可多可少。同樣地，傳播者在訊息傳送、訊息內容、和訊息彈性的控制程度上，也互有差異。（圖示16.3）就針對促銷組合要素在傳播模式、廠商對傳播過程的控制程度、回饋的速度與內容、訊息流動的方向、廠商對訊息的控制、傳送者的身分辨識、觸及廣大觀眾的速度快慢；以及訊息的彈性程度等各方面的差異，做了簡單的描繪。

從（圖示16.3）裏頭，你可以看到若是傳播給目標市場的訊息流向只有一個方向，那麼促銷組合中的多數要素就是間接的，並且與個人無關的。舉例來說，廣告、公關和銷售促銷，這些都是與個人無關的單向式大眾傳播手法。因為它們沒有提供任何直接反饋的機會，所以就無法針對消費者的喜好無常、個別不同差異以及個人化目標等，進行修正改編。

從另一方面來看，人員推銷則是個人化的雙向式傳播。業務人員可以從消費者那裏收到立刻的反饋內容，並調整訊息再回應給消費者。但是就

放眼全球

行銷傳播上所要面臨到的全球性挑戰

在全球行銷上做得最成功的行銷經理們，他們都知道消費者的文化環境在傳播過程中，扮演了一個非常重要的角色，而且文化環境也會影響到消費者對某項促銷訊息的解讀和認定。因此，居住在不同文化環境下的訊息傳送者，就必須預先知道預定接收者的文化背景，如此一來，才能進行有效的傳播。這樣的邏輯就表示促銷訊息的發展必須迎合每一個國家或地區的不同，而不能以標準化的作法來對待所有的市場。舉例來說，某家美國汽車製造商在墨西哥、中國大陸和印度等地都有出售它所生產的車款。因此，它就可能需要調查以上幾個國家的文化背景，可能的話，甚至必須針對單一國家內的不同地區進行調查，進而發展出能迎合當地文化的促銷訊息。

但是也有些人不同意這樣的作法，他們鼓吹的是在所有的國家都進行統一性質的促銷活動。在這樣的標準化作法下，前述的美國汽車製造商就只需要發展出一個促銷訊息，再將這個訊息翻譯成各國的語言，再傳送給所有的目標市場。這類作法的支持者堅持認為，各地的消費者都有相同的基本需求和欲望，所以可以用一般性的賣點來說服他們。此外，他們又說，標準化的訊息可創造出全球統一的品牌形象。

對這種進退兩難的最佳解決之道，就是採用統一標準化和個別定製化的綜合作法。也就是說，將訊息通一標準化，可是在訊息的傳送上，卻必須注意各個當地市場的不同差異。舉例來說，利華（Unilever）公司利用標準化的訊息來促銷它的多芬香皂（Dove soap），可是卻選用來自於澳洲、法國、德國和義大利等不同國家的模特兒，來演出當地國的廣告片。發現傳播（Discovery Communications）是發現頻道（Discovery Channel）和新知頻道（the Learning Channel）的母公司，它瞭解要在全球市場上立於不敗之地，就必須在不同國家都保持簡單一致、言之有物的訊息內容。你從發現頻道裏所看到的節目內容和美國所看到的內容是完全一樣的：也就是在節目上以嘆為觀止的視覺景象，捕捉來自於大自然、歷史、科技、世界文化和人類冒險等種種原貌。但是它也發現到，配音對白方面的細節和使用當地的譯者，以便表現出那個地區的方言和腔調口音等作法，都是非常必要的。

儘管標準化和定製化的混合產物對全球化的廠商來說，似乎很管用，但其實這種作法只侷限於那些可以同時吸引全球觀眾注意力的訊息而已。舉例來說，因為全世界的父母都很關心自己孩子的幸福，所以針對孩子們所做的廣告，就是屬於一般人都可以接受的領域範圍。因此，費雪牌（Fisher-Pirce）公司在促銷上所使用的標準化作法，往往可以奏效，因為不管在哪一個國家，父母都希望給孩子最好的東西。

同樣地，IBM也以統一性的全球化訊息，將對白廣告活動（Subtitles campaign）成功地傳播給全世界的顧客群。因為世界各地的人們都有相同的資訊需求和電腦需求，所以對白廣告活動的壓倒性訊息就是IBM帶來了簡單而有力的解決辦法，讓任何人都可以在任何地方或任何時間有效地處理資訊上的問題。這個活動透過每一個國家都使用相同的腳本對白，來達成了全球一致化的形象塑造。唯一的差異只在於必須把當地的對白譯成廣告片中的「國外」語言。當地對白的利用，使得每一個國家都保留了它的母國傳統口音和該國的習慣用語，進而增加了傳播上的效果。

儘管製造全球單一化的訊息傳播給全世界的人，可以達成效益上的目標，可是這個辦法只有在不涉及違反社會風俗、種族問題或宗教上的禁忌時，才能算數。舉例來說，有一部食品廣告片，裏頭的小孩因為美食當前，而伸出舌頭舔了一下嘴唇，這有什麼不妥呢？當然沒有，只要播放這支廣告的國家並不認為伸出舌頭是猥褻的行為，就沒有什麼不妥。或者是一對年輕男女，光著腳，手牽手奔跑在一處美麗的海灘上，這又有什麼冒犯不諱呢？當然沒有，除非播放這支廣告的國家認定光腳丫是不能被公眾看到的。[12]

雖然在這裏所討論到的廠商，都因為運用全球一致性的促銷方法，而獲得成功，但這並不表示所有的商品或服務都適用於這種辦法。你認為有哪些類型的商品可以受惠於這種標準化的促銷辦法？又有哪些類型最好使用迎合當地市場的促銷辦法呢？

	廣告	公共關係	人員推銷	銷售促銷
傳播模式	間接和非關個人的	通常是間接和公眾性的	直接面對面的	通常是間接和公眾性的
傳播者對狀況的控制程度	低	適度到低	高	適度到低
回饋量	少	少	多	少到適度
回饋速度	延遲	延遲	迅速	快慢不一定
訊息流向	單向	單向	雙向	多數是單向的
對訊息內容的控制	可控制	不可控制	可控制	可控制
贊助者的身份辨識	可辨識	不可辨識	可辨識	可辨識
觸及廣大觀眾的速度	快速	通常很快	緩慢	快速
訊息的彈性程度	所有的觀眾都收到相同的訊息	不能直接控制訊息	可迎合潛在買主	不同的目標觀眾都收到相同的訊息

圖示16.3
促銷組合中各要素的特性

傳播廠商訊息給廣大的觀眾這一點來說，人員推銷的速度是非常緩慢的，因為業務人員一次只能對一個人或小團體進行傳播，所以如果廠商想要把訊息傳送給許多潛在買主，人員推銷可能不是一個好辦法。

整合式的行銷傳播

直到目前為止，本章已經討論過傳播過程和廠商用來傳播訊息給消費者的四種促銷組合要素，也就是廣告、公共關係、人員推銷和銷售促銷。理想上來說，每個行銷組合要素下的行銷傳播都應該要很一致，也就是說，不管訊息究竟是來自於廣告、現場的推銷人員、雜誌上的報導抑或是夾報上的兌換券，它所傳達給消費者的內容都要完全相同才可以。

從消費者的角度來看，只要是來自於同一家公司的傳播，對他們來說就已經是相當一致了，因為典型的消費者並不會去細分廣告、銷售促銷、公共關係或人員推銷等不同的要素，因為對他們而言，所有這些都不過是在「打廣告」而已。唯一可以區別這些不同傳播要素的人，就只有廠商自己[13]。不幸的是，許多廠商在規劃促銷訊息時，都忽略了這個事實，不能在一個接一個的要素規劃上達到整合性的一致要求。

這種訊息不一的最常見理由就是由不同的部門和工作人員負責廣告、公共關係、人員推銷或銷售促銷等規劃事宜。這些在不同功能領域下工作的經理們，可能沒有依照標準程序進行溝通，也可能是彼此不同意對方所提出來的促銷訊息和目標。通常來說，這些問題大半來自於業務部門和廣告促銷部門之間的間隙。我們常常看到，透過廣告和銷售促銷所傳達出來的訊息是一致的，可是這兩個部門的經理卻未知會業務部門有關最新的促銷活動是什麼，結果就造成了訊息上的矛盾，甚至搞得消費者一頭霧水。舉例來說，銀行界最聲名狼藉的一點就是它們在傳播作法上的個別部門化。結果造成電視廣告看起來一點也不像它們所寄出來的直接郵件內容，甚至和分行的標識都有些不太像。

這種未加整合又不連貫的促銷作法，迫使很多公司不得不採行**整合式的行銷傳播**（integrated marketing communications，簡稱IMC）。所謂IMC就是對所有促銷活動進行小心協調的一種作法，這些促銷活動包括了媒體廣告、銷售促銷、人員推銷、公共關係以及直接行銷、包裝和其它各種促銷形式等，進而製造出以顧客為焦點重心的統一性訊息[14]。在IMC概念下，行銷經理要小心地規劃出行銷組合中不同促銷要素的扮演角色。各個促銷活動的時間進度也要經過協調，而且還要小心監測每個活動的結果，以便改進促銷組合工具的未來使用。典型來說，公司方面應該會指派一名行銷傳播總監，全權負責該公司的整體性行銷傳播事宜。

有一家徹底貫徹IMC作法的公司就是惠普公司。該公司旗下有十萬名員工；兩千種以上的不同商品；還有數百名行銷經理，這些經理們在公司內部都擁有各自不同的專業領域和議程進度，所以對惠普公司來說，要在內部進行行銷傳播的整合，實在是種很有野心的作法。該公司一開始就先將它的廣告和媒體活動整合在一起，不久之後，就發現到它的重心已落在整體行銷的成果上。這表示它必須整合現場的銷售運作、商品線的所有負責小組、各地區的行銷運作和行銷總部等，讓它們可以一起溝通，傳送相同的訊息給消費者。為了達成這樣的目標，惠普公司在內部設置了「行銷會議」（marketing councils），讓來自於所有行銷相關部門的代表們聚集在一起，再透過各種會議和研討會，創造出單一策略，也就是所有行銷訊息的流向源頭，可適用於目前的行銷活動，也可應用在未來新商品的上市活動中。一旦行銷會議擬定了策略大綱，惠普公司內部不同的「行銷中心」（marketing centers）就會進行這些策略的執行，若不是採用全球化的訊息，來進行廣泛的運用；就是採用非常特定的訊息，來迎合個別不同的顧客群。舉例來說，現在只要惠普公司推出新的電腦機型，就會有一個協調性的計畫出爐，保證讓所有的業務人員、商品線工作小組和行銷傳播人員，都能一起共同合作[15]。

促銷的目標和任務

4 解釋促銷的目標和任務

人們之所以溝通，是有很多理由的。他們可能在找樂子、尋求幫忙、給予協助或教導、提供資訊以及表達觀念和想法等。從另一方面來說，促銷就是以某些方法去改變行為和想法。舉例來說，促銷者可能會試著說服消費者到漢堡王吃漢堡，而不要到麥當勞吃漢堡。促銷也可能會設法加強目前的行為，例如，一旦消費者的行為轉換之後，就要他們繼續到漢堡王用餐。訊息供給者（也就是賣方）希望能營造出一個好的形象，或者是刺激貨品和服務的買氣。

促銷可以利用以下三種任務方式來呈現：告知目標觀眾、說服目標觀眾、或提醒目標觀眾。通常行銷人員會在同一時間內，試著完成兩個以上的任務。（圖示16.4）列出了促銷的三種任務和每個任務下的幾種例子。

告知性

告知性的促銷可能會試著把一個已存在的需求轉變成一種急欲想要得到它的心態，或者是激發起消費者對某個新商品的興趣。這種作法在商品生命週期的早期階段上非常普遍，因為人們不會去買某個商品或支持某個非營利組織，除非他們知道它的用途和好處。告知性訊息對促銷精細的技術性商品來說，非常的重要，例如汽車、電腦和投資性服務等。告知性的促銷對即將在「舊」商品類別中上市的「新」商品來說，也是很重要的。舉例來說，新的洗衣粉品牌在進入已然成熟，且被幾個像汰漬（Tide）和

告知性促銷

　　增加某個新品牌或商品類別的知名度

　　向市場告知有關新商品的特性

　　建議某個商品的新用途

　　降低消費者的焦慮

　　向市場告知某個價格的改變

　　描述可以利用的服務

　　糾正錯誤的印象

　　解釋商品的使用方法

　　建立公司的形象

說服性促銷

　　建立品牌的偏好度

　　鼓勵轉換品牌

　　改變顧客對商品特性的認定看法

　　影響顧客正即購買

　　說服顧客接電話

提醒性促銷

　　提醒顧客，可能在不久的未來就需要用到這個商品

　　提醒顧客到哪裏購買這個商品

　　在淡季時，保持該商品在顧客心目中的地位

　　維持商品的知名度

喜悅（Cheer）這類知名品牌牢牢掌控住的洗衣粉市場時，除非潛在買主認
識它、瞭解它的好處、知道它在市場中的定位，否則它是不可能敵得過這
些品牌大老的。

說服性

　　說服性的促銷是設計來刺激購買或行動的，舉例來說，多喝一點可口
可樂，或是多多利用H&R布拉克（H&R Block）稅務服務。當商品進入生
命週期的成長階段時，有效的說服力往往就會成為主要的促銷目標。到了
這個時候，目標市場通常對該商品已有了普遍的認知，也瞭解該商品會如
何滿足他們的需求。因此，促銷的任務就從告知消費者有關商品類別的訊
息，轉換成說服消費者去買該公司的品牌，不要去買其它的競爭品牌。這
時，促銷訊息強調的是商品具體上的差異化利益點或者認定上的差異化利
益點，這些差異化利益點往往會激起一些情感上的需求，例如愛情、歸

廣告標題
由三位卓越的小兒科
皮膚專家協助開發
由兩百名皮膚乾燥不
適的嬰兒在臨床上試
用
現在，有將近兩百萬
名的嬰兒都受惠於它
爲您介紹嬌生超敏感
專用系列

告知性的廣告會試著
把一個已存在的需求
轉變成一種急欲想要
得到它的心態。新商
品需要讓消費者知道
它的好處以及市場上
的定位。
Courtesy Johnson &
Johnson Consumer
Products, Inc.

屬、自我尊重和自我的滿足等。

　　有效的說服力對任何競爭激烈的成熟商品類別來說，都是非常重要的目標，例如家用品、軟性飲料、啤酒和金融服務等。就一個擁有多位競爭對手的市場來說，促銷訊息通常會鼓勵品牌的轉換，並將某些買主轉化成爲忠誠的使用者。例如，爲了說服新顧客轉換他的支票帳戶，某家銀行的行銷經理可能會提供一年內不收取任何手續費的免費支票簿。

提醒性

　　提醒性的促銷手法可用來保持商品和品牌在公眾心目中的地位。這類促銷手法非常適用於商品生命週期的成熟階段。它的假設前提是目標市場已經被貨品或服務的價值所說服，所以接下來的目的只是要勾起你的回憶

「提醒性促銷」是用來推銷已然穩固的商品或是品牌,例如毛寶(Woolite)。

而已。克瑞斯特(Crest)牙膏、汰漬洗衣粉、美樂啤酒以及許多其它消費性商品,通常都是在進行提醒式的促銷活動。

5 討論效果階段的概念和它與促銷組合之間的關係

艾達概念
此模式代表了促銷目標的達成過程,亦即消費者接觸促銷訊息後所歷經之階段。其代表意義有:注意、興趣、欲望和行動。

AIDA模式和效果階段

任何促銷的最終目的就是要讓人購買商品或服務,或者針對非營利組織的個案來說,就是採取一些行動(例如捐血)。在促銷目標的達成上,有一個經典性的模式,稱之為艾達概念(AIDA concept)[16]。它的英文字母代表的意義分別是注意(attention)、興趣(interest)、欲望(desire)和行動(action)。這也代表了消費者接觸促銷訊息之後的所有階段。

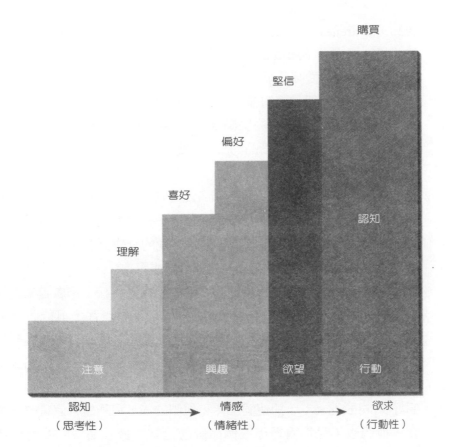

購買

堅信

偏好

喜好

認知

理解

注意　　　興趣　　　欲望　　　行動

認知　　　　　　情感　　　　　　欲求
（思考性）　　　（情緒性）　　　（行動性）

　　這個模式說明了消費者對行銷訊息的回應，是以認知（思考性）、情感（情緒性）和欲求（行動性）的過程在進行。首先，促銷經理會利用問候接觸（人員推銷）、高音量（廣告和銷售促銷）、不尋常的比較手法、具體的標題、活動舉辦、明亮的色彩等，來吸引大眾的「注意」。接下來，一場好的銷售說明會或者是精采的示範或廣告會引起大眾對這個商品的「興趣」。然後再描繪這個商品的特性是如何地滿足消費者的需求，也就是「欲望」。最後再用某個優惠條件或結束拍賣的強烈訊息打動眾人採取購買上的「行動」。

　　將艾達概念擴張後，就是所謂的**效果階段模式**（hierarchy of effects model）（請參考圖示16.5）[17]。這種廣告模式也說明了消費者會在對促銷訊息的反應上，遵循著「認知→情感→欲求」的順序過程。它假設促銷會讓消費者在購買的決策過程中，歷經以下六個步驟：

效果階段模式

這種模式說明了消費者在購買的決策過程中，所經歷的六個步驟：認知、理解、喜好、偏好、堅信和購買。

1.認知（awareness）：廣告主必須先在目標市場中建立起知名度。如果目標市場完全不知道該貨品或服務的存在，公司就無法賣出任何東西。想像一下愛咪公司（Acme Company）這家寵物食品公司，它正在推出一種全新品牌的貓食，名稱就叫做斑紋（Stripes），是專門用來餵食對吃相當挑剔的貓類寵物。為了增加這個新品牌的知名度，愛咪公司大肆宣傳商品的上市訊息，並在電視和消費性雜誌上播放刊登多起廣告。

2.理解（knowledge）：品牌單有知名度往往還是不能助長它的銷售。下一步就是要告知目標市場有關這個商品的特性是什麼。對斑紋牌貓食來說，平面廣告就可以將貓咪所喜愛的食物詳列出來：真正的鮪魚、雞肉或火雞肉以及該商品的營養好處等。

3.喜好（liking）：在目標市場認識這個商品之後，接下來廣告主就應該致力於善意態度的營造。平面廣告或電視廣告都不可能告訴飼主，他們的寵物是否真的喜歡斑紋貓食。因此，愛咪公司會編輯出一份名冊，上有各大都會的飼主資料，然後再根據名冊寄出貓食樣本，這個舉動的目的就是希望飼主與貓咪都會喜歡這個新品牌。

4.偏好（preference）：即使飼主（和他們的貓）可能蠻喜歡斑紋牌貓食，他們也不見得看得出這個品牌勝過其它競爭品牌的好處是什麼，特別是如果飼主對別的品牌已有了一定的忠誠度之後。因此，愛咪公司必須解釋它和其它競爭品牌不同的差異化利益點是什麼，進而建立品牌的偏好度。愛咪公司必須說服飼主，斑紋牌貓食在某些方面，的確優於其它品牌的貓食。更特別的是，愛咪公司必須讓大家看到，除了斑紋牌貓食以外，你的寵物貓通通不喜歡吃。在這個階段所推出的廣告，必須宣揚斑紋牌貓食可以滿足「一窩最最挑食的小貓」。

5.堅信（conviction）：雖然寵物飼主可能喜歡斑紋牌貓食甚過於其它品牌，可是他們也不見得能讓自己堅信（某種觀念）應該去買這個新品牌。在這個階段的愛咪公司，可能必須為消費者提供額外的購買理由，例如方便好開的拉開式包裝可常保食品的新鮮、多添加了健康貓咪所需要的維他命和礦物質、或者是貓科動物的口味測試結果等。

6.購買（purchase）：目標市場中的某些成員現在可能已經被說服了，

可是還沒去買這個商品。這時，雜貨商店裡的陳列、兌換券、獎品和試用包等，都可以用來催促那些購物者進行購買的行動。

　　多數在購買上有高度參與度的買主，會逐一通過效果階段中的每一個步驟，最後才進行購買。促銷者的任務就是要決定多數的目標消費者目前正集中在哪個層級步驟上，以便設計促銷計畫，來打動他們的需求。舉例來說，如果愛咪公司決定目前有一半左右的買主正處於偏好或堅信的階段上，可是為了某些理由還沒去購買這個商品，該公司就可能需要寄出一些折價兌換券給那些貓咪飼主，好讓他們進行購買。

　　效果階段模式並無法解釋所有的促銷活動是如何地影響購買決策。這個模式只是建議促銷的有效與否可以靠消費者在每一個步驟上的經歷來加以衡量的。但是，該模式的階段順序以及消費者究竟會不會經歷所有這些步驟，這種種問題還有待爭議。舉例來說，購買的行為可能沒有經過喜好和偏好的過程就直接發生了，因為他可能是在衝動下就購買了某個低參與度的商品。且不管這些階段發展的順序如何，或是消費者是否依序經歷這些階段，效果階段模式對行銷人員而言，還是很有幫助的，因為它可協助行銷人員作出最有效的促銷策略建議。[18]

效果階段和促銷組合

　　（圖示16.6）描繪了促銷組合和效果階段模式之間的關係。它告訴我們，雖然廣告在稍後的階段上也有一些影響力，可是在對貨品和服務的認知與理解上，廣告算是最有效的一種作法。相反的，人員推銷在一開始的

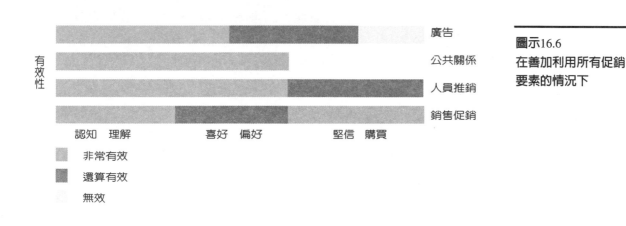

圖示16.6
在善加利用所有促銷要素的情況下

時候，只能接觸到少數人，可是在發展顧客的偏好度上就比堅信度的獲取上要來得更爲有效。舉例來說，廣告可能可以幫助潛在的電腦買主認識各種品牌的相關資訊，可是在電器商店裏的推銷人員卻是那個確實能鼓動買主決定購買某個品牌的人。因爲推銷人員手邊就有一台電腦，可以向買主進行實際的示範操作。

就像廣告一樣，好的促銷應該要能爲新商品建立起品牌知名度才行，而且也應該要能激起強烈的購買意圖。舉例來說，兌換券和其它降價促銷都是一些可用來說服顧客購買新商品的行銷技巧。集點式銷售促銷活動可讓消費者蒐集點數或金額，以便未來兌換商品，這種作法往往可以增進消費者的購買意圖並鼓勵重複的購買。商品或服務專用的常客消費卡（frequent-customer cards）也是相當地普遍，特別是對女性消費者、有錢人以及年齡在25到34歲的年輕男女來說，尤其受到歡迎。這類消費者多半認爲，常客消費卡通常會影響他們的購買決策[19]。有愈來愈多的零售業者都開始利用誘發性的促銷活動來培養顧客的忠誠度，並鼓勵重複的購買。舉例來說，購物者若是在亞利桑那州的阿巴可超市（Abco）購買嬰兒用品超過一百美元以上，就可以得到等值十美元的禮物券，可用來兌換嬰兒食品、奶粉或紙尿褲[20]。同樣地，位在德州的侖道食品店（Randall's food stores）每年都會在感恩節的前幾個禮拜，贈送「火雞券」給經常光臨的顧客們。然後就可以拿這些火雞券到店裏免費兌換一隻火雞。

公共關係在公司、貨品或服務的知名度建立上也是功不可沒。許多公司都會藉著社區公益活動的贊助來獲取注意力，建立好名聲，例如反毒和反幫派等種種活動。這類的贊助性活動往往能爲公司及其商品在消費者的心目中塑造出良好的形象。好的公共宣傳也有助於發展出消費者對某商品的偏好度。出版商總是設法讓旗下的書名出現在幾個主要刊物的最佳暢銷排行榜上，例如《出版商周刊》（*Publishers Weekly*）或《紐約時報》（*The New York Times*）。作者們也會在各書店裏露面，並親自爲自己的著作簽名，也對書迷們進行演說。舉例來說，第一夫人希拉蕊（Hillary Rodham Clinton）就展開了十一座城市的宣傳巡迴活動，爲的是要促銷她的新書：*It Takes a Village*[21]。同樣地，電影廠商也會利用事先發佈的宣傳稿，來壯大影片的聲勢，並增加初始的票房收入。舉例來說，許多電影工作室都在全球網站上設置專屬的首頁，以吸引上網者前來觀賞電影。這些首頁當中都具備了多媒體的開啓按鍵和宣傳照片[22]。此外，得到影藝學院獎項提名的各

二十世紀福斯工作室
（ Teentieth Century
Fox Studios）
福斯如何利用網際網
路來發佈新聞和宣傳
鉅資製作的電影？
http://www.fox.com/

類影片，也往往會有比較好的票房收入，因爲只要得到提名，就會有意外的宣傳效果[23]。

影響促銷組合的各種因素

　　不同的商品和產業，所變化出來的促銷組合也各有不同。一般而言，廣告和人員推銷是用來促銷貨品和服務的；銷售促銷則是做爲支援和輔助之用；而公共關係則有助於企業組織和商品線發展出正面的良好形象。但是，公司也可以選擇不在它的促銷組合當中，使用到所有的促銷要素；或者它也可以在不同的輕重比例下，全數利用這些要素。公司若是想爲某個商品設定出特定的促銷組合，大多會受到以下幾種因素的影響：商品的性質、商品生命週期的所在階段、目標市場的特性、購買決策的類型、可資利用的促銷預算和推拉策略的運用等。

商品的性質

　　商品本身的特性會影響到促銷上的組合。舉例來說，某個商品可以被歸類在企業商品，也可以被分類在消費性商品上（請參考第十章）。因爲企業商品常常要迎合買主的特定規格而製作，所以它們並不適合拿來進行大眾化的促銷。因此，多數企業商品的製造商，例如電腦系統或工業機械，往往很注重人員推銷的作法，更甚於廣告的運用。在促銷產業界的機器裝置、配件、零件和原料時，告知性的人員推銷往往是最普遍的作法。但是，廣告還是在企業商品的促銷上扮演了一定的功能。刊登在業界媒體上的廣告，可以增加買主對商品的認知和興趣。此外，廣告也可以協助業務人員找出潛在顧客的所在位置。舉例來說，平面媒體廣告若是內含了兌換券，往往爲誘引一些潛在顧客，「填好資料，以便獲取更多的相關內容」。

　　從另一方面來說，因爲消費性商品通常不是特定製作的，所以並不需要公司方面的代表來迎合顧客進行推銷。因此，消費性商品主要都是透過廣告來建立品牌的熟悉度。電視電台廣告、報紙和消費性的雜誌等，都被廣泛地運用來促銷消費性貨品，特別對那些非耐久商品而言，更是如此。

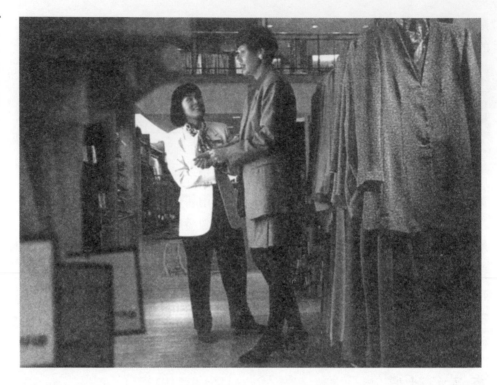

購買類似像珠寶和服飾這些特殊品，往往需要承擔較大的社會風險。所以消費者必須靠推銷人員協助他們做出正確的決定。©1995 William Taufic/The Stock Market

銷售促銷、品牌名稱和商品的包裝等，對消費性商品來說遠比企業商品要來得重要兩倍。而說服性的人員推銷作法在選購品的零售地點上，也是很重要的，例如汽車和電器等。

　　與商品有關的成本和風險事宜，也會影響到促銷組合。這就像是一個共通定律一樣，當某項商品的使用成本和風險提高的時候，人員推銷的所佔比重也就愈大。若是這些項目只佔了公司預算（供應性項目）或消費者預算（便利商品）的小部分比例而已，就不需要用到推銷人員來進行拍賣活動。事實上，單價低的商品是無法負擔得起推銷人員的時數和心力成本的，除非這個商品的潛在量非常的龐大。從另一方面來看，高價精密的機械類、全新的建築物、汽車和新的居所等，都代表了相當可觀的投資成本，所以推銷人員必須確保買主所花出去的一分一毫，都是明智的決定，絕對沒有在財務上做出任何冒險的舉動。

　　社會風險也是一個應該列入考量的議題。許多消費性商品並不是什麼攸關社會性利害的商品，因為它們並不會反映出買主的社會地位。人們在買一條吐司或一根棒棒糖時，並不需要承擔什麼社會性的風險。但是，購

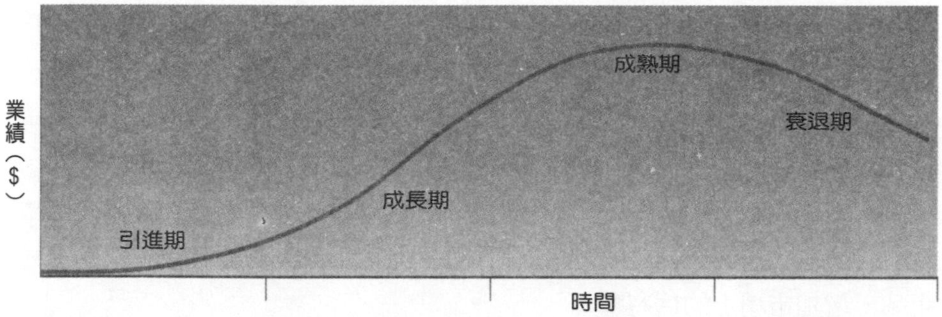

引進期	成長期	成熟期	衰退期
上市前的宣傳；接近上市時的少量廣告	以大量廣告和公共關係來建立知名度；以銷售促銷來誘使第一次購買；利用人員推銷來獲取配銷的機會	以大量廣告和公共關係來建立品牌知名度；銷售促銷使用上的逐漸減少；利用人員推銷來維持現有的配銷情況	廣告量有點減少——多是說服性和提醒性的廣告；銷售促銷的利用機會大增，以便建立市場佔有率；利用人員推銷來維持現有的配銷情況	大量減少廣告和公共關係的活動；銷售促銷和人員推銷也維持在少量的程度上

買類似像珠寶和服飾這些特殊品，就往往需要承擔較大的社會風險，所以消費者必須靠銷售人員的指導和建議，來幫助他們做出「正確」的選擇。

商品生命週期的階段所在

　　商品在生命週期上的所在階段，對促銷組合的設計來說，也有很大的影響（請參考圖示16.7）。在引進期的階段，促銷的基本目標就是告知目標觀眾，現在有可資利用的某某商品上市了。一開始的時候，強調重點放在概括性的商品類別上，例如個人電腦系統，接下來的強調重點再漸漸轉移到個別品牌的認知上，例如IBM、蘋果電腦和康柏電腦等。傳統上，大量的廣告和公共關係活動會告知目標觀眾有關商品的種類和品牌，同時也能提高知名度；銷售促銷則可以鼓勵商品的早期試用；而人員推銷則有助於零售商的進貨。

　　當商品進入成長期的時候，促銷上的組合可能會有一些變化。因為這時要瞄準不同類型的潛在買主，所以改變也是必然的。雖然廣告和公共關係仍然是促銷組合中的主要因素，銷售促銷的比例卻可以降低一點，因為消費者在這時只需要有一點刺激誘因，就會進行購買了。而這時的促銷策略強調的是該商品不同於其它競爭品牌的差異化利益點是什麼。在成長期間裏，說服性促銷可用來建立和維持品牌的忠誠度，進而達成支援商品的目的。在此同時，人員推銷也經常被用來為商品爭取更多的配銷機會。

一旦商品到達成熟期，競爭就變得更激烈了，所以說服性廣告和提醒性廣告也就更形重要了起來。這時的銷售促銷又成為重點所在，協助銷售商品，增加市場上的佔有率。

儘管商品在進入衰退期的時候，為了要保持零售配銷上的水準，人員推銷和銷售促銷上的努力還是會維持下去，但所有的促銷活動，特別是廣告，都會逐漸減緩下來。

目標市場的特性

目標市場中有分佈廣散的潛在顧客、有需要被高度告知的買主、有對品牌十分忠誠的重複購買者，一般說來，他們所需要用到的行銷組合就是在廣告和銷售促銷方面的比例多一點，人員推銷的比例少一點。但是有時候，當買主的消息已經很靈通，分佈的地理位置又很零散時，人員推銷的方式就可能派得上用場了。因為像工業機器和組成零件的銷售對象，可能都是一些具有高教育水準和專業工作經驗的人士，所以銷售人員最好在場解釋商品，並協助整理出一份詳細的購買契約。

通常廠商在市面上出售貨品和服務，但卻很難找得到潛在顧客的坐落位置。這時，就可以利用平面廣告來找出他們。廠商在平面廣告上邀請讀者打電話前來獲取更多的相關資料，或者請他們寄出回函卡，以便索取更詳細的介紹手冊。一旦接到電話和回函卡之後，就可以派遣銷售人員去拜訪他們。

購買決策的類型

促銷組合也會受到購買決策類型的影響，例如例行性的決定或是較複雜的決策。就例行性的消費者決策來說，其中包括了購買牙刷或飲料，所以最有效的促銷就是要喚起大家對某個品牌的注意，或者提醒消費者注意某個品牌。廣告以及銷售促銷，尤其是後者，是例行性決策的最佳促銷工具。

如果購買決策既不是例行性的，也不是複雜性的，廣告和公共關係就可以用來建立該貨品或服務的知名度。舉例來說，假設有個男人正在尋找一瓶酒，好讓他的晚宴客人飲用。可是因為他只喝啤酒，所以對其它酒類並不太熟悉。這時若是他看過有關蘇特私房酒（Sutter Home winery）的廣告，也讀過有關蘇特私房酒類釀製廠在雜誌上的專題報導，他就可能會去買這個品牌的酒，因為他對這種酒已經很熟悉了。

相反地，消費者在做複雜的決策時，往往需要有較高的參與度，他們要靠大量的資訊來協助自己做出購買決策。人員推銷對消費者的決定做成上，也有相當大的助益。舉例來說，消費者正在考慮買一部車，通常他們都是靠銷售人員為他們提供必要的資訊，以便自己做成決定。平面廣告對高度參與性的購買決策來說，也可能蠻管用的，因為它們通常可以在版面上為消費者提供大量的資訊。

可資利用的財源

有錢沒錢，這一點很可能輕而易舉地就會成為促銷組合中最重要的決定因素。一個小型、未達資本化的製造廠商，如果擁有非常獨特的商品，就可能得靠免費的宣傳來達到廣告的效果。假設在許可的情況下，必須用到業務人員，這家在財務上有些吃緊的公司則可能轉向代理商求助，以抽取佣金的方式讓代理商全權處理業務事宜，不需事先付費，只要在銷售量上讓代理商抽佣即可。但即便是資本化的企業，也可能負擔不起類似像《美好家園》（*Better Home and Garden*）、《讀者文摘》（*Reader's Digest*）和《華爾街日報》（*Wall Street Journal*）這些刊物的廣告費用，因為這類高檔媒體所開價的廣告費足以支出一名業務人員的年薪。

若是資金許可，能夠進行行銷組合時，公司方面通常都會試著壓低每人接觸率（per contact）的成本（也就是接觸目標市場單一成員的成本），同時儘量擴大促銷金額上的回收效益。一般來說，人員推銷、公共關係以及贈送樣本和產品示範之類的銷售促銷，它們的平均接觸率成本都相當地高。從另一方面來說，全國性廣告所接觸的廣大人口數使得平均接觸率的成本變得很低。

一般而言，不管是可資利用的財源、目標市場中的人口數、傳播中所需顧及到的品質以及促銷要素中的相對成本等，裏頭的好壞成敗都只各佔了一半左右。舉例來說，某家公司可能會放棄在《人物》（*People*）雜誌裏，刊登全頁的彩色廣告。因為儘管該雜誌所接觸到的人口數多於人員推銷所能做到的層面，可是其廣告版面的高成本卻是一大問題。要想知道小型企業該如何有效運用它們的促銷預算，請參考「市場行銷和小型企業」的方塊文章。

推與拉的策略

推的策略
製造廠商的一種行銷策略，利用積極的人員推銷手法和同業廣告的刊登，來說服批發商或零售商進貨和出售它旗下的商品。

影響促銷組合的最後一個因素就是究竟應該使用推的策略？抑或是拉的策略？製造商可能會利用積極的人員推銷手法和同業廣告的刊登，來說服批發商或零售商進貨和出售它旗下的商品，這個辦法就是**推的策略**（push strategy）（請參考圖示16.8）。相對地，批發商則通常會說服零售商去處理貨源，進而「推」出一些貨品。然後零售商再利用廣告、陳列和其它形式的促銷活動，來說服消費者購買這些被「推」出的商品。舉例來說，牙買

Chris Childers是喬治亞州馬鞭（Macon）市馬鞭基督書店的老闆。他利用儲存在電腦中的顧客資料，製作出顧客的郵寄名冊，以利店內新商品項目的告知。
©1995 Nation's Business/T. Michael Keza

市場行銷和小型企業

游擊促銷戰：適用於資金吃緊的小型企業主

多數的小型企業者都曾遇過相同的兩難局面：很缺乏資金，急須縮減一些支出以為因應。可是供應商和員工都等著你付錢，還有租金和貸款要付，那究竟還剩下什麼可以拿來應急呢？行銷支出！大筆一揮，砍掉廣告預算，撤掉幾個促銷活動，就可以度過難關了。可是後來又該怎麼辦呢？你還是需要進行商品宣傳，而且只靠口耳相傳的方式，效果又太慢了。

加入游擊行銷吧！這個專有名詞是用來形容所有低廉的促銷活動，可供小型公司利用來促銷自己的商品和服務。在游擊行銷裏，企業主就只需投資時間、精力和想像力以及一點點的預算，或甚至一毛錢不花，就可以達到該有的效果。舉例來說，將傳單貼在社區佈告欄上，或是將宣傳紙條夾在車前擋風玻璃的雨刷下等這類低成本的促銷辦法，都可以增加公司的知名度。除此之外，小型企業主也可以和潛在顧客透過電腦線上的電子佈告欄聊一聊，以最小的支出成本，打出公司的名號，並趁機將公司的賣點服務提供給可能的客戶知道。要是不吝惜再多花一點錢，還可以請專人進行首頁設計，藉由全球網路之便，大作幾筆生意。

想要知道更多有關如何善用行銷預算的點子構想嗎？只要將焦點放在該商品或服務的主要目標市場上，就保證可以讓小型企業的促銷預算發揮到最佳的效果。你可以把廣告刊登在目標集中的刊物和廣播媒體上，例如社區報紙、產業分析以及地區電台和有線電視台上，這些媒體的運用不僅可以為小型廠商省下一大筆錢，還保證能接觸到那群有興趣並準備購買的目標消費者。

小型企業主不一定要用到傳統媒體，才能接觸到自己的目標市場。參加當地商業組織所舉辦的商業會議，在會議中和人交換名片或公司的宣傳手冊，這些舉動都可以增加小型公司或商品的知名度。企業主也可以聯絡各種不同的商業組織和社會團體，申請成為其中的發言成員。

通常小型公司的最佳行銷工具就是直接把商品呈現在大眾的眼前。它可把省下來的大筆廣告費用轉為商品或服務的免費贈送，只要邀請潛在客戶前來參加免費的樣本試用會或諮詢會就可以了。或者，小型廠商也可以找到一些機會或參加一些眾所矚目的事件活動，例如為抵禦疾病所展開的募款遊行等，在其中散發商品或提供服務，做為該活動的參加贈獎。

另一個相當便宜的促銷通路則是直接郵件。小型企業主可以聯絡郵寄名冊的仲介商，在其中找找看是否有符合自己目標市場的名冊可用。例如，對一家專售軟體給旅客的軟體設計公司來說，理想的郵寄名冊中應包括航空公司空中飛人俱樂部（frequent-flier clubs）裏的成員，這些成員都是曾在過去買過郵購商品的[24]。

你還可以想到其它哪些低成本的方法，可以讓小型企業主用來促銷他們的商品和服務？如果你正打算開設新公司，例如賣電腦軟體，你會利用哪些方法讓潛在客戶認識你的軟體名稱？你會尋求何種類型的公共關係和宣傳手法？

加旅遊觀光局針對各旅行社進行促銷，而旅行社則相對地告知它們的顧客，有關到牙買加旅遊的好處是什麼。

另一種相對的作法則是**拉的策略**（pull strategy），也就是刺激消費者對某項商品的需求。在這個拉的策略下，製造廠商不用想盡辦法把商品賣給批發商，它可以把促銷焦點集中在消費者的身上。一旦消費者開始需要該項商品，零售商就會向批發商訂貨；而批發商面對需求的上揚態勢，也

拉的策略
一種行銷策略，可刺激消費者對某項商品的需求。

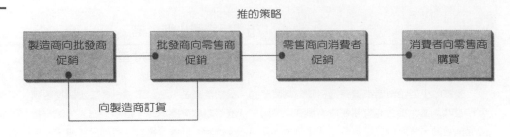

推的策略

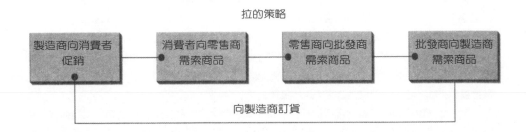

拉的策略

會向製造商下訂單,「拉」出一些貨源來因應。也就是說,消費者的需求會透過配銷管道把商品拉出來(請參考**圖示16.8**)。大量的樣本贈送、上市介紹的消費性廣告、去零頭的促銷活動和兌換券的運用等,都算是拉的策略。在拉的策略運作下,牙買加旅遊觀光局可能會在消費性的雜誌上刊登大量的廣告,或者提供優惠的飯店住宿和來回機票,來誘導觀光客的上門。

很少有公司只單獨利用推或拉的其中之一策略而已,相反的,促銷組合會一一地強調這些策略。舉例來說,瑪里歐(Marion Merrell Dow)製藥廠利用「推」的策略,透過人員推銷和業界廣告,向醫師們推銷它的尼可遁貼片戒煙治療法(Nicoderm patch nicotine-withdrawal therapy)。該廠商所舉辦的銷售說明會和在醫學雜誌上所刊登的廣告,都為醫師們提供了足夠的詳細資料,讓他們為需要戒煙的病人開立處方療法。瑪里歐製藥廠還以「拉」的策略來輔助「推」的促銷活動,它透過消費性雜誌和電視,直接瞄準潛在的病人。這些廣告就是「拉」策略下的具體行動,因為瑪里歐公司促使了消費者直接向自己的醫師詢問有關尼可遁貼片的相關事宜。

發展促銷計畫的各個步驟

促銷計畫（promotion plan）就是依照某個共通性的主題或迎合某些特定目標，小心進行各個促銷的順序安排。因為促銷稱得上是某種藝術，所以促銷計畫的發展也可以算得上是一種極具挑戰性的任務。且不管這其中究竟有些什麼樣的政策或方針，創意仍然是其中的一個要角。有效的規劃可以大大刺激銷售；沒有效益的規劃也可能讓公司損失上百萬美元，甚至在實質上傷害到該公司或其商品的形象。

促銷計畫包括了下列幾個步驟：

1.分析市場。
2.找出目標市場。
3.設定促銷目標。
4.發展促銷預算。
5.選定促銷組合。

促銷計畫
依照某個共通性的主題或迎合某些特定目標，小心地進行各個促銷的順序安排。

分析市場

如果公司真正接受了可以滿足消費者需求和欲求的行銷概念，它們就應該執行市場調查，找出這些需求和欲求究竟是什麼。隨著市場的日趨複雜化，適當的研究調查就變得非常必要，因為它可以確保做出有效的促銷計畫。

研究調查可以找出商品的目標市場，也可以決定該計畫的促銷目標。正如第九章所談到的，各種資料可以透過初級調查和次級調查來獲取。所謂內部性質的次級調查就是利用公司內部的資料（例如銷售資料或有關前次廣告效果的資料等），做為行銷經理促銷現有品牌的參考資料。外部的次級資料則是透過市調公司的持續性研究調查而得來的，任何公司只要願意付錢買市調公司的調查報告，就可以取得。舉例來說，全國性的公司可提供倉庫的到貨量、整體銷售量或消費性商品的市場佔有率資料。它們也可以利用消費者樣本小組在家中自行進行購買日誌的記錄，來得知流入家庭的各種商品情形。

在其它的個案裏，爲了某個立即性的促銷問題而單獨進行資料蒐集的初級調查（或初級資料），對促銷的規劃來說是很必要的。也因爲市場資料對新的商品或新的商品類別來說，總是有些不太夠用，所以初級調查就可能包括居家使用測試、市場試銷或小組討論會等，這些方法能讓我們深入瞭解可能買主的一些特性，有助於廠商完成促銷計畫。

找出目標市場

廠商透過市場調查，就可把促銷計畫所想要接觸到的市場區隔顯露出來，不管是地理上、人口統計上、心理分析上、抑或是行爲上，都可被清楚地界定。一般而言，所謂目標市場就是指那些最可能在某段特定期間內進行購買的一群人。舉例來說，本田公司（Honda）就把本田喜美車的目標市場界定在已婚育有子女的年輕夫婦。同樣地，麥當勞的豪華牛肉漢堡（Arch Deluxe hamburger）則是針對成年人的市場，所以爲豪華牛肉堡所製作的廣告，就會讓隆納麥當勞（Ronald McDonald）處身於比較成人化的背景下，例如：高爾夫球場。

設定促銷目標

我們已經在前幾章的時候討論過目標之類的議題了，可是有關目標的明確性和實際性，則需要再做進一步的說明詮釋。老實說，除非行銷經理瞭解自己想要達到什麼樣的目標，否則他是不可能做出行銷計畫的。某些行銷經理可能設定的目標包括了增加知名度、改善或改變消費者對某商品或服務的態度、改變消費者的購買行爲、提醒消費者對某商品的注意、或增加消費者對商品的記憶程度等。除此之外，行銷經理也必須在設定合理的目標之前，先行瞭解每個目標的現行狀況是如何。舉例來說，行銷經理應該瞭解旗下商品的現有知名度情況如何，稍後，這名經理才可以利用這個基準，來決定促銷成果對知名度的影響究竟該做到什麼樣的程度。

促銷目標應該著重在效果階段的消費者部分，也就是購買過程中潛在買主的現行階段。促銷的角色是要改變接收者對某商品或服務的態度和意圖，促使他或她透過各個階段，進行最後的購買。在此同時，消費者對促銷訊息的回應有助於廠商在商品促銷上展開下一步的行動[25]。

爲了要有效益性，促銷的目標必須符合下列四種標準：

麥當勞讓隆納麥當勞（Ronald McDonald）身處於比較成人化的背景下，為它的豪華牛肉堡大作廣告。
©1997 Todd Buchanan

◇目標必須是可衡量的，並且要以具體的文句寫成書面形式。

◇目標必須根據適當的研究調查而來，且必須將目標觀眾界定清楚。

◇目標必須要很實際。

◇目標必須要能加強整體的行銷計畫，並能和個別行銷目標有所關聯。

發展促銷預算

找到目標市場，並確定促銷目標之後，行銷經理就該進行實際的預算安排了。這可不是一件簡單的工作，也沒有什麼百科大全，可以讓你無中生有，創造出一筆理想的促銷預算。

在理論上，儘量在效益和投資兩方面擴大回收應該是設定促銷預算的最基本原則。但是這個理論並不太容易做得到，因為你必須瞭解任何實際上的貨幣性利益，都是來自於促銷上的成果[26]。有幾個比較簡單的預算設定技巧是根據下面的方法得來的：

瞄準兒童的各式廣告已經紛紛進入全國的校園當中。各家廠商提供免費教材給老師,學校行政單位則出售校區的廣告空間,以期能多籌募到一些經費。
©Mary Kate Denny/Tony Stone Images

武斷分配法

設定促銷預算的一種方法,也就是不參考其它因素,就直接撥定預算金額。

盡己所能法

設定促銷預算的一種方法,完全取決於該廠商的支出能力而定。

競爭等值法

設定促銷預算的一種方法,也就是配置足夠的金額來和競爭對手的促銷支出相抗衡。

銷售比例法

設定促銷預算的一種方法,所配置的預算金額相當於整體銷售量的某個百分比。

◇武斷分配法和盡己所能法:設定促銷預算的最簡單方式,就是直接撥定金額,也稱之為**武斷分配法**(arbitrary allocation)。許多公司都使用這個方法來設定它們的促銷預算,即使被分配到的預算額度可能足夠;也可能不夠有效地進行商品促銷。**盡己所能法**(all-you-can-afford approach)則是武斷分配法的另一種形式,因為要決定你的能力範圍可以到什麼地步,也是根據一些很武斷的標準而來的。也許這兩種非常不合邏輯的預算分配辦法之所以這麼受到歡迎,是因為促銷的效益性實在很難測定,或者很難取決究竟需要用到多少金額才能達到預定的促銷目標。

◇競爭等值法:設定促銷預算的第二種辦法稱之為**競爭等值法**(competitive parity),也就是指廠商配置足夠的金額來和競爭對手的促銷支出相抗衡。這個技巧的最大問題就是它可能會忽略掉促銷活動的創意性和媒體的效益性。廠商假設它的競爭對手在促銷上投下了一筆適當的金額數目,卻不去細究自己的特殊狀況、機會點、優點和弱點究竟是什麼。但競爭等值法的好處之一是它可以促使廠商去好好檢視其它競爭對手究竟採取了哪些行動。

◇銷售比例法:促銷預算的另一種設定辦法是**銷售比例法**(percent of

sales approach），通常是用去年整體銷售量的百分比或未來的銷售量預估，來決定促銷的預算金額。銷售比例法也可以依照各類商品、地區、或顧客族群的銷售量來進行運算。這種辦法的既有缺點是該預算會成為銷售量下的數字結果，而不再是決定銷售量的重要因素。如果銷售量滑落的話，促銷預算也就跟著縮減。然而研究調查卻指出，廣告主在銷售量滯緩的時候持續原來的促銷預算，會比那些削減促銷預算的廣告主要來得有更好的效果。銷售比例法和廠商的促銷目標也幾乎沒有什麼關聯性。但是這個方法的引人之處卻是在於它的簡易性，因為對經理們來說，這是一個很容易使用，也很容易瞭解的辦法，他們只要審視各種百分比之下的成本數字就可以了。

◇市場佔有率法：市場佔有率法（market share approach）可計算出若是要維持或突破某市場佔有率，究竟需要支出多少促銷金額才能達成。如果某家廠商對自己的市場佔有率很滿意，它就可能決定要依照去年所支出的金額或百分比繼續下去。萬一某家廠商計畫要增加它的市場佔有率，預算就得跟著增加，以便達成自己的目標。但是就像銷售比例法一樣，這個方法可能會忽視了品質和創意性的議題。誰能說今年支出的五百萬美元就會比去年所支出的五百萬美元要來得較有效或較無效呢？此外，這種方法也會讓競爭對手間接地擁有設定預算的仿照標準。事實上，這個方法除了可以讓廠商體認到在競爭市場上，市場佔有率的重要性以外，並不能對其它的預算設定法有任何的助益。

市場佔有率法
設定促銷預算的一種方法，可計算出若是需要維持或突破某市場佔有率，究竟該支出多少必要的促銷金額。

◇目標任務法：這麼多年來，促銷預算的編列方法不斷地演變，進而成就出幾個先進又科學化的技巧，其中最受歡迎的就是目標任務法（objective and task approach）。這個辦法並不像前述幾個那麼簡單，因為它是一個非常有邏輯又經過深思熟慮的辦法。首先，管理階層必須要設定目標；接下來再界定達成這些目標的必要傳播工具有哪些；然後再加總這些計畫性促銷活動的各種成本。

　　目標任務法需要管理階層先去瞭解各種不同促銷工具的效益性。這個辦法也先行假設了這些目標的完成是絕對值回成本的。目標任務法的主要好處是在於它很明顯地將整個規劃併入於預算編列的過程當中。促銷目標被界定了；各種替代方案也被分析了；最後

目標任務法
設定促銷預算的一種方法。先設定促銷目標，再界定需要達成這些目標的必要傳播工具有哪些，最後再加總這些計畫性促銷活動的各種成本。

才決定促銷計畫中的各類要素成本。大型公司和消費商品的製造商大多欣然採行這種辦法，因為促銷預算對它們來說是非常重要的[27]。

選定促銷組合

最後，行銷經理必須選定所有結合要素：廣告、銷售促銷、人員推銷和公共關係，並將它們全都含蓋在促銷計畫當中。別忘了促銷組合的影響要素包括了商品類型、商品生命週期的所在階段、目標市場的特性、購買決策的類型、可資利用的資金和推與拉的策略等。

經理們可能為了某項促銷活動而選擇各種不同的要素。其實，所選定的各種不同要素多是為了說服位在效果層級上不同位置的各類消費者。舉例來說，公共關係可能可以在目標顧客群之間，建立良好的企業形象。廣告則可以輔佐人員推銷，專注在企業和商品知名度的建立上。人員推銷的功能則是和顧客之間產生互動，擴大和詮釋廣告訊息，並設計出適當的商品來符合顧客的特定需求。人員推銷也有助於確保商品的配銷鋪貨。銷售促銷則可以為那些想要立刻購買的潛在買主提供特殊的折扣。

8 討論促銷活動中的道德和法律層面

促銷的法律和道德層面

除了促銷計畫的協調以外，行銷經理還必須瞭解和處理有關促銷商品或服務的法律和道德問題。來自於聯邦政府、州政府和當地政府的法律可能會禁止某些商品不能在電視上播放廣告；或者准許消費者在居家郵購協議達成之後的某段特定時間內，有權取消原來的交易；甚至要求廣告上的商品代言人必須確實使用他們所推薦的商品或服務。儘管所有的廣告都需要法律來確保它們的誠實正當性，許多促銷活動還是不符合法律上的規範要求。所以，消費大眾就只能依靠促銷者的道德自律了。

促銷的自我規範

雖然許多法律都對促銷活動進行約束，但是廠商自己還是要有自我的規範。它們所建立起來的促銷規範體系就稱之為優良商業機構組織會

優良商業機構組織會（Council of Better Business Bureau）該機構如何提升誠實的廣告？NAD提出了哪些特定的議題？http://www.bbb.org/

（Council of Better Business Bureaus）的全國廣告部（National Advertising Division，簡稱NAD），這也是消費者和廣告主的申訴機構。在接到有關某個促銷的申訴抱怨之後，NAD會開始進行調查。它會評估自己所蒐集到的資料，然後再決定這個申訴案例是否成立。如果該促銷眞的是無法令人苟同，NAD就會和承辦廠商進行協調，要求它改變或撤掉這個促銷活動。萬一問題僵持不下，或者敗方希望再進行上訴，這個案子就會被呈給全國廣告評論會（National Advertising Review Board，簡稱NARB）。

因爲成本的關係，廠商通常不願意放棄或修正自己所推出的促銷活動，其中包括了重新製作廣告、克服不好的宣傳或公衆的敵意或刪除整個活動的預定進度。舉例來說，凱文克萊（Calvin Klein）在最近就被迫撤掉一些廣告，只因爲批評家認爲該廣告有兒童色情的嫌疑。這個廣告的內容描述的是年輕男女在木板隔間的地下室裏，擺出暗示性的姿態，同時該廣告大多刊登在以年輕讀者爲主的雜誌上，例如《YM》雜誌，該雜誌的讀者群最小年齡只有12歲[28]。這些爭議性十足的廣告可能會讓潛在買主產生敵意。某項消費者研究透露道，將近有四分之一的成年人和青少年都認爲這些廣告讓他們覺得不太想買凱文克萊的商品[29]。

欺騙性的廣告也會讓廠商犧牲掉消費者原有的信心，使自己的商譽受損，並浪費了廣告費，而這一切還沒包括法律訴訟的其它部分。但也不是所有的廠商都會有相同的下場。研究指出，聲望已經很低的廠商，往往受創最深，但是對那些頗有聲望的廠商來說，公共大衆通常都認爲它們只是一時不察，才會不小心地作出了欺騙消費者的行爲[30]。舉例來說，在1990年的時候，富豪汽車（Volvo）播放了一支廣告，片中呈現出富豪汽車可免於撞擊下的車體毀損，其它競爭品牌則不然。可是不久之後，消費者就發現到富豪汽車特定爲了該廣告在車體鋼樑上做了強化。這項消息經媒體披露之後，富豪的整體名聲直線下滑，可是它的商品卻沒有遭受到太大的波及。

有關促銷的聯邦條例

當自我規範無法發揮效力的時候，「聯邦貿易委員會」（Federal Trade Commission, FTC）就會介入其中。FTC的關切重點在於促銷活動是否有欺騙和錯誤示範的行爲。FTC將「欺騙」界定爲「可能誤導在客觀環境下

全國廣告部
消費者和廣告主的申訴單位，也是優良商業機構組織會的一部分。

全國廣告評論會
上訴單位，專門接受當事人在全國廣告部申訴失敗的個案。

有著合理行為能力的消費者之表達、疏忽或實際作為」。同時法庭也認定，所謂欺騙還包括消費者從促銷上所得到的聯想意義，而不是只侷限在逐字上的文句而已。對FTC條例有所批評的評論家認為，任何訊息，不管是不是商業廣告，都有欺騙的可能。此外，即使是最誠實的演說家也無法控制觀眾所可能自行產生的聯想。

通常FTC會要求促銷者將它在促銷訊息中的宣稱事項具體化。如果廠商無法具體化它的宣稱內容，FTC的傳統對策就是下達終止和停止的命令；反之，則是進行眾所皆知的放行無罪 宣告。前者的命令可以禁止廠商使用任何有誤差或欺騙行為的宣稱說法。在某些個案裏，FTC會要求廠商更正訊息。所謂**更正性廣告**（corrective advertising）就是指某則廣告或訊息的播出和刊登是為了修正前次促銷所遺留下來的錯誤印象。舉例來說，最佳雞蛋樂園（Eggland's Best）是賓州一家專售雞蛋的公司，它在廣告上宣稱試驗證明「即使在一個禮拜內吃完最佳雞蛋樂園的一打雞蛋，也不會增加血液中的膽固醇」，進而宣稱自己也算是低脂飲食的一部分。FTC為此控訴該公司的廣告示範錯誤，嚴重誤導消費者，要求它更正廣告，停止進行有關營養方面的宣稱說法。另外，FTC也命令該公司一年內都要在雞蛋盒上貼著以下的訊息標籤：「沒有任何研究顯示，這些雞蛋和其它雞蛋在膽固醇的增加上有什麼不同」[31]。做出錯誤宣導的廠商也要接受罰金的處分，舉例來說，FTC發現最佳雞蛋樂園在後續廣告上的更正並不足以改變它在前次宣傳上所傳達出來的錯誤印象，因此，FTC要求該雞蛋廠商繳納十萬美元的罰金[32]。

更正性廣告有效嗎？就整體的輿論來看，更正性廣告似乎還算有效，至少還不錯，但仍無法達到完全更正欺騙性廣告的誤導效果。舉例來說，製造李斯德林（Listerine）漱口水的華納藍伯公司就被要求使用更正性廣告來修正前次廣告所帶給大眾的錯誤印象——也就是這個商品可以預防感冒和喉嚨痛。然而儘管播出了更正性廣告，李斯德林的使用者還是相信前次的誤導廣告。

更正性廣告
廣告或訊息的播出和刊登是為了修正前次促銷所遺留下來的錯誤印象。

回顧

　　微軟公司不只使用促銷組合中的單一要素來向個人電腦使用者促銷它的應用軟體，它使用的是所有促銷要素的整體組合：廣告、公共關係和宣傳、人員推銷以及銷售促銷。促銷活動證明了它在這名軟體巨人的視窗九五上市中，成功地扮演了一個舉足輕重的角色。當你讀後面兩章的時候，請千萬記住，廠商所設法選出的促銷組合要素，都必須是最能促銷自己商品或服務的要素才行，很少有廠商只依靠一種促銷方式來推銷商品。

總結

1. 討論行銷組合中的促銷角色：所謂促銷就是來自於廠商的傳播，在其中告知、說服和提醒某個商品的潛在買主，進而影響他們的意見或激起某些回應。促銷策略就是運用各個促銷要素的一種計畫，這些要素包括了廣告、公共關係、人員推銷和銷售促銷，從而達成公司的整體目標和行銷目標。根據這些目標，促銷策略中的各個要素就可以成為一個協調性的促銷計畫。接著促銷計畫會和商品、配銷以及價格等整合成為整體行銷策略，用以觸及目標市場。

2. 討論促銷組合中的各種要素：促銷組合的要素包括了廣告、公共關係、人員推銷和銷售促銷等。廣告是一種非個人性的單向式大眾傳播形式，廣告提供者必須付費。公共關係則是一種促銷功能，關心的是公司的公共形象。公司無法直接購買到好的公共宣傳，可是它們可以逐步地創造出正面的公司形象。人員推銷通常會進行直接的溝通，也許是親自面對面溝通，也許是經由電話溝通。賣方可向一或多名潛在買主進行告知和說服的行動，進而促使購買行為的產生。而目前有許多人員推銷的重點都放在如何發展買主和賣主之間的關係上。最後，銷售促銷通常是用來支援促銷組合中的其它要素，鼓勵員工或刺激消費者和業界顧客進行購買。

3. 描述傳播的過程：傳播過程有很多步驟。當某個人或某家組織想要傳達訊息給某位目標觀眾的時候，就需要利用接收者所熟悉的語言和符號，把訊息編碼，然後再透過傳播管道傳送出去。雜誌會在傳輸過程中扭曲原來的訊息。如果訊息落在接收者的參考架構範圍內，接收的動作就發生了。接收者會將訊息解碼，還會提供反饋給訊息提供者。通常，對互動的傳播來說，回饋是很直接的；大眾傳播的回饋則是間接的。

4.解釋促銷的目標和任務：促銷的基本目標就是透過告知、說服和提醒來誘導、修正或加強某些行為。告知性的促銷可解釋某項貨品或服務的目的與好處，用來告知消費者的促銷活動通常是為了要增加消費者對某類商品的需求或介紹新商品和新服務的上市。說服性的促銷則是設計來刺激購買或刺激行動的產生，當商品到了生命週期中的成長期，而競爭環境也愈趨激烈的時候，用來說服消費者進行購買的促銷活動就會變得非常重要。提醒式的促銷其目的是讓公眾時時記住商品和品牌的名稱，當商品走到生命週期的成熟期時，就會常常用到提醒式的促銷了。

5.討論效果層級的概念和它與促銷組合之間的關係：效果階段模式概要說明了購買決策過程中的六個基本階段，皆是由促銷活動所催生促成的：（1）認知；（2）理解；（3）喜好；（4）偏好；（5）堅信；和（6）購買。在每一個效果層級，促銷組合裡的各個要素的影響程度也大不相同。對商品或服務的認知和理解來說，廣告算得上是一個很好用的工具。當消費者身處在決策過程中的購買階段時，銷售促銷的運用就會很有效。人員推銷則最適用於發展顧客的偏好度和獲取他們的信任。

6.討論影響促銷組合的各個因素：在設計促銷組合的時候，促銷經理必須要考慮許多因素，這些因素包括了商品的性質、商品的生命週期、目標市場的特性、購買決策的類型、可資利用的預算金額以及推與拉策略的運用等。因為大多數的企業商品都是根據買主的實際規格所特定製造的，所以行銷經理在選定促銷組合時，可能比較偏重於人員推銷的部分。從另一方面來看，消費性商品往往是大量生產下的成品，所以就會比較偏重於大眾促銷式的方式辦法，如廣告和銷售促銷等。一旦商品步入到生命週期中的不同階段時，廠商就需要選定運用不同的行銷要素。舉例來說，廣告在生命週期中的引進期所發揮的效果要比在衰退期時所發揮的效果來得大。目標市場的特性，如潛在買主的地理位置和品牌忠誠度，也都會影響到促銷組合，就如同購買決策究竟是例行性或複雜性？這也會對促銷組合造成影響。而廠商可配置到促銷上的資金額度，也有助於決定整個促銷組合。資金有限的小公司可能必須著重於公共關係的營造；而大型公司則可以放膽進行電台和平面廣告。最後，如果廠商運用推的策略來促銷商品或服務，行銷經理就可能會利用積極的廣告手法和人員推銷，向批發商和零售商等展開促銷。如果是拉的策略，則經理們就會著重在大眾促銷的活動上，例如廣告和銷售促銷，進而刺激消費者對商品的需求。

7. 解釋如何創造出一個促銷計畫：有效的促銷計畫是商品的致勝關鍵。促銷規劃包括了很多步驟，首先，促銷經理要先分析市場，通常是藉由市場調查來進行；接下來，他們要就人口統計、地理性、心理分析或行為上等各種變數觀點，來界定出目標市場；第三，促銷經理必須設定明確的促銷目標；第四，促銷經理決定好促銷預算；最後，他們要選定促銷組合中的所有要素。

8. 討論促銷活動中的道德和法律層面：雖然有許多法律都是用來規範促銷活動的，可是多數產業還是在執行自我的規範。而促銷活動也同時接受著來自於產業和政府兩方面的監視。來自於產業方面的規範條例多是由優良商業機構組織會的全國廣告部和全國廣告評論會所監管。而聯邦貿易委員會則在產業性管理條例無法有效落實的時候，就會出面干涉管理。

對問題的探討及申論

1. 什麼是促銷策略？請解釋和促銷策略有關的差異化利益點概念。
2. 為什麼瞭解目標市場是傳播過程中的關鍵部分？
3. 討論整合式行銷傳播的重要性。請提出幾家公司的現行例子，這些公司有的正在執行整合式行銷傳播；有些則不然。
4. 行銷經理為什麼要使用說服性的方法來促銷商品？請提出幾個說服性促銷的現行例

子。

5. 請討論人員推銷和廣告在企業商品的促銷上，所扮演的角色是什麼？它們的角色扮演在促銷消費性商品時，又會有什麼不同。

6. 假設貴公司的新商品促銷活動，其結果並不符合促銷目標的要求。請寫一份報告說明失敗的理由是什麼。

7. 貴公司剛剛開發了一種複雜精細的電器裝置，可以自動控制消費者居家中的所有電器運作。請寫一份簡短的促銷計畫，內容描述你對市場分析、目標市場、促銷目標和促銷組合的種種看法。

8. 請討論為什麼以目標任務法來決定商品的促銷預算會優於其它的預算編列法？

9. 貴公司想要為某個洗衣粉品牌發展一個促銷活動，該品牌會在很多國家同時出售，你會選擇利用地方化的促銷訊息？還是採用標準化的統一訊息？請解釋你的選擇理由。如果商品是香水的話，你的選擇又會是什麼？

10. 從班上選一位同學做為你的合作夥伴，兩人一起訪問當地幾個小型企業的所有人或經理。請教他們貴公司的促銷目標是什麼，以及為什麼。舉例來說，他們正在設法告知、說服或提醒顧客嗎？同時也請判斷他們是否認定本身正面臨知名度的問題，或者他們是否需要說服顧客購買他們的商品而不是競爭者的商品？請他們列出首要市場的各種特性；直接對手的優缺點；以及他們如何定位自己的商店來和其它對手競爭相抗衡？請準備一份報告，總結你的發現，並在班上提出。

11. 請參觀下列的網站，詳列你在進入該網站和瞭解資訊上，曾經歷到哪些困難。列出可能在西式網際網路上遭遇到同樣傳播問題的其它文化團體。

http://www.chinatown-ny.com/

12. 該網站對購買力、購買規模和美國拉丁裔市場的成長，有些什麼看法？為什麼這些統計資料對美國本土的行銷傳播和促銷策略那麼的重要？

http://www.pm-a.com/

13. 在下面網站中所出現的Inspiration（靈感）會如何影響你對這座城市的看法？請描述其中的內容。它在城市裏的整體行銷傳播策略上扮演的是什麼樣的角色？

http://www.battlecreekmich.com/

學習目標

在讀完本章之後，各位應當能夠做到下列各項：

1. 討論廣告對市場佔有率、消費者品牌忠誠度和覺察商品屬性的影響效果有多少。

2. 確認廣告的主要類型。

3. 描述廣告活動的過程。

4. 描述媒體評估和選擇的技巧。

5. 討論公共關係在促銷組合中的角色。

第17章

廣告與公共關係

　　你是如何設計出一個有效且令人難忘的廣告活動？特別是你所面對的正是世界上最平凡、最無趣的商品之一。

　　這也正是全球玻塞爾廣告代理商（Bozell Worldwide）所面臨到的難題，這家廣告公司接受全國液體牛奶加工促銷委員會的委託（National Fluid Milk Processor Promotion Board），進行廣告活動的設計和發展。結果這家代理商構思出「牛奶，真是讓人想不到！」（Milk, What a Surprise!）的廣告主題，而且出乎意料之外的非常成功，該廣告的文字訊息簡單並富教育性，其中穿插各種流行和運動方面的人事物，最令人印象深刻的是所有的名人都在上唇部分留下了喝過牛奶後的白色鬍鬚。

　　牛奶銷售在經過三十年來的衰退之後，全國液體牛奶加工促銷委員會終於決定要採取一些行動來打破重塑只有兒童才會飲用牛奶的既定印象，因為一般人過了12歲以後，就不會再喝牛奶了。儘管低脂健康飲食的風潮方興未艾，成年人卻不認為牛奶是一種低脂飲料。該廣告活動的目標就是要抓取25歲到44歲婦女們的注意，教育她們有關牛奶對健康的好處，但絕不能說教，同時也要把她們對牛奶的錯誤認定——高脂肪又落伍的飲料——給改正過來。其實女性是過去牛奶的最大飲用者市場，而且也是罹患骨質疏鬆症的高危險群，這種讓骨質惡化的疾病可靠牛奶中鈣的攝取補充來預防。

　　玻塞爾廣告公司面對三千六百萬美元的廣告預算，第一個決策就是將所有的預算都投注在雜誌廣告上。因為只打算在雜誌上刊登，所以牛奶廣告在該媒體的曝光率大增，掌控了整個版面局勢。他們不打算在電視王國裏競爭，因為牛奶的廣告訊息很可能會淹沒在可口可樂和百事可樂的廣告汪洋當中，一下子就吞滅了所有的預算。

　　接下來，廣告代理商開始進行廣告風格的設計和執行，務必要讓人們驚豔，抓住他們的目光焦點。廣告上的設計是以「簡單、強烈、突顯」式的名人照片為主題，看起來像是一張海報而不是一則雜誌廣告。其實相同的策略也曾運用在美國運通和布雷哥蕾曼（Blackglama）毛皮公司中，而且相當成功。美國運通的「人物畫像」活動是由著名的名流會員持卡人專屬攝影家安妮萊巴微茲（Annie Liebovitz）所掌鏡。同樣地，布雷哥蕾曼毛皮公司以名人為主的廣告主題：「什麼東西最富傳奇性」，描繪了五十位以上的名人

（例如伊莉莎白泰勒）炫耀著身上所穿著的毛皮外套。這兩個廣告活動都是空前的成功。

海報式牛奶廣告中的白色鬍鬚，帶給人們一種非常與眾不同的感覺，玻瑞公司打賭這樣的手法會讓讀者們竊喜偷笑，但又不會讓廣告中的名人喪失掉原有的魅力。白色的牛奶鬍鬚一向是人們飲用牛奶之後的共通象徵，廣告代理商認定這個鬍鬚會成為該商品的有力推手。因為牛奶鬍鬚是廣告代理商覺得最能喚起人們兒時記憶的一種象徵，何況出現在名人的上唇部分，更容易有出人意料之外的有趣效果。

有了這樣的點子之後，玻塞爾廣告公司開始和各個名人進行聯絡溝通，這些名人的目標觀眾群都是25歲到44歲左右的婦女，其中包括了克莉絲汀布里克利（Christie Brinkley）、伊曼（Iman）、凱特摩斯（Kate Moss）和伊莎貝拉羅賽里尼（Isabella Rossellini）等人，全都被徵召來為牛奶代言，目標是要讓牛奶這個商品變得流行又符合低脂飲食的原則。為了要接觸年紀較大的婦女們，玻塞爾公司也請到了羅倫貝可（Lauren Bacall）和瓊恩李文斯（Joan Rivers）等人來拍廣告。同時還找到了一些女性認同的熱門運動員，如網球明星彼德山普拉斯（Pete Sampras）和足球四分衛史帝夫楊（Steve Young）等人來為廣告代言。

這個活動是從1995年二月開始展開，一直到1996年三月為止，總共刊登了八百一十三則廣告頁，共出現在五十家全國性雜誌和六家地區性雜誌的廣告版面上，其中包括了《家庭圈子》（Family Circle）、《職業婦女》（Working Woman）、《為人父母》（Parenting）、《黑檀木》（Ebony）、《時代》（Time）、《娛樂周刊》（Entertainment Weekly）、《人物》（People）、《風尚》（Vogue）和《美食家》（Bon Appetit）等多本著名雜誌。該公司向每一本刊物都買了七到三十則左右的廣告版面，以連續性的進度安排方式，出現在每一期的雜誌上，進而成就出平面廣告史上前所未有的最大創舉。

這個活動的結果當然是空前的成功。不僅廣告評論家們大加讚賞，就連市場調查也發現到，有超過22%以上的受訪者在活動過後，都認定牛奶是成年人的飲料，而且有22%以上的人也認為牛奶很適合在運動後飲用。除此之外，對牛奶在健康好處的認同也增加了17%；認為脫脂牛奶是健康飲食的人們也增加了18%。

牛奶廣告活動的第二階段開始於1996年的年中，該活動又邀請了另外二十名左右的名人為商品代言，目標觀眾群也擴大到男性和青少年的身上。第一階段的目標是要改變消費者對牛奶既有的刻板態度；第二階段則是瞄準在現金收益的實際結果上。該廣告的標語改成了「牛奶，你的鬍鬚在哪裏？」（Milk, Where's Your Mustache），為的是要促使消費者採取一些行動'。讀者可參考全國液體牛奶加工促銷委員會位在http://www.whymilk.com網址上的內容，看看它們最近廣告活動中所用的影像圖片；有關飲食和營養方面的分析；和有關牛奶方面的真相報告，並可和參加這次鬍鬚廣告活動的各種雜誌進行連線。

類似像全國液體牛奶加工促銷委員會這樣的廣告主，是如何改變消費者的態度和想法？又是如何透過廣告增加牛奶的銷售量呢？就訊息類型的傳達上，廣告主又該如何決定呢？它們是如何創造出廣告活動，並決定該用哪些媒體來接觸消費者？請試著回答這些問題，而且只要你讀過本章，就會在其中找到許多答案。

全球玻塞爾廣告代理商
請從玻塞爾公司的介紹卷宗裏，回顧其中的幾個廣告活動。其中廣告訊息和媒體的又是如何地變化呢？
http://www.bozell.com/

廣告的效果

廣告在第十六章被界定為非個人性的單向式大眾傳播形式，可在其中認出贊助者或公司組織，必須付費才能播出。它是一種很受歡迎的促銷形式，特別是對消費性的包裝商品和服務而言。廣告支出每年都在成長，預估全美各地的每年廣告支出已超過一千五百億美元[2]。

儘管整體廣告支出似乎很龐大，廣告產業本身卻很小。各製造商、批發商和零售商的廣告部門，以及五千家左右的廣告代理商，總共只雇用了二十七萬二千人[3]。這個數字還包括那些從事媒體服務的人員，例如電台和電視、雜誌和報紙以及直接郵寄業等。美國公司花在廣告方面的預算相當可觀（請參考**圖示17.1**），寶鹼公司、菲利摩里斯公司（Philip Morris）和通用汽車等，每年花在全國性廣告的費用上就高達二十億美元以上，也就是說這些公司每天都要支出五百萬美元的廣告費。如果含括銷售促銷和公共關係的話，這個數字就更高了。另外還有七十家左右的公司，廣告支出在兩億美元以上。

各產業的廣告支出互有差異。舉例來說，遊戲玩具業在營業額的廣告費比例上就是其中的數一數二者。根據估算，該產業所售貨品的每一塊美金，約有一角六分是花在消費性廣告的支出上。其它在銷售額上有著高廣告費比例的消費性商品製造業還包括：書籍出版商、郵購公司、教育服務、食品製造業以及肥皂和清潔劑製造業[4]。

1 討論廣告對市場佔有率、消費者品牌忠誠度和覺察商品屬性的影響效果有多少

廣告年代
（Advertising Age）
請拜訪廣告年代的資料集散地（DataPlace），找出當今為首的幾個廣告主。哪些公司是全國首要的廣告主？哪些是全球市場的首要廣告主？
http://www.adage.com/

排名	廣告主	每一天的廣告費支出（平均）
1	寶鹼公司（Procter & Gamble）	$7,608,400
2	菲利摩里斯公司（Philip Morris）	7,059,948
3	通用汽車（General Motors）	5,607,975
4	時代華納公司（Time Warner）	3,581,013
5	華特迪士尼（Walt Disney）	3,550,673
6	西爾思，羅依巴克公司（Sears, Roebuck）	3,358,136
7	克萊斯勒公司（Chrysler）	3,349,062
8	百事可公司（PepsiCo）	3,279,568
9	嬌生公司（Johnson & Johnson）	3,214,444
10	福特汽車（Ford Motor）	3,148,587

資料來源：取自於《廣告年代》（*Advertising Age*）位在www.adage.com網址上「前一百大全國廣告主」（100 Leading National Advertisers）的電腦資料。版權係歸於克雷傳播公司（Crain Communications , Inc.），翻印必究。

廣告和市場佔有率

當今最成功的消費性商品，如象牙香皂（Ivory）和可口可樂等，多年前就是靠著龐大的廣告費和行銷費用而起家的，現在的它們所支出的廣告費只是在維持品牌知名度和市場佔有率而已。

只佔據到一點市場佔有率的新品牌，在廣告和銷售促銷上的支出比例往往多過於那些在市場佔有率上已然有成的各家品牌。其中原因有兩點，第一，廣告和銷售促銷的支出在超過一定額度之後，就會出現所謂的遞減報酬率，也就是說，不管你再花多少廣告費或促銷費用，銷售量和市場佔有率都會開始止升回跌，這種現象又稱之為廣告效應機能（advertising response function），正如（圖示17.2）所呈現的。瞭解廣告效應機能，有助於廠商在預算上做明智的處理。舉例來說，類似像波浪洋芋片（Ruffles）這樣的市場領導者，可能會在廣告支出的比例上少於福利多——雷（Frito-Lay's）烘焙洋芋片這類新品牌的廣告支出。因為福利多——雷公司必須多花點錢來建立起新品牌的知名度和市場佔有率。相反地，波浪洋芋片只要花上足夠的錢來維持自己的市場佔有率就可以了，除此之外，再多花的部分也對自己沒什麼好處。因為波浪洋芋片已經獲取了大部分目標市場對它的注意力，現在的它只需要提醒消費者就可以了。

廣告效應機能
廣告和銷售促銷上的支出，在增加銷售量和市場佔有率到一定程度之後就會產生報酬率遞減的一種現象。

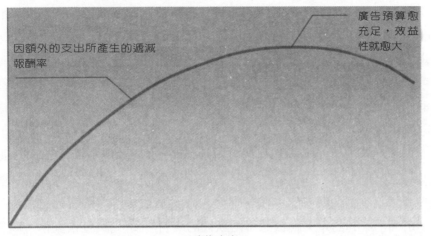

因額外的支出所產生的遞減
報酬率

廣告預算愈
充足，效益
性就愈大

廣告支出的報酬

廣告支出

　　新品牌之所以需要較高的廣告和促銷支出，它的第二個理由是因為若是想影響購買行為，就需要擁有最低的曝光程度才行。舉例來說，如果福利多雷公司只在一或兩個刊物上刊登烘焙洋芋片的平面廣告，並且只在電視上購買一到兩次的廣告播出時間，當然就不可能有足夠的曝光率來突破消費者的知覺防禦、獲取知名度和理解度，甚至到最後影響他們的購買意圖。因此，烘焙洋芋片花了一段時間，透過各種不同媒體的廣告，來進行上市活動。

廣告和消費者

　　廣告影響著每個人的日常生活，也影響著各種購買行為。消費者轉向廣告尋求其中的資訊和娛樂價值。美國公民一天平均被迫暴露在各類廣告媒體所提供的幾百則廣告底下，光是電視媒體，預估每人每天平均收看的時間就長達四個小時以上。也因為電視聯播網在白天的時候，節目每進行十八分鐘就要插入一段廣告，所以消費者被廣告影響的程度是可想而知的[5]。廣告不僅影響人們所觀賞的電視節目；也影響人們所閱讀的報紙、所選出的政治人物、所服用的藥物、以及孩子們所使用的玩具，也因此造成了廣告對美國整個社會經濟體系的影響。而它的影響層面也一直是經濟學家、行銷人員、社會學家、心理學家、政治人物、消費專家以及其它許多人的廣泛討論話題。

廣告並不像某些人所懼怕的那樣，可以控制整個社會，因為畢竟它無法改變某些根深蒂固的價值觀。態度和價值觀都是深植於每個人的心理層面當中，廣告並不太能改變人們的態度，因為此乃根源於個人固有的價值體系和道德標準，同時也受到背景文化的強烈影響。但是對青少年來說，因為他們仍然處於個人價值體系的成型過程當中，所以比較容易受到廣告的影響。

　　但是，廣告可能能夠將某個人對某項商品的負面態度轉變成為正面的態度。當某個品牌的事前評估並不樂觀時，就需要用到較引人注目或較真誠的廣告來改變消費者的看法。從另一方面來說，當消費者已對某個品牌有了正面形象的認定，就很適用幽默性的廣告[6]。研究調查也顯示，廣告中的幽默感比較適合於創造出資訊需求少的贊同性看法。也就是說，消費者若是想尋求有關商品或服務的一些資訊，他們就覺得幽默性的廣告一點也不幽默[7]。

　　可信度也是一個重要因素。消費者對某個廣告主的正面或負面看法，會直接影響到他們對旗下商品的認定態度。研究調查發現到，當消費者相信某個廣告主是值得信賴時，他們往往就比較能接受其商品的宣傳賣點，而且也比較願意改變自己的看法和購買行為[8]。舉例來說，香煙公司三十年來一直極力否認抽煙對人體的危害，這個舉動已經讓消費者喪失了對它們的信任。結果造成消費者不願相信菲利摩里斯公司所提出的廣告訊息：二手煙的危害程度並不像政府報告所說的那樣嚴重[9]。

廣告和品牌忠誠度

　　品牌忠誠度很高的消費者比較不容易受到競爭對手的廣告影響。舉例來說，新的競爭者發現到儘管長途電話業的管制條例開放了，但還是很難取代AT&T原來的地位。因為在幾近一輩子對Ma Bell（AT&T的口語暱稱）服務的信賴之後，許多忠誠的顧客都不太理睬競爭對手所運用的廣告手法。

　　廣告也可以強化對某個品牌的正面態度。當消費者對某個商品或品牌的看法中立或者印象還不錯的話，他們就可能被廣告所影響。當消費者對某個品牌已有很高的忠誠度，這時若是再增加廣告和促銷方面的努力，消費者可能就會買多一點[10]。

廣告和商品屬性

廣告可以影響消費者對品牌屬性的排名，例如色彩、口味、聞起來的味道和質感等。舉例來說，過去的購物者會根據現有的口味和樣式變化來選定午餐烹調專用的肉類品牌，可是廣告也可能影響消費者的選擇根據，例如卡洛里和油脂含量等。生產午餐專用肉類的廠商，如路易士里區（Louis Rich）、奧斯卡梅爾（Oscar Mayer）和健康選擇（Healthy Choice）等，現在也都開始在廣告上強調它們的卡洛里和油脂含量。

汽車廣告主也瞭解廣告對這種品牌屬性排名的影響。傳統上，汽車廣告都是強調空間、速度、低維修率等這類的品牌屬性。可是現在的汽車製造商也開始在名單上加入安全性之類的品牌屬性。有關安全性的特點包括了反煞車裝置、電動門鎖和安全氣囊等，現在都成了許多汽車廣告中的標準訊息。

廣告的主要類型

2 確認廣告的主要類型

公司的促銷目標（請參考第十六章）決定了手中廣告的類型。如果促銷計畫的目標是要建立公司或產業的形象，就可能需要用到**機構廣告**（institutional advertising）。相反地，若是廣告主想要增進某項特定商品或服務的銷售量，商品廣告（product advertising）就派得上用場了。

機構廣告

機構廣告
一種廣告形式，目的為增進公司的形象，而不是促銷某個特定商品。

美國的廣告在傳統上一向以商品為導向。但是現代企業旗下往往有很多種商品，所以需要另一種不同類型的廣告。機構廣告或稱企業廣告（corporate advertising）就是將企業組織視為整體來促銷，在設計上是為了要建立、改變或維持整個企業的識別。它通常不會要求觀眾採取任何行動，只要他們對廣告主和旗下商品維持著友善的看法就可以了。舉例來說，日產汽車公司（Nissan Motor Corporation）最近就推出一個企業性廣告活動，目的是提升整個日產品牌，而不是特定針對哪一種車款。這個活動的設計是要改善日產公司的形象，增加它的可信度，同時也提醒顧客有

商品廣告
一種廣告形式，是用來宣揚某個特定商品或服務的利益點。

安麗公司的這則廣告
就是機構廣告的典型
例子。你注意到這則
廣告是如何將一個企
業視爲一整體而不是
專注在企業底下的個
別商品上。
Courtesy Amway
Corporation

鼓吹性廣告
一種廣告形式，可讓
企業組織用來表達它
們對某些爭議性問題
的看法，或回應媒體
的攻擊。

關這家公司的日本傳承精神[11]。

機構廣告的其中一種形式稱之爲鼓吹性廣告（advocacy advertising），它是用來抵禦消費者的負面看法，並增加友善消費者對公司的信賴程度[12]。通常企業組織會利用鼓吹性廣告來表達它們對某些爭議性問題的看法。其它時候，這種鼓吹性的廣告活動則是用來回應一些批評或抱怨，有些則會直接反擊來自於媒體上的一些批評看法。其它的鼓吹性活動也可能會設法對抗一些增修條例或刪減條例，例如，R. J.雷倫香煙（R. J. Reynolds）就對反香煙管制條例做了一次反擊。在某則廣告裏，一名非吸煙者如是說道：「煙味讓我覺得很不舒服，但是並沒有像政府告訴我的那麼糟。」[13]

商品廣告

商品廣告不像機構廣告，它促銷的是某個特定商品或服務的利益點。

生命週期中的商品所在階段往往可決定究竟該用什麼類型的商品廣告：先驅式廣告、競爭性廣告和比較性廣告。

先驅式廣告

先驅式廣告（pioneering advertising）的運用是要激發出消費者對新商品或新商品類別的初始需求。這種廣告多在商品生命週期的引進期大量使用，可以提供消費者有關商品利益點的深入資訊。先驅式廣告也會設法開創出消費者的興趣。

推出許多新商品的食品公司就常常利用先驅式廣告。舉例來說，福利多——雷（Frito-Lay）公司利用先驅式廣告來向美國消費者引薦烘焙洋芋片（Baked Lay's）。該公司在炫目耀眼的廣告片中，讓超級名模辛蒂克勞馥欲罷不能地一片接一片享用著低油脂洋芋片，這個先驅式廣告的目標是要吸引那些因為飲食考量而放棄鹹味零食的女性消費者。而這個上市活動也被視為是福利多——雷公司有史以來最成功的新商品活動之一，因為短短不到兩個月時間，該公司就賣出了等值三千五百萬美元的烘焙洋芋片[14]。

競爭性廣告

當商品進入生命週期中的成長階段，而其它公司也開始介入該市場時，就可以展開競爭性廣告或品牌廣告的運用。競爭性廣告（competitive advertising）的目標並不是要建立起對某商品類別的需求，而是要影響對某特定品牌的需求。

在這個階段裏，整個促銷訴求變得不是那麼地資訊化，反而是以感性的方式來呈現。廣告上可能會開始強調各品牌之間的細微差別，同時非常著重於品牌名稱記憶度的建立和友好態度的營造。汽車廣告長久以來就很擅於運用競爭性的訊息，它們總是在品質、表現和形象上大作文章，企圖營造出與眾不同的自我區別。舉例來說，福特就在廣告上強調「品質是工作守則第一條」的主題訊息。而別克（Buick）的「美國本土上，品質的新象徵」和水星（Mercury）的「所有一切都是為了水星的品質」，這兩句廣告標語也是在強調卓越的工作技術。啤酒、軟性飲料、速食業以及長途電話服務業等，也都正在大打廣告「戰」。

比較性廣告

比較性廣告
一種廣告形式，直接或間接地比較兩個以上競爭性品牌的一或多種特定屬性。

商品廣告中一個極具爭議性的趨勢就是比較性廣告的運用。**比較性廣告**（comparative advertising）直接或間接地比較兩個以上競爭性品牌的一或多種特定屬性。有些廣告主甚至使用比較性廣告來對抗自己旗下的品牌。商品若是面臨停滯不前的局面；或是在進入市場時就遇到強勁的競爭對手，這時就可能會在廣告上運用比較性的訊息。舉例來說，當美國食品藥物管理局通過三種不經處方箋就可以逕行出售的心絞痛治療劑時——百西（Pedcid AC）、塔各彌（Tagamet HB）和查它克（Zantac 75）——這些製藥廠就開始為市場佔有率展開了一場空前未有的廣告大戰。比較性廣告比較了每種藥劑的安全性、和其它藥物可能引起的反制作用、醫師建議的使用次數以及藥劑的藥效長短等。有一則百西AC廣告說道：「我的醫生告訴我，我並不需要服用查它克來治療我偶發性的心絞痛和胃酸過多。」[15]

在1970年代以前，比較性廣告只有在不對競爭品牌指名道姓的情況下，才能使用。但是到了1971年，聯邦貿易易委員會（簡稱FTC）助長了比較性廣告的成長，因為它說這種廣告可以為消費者提供必要的資訊，而且廣告主也比政府更擅於傳播這類的資訊。但是聯邦條例禁止廣告主任意抹黑競爭對手的商品，若是廣告以不當的方式呈現競爭對手的商品或品牌名稱，該條例也允許競爭對手可以控告廣告主。這些條例也適用於錯誤宣導自己商品的廣告主。舉例來說，在不需處方箋的心絞痛藥劑市場中，製造塔各彌HB的必卻公司（SmithKline Beecham）就對製造百西AC的嬌生／莫客（Johnson & Johnson/Merck）公司提出錯誤廣告的索賠要求。根據必卻公司的控訴說法，百西AC廣告誇大了百西的藥效時間。同時，必卻公司也抗議百西廣告中的說詞：十個醫生和藥劑師裏頭就有八個會選擇使用百西AC，甚過於塔各彌HB[16]。

廣告主值得去進行這種麻煩多多的比較性廣告嗎？許多研究調查都指出，就增加購買意圖來說，比較性廣告並不比非比較性廣告來得有效。同時，在廣告中進行不同品牌的比較時，廠商也必須承擔品牌混淆和辨識錯誤的可能風險。此外，消費者往往以偏概全地認定比較性的價格說法，直接作成結論以為既然該公司的某個特定商品或服務比其它競爭對手來得便宜，該公司的整體售價也應該是如此[17]。但是從好的方面來看，研究調查也發現到以下幾點事實[18]：

◇廣告中的直接性比較能夠吸引到觀眾的注意，因此可能可以增加購買的意圖。

◇消費者認為比較性的訊息比類似的非比較性訊息要來得更相關、更貼切性，因此比較能記得比較性廣告中的訊息。

◇不知名的品牌若是使用比較性廣告，就可以增加不知名品牌和知名品牌（用來比較的品牌）之間的聯想關係。

◇具有較多「客觀」屬性的比較性廣告比起那些著重在「主觀」品牌屬性的比較性廣告，要來得更能產生正面的態度看法。舉例來說，A車款比B車款的車體空間多了八立方英吋（客觀性的比較），這樣的比較就比X湯料宣稱自己比Y湯料美味（主觀性的比較）要來得更有效果。

◇當某個新品牌的比較性廣告和個人息息相關，而且所比較的對象是屬於高可信度的品牌時，則在購買意圖上所創造出來的正面效果，強過非比較性的廣告。

在某些國家裏，特別是那些資本化不久的東歐國家，它們所慣用的廣告手法從美國的標準來看，實在是太誇張了。通常在比較性廣告中所常見到的硬性推銷手法，對美國的市場來說，常被視為是一種禁忌。一直到1980年代，日本的法律條例幾乎完全禁止比較性廣告的使用，只要不是客觀性的比較，都被視為是毀謗的行為。但是儘管日本人在傳統上比較偏愛軟性的廣告訴求，消費者還是目睹了比較性廣告的繼起盛行。舉例來說，德國、義大利、比利時和法國都不准廣告主宣稱自己的商品優於其它競爭對手的商品，而這種手法在美國的廣告上卻是很常見到。事實上，法國對比較性廣告的作法非常堅定，所以巴黎法院曾禁止菲利摩里斯公司的廣告拿二手煙來和吃餅乾做比較，因為它違反了比較性廣告的法律規定，即使在廣告中並沒有提及任何一個特定品牌的餅乾也不行[19]。

塑造廣告活動的各個步驟

所謂**廣告活動**（advertising campaign）就是指專注於某個共通性主題、

廣告活動
專注於某個共通性主題、標語和廣告訴求的一系列相關廣告。

標語和廣告訴求的一系列相關廣告。它是為某特定商品所展開的廣告行動，通常會持續一段時間。主事廣告的管理階層一開始需要先瞭解發展廣告活動的各種步驟，接下來再就每個步驟做成決策。（圖示17.3）追蹤了這些步驟的過程進行。

　　廣告活動的過程是由促銷計畫的行動所設定的（請參考第十六章）。正如你所記得的，促銷的規劃過程中會確定目標市場、判定整體促銷目標、設定促銷預算、和選定促銷組合。而廣告活動正是促銷組合中的一部分，通常是用來對目標市場解讀某個銷售訊息的。透過廣告媒介，如電台或平面媒體，將廣告傳達給目標市場或訊息接收者。

決定活動目標

廣告目標
某活動為某特定觀眾群在某特定時間內所應達成的傳播使命。

　　發展廣告活動的第一個步驟就是決定廣告目標。廣告目標（advertising objective）可以確認某活動為某特定觀眾群在某特定時間內所應達成的傳播使命是什麼。而廣告活動的目標也必須依據整體企業目標和商品本身而來。

　　道葛瑪方法（DAGMAR approach）（Defining Advertising Goals for Measured Advertising Results的字母縮寫）（意思是為測定下的廣告結果界定廣告目標）就是設定目標的一種方法。根據這個方法，所有的廣告目標都可以精確地界定出目標觀眾、在特定效益範圍內的百分比變化以及發生變化的時間進度等。舉例來說，BMW最新款的低價車種，在直接郵寄廣告影帶給目標樣本群之後，其廣告目標就設定為商品上市後的六個月內，達成五萬名消費者的試車行動。

做出創意決策

媒體
用來傳達訊息給目標市場的管道。

　　發展廣告活動的下一個步驟就是決定必要的廣告創意和媒體決策。請注意在（圖示17.3）裏頭，有關創意和媒體方面的決策都必須在同時間內完成。若是不知道該用何種媒體（medium），或稱訊息管道（message channel），來傳達訊息給目標市場，就無法事先展開創意方面的工作。但是本章的媒體決策將會放在創意決策之後再討論。

　　在許多個案裏，廣告目標會下達有關媒體使用和創意作法的命令。舉例來說，如果廣告目標是要證明某個商品的運作速度有多快，電視廣告可能就是最好的選擇。創意方面的決策包括了確認商品的利益點、發展出可能的廣告訴求、評估各種廣告訴求和選定一個獨特的賣點以及廣告訊息的執行製作等。有效的廣告活動一定會遵循第十六章所談到的**AIDA**概念或效果階段模式。

確認商品的利益點

廣告業中有個耳熟能詳的處事作法，那就是「我們賣的是牛排的嘶嘶作響聲，而不是牛排本身」。意思是說在廣告裏我們的目標是賣商品的利益點，而不是商品的屬性。屬性可能只是商品的某個特性而已，例如它的易開包裝或特殊配方。而利益點則是消費者在使用過商品之後所接受到或達到的某種東西。利益點應該能回答得出消費者的問題：「這裏頭對我來說有什麼好處？」利益點可能是方便、快樂、省錢或忘憂之類的東西。有一個快速的測驗方式，可以知道你在廣告中提供的究竟是商品屬性？抑或是利益點？你只要問：「然後呢？」就可以了。請看看下面這個例子：

> 屬性：「吉利牌超感應刮鬍刀擁有雙刀片，個別鑲嵌在彈力十
> 足的彈簧上，可以根據男人的臉部線條和輪廓，自動

進行調整。」

「然後呢……？」

利益點：「然後，你在刮鬍子的時候，就可以刮得比以前更緊
密、更順暢和更安全。」

行銷研究機構的功能就是用來挖掘商品的利益點，並列出消費者對這
些利益點的喜好排名。

發展和評估廣告訴求

廣告訴求
*消費者購買商品的理
由。*

廣告訴求（advertising appeal）可確認出消費者購買商品的理由是什
麼。發展廣告訴求算得上是一種極具挑戰性的任務，通常是由廣告代理商
的創意人員所負責。廣告訴求往往會在消費者的情感因素上打轉，例如恐
懼或愛情；再不然就是傳達消費者的某種需求或欲求，例如對便利性的需
求或者是對儲蓄的渴望。

廣告活動可以專注在一或多個廣告訴求上，而且這些訴求往往很籠
統，所以廣告主就可以利用廣告和銷售促銷來發展出一連串的副題或小型
迷你的活動。（圖示17.4）就列出了幾個可能的廣告訴求。

圖示17.4
常見的廣告訴求

利潤	讓消費者知道該商品是否能讓他們省錢；幫他們賺錢；或讓他們免於金錢上的損失。
健康	訴求對象為那些很在意身材或想要健康的人士。
愛情或羅曼史	通常是用來銷售化妝品和香水。
恐懼	可繞著社交窘境、衰老或健康不再等話題打轉；但礙於商品的功效力量，廣告主在執行上要小心謹慎一點。
讚美	這也是為什麼很多廣告經常以名人做為商品的代言人。
便利性	通常用在速食店和微波食品上。
嬉鬧和歡樂	度假、啤酒、遊樂場以及其它等等廣告的關鍵所在。
虛榮和自我中心	通常用在昂貴或明顯與眾不同的商品項目上，例如汽車和服飾。
環保 體諒其它人 自我覺醒	著重在環保的議題，並以社區為中心話題。

從那些發展好的訴求當中，選出最好的，往往需要靠市場調查的協助。好壞評估的標準包括了渴望性、獨特性和可信度。廣告訴求最重要的就是留給目標市場一個良好的印象，並且是目標市場所渴望擁有的。同時，它也要很獨特，所謂僅此一家，別無分號，能讓消費者區別廣告主訊息和競爭者訊息的不同。另外，最重要的就是廣告訴求必須是可以相信的，天花亂墜式的廣告訴求不僅浪費促銷費用，也為廣告主留下了壞名聲。

為廣告活動所選定出來的廣告訴求就是廣告主所稱的獨特賣點（unique selling proposition）。獨特賣點通常會成為廣告活動中的廣告標語。李維兄弟（Lever Brother）公司的李維2000香皂就是以「對你皮膚比較好的除臭香皂」這樣的廣告標語來訴求，這也是該香皂的獨特賣點。

效果良好的廣告標語因為讓人記憶深刻，以致於只要聽到廣告標語，就會立刻想起該商品的形象。舉例來說，多數消費者都能輕易地針對幾個令人難忘的廣告標語，說出背後的公司名稱和商品名，或甚至哼上幾句和

獨特賣點
被選定為活動主題的廣告訴求，具備了渴望性、獨特性和可信度。

廣告標題
不褪色唇彩和唇線筆不會被吻掉！

露華濃的廣告著重的是商品的利益點，而非商品的屬性。利益點可以回答下面這個問題：「這裏頭對我來說，有什麼好處？」
Courtesy Revlon Products

這則健康選擇的廣告
之訴求是那些在意身
材、注重健康的消費
者。
Courtesy ConAgra
Brands, Inc.

廣告標語息息相關的廣告歌謠:「Have it your way」(請自便);「Taste great, less filling」(味道棒透了;餡料少一些);「Ring around the collar」(搖響頸圈);以及「Tum te Tum Tum」(噹叮噹噹)[20]。廣告主往往重新使用舊的廣告標語或歌謠,希望這種懷舊手法可以在消費者心目中激發起美好的回憶。舉例來說,卡夫食品(Kraft Foods)最近重新推出的廣告,在其中仍然使用奧斯卡梅爾(Oscar Mayer)的「B-o-l-o-g-n-a」以及麥斯威爾咖啡的「Perking Pot」(咖啡濾壺)廣告歌謠[21]。同樣地,在睽違了十五年之後,福斯特葛藍(Foster Grant)太陽眼鏡製造商又讓著名的廣告標語「Who's that behind those Foster Grants?」(福斯特葛藍的鏡後究竟是誰?)在平面廣告上重新復活[22]。

對回教國家(例如伊朗)的廣告主來說,找到適當的訴求和廣告標語可不是件簡單的事,因為當地政府對廣告是採行全面審核的方式。請參考「放眼全球」方塊文章中伊朗廣告主所經歷到的審判和苦難過程。

放眼全球

伊朗的審查官認定許多主題都不能出現在廣告上

它看起來似乎是個完美的組合，為了要在伊朗促銷丹馬文（Damavand）冰箱，還有什麼比丹馬文山（Mount Damavand）更適合的象徵呢？這座山高達一萬八千英呎，覆蓋著層層白雪的峰頂高聳於德黑蘭之中。它的廣告標題是「只有自然界才能有丹馬文冰箱這樣的冰冷」。可是伊斯蘭教派的伊朗內閣說：「你不可以拿冰箱來比喻大自然。」而審查官則說：「那是造物主的管轄領域。」

幾年前，伊朗的教會統治者放棄了改革上的陰影，捨社會主義而就資本主義，使得伊朗這個國家終於有了廣告。但是為了防患道德上的腐敗，廣告主必須遵守幾項規定。伊朗的廣告不准出現女人、英文、名人、玩笑話、商品宣言以及有關性、上流社會或美國的暗示意義。

此外，有許多未經特別禁止的事物，也往往不准刊登。廣告主無法真正地提出商品的有關訊息，只有名稱而已，這使得廣告的製作過程難上加難。事實上，正因為通過審核是這麼的麻煩，所以有一則伊朗品牌的女性內衣，在戶外看板上的廣告什麼也沒看到，沒有女人、沒有內衣、也沒有提到商品。該廣告的唯一圖片就是內裝商品的一只綠色盒子，旁邊寫著：「柔軟細緻」，當然，沒人知道在說什麼。

同樣地，促銷香皂和洗髮精的廣告裏，只看得到泡泡和潺潺流過的小溪，絕對看不到模特兒。鞋類的促銷則嚴格把關在足踝以下；而製衣商的服飾只能在沒有身材、沒有面孔的模特兒人形上展示。宣傳德黑蘭第一屆伊斯蘭小姐競賽的廣告看板上，只有棒狀的人形象徵正舉步跨越過一個很高的障礙——這種棒狀人形是國際上常用的運動象徵——其實這樣也就算了，只是這位人形跑者所伸出的長腿，竟然被長及足踝的袍子給蓋住了。除此之外，一名冰淇淋製造商因為在廣告上使用了銀製的湯匙（上流社會的象徵）而被譴責。還有一名肉商則被迫重新修改廣告，因為審查官認定兩人座的燭光餐宴和廣告標語「在令人難忘的時刻，所擁有的難忘口味」給人的感覺太撲朔迷離了。

為了通過審核，位在伊朗的廣告主往往會付給政府機構一大筆錢。他們把所有的廣告奉上，等待審核，然後再開始玩起貓追老鼠的遊戲。就在內衣製造商讓它的綠色包裝盒通過審核之後，工作人員就開始沿街在廣告看板的最下層貼上小標籤，上頭說明盒子裡究竟賣的是什麼。為了要讓玉米片（tortilla chips）安全上壘，製造商告訴衛生部的官員，玉米片並不是源自於北美的產物，而是來自於波斯語的tord；而清脆的（crispy）意思則是起源於波斯語的diya，也就是波斯方言中野生玉米的意思。這些官員竟然相信了他。

但是，最棘手的莫過於撫平伊斯蘭教派下內閣官員的疑慮，他們仔細審查了霹潑（Piff Poff）噴霧殺蟲劑的廣告詞：「只要誰在咬你，就把它「霹潑」掉！」這是指政府在「咬」你嗎？官員們如是問道。絕對不是，廠商回答道。於是廣告就通過了。

阿拉丁牌食用醋（Aladdin vinegar）則是個混身不對勁的商品。它的象徵人物取自於一千零一夜裏頭打著赤膊的阿拉丁角色，在廣告裏，他捧著一瓶醋對大家說：「它不是魔法，它是二十五年來的經驗累積。」伊斯蘭教派的官員不喜歡它，因為阿拉丁是個阿拉伯人，而波斯人不見得喜歡阿拉伯人。此外，在伊斯蘭教裏，也沒有所謂的魔法，這名官員這樣說道，而且阿拉丁那件不扣扣子的背心和他頭上的馬尾巴，都讓人感覺很邋遢。可是廣告業務代表花了整整三天的時間，連哄帶騙地讓這名官員鬆手過關。

國外品牌則是最備受煎熬的。雖然上頭繪製著紅豔嘴唇的廣告看板已通過審核，正在促銷南韓的金星電視機（Goldstar），可是縱火人士卻兩次燒毀它。狂熱份子也故意毀壞日本夏普（Sharp）電視和美國奇異（General Electirc）冰箱的廣告，他們在奇異的商標上到處塗抹著「美國完蛋」的字樣。

多數的國際性廣告到了伊朗都無法起跑。一則法國的阿卡戴爾（Alcatel）電話廣告到了伊朗就必須重新修正，只因為上頭出現一名綁著領帶的男士——這對後革命時代的伊朗來說，是異教徒的高度象徵。當地代理吉列公司

執行訊息

　　訊息的執行就是指廣告上資訊內容的描寫方式。一般來說，AIDA概念是執行廣告訊息的最佳藍圖。任何廣告都應該要能立刻吸引讀者、觀眾或聽眾的注意才行。然後廣告主才能利用廣告中的訊息抓住消費者的興趣、創造出對某商品或服務的欲望、最後再激發出購買行動。

　　訊息的執行風格是廣告中最具創意的部分。（圖示17.5）列出了廣告主常用的幾種執行風格。執行風格通常可以用來說明廣告主會運用哪些媒體類型來傳達訊息。舉例來說，科技化的執行風格就會多加運用平面廣告，因為平面廣告可以傳達較多的科技資訊。從另一方面來說，示範型和音樂風格式的廣告則多見於電視、電台廣告中。

　　在廣告裏加入一點幽默感是很受歡迎又很有效的執行手法。幽默式的執行風格用在電視和電台的廣告多過於平面廣告，因為後者比較難傳達出幽默的訊息。幽默式廣告往往適用於低風險和例行性的購買項目，如糖果、香煙和軟性飲料等；高風險且昂貴、耐久又華麗的商品項目則不多見[24]。舉例來說，M&M公司最近就利用電視廣告上的三個M&M卡通人物來展現幽默感，這個廣告讓營業額上揚了三個百分點，並在品牌的喜好度上也有不錯的斬獲[25]。

　　國外廣告中的執行風格則往往和我們所熟悉的美式風格大相逕庭。有時候，它們是具有性暗示或美學想像的。例如，歐洲廣告不太運用美式廣告中所常見的直接手法，它們比較間接性、象徵化以及視覺化。義大利零售商班尼頓（Benetton）所運用的象徵性影像手法是大家最有目共睹的，通常藝術性的感覺更甚於廣告本身。班尼頓曾經用過幾則觸目驚心的廣告手法，例如，男女生殖器的放大照片、黑人的手被白人的手銬住、以

班尼頓
班尼頓的網站反映出該公司常用的視覺風格嗎？因為這幾則觸目驚心的影像所產生的爭議性話題，該公司是如何回應的？
http://www.benetton.com/

生活片段	常見於家用品廣告和個人用品廣告上：描繪處身於一般場景的各種人們，例如晚餐桌旁。品味者的選擇（Taster's Choice）這個商品的廣告就讓湯尼（Tony）和雪倫（Sharon）以肥皂劇的方式呈現出出生活的片段。	圖示17.5 廣告中十種常見的執行風格
生活風格	展現該商品是如何融入消費者的生活風格當中。李維斯公司（Levi's）就以褡克斯男性服飾（Dockers）的廣告將這個概念加以發揚光大。	
代言人／證詞式	利用名人、公司幹部或典型的消費者為號召，為商品證言或示範商品。網球明星和奧林匹克金牌得主阿格西，就曾為佳能公司（Canon）的EOS理貝爾相機（Rebel）代言過。	
幻想	因為使用了該商品，而讓觀眾營造出某種幻想境界。美樂淡啤酒的「你的啤酒做得到嗎？」描繪了運動和日常經歷上的怪異結合。	
幽默感	廣告主常常在廣告上運用幽默感，例如百威淡啤酒普受人歡迎的「我愛你，男人」廣告，以及小凱撒（Little Caesar）為披薩所做的荒謬廣告。	
真實的／卡通式的商品象徵	在廣告中創造出一個人物來代表商品，例如耐力電池的小兔子和可口可樂的北極熊。	
氣氛或意象	在商品周遭營造出一種氣氛或意象，例如寧靜、愛情或美麗。新世代飲料水果托比亞（Fruitopia）的第一個廣告就是以世界和平的訊息描繪出各種萬花筒的圖形。	
示範	向消費者展示預期下的利益點是什麼。許多消費性商品都使用這種手法。洗衣粉廣告的示範手法是大家最耳熟能詳的，總是在示範它們的商品是如何將衣服洗得更白更亮麗。	
音樂性	透過歌曲傳達出廣告的訊息。天美時（Timex）的廣告就以法蘭克辛那屈（Frank Sinatra）所唱的「黑夜裏的陌生人」（Strangers in the Night）這首歌，來來襯托出印弟葛羅手錶（Indiglo）。	
科技性	利用研究性或科學性的報告結果來為該品牌凌駕於競爭對手的事實佐證。類似像艾德微爾（Advil）、拜耳（Bayer）和伊瑟準（Excedrin）這些止痛藥，就在廣告上使用科學佐證。	

及愛滋病垂死前和家人團聚的最後一刻[26]。

　　大家都知道日本的廣告一向擅長以幻想和氣氛來促銷商品。在日本的廣告很少見到美式廣告中所常用到的推銷示範手法，它們不常將商品的特性暴露出來，也避免和競爭對手做直接的比較。日本廣告中常有卡通人物的出現，或者是讓演員出現在不相關的場景中。舉例來說，有一個廣告是促銷殺蟲劑的，可是演員卻出現在牙醫的診所裏拔牙。日本人對軟性廣告的偏好只有一個解釋理由——文化上的關係：日本消費者在天性上就對讚美某商品好處的人感到懷疑。除此之外，日本廣告代理商和美國廣告代理商不同，後者認為和競爭商品的廠商合作是不道德的。可是日本的大型廣告代理商卻很習慣和競爭商品的廣告主維持良好的商業關係，所以廣告表現就不會那麼的尖銳，以免攻擊到其它的客戶[27]。

4 描述媒體評估和選擇的技巧

做出媒體決策

　　正如在本章啓文中所提到的，美國廣告主一年花在媒體上的廣告費超過一千三百一十億美元。這些錢究竟到哪裏去了？大約有33%，也就是四百三十億美元落到由全國各評估服務機構所監視中的媒體口袋裏。剩下的67%，也就是八百五十億美元則花在無法進行監視的媒體身上，例如直接郵件、商展、合作性廣告、手冊、兌換券、目錄和特殊的舉辦活動。（圖示17.6）根據各種可被監視的媒體，列出了花在它們身上的廣告費多寡。正如你所見到的，花在可監視廣告身上的每一塊錢，大約有一半以上都落到

圖示17.6
1995年花在各媒體上的全國廣告費用

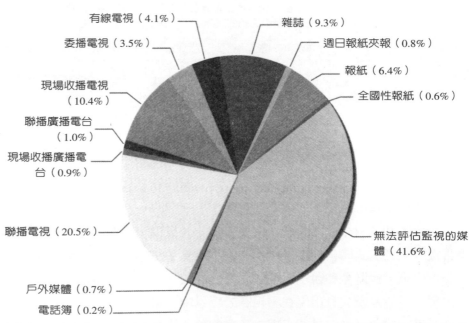

資料來源：該數據係取自於位在www.adage.com的廣告時代網址。此翻印係經過克雷傳播公司（Crain Communications, Inc.）的准允。

日本的廣告多使用軟
性方法，因爲日本顧
客自然而然會懷疑那
些強調自己商品優點
的公司。
©Tom Wagner/SABA

電視媒體的口袋裏，其中包括現場收播電視。現場收播電視是一種低成本
的電視廣告時間，是由電台而不是廣告主來排定廣告。

媒體類型

廣告媒體是廣告主用來進行大眾傳播的管道。五個主要廣告媒體分別
是報紙、雜誌、廣播電台、電視和戶外媒體。（圖示17.7）摘要總結了這
些傳統管道的各種優缺點。但是最近幾年來，替代性的媒體工具如雨後春
筍般地紛紛冒出頭來，這個現象讓廣告主擁有更多的創新手法，來接觸它
們的目標觀眾群，避免掉各種廣告雜亂紛擾的情形。

報紙

報紙廣告的好處是在於它的天時和地利。因爲文案作者通常能夠以合
理的價格，快速地準備出一份報紙廣告文稿，所以當地的商家幾乎每一天
都可以觸及到它們的目標市場。但是因爲報紙算是一種大眾媒體，所以對

媒體	優點	缺點
報紙	可以有地區性的彈性選擇;廣告主的前置時間短;有新聞價值和立即效應性;整年的讀者群;個別市場的涵蓋面很廣;可以進行合作廣告和地方性的連鎖廣告;廣告製作時間不會很長	人口選擇性不夠大;彩色製版的能力有限;傳閱率很低;可能很貴
雜誌	優良的製版翻印能力,特別是就色彩而言;可以有人口上的選擇;可以有地區性的選擇;可以有當地市場的選擇;相當長的廣告生命;很高的傳閱率	廣告主的前置時間長;建構觀眾層的速度很慢;示範能力有限;無法因應緊急事件;廣告製作時間長
電台	低成本;訊息的立即效應性;可以在很短的時間內通知上檔;就觀眾群而言,並不會因季節而改變;可隨手攜帶的媒體;廣告主的前置時間短;有娛樂性的留存效果	沒有視覺上的效果;訊息的廣告生命很短;需要有很高的播放頻率,才能讓聽眾理解和保留記憶;會受到周遭環境的聲音干擾而分神;擁擠的廣告時段
電視	可以接觸到廣泛多樣的觀眾群;每千人的單位成本很低;可以在商品示範上做出很有創意的手法;訊息的立即效應性;有娛樂性的留存效果;可以利用有線電視來進行人口上的選擇	訊息的生命很短;有些消費者對廣告內容感到懷疑;很高的製作成本;在聯播電視上的地區性選擇很少;廣告主的前置時間長;廣告製作時間很長;擁擠的廣告時段
戶外媒體	複覽率很高;適中的成本;有彈性;在地理上有選擇性	訊息短;缺乏人口上的選擇;「雜訊」程度很高,常會讓觀眾分神

那些想要接觸非常小眾市場的商家來說,可能算不上是最好的傳播工具。舉例來說:若想接觸特殊鋼鐵製品或熱帶魚的買主,地方性的報紙就稱不上是最好的媒體,因為這些目標消費群的組成市場相當特殊又相當小。而報紙廣告也可能會因為版面上的其它競爭性廣告和新聞內容,而讓讀者群分神,因此對某家公司的廣告視而不見。

報紙廣告的最大宗收入來源在於當地的零售商、分類廣告和合作性廣告。在合作性廣告(cooperative advertising)裏,製造商和零售商會共同分擔該製造商的品牌廣告成本。製造商之所以會使用合作性廣告,乃是因為在全國性的廣告上列出所有經銷商的名稱,未免太不切實際了。況且,合作性廣告也可以鼓勵零售商對製造商的商品線多盡一點力。

合作性廣告
製造某一商品的廣告
成本由製造商和零售
商共同分擔。

許多報社也開始上線發行報紙的電腦版來因應新一代的讀者群。舉例來說，《華爾街日報》提供讀者一種互動性版本（Interactive Edition），就坐落在http://www.wsj.com的全球網站上。這個線上版本可以爲訂閱者提供最新的時事資訊，範圍涵蓋商業、科技、市場行銷、法律、運動和天氣等。《今日美國》（USA Today）也在http://www.usatoday.com的網址上，提供線上版本。而懸疑性廣告則通常出現在社論版上，好讓讀者可以用滑鼠在上頭點一下，直接進入廣告主的全球網址中，瞭解更多有關商品的介紹。

雜誌

　　和其它的媒體成本比起來，雜誌廣告的每人接觸成本顯得很高。但是，潛在顧客群的每人接觸成本可能就低的多了，因爲雜誌的瞄準對象通常是特定的讀者群，因此，比較能觸及到潛在顧客群。最常刊登雜誌廣告的商品類型包括了汽車、服飾、電腦和香煙。

　　雜誌廣告的最大好處就是它的市場選擇性。幾乎在每個市場區隔中，都有雜誌的發行。舉例來說，《個人電腦週》（PC Week）是電腦雜誌中的領導者；《工作媽媽》（Working Mother）則瞄準在成長最快速的消費群之一；《運動畫報》（Sports Illustrated）是報導各種運動最成功的刊物；而《行銷新聞》（Marketing News）則是專爲行銷專家所發行的同業雜誌。

　　就像報紙一樣，許多雜誌也在網際網路上提供線上版本，並可和廣告主的網址連線。舉例來說，《時代》（Time）（http://www.time.com）的最新線上版本就爲史賓律特（Sprint）長途電話服務和馬里林區（Merrill Lynch）投資服務刊登廣告。《時代》線上版本的第一頁有一個特殊按鈕，可讓線上讀者瀏覽廣告目錄，上頭列出所有廣告主的首頁，可提供商品或服務的相關資訊。雜誌的電子版本上有時候也會提供聲光和影音的滑鼠按鍵，好彌補平面刊物在這方面的先天缺憾。

廣播電台

　　身爲廣告媒體之一，廣播電台具備了幾個優點：有選擇性和聽衆的區隔性、有很大比例的外出聽衆群、低單位製造成本、適時性和地理上的彈性。地方性廣告客戶是電台廣告的經常使用者，大約佔了所有電台廣告收入來源的四分之三強。就像報紙廣告一樣，電台也提供合作性廣告。而且電台廣告尤其受到小型企業的歡迎，這也正是「市場行銷和小型企業」方塊文章中所要談論到的主題。

　　長久以來做補充用的電台廣告，現在正開始有重新盛行的趨勢。因爲美國人的生活日益繁忙，總是到處走動，時間也變得異常緊湊，所以其它媒體，如電視和報紙，都在努力想要挽回流失中的觀衆群和讀者群。可是電台的收聽率卻逐步地上揚，主要是因爲它具備了立即的時效性和可攜帶的好處，完全符合了現代快節奏的生活步調。而且它的最主要賣點是具備了瞄準特定人口族群的能力，因此吸引了很多想要將目標鎖定在小衆市場的廣告主。此外，電台的聽衆往往有收聽上的習慣，總是固定在某個時段進行收聽，而電台最受歡迎的黃金時段就是開車上下班的這段時間，聽衆群多是由通勤者所組成[28]。

　　最近有個廣告主就大爲利用了廣播電台所提供的小衆市場，那就是華納藍伯公司（Warner-Lambert），它是自我測試驗孕器（簡稱e.p.t.）的製造商。該公司選擇在米爾渥奇電台（Milwaukee）播放它的e.p.t.商品廣告，這個電台素來以擁有年齡在18歲到34歲的育齡婦女聽衆群而享有盛名。該廣告描述了五名女子和一名男子相繼問道：「我懷孕了嗎？」，再配合上一個稱之爲「寶寶競賽」的促銷活動，在這個促銷活動中有三對夫妻進行最後大獎的角逐競賽，只要哪一對夫妻先懷孕，就可以獨得大獎。結果花了兩個月的時間，終於有一對夫妻最先懷孕，這時收聽率和媒體普及率也都往上攀升。只要這幾對夫妻成爲米爾渥奇電台的名人，e.p.t.就在當地的電視節目和報紙上得到了免費宣傳的機會。直到整個活動結束之後，e.p.t.在當地的市場佔有率就上升了二十個百分點[29]。

電視

　　電視播送業者包括了聯播電視網、獨資電視台、有線電視以及新加入的直接傳送衛星電視。ABC、CBS、NBC和福斯聯播網（Fox Network）掌控了整個聯播電視網。聯播電視主要是靠廣告收入來維持節目的經營生存。相反地，獨資電視台則是靠收視戶的捐助，以及一些地方性的廣告，來做爲基金運用。另外，消費者必須付費才能在家看到有線電視和直接傳送衛星系統，例如，直接電視（Direct TV）和最佳巨星（Prime Star）等。

市場行銷和小型企業

廣播電台：對小型商家來說，一個很有效的廣告媒體

對小型廠商來說，廣播電台可以成為一個很有效的媒體，為它們推銷商品和服務。它的眾多好處包括：低成本；能夠瞄準特定的地理性聽眾；能夠很快地修正廣告；以及它的個人私密性。

因為電台的廣告播出比其它媒體類型要來得便宜，而小型廠商發現到電台的成本效益比其它媒體來得划算的原因之一，就是它的目標瞄準能力。當小型企業主約翰史帝瓦特（John Stewart）開始展開他的音頻電腦資訊公司（Audio Computer Information, Inc.）業務時，他就有了一個極不尋常的點子——電腦客戶專用的一系列教學錄音帶。史帝瓦特以前做過電台的播報員，所以他發揮了自己的專業技術，在錄音帶裏錄下自己的旁白，提供電腦初學者有關電腦的使用資訊，取代了以前那種深奧難懂的三百頁術語手冊。剛開始的時候，他透過全國性的日報和地區性的週報為自己打廣告，可是效果不彰。最後，史帝瓦特試著自己擬定廣播稿，並自錄旁白在電台上播放一系列的廣告，他把廣告放在兩個聯合性的電台聯播網上——商業電台聯播網（Business Radio Network）和太陽電台聯播網（Sun Radio Network），沒多久就接到了潛在顧客的詢問電話。為什麼電台廣告有效呢？因為放在商業相關性質節目的這些廣告，能吸引到史帝瓦特所想要瞄準的目標顧客群。

對小型廠商來說，電台的另一個好處是電台廣告可以很快地進行變動修正。史帝夫布勞斯坦（Steve Braunstein）是SB製造商倉儲中心（SB Manufacturers Warehouse）的總裁，這是一家位在紐約州法明戴爾市（Farmingdale）的地方性成衣販售點。他可以在前一天通知電台，然後就可以改變電台廣告中的廣播稿。舉例來說，如果天氣突然變得很冷，他就會在星期二錄下促銷外套的廣告訊息，然後在星期三的時候播出。因為電台廣告的製作只需要一名旁白員和一台錄音設備就夠了，多數電台都會提供錄音間和旁白員來製作廣告。

電台現場秀，尤其是電台的脫口秀更能增加訊息上的個人代言性。當地的脫口秀或全國性的脫口秀，例如羅虛林包（Rush Limbaugh）和郝華史登（Howard Stern）等脫口秀的主持人，總是鼓勵聽眾打電話進來表達自己的意見。脫口秀的主持人通常會在空中為商品和服務推上一把，表達他們個人的推薦意願。衛芒泰迪熊公司（Vermont Teddy Bear Company）是一家泰迪熊填充玩具的製造商，之前完全信賴郵購目錄來為它進行商品的推銷，直到它開始在全國廣播電台播放廣告，要求聽眾打800這支專線號碼進來。經過郝華史登在空中的登高一呼，該公司就看到了訂單上的爆炸性成長。到了情人節的時候，史登在空中和聽眾們討論，究竟是否該送他妻子一隻葛蘭熊寶寶（Beargram），這種熊寶寶可以為贈送者攜帶留言，共有一百五十種不同的裝扮可供選擇。來電者為史登的熊寶寶裝扮提供了各種不同的意見，結果當然是泰迪熊又得到了額外幾分鐘的空中曝光時間和各種免費證詞。衛芒公司800專線電話所創造出來的銷售量，現在佔了全公司營業額的90%，而且它的郵購目錄名冊也擁有五十萬個以上的顧客姓名和資料。這家公司將其廣告預算的95%都投注在全國性的廣播電台上，而偏重比例想當然耳也是放在幾個主要的脫口秀節目上[30]。

對小型企業主來說，還有哪些好用又有效的其它媒體？除了可嘉惠於小型廠商的傳統媒體之外，還有哪些新的替代性媒體類型可以運用？

電視業中成長最快速的莫過於有線電視，美國電視戶中約有三分之二都是有線電視的訂戶[31]。許多主要的廣告主都認為有線電視可以在電視的大眾市場中，為它們區隔出自己最想要接觸的消費群。當今的有線電視訂戶可以收到一些獨家播放給某特定觀眾群的頻道，例如婦女、小孩、非裔

美人、自然療法者、老年人、基督徒、拉丁裔人口、運動迷和熱衷健身的人士等。各種特別節目的類型包括了新聞性節目、搖滾和鄉村音樂、文化報導和健康話題之類的節目等。因為有線電視擁有各種目標瞄準性的節目，所以通常被媒體買主認定是「小眾傳播」業者。

因為電視是一種影音兼備的媒體，所以能夠提供給廣告主很多的創意機會。雖然它的播出範圍可遍及廣泛多樣的市場，但是電視也有它的缺點存在。電視的廣告費是非常昂貴的，特別是聯播電視網，黃金時段的廣告費更是高的令人咋舌。廣告主若是想買聯播電視黃金時段中的三十秒廣告，費用從十萬美金到三十萬美金不等，甚至更高都有可能。在亞特蘭大夏季奧林匹克轉播賽的三十秒黃金時段廣告，平均索價在五十五萬美元。而某超級杯的三十秒廣告索價則可哄抬到一百三十萬美元[32]。電視廣告的製作費也是高得驚人，專業的全國性廣告片製作預算，平均大約在二十二萬兩千美元之譜[33]。

資訊性廣告

長度約在三十分鐘或更久的電視廣告，內容看起來像是一場電視脫口秀，而不是銷售廣告。

電視廣告的另一種新興形態稱之為資訊性廣告（informercial），長度約在三十分鐘或更久。資訊性廣告起源於1980年代，當時有關電視台和有線電視的管制條例剛剛解除，它們開始可以出售半個小時以上的廣告時間。於是沒有什麼利潤收益的深夜時段節目開始成為資訊性廣告的天下。對許多廠商來說，資訊性廣告是很吸引人的廣告媒介，因為它的播放費用低廉，製作成本也低。廣告主認為資訊性廣告是一個很理想的方法，可以把複雜的商品資訊傳達給潛在顧客群，而這也是其它廣告媒介在時間長度上所不允許的。舉例來說，銳利影像（Sharper Image）是一家專售新世代配件裝置的零售商和直接行銷商，它在最近把矛頭轉向資訊性廣告，使得目錄和店頭生意大增。銳利影像在電視上大加示範店內那些極為聳動的商品，使得資訊性廣告的模式成為最理想的廣告手法[34]。

戶外媒體

戶外廣告或稱家居以外的廣告是一種很有彈性、成本低廉的媒體，有各種各樣的呈現形式。其中例子包括戶外廣告板、天空繪字、巨型充氣物廣告、購物商場中的迷你戶外廣告板、巴士站的站牌廣告、運動場的看板、巴士終點站和機場的燈箱廣告以及計程車、巴士和卡車的車體廣告等。戶外廣告可接觸到廣又多樣的目標市場，因此，通常很受到便利性商

品和選購性商品的偏愛，例如香煙、企業服務、和汽車等。

戶外廣告勝於其它媒體的主要優點在於它的曝光頻率相當地高，各競爭性廣告的擁擠程度則很低。戶外廣告還有一項能力，就是能根據地方性的市場行銷需求進行特別的訂製。也因爲這個理由，使得零售商店成爲數量最多的戶外廣告主。

戶外廣告在這幾年來的成長迅速，說起來大半歸功於其它媒體的片段特性。因爲只要人們的通勤次數愈多，戶外廣告的曝光次數也就愈多。而且透過電腦的使用，戶外廣告板的品質也改善了很多[35]，同時戶外廣告也變得愈來愈有創新。例如，印第安納州的虎希爾樂透獎（Hoosier Lotto）就利用發光二極體的讀出裝置來呈現樂透獎的累計獎金。小小的我（Little Me）童裝製造商則利用車頂裝有屋頂的巴士在紐約市區內大作廣告。環球影片（Universal Pictures）則在戲院內利用特殊效果的海報，配合上頭蓋骨的三度空間影像，來爲它的電影《驚慄者》（The Frighteners）促銷[36]。

替代性的媒體

爲了要打破傳統廣告媒體擁擠的情況，廣告主現在都在積極尋找新的手法來促銷它們的商品。替代性的廣告媒介包括了傳眞機；雜貨店裏的影像購物推車、電腦顯示幕裝置、電腦光碟、百貨公司的互動式電腦攤位以及在電影院裏和出租影帶裏，電影放映前的廣告播放。但是就今天來說，最刺激的替代性媒體莫過於線上電腦服務以及全球資訊網下的網際網路。

從傳播和出版的角度來看，線上電腦服務和網際網路算是非常與眾不同的媒體，因為它們助長了個人和組織企業體之間的直接溝通，不受限於空間和時間的距離。這些新的媒體可以讓廠商和廣告主製作彩色的目錄內容、提供螢幕訂單，並取得顧客的意見回饋[37]。

線上電腦服務的供應業者，例如美國線上（America Online）、電腦服務（CompuServe）和奇才（Prodigy）等，都可以透過數據機，將立即性、個人性的各則廣告傳輸到消費者的電腦當中。收視者看到懸疑性廣告之後，若是想索取更多的資訊內容，就會照著廣告上的指示按鈕進行下一步動作。收視者也可以透過廣告，在家自行瀏覽任何一種你所想像得到的商品或服務、進行商品或服務的訂購、完成銀行交易、向航空公司訂位、查詢股票行情等。廣告主只要付費給線上供應業者，就可以讓自己的商品或服務呈現在電腦螢光幕上。

網際網路和全球資訊網對各公司組織體的電腦網路來說都是完全免費的，該網路可以透過數據機和電話線彼此連線，形成一個巨大的網狀組織。這個系統一開始是由政府和教育學術機構所共同創造出來的，為的是要分享交流各政府機構和學術單位之間的最新資訊。這幾年來，網際網路逐漸成為製造業和服務業的商業必經之路。各廣告主爭相製作自己的「首頁」或在網際網路上設立自己的網址，無非是希望這條資訊高速公路可以成為下一個大眾傳播媒體。除此之外，普受歡迎的網際網路基地台也都開始出售廣告版面給各廣告主，或出售贊助權給幾個主要的消費商品公司和服務公司。舉例來說，史賓律特和開特力就贊助了網站裏的全國足球聯盟（National Football League, NFL）（http://www.nfl.com）。史賓律特是電腦關頭（Cyber Showdown）的正式贊助商，該網站每週都有兩名NFL對手在站上和網友進行即時聊天；而開特力則是教練區（Coach's Corner）的贊助商，只要在大勝之後，就可以和開特力大玩傳統的與教練潑水遊戲[38]。這兩個網站都個別為它們的商品刊登廣告。

自從消費者在線上電腦和網際網路媒體的行銷控制權大增之後（該控制權甚過傳統廣告媒體所能賦予消費者的權力），廣告主就面臨了一個極大的挑戰。因為在傳統媒體上，消費者只能被動地接收連續劇裏頭的插播廣告，或者頂多在電視搖控器上按個鈕，躲掉那些惱人的廣告。但是對網際網路的使用者來說，他們的角色是主動去找廠商，而不是由廠商來找他們。有些人曾將網際網路比喻為一場電子商展和一個跳蚤市場。比喻為電子商展的理由是因爲它可以被想像成爲一個巨大的展示廳，潛在買主能夠隨自己的意思進入其中，拜訪各種可能的賣主。而跳蚤市場的比擬則是因爲它具備了一些基本特質，與社區市場的開放性、非正式性和互動性很類似[39]。有某個網站將廣告傳輸給目標市場，只要目標市場中的消費者觀看廣告，該網站就付費給他們，費用是以數字貨幣的形式來呈現，消費者可以用這個貨幣來購買任何透過網際網路所出售的線上刊物或網站裏頭的各種出售商品[40]。

對線上電腦和網際網路的廣告主來說，另一個挑戰就是測定這些電子廣告或網站的效益性如何。現有的方法是計算廣告主的訪客數目，可是這個方法並不能讓廣告主知道，究竟它的網站排名和其它競爭對手比起來如何。另外還缺少的是使用者人口統計和心理分析等深度的資料報告，而這些資料對電視、雜誌、電台和報紙等傳統媒體來說，都是必備的提供內容[41]。

儘管有這些問題，網際網路的廣告在1996年的時候還是達到了三億美元，預估到西元2000年，該金額會上升到五十億美元。

媒體選擇的考量

促銷目標和公司打算要用到的廣告類型，都會大大影響媒體的選擇。在任何一個廣告活動中，最重要的要素就是**媒體組合**（media mix），也就是各種媒體之搭配使用。媒體組合的決策一般來說有幾個根據，最重要的就是平均接觸成本、接觸率和頻率等。次要的因素則包括目標觀衆的各種考量、媒體的彈性、噪音程度和媒體的壽命長短等。

媒體組合
使用於促銷活動中的各種媒體搭配。

平均接觸成本（cost per contact）是指接觸目標市場中單一成員所要支出的成本多寡。當然，觀衆群愈龐大，整體成本就愈低。通常用來比較各媒體的通則辦法是以每千人平均成本（cost per thousand，簡稱CPM；M代表意思是羅馬數字的1,000）爲標準。廣告主對CPM的判定方法就是將媒體的價格除以觀衆的數量，再乘以一千。舉例來說，如果一檔電視廣告的價格是五萬美元，而觀衆量預估有兩千四百萬人，則CPM就是2.08塊美金。CPM有助於廣告主進行各媒體工具之間的比較，例如電視和廣播電台的比較；雜誌和報紙之間的比較，或者更精確一點，拿《新聞週刊》（*Newsweek*）來和《時代》（*Time*）做比較。廣告主若是對地方性的電視廣

平均接觸成本
接觸目標市場中單一成員所要支出的成本多寡。

每千人平均成本
用來比較各媒體的標準辦法，其計算方式就是將媒體的價格除以觀衆的數量，再乘以一千。

告或電台廣告取決不下的時候，就可以考慮一下這兩者的CPM如何，然後再挑出CPM最低的廣告媒體，才能讓廣告費用發揮最大的效益。

接觸率（reach）則是指在某段時間內，通常是四個禮拜，最少有一次接觸廣告的不同目標消費者總數量。假設位在德州聖安東尼歐（San Antonio）的十萬名電台聽眾，在四個禮拜內有六萬名聽眾至少聽過一次由電台所播出的福特鉥星汽車廣告，那麼這個廣告的接觸率就有六萬人，也就是佔所有聽眾人數十萬名的60%。商品上市期的媒體計畫以及為了要增加品牌知名度的媒體計畫，就會很強調接觸率。但是高接觸率並不見得表示品牌的知名度或廣告的回憶度一定很高。我們常常看到某個廣告活動的接觸率達到90%，可是目標觀眾群的廣告回憶度卻只有25%。接觸率只是對潛在力的一種衡量，也就是說，90%的接觸率是指有90%的觀眾有機會看到或聽到某個訊息，可是它不能衡量出觀眾的記憶留滯程度。

頻率（frequency）則是指個人接觸某個訊息的次數多寡。廣告主通常以平均頻率來衡量某個媒體涵蓋面底下的密集程度。舉例來說，福特公司可能想要讓鉥星汽車電台廣告達到三次的平均曝光頻率，也就是說，對聽過該訊息的所有電台聽眾來說，每一個人都最起碼聽過三次廣告。因為廣告一瞬間就過了，而且一次只能領會廣告中的一小部分，所以廣告主會重複播放它的廣告，目的就是要消費者記住其中的訊息。記憶留滯度往往在接收者收到第三次至第五次的訊息時，達到最巔峰的狀態。多出來的曝光次數通常會被接收者過濾掉，甚至產生負面的反應。如此一來，廣告就失去了它的有效性。

選擇媒體時，也要確定廣告媒體必須能和商品的目標市場相契合才行。如果廠商想要接觸到十幾歲的女孩們，它們就可能選擇《十七歲》（*Seventeen*）雜誌。若是想要接觸的消費者年齡都在五十歲以上，《摩登壯年族》（*Modern Maturity*）就會是它們的選擇。某個媒體能否精準地接觸到界定市場，便意味著該媒體的**觀眾選擇性**（audience selectivity）究竟如

何。有些媒體，例如一般報紙和聯播電視，可以吸引到廣大人口的橫斷面。其它媒體，如，《新娘》（*Bride's*）、《風行的機械技術》（*Popular Mechanics*）、《建築文摘》（*Architectural Digest*）、迪士尼頻道（Disney Channel）、ESPN和基督徒的電台等，所吸引到的人口則是非常特定的族群。

媒體的彈性與否對廣告主來說也很重要。過去，因為印刷上的進度安

排、活字排版的需要以及其它事項，有些雜誌往往在出版的幾個月前就需要拿到最後的廣告完稿。因此，雜誌廣告並不能因應市場的變化狀況，進行立即的更動改變。但是這個情況已隨著電子廣告影像和個人電腦排版技術的出現和普及，而有了轉變，現在雜誌的前置工作時間不用再拖得那麼長。從另一方面來看，電台的彈性空間則更大。必要的時候，廣告主往往可以在廣告播出前的同一天進行廣告的修改。

　　雜訊程度就是指讓目標觀眾從某個媒體分神出來的干擾程度。舉例來說，為了要瞭解電視上播放的促銷訊息，收視者必須仔細地觀看和豎耳傾聽。可是他們常常和別人一起觀賞電視，而「別人」就可能是干擾的來源。雜訊可能來自於競爭品牌，就像一條街上到處都是各種廣告看板，或是電視節目裏充塞著各種競爭品牌的廣告。舉例來說，在1996年奧林匹克運動會的舉辦期間，收視者在一百七十一個小時的轉播時間內，完全籠罩在五十家廣告主所播放的各式廣告當中。在黃金時段的八十個小時裏，就有十二個小時在播放各廣告主的廣告[42]。相反地，直接郵件則是私密性較高的媒體，所以雜訊程度也比較低，沒有其它的廣告媒體或新聞報導可以讓直接郵件的讀者分神。

媒體選擇的一個要點就是該媒體必須要能和目標市場契合。想要接觸到十幾歲女孩的廠商，就可能會選擇《十七歲》這本雜誌。
©I Burgum/P.Boorman/Tony Stone Images

媒體的壽命長短各有不同。壽命長短是指訊息會快速地稍縱即逝，抑或是會像具體的文稿一樣留下來，供觀眾們仔細研讀。舉例來說，電台廣告的壽命可能不到一分鐘，收聽者不能重新播放廣告，除非他們把節目錄下來。廣告主有一個辦法可以克服這個問題，就是多重複幾次電台廣告的播放。相反地，雜誌和目錄的壽命就比較長。某個讀者可能會閱讀好幾篇文章，再把雜誌放下來，一個禮拜後再繼續下去。除此之外，雜誌和目錄通常有比較高的傳閱率，也就是說，一個人讀完某份刊物之後，會把它交給其它人傳閱。

媒體的進度安排

在為廣告活動選定好媒體之後，廣告主就必須進行廣告的進度安排。媒體進度表（media schedule）可以指定使用的媒體（例如雜誌、電視或電台）；特定的媒介，例如《人物》雜誌居家整修（Home Improvement）這個電視節目，或「前四十名由後倒數排行榜」（Top 40 Countdown）的電台節目；以及廣告播出的日期。

媒體表有三個基本類型：

◇處在生命週期後期階段的商品，通常會以提醒式的廣告來呈現，所以可以採用連續性的媒體進度表（continuous media schedule）。這種連續性的進度安排可以讓廣告在一定的廣告期間內，進行持續性的穩定播放。其中例子包括象牙香皂、可口可樂和萬寶路香煙。

◇在集中式的媒體進度表（flighted media schedule）中，廣告主可能每隔一個月或每隔兩週就大量地投注廣告，以便在這些播放期間內，達到很高的頻率和接觸率效果。舉例來說，電影製片公司可能會在每星期三和星期四安排廣告的播放，好讓看電影的人決定這個週末要看哪部片子。另一種變化安排叫做脈動式的媒體進度表（pulsing media schedule），它結合了持續性和飛起式的兩種特性。維持著持續性的廣告播出，可是只在最佳的拍賣期間內才增加廣告量。舉例來說，某家零售百貨公司可能一整年都有廣告，但是到了假日拍賣期間，就會投注更多的廣告量，例如感恩節、聖誕節和返校日。

◇只在一整年的幾個時間播出就稱之為季節性的媒體進度表（seasonal

media schedule）。這類商品包括康德（Contac）感冒膠囊和古柏銅（Coppertone）防曬乳液，它們都只在一年當中的幾個時間內播出廣告，所以被稱做爲季節性策略。

評估廣告活動的成效

對廣告主來說，最吃力的工作莫過於評估廣告活動。廣告主怎麼知道這個活動究竟能否提升銷售結果或市場佔有率？或者增加品牌的知名度？多數的廣告活動都將目標設定在商品或服務的形象創造上，而不是要求消費者採取任何行動，所以它們的實際效果很難得知。有許多變數會影響廣告的效果，所以在很多個案裏，廣告主往往必須自己猜測它們的廣告費是否花得值得。且不論這塊灰色地帶究竟如何，廣告主的確花了大筆金錢來研究有關廣告的效果，還有它對銷售量、市場佔有率或知名度的影響成效。測試廣告的效果可以事前進行，也可以採事後測定的作法。

事前測試

在廣告活動展開之前，行銷經理利用事前測試來判定最佳的廣告訴求點、版面設計、和媒體工具。常見的事前測試包括了以下幾個：

◇消費者評審測試（consumer jury tests）：消費者評審測試或小組討論會的舉辦，都是在目標市場中取樣一組消費者，讓他們觀看幾則廣告的試映，檢視未完成的廣告或腳本。接下來，小組成員根據自己所認定的效果，進行廣告的排名，並解釋排名的原因和他們對每個廣告的看法。在廣告訴求點的發展上和廣告標語的判定上，小組討論會都扮演了一個很重要的角色。

◇卷宗或毛片測試（portfolio or unfinished-rough tests）：卷宗測試的目的是要評估平面廣告。就在行銷經理選定最終的廣告訴求和版面設計之前，他們會讓一組樣本消費者閱覽幾本仿製的假雜誌，裏頭有幾則故事報導和不同的廣告版本。接下來，消費者被問到他們記得哪幾則廣告（未提示的廣告回憶）。然後再就幾個特定廣告詢問他們一些問題（提示下的廣告回憶）。同樣地，毛片測試可以爲提案下的幾則電視廣告片衡量效果。在測試中播放電視廣告的毛片或毛片

脈動式的媒體進度表
一種媒體進度的安排策略，它維持著持續性的廣告播出，只在最佳的拍賣期間內才以集中式的安排來增加廣告量。

季節性的媒體進度表
一種媒體進度的安排策略，只在一年當中最可能用到該商品的幾段期間內播出廣告。

錄影帶給消費者看，接著再問他們有關訊息的回憶。

◇生理性測試（physiological tests）：為了避免在其它測試裏發生一些偏差現象，有些廠商會轉向使用生理性的測試作法。因為消費者會不由自主地對某些廣告產生生理上的反應，所以生理性測試可以利用流電皮膚反應測試、眼球運動實驗和瞳孔擴張測定等各種方式，來測定出人類的生理反應，做為廣告之覺察度和興趣程度的成效指標。

事後測試

在廣告主執行活動完畢之後，他們通常會進行一些測試來衡量活動的效果如何。事實上，是有幾種監測技巧可以用來判定廣告活動是否達成了原始設定的目標。即使某個活動在執行時非常的成功，廣告主還是會在事後進行分析報告。他們會評估該廣告活動要如何修正才會更有效，以及有哪些因素造成了這個廣告的成功。

廣告活動的成效性如何，通常是透過下列幾種測試方法來得知的：

◇認知測試（recognition tests）：讀者測試（readership tests）或認知測試是用來測定雜誌廣告的效果如何。該測試會詢問消費者的廣告閱讀內容，然後再根據回答結果分成三組：注意到該廣告的人能將公司名稱和廣告連想在一起的人，以及至少讀了廣告內容50%以上的人。

◇回憶度測試（recall tests）：任何一種廣告媒體都可以運用回憶度測試，從電視到戶外廣告板，無所不包。它和認知測試不同，不需要向受訪者出示廣告。為了要測定出未經提示的回憶度，訪員會詢問受訪者記得哪些電視廣告或平面廣告。這種測試有助於瞭解目標消費者究竟從廣告中吸收到多少資訊。提示下的回憶度測試則是向受訪者提供一些有關廣告的線索，好喚起受訪者的回憶。（圖示17.8）列出了在電視回憶度測試中，最常出現在受訪者答案中的幾個品牌）回憶度測試的假設暗示是，能夠憶及某特定商品廣告的消費者，也往往較有可能會購買該商品。但是廣告主不應該完全採信這種說法。消費者之所以記得某個廣告，可能是因為廣告中的風格使然，

排名	品牌	
1	百威啤酒	www.budweiser.com
2	麥當勞	www.mcdonalds.com
3	百事可樂	www.pepsico.com
4	小凱撒披薩	
5	可口可樂	www.cocacola.com
6	必勝客	www.pizzahut.com
7	AT&T	www.att.com
8	牛奶	www.whymilk.com
9	百威淡啤酒	www.budweiser.com
10	艾迪/仔爾（Edy's/Dryer's）	

圖示17.8
電視廣告活動中，回憶度最高的幾個品牌

資料來源：1996年3月11日的《華爾街日報》（*Wall Street Journal*），第B1, B6版，Sally Goll Beatty所著之〈票選最受歡迎電視廣告精選展〉（Omnicom Menagerie Tops Poll of Most Popular TV Ads）。

並不見得有意圖要使用該商品。有關廣告回憶度的調查曾指出，許多品牌儘管擁有回憶度很高的廣告，可是在銷售上的成績卻平平，甚至還會下滑[43]。

◇態度測試（attitude measures）：通常態度測試會和回憶度測試以及認知測試合併使用。訪員可能會詢問受訪者某個促銷活動是否值得信賴？有說服力？很無聊？很有想像力？有資訊性？很假？很實際？很蠢？以及其它等等。他們也會問道，如果該廣告對受訪者有影響力的話，它能影響受訪者去使用或購買的程度有多少。

◇觀眾規模的測量（audience size measures）：有關觀眾群的測度通常會由執行廣告效果測試的同一家調查公司來進行。這類組織包括了發行量審計局（Audit Bureau of Circulation）、美國調查研究局（American Research Bureau，又稱Arbitron）、尼爾遜媒體調查公司（Neilsen Media Research）和統計調查公司（Statistical Research，簡稱SRI）。這些公司會審核雜誌和報紙的發行量，並測定電台和電視的收視觀眾量。

公共關係

公共關係是促銷組合中的一個要素,可以用來評估公眾的態度看法;
找出公眾的關切話題;並執行一些活動來獲得公眾的瞭解和認同。就像廣
告和銷售促銷一樣,公共關係是公司行銷傳播組合中的一個活棋。行銷經
理可設計一些紮實的公共關係活動,配合整體行銷計畫,把重點放在目標
觀眾群的身上。這些活動都是儘量從公眾的角度,來維繫企業體的良好公
益形象。在推行公共關係活動之前,經理階層應先評估公眾的看法態度和
公司的某些行為,然後才可以利用這些因素來創造出一些活動內容,以增
進公司的形象,並降低一些負面的影響因素。

許多人都把公共關係和公共宣傳聯想在一起。公共宣傳的努力目標是
要引起媒體的注意,舉例來說,公共宣傳利用的是刊物上標題和社論的報
導,或者是電台或電視上引人入勝的節目播出。企業體通常會發佈新聞稿
來進行公共宣傳的發起行動,也為它們的公共關係計畫進行鋪路。舉例來
說,某家公司打算要上市某個新產品,或者要開張新店,於是它可能發佈
新聞稿給媒體,希望這些內容可以在刊物媒體或空中傳播媒體上出現。很
棒的公共宣傳往往可以在一夜之間就為商品創造出知名度。例如,就在公
共宣傳人員為提可玩具(Tyco Toys)公司安排哈癢愛摩(Tickle Me Elmo)
(一種芝麻街布偶娃娃)和脫口秀主持人蘿西歐唐納爾(Rosie O'Donnell)
以及布萊恩岡柏(Bryant Gumble)一起出現在「今天」(Today)現場節目
中之後,該產品的銷售量就一路上揚,最後竟成為1996年聖誕購物季當中
最熱賣的玩具商品[44]。

公共關係部門可以展現出以下所有或部分的功能:

◇和印刷媒體的關係:在新聞媒體上發佈一些正面又有新聞價值的資
　訊內容,來吸引大家注意某商品、某服務或和某公司機構有關聯的
　人物。
◇商品的公共宣傳:發佈特定商品或服務的新聞稿。
◇整體傳播:同時創造出內外訊息,來提升公司或組織的正面形象。
◇公共事務:和全國性或地方性社區建立和維繫良好的關係。
◇遊說:影響立法人員或政府官員,以便通過或否決某些條例和法

案。

◇員工和投資者的關係：和員工、股份持有人以及金融界的其他人等維持良好的關係。

◇危機處理：對一些負面的宣傳或事件進行妥善的回應。

公共關係的主要工具

公共關係專家常會用到一些工具，其中包括新商品的公共宣傳、商品的安置、顧客服務專線、消費者教育、活動贊助和話題贊助等。另外還有一種相當新的工具，很受到公共關係專家的青睞，那就是網際網路上的網站運用。儘管這許多工具都需要公共關係專家來扮演一個積極主動的角色，例如寫一些新聞稿，並預先和媒體保持良好的關係，但是其中的許多技巧，例如活動或出版物的贊助等，也都可以為他們自己進行宣傳。

新商品的公共宣傳

公共宣傳有助於介紹新商品和新服務。公共宣傳可以幫助廣告主透過免費的新聞報導或口口相傳的效果，向大眾解釋他們的新商品有什麼不同之處。在上市期間內，特別創新的商品所需要的曝光量往往不是傳統付費廣告所能提供的。公共關係專家會撰寫新聞稿或製作影帶，極盡所能地為他們的新商品製造新聞效果。他們也會處心積慮地讓商品或服務出現在幾個主要的活動，或者是高收視率的電視節目以及新聞報導當中。舉例來說，麥當勞的公關人員在為該公司的豪華三明治（Arch Deluxe sandwich）推出一連串公關活動時，就設計讓麥當勞的發言人隆納麥當勞（Ronald McDonald）現身在許多場合中，包括了各學會頒獎典禮、「今天」現場秀、肯塔基州的賽馬會以及在芝加哥的公牛賽時，和丹尼斯羅得曼（Dennis Rodman）一起出現在場邊。同樣地，在為伊莉莎白雅頓（Elizabeth Arden）的黑珍珠香水（Black Pearls fragrance）進行宣傳時，螢幕傳奇人物伊莉莎白泰勒也在幾個CBS連續劇當中客串出場，並在劇中提及到某位女明星丟了一串黑色的珍珠項鍊。這種不尋常的宣傳手法，再配合上巨星的魅力，很容易就為這款香水達成宣傳的效果，其成效甚至大過於雅頓化粧品的母公司，聯合利華公司（Unilever），在付費廣告上所能買到的效果[45]。

商品的配置

廠商們也會儘量讓商品出現在特定活動，或電影、電視節目中，來達到宣傳的效果。在NBC的熱門喜劇「賽菲爾德」（Seinfeld）當中，劇中人傑利賽菲爾德（Jerry Seinfeld）就喝了一罐史耐波（Snapple）飲料，其中還有一個明顯的哥倫布冷凍優格（Colombo frozen yogurt）的霓虹燈招牌出現在劇中。傑森亞歷山大（Jason Alexander）扮演的是喬治（George）一角，也在劇中大啖福利多——雷（Frito-Lay）的羅金脆餅（Rold Gold pretzels）。康柏電腦（Compaq）則出現在「ER」這個熱門節目中。還有「居家整修」（Home Improvement）[46]這個電視節目中的艾爾（Al）也穿了一件印有底特律運動獅（Athletic's Detroit Lions）標誌的夾克。公司企業體可透過這種商品配置的作法，來取得各種曝光機會，付出的成本卻只要付費廣告的零頭就夠了。通常，為了商品曝光而所必須付出的費用，也只有貨品本身而已。舉例來說，布雷爾冰淇淋（Breyer's Ice Cream）為1993年的《火線上》（*In the Line of Fire*）這部電影，免費提供許多冰淇淋做為拍片道具，還有一組工作同仁合力把商品交到克林伊斯伍德（Clint Eastwood）的手上。電影和電視只是其中兩個商品配置點，其它配置點還包括音樂影帶、電動遊樂器、有線電視的烹飪節目、甚至是其它公司的廣告片當中。舉例來說，馬自達（Mazda）汽車公司就設法讓自己的米亞塔（Miata）跑車出現在一則雪芙蘭（Chevron）石油的廣告上[47]。

顧客服務專線

企業組織往往會設立一些系統來提升顧客的滿意度，並回答消費者對該公司和旗下商品或服務的相關問題。這種顧客滿意度計畫通常是透過800這支免付費電話來進行。他們會在電話中設法降低消費者的不滿，並適當地處理消費者的抱怨。公司的代表會告知消費者問題的原因是什麼，並提供解決的辦法。透過顧客專線電話所蒐集到的資料，則可以做為公司政策或商品修正的參考。

貝氏堡（Pillsbury）就是一家擁有800熱線電話的公司，可以回答顧客的問題、處理顧客的抱怨，或接受顧客的嘉言鼓勵。該公司的代表平均每天要回答兩千通電話，電話內容無非是消費者對商品的抱怨、消費者想知道公司方面是否真的適當地處理過旗下的食品、有些則是想索取貝氏堡最新的得獎食譜。其它也擁有800專線電話的公司還包括卡夫食品（Kraft）、通用食品（General Foods）、馬斯糖果公司（Mars）、雀巢公司（Nestlé）、耐久公司（Duracell）、美泰兒公司（Mattel）和高露潔公司（Colgate-Palmolive）。這些公司通常會退費給那些打電話進來的消費者，或者是致贈兌換券，為的就是要提升自己的正面形象[48]。

教育消費者

很多公司都相信，受過教育的消費者往往會成為比較忠誠的優良顧客。財務規劃公司通常會贊助一些有關理財、退休生涯規劃和投資性質的免費教育研討會，希望消費者會因而選擇這些贊助公司做為未來的理財夥伴。同樣地，電腦硬體和軟體公司也瞭解到許多消費者對新科技有畏懼的心理，同時也體認到學習和購買之間的關係模式，所以會贊助一些電腦課程和提供免費的店內教學服務。舉例來說，微軟公司就和《PC家庭》（Family PC）以及通道2000（Gateway 2000）轉售商合作，贊助全國幾個主要城市中各學校所舉辦的家庭科技夜（Family Technology Nights）活動。這些由學校老師、家長所組織而成的免費課程，是由當地的科技專家所主持，課程包括了電腦科技的介紹、有關學校目前科技趨勢的資訊和購買軟硬體的選擇訣竅。同時也會示範軟體的運用和提供其它學習機會。微軟公司的軟體會以折扣價出售給學員們，而參與課程的各級學校也可以根據軟體售出的情況，而得到免費的軟體提供[49]。

活動的贊助

公關經理可以贊助一些有新聞價值的話題事件或社區活動，以便擴大整個群眾的涵蓋面。在此同時，贊助這些活動的廠商也會強化自己品牌的識別度。舉例來說，可口可樂就是亞特蘭大夏季奧林匹克運動會八十四天聖火傳遞之旅的唯一贊助廠商，又稱之為可口可樂聖火轉播（Coca-Cola Torch Relay），工作人員沿途發出幾百萬張的貼紙，上頭印著「我看見了聖火」（I saw the torch），同時還在路上免費提供三十萬瓶以上的可口可樂。這個活動可以讓消費者察覺到，可口可樂對夏季運動會的國際性贊助角色更甚於其它的奧林匹克贊助商[50]。同樣地，身為夏季奧林匹克的正式報時

身為夏季奧林匹克的正式報時員，史瓦奇（Swatch）在消費者的認知度評估中，也佔了很高的得分，因為在整個運動會的進行當中，播報員會不時地重複提及：「現在的史瓦奇標準時間是……」

©1996 Louis Psihoyos/Matrix

員，史瓦奇（Swatch）在消費者的認知度評估中，也佔了很高的得分，因為在整個運動會的進行當中，播報員會不時地重複提及：「現在的史瓦奇標準時間是……」[51]。

　　運動、音樂和藝術等都是最受到贊助廠商歡迎的幾種活動，但這其中有很多已轉變成為非常專業的活動，例如和學校、慈善機構以及其它各種社區服務組織聯合等。琴酒製造商塔奎雷（Tanqueray）公司就因為贊助了和愛滋病有關的促銷活動而聲名大噪，進而獲得了空前的成功，它是該活動的唯一贊助商，因為之前有兩百家左右的廠商都拒絕了這項贊助角色。身為塔奎雷美國愛滋越野活動（Tanqueray American AIDS Rides）的唯一贊助商，這家琴酒製造公司透過橫跨全美的的五項自行車長途越野活動，來贏得了大眾對它的善意回應，更達到了公共宣傳的效果。超過一萬兩千名以上的參加者為這個活動總共募到了兩千五百萬美元，做為愛滋病的研究基金，而這項越野活動也獲得了電視新聞界的現場立即轉播，以及當地和全國性報紙的大幅報導[52]。

話題贊助

企業組織體也可以因為支持顧客的偏好話題，來達到公眾知名度和忠誠度的建立。教育、健康照護和社會性活動等，佔據了企業基金的很大比例。各公司行號往往會從營業額或利潤當中抽取一定比例的金額，捐贈給目標市場所偏好的公益話題。例如絲襪製造商漢絲（Hanes）公司所支持的對象是全國各地的乳癌組織，它還在商品包裝內附贈乳房自我檢查的指示說明單。

「綠色行銷」也已經成為各公司組織為了建立知名度和忠誠度所尋求的一種支援話題了。大多數的消費者，尤其是老一輩的消費者、女性消費者和受過高等教育的消費者都聲稱他們願意多付點錢，購買有環保概念的商品[53]。各廠商藉著將自己的品牌定位成關心生態的商品，來傳達出它們對環境和社會的關心。舉例來說，漢堡王和麥當勞就不再使用保利龍製的盒子來裝它們的漢堡，為的是要減少掩埋場的垃圾。同樣地，渥爾商場也已經開設了幾家環保商店，訴求的就是消費者對環保的關心。該商店的空調系統採用的是不會破壞臭氧層的冷媒系統；同時還在停車場和屋頂上蒐集雨水來灌溉草坪；店內的天窗則可以讓自然光透進來；購物推車的柵欄是用可回收利用的塑膠製成的；而停車場內鋪的則是可再生的瀝青柏油。

網際網路的網站

在行銷領域中，做為公關工具的網站還算是相當新的一種嘗試。正當許多廠商都已開始利用網站來為自己的商品或服務打廣告之際，公關專家也逐漸感受到這些網站的確是很棒的公關工具，可以讓他們發佈新聞稿，說明有關商品本身和商品的改進之處、策略關係以及財務上的獲益等。不管是企業體的新聞發佈、技術性的報告或標題報導以及商品消息等，都有助於讓媒體、顧客、潛在客戶、產業分析師、股票持有人以及其他人等瞭解公司的商品和服務以及用途等。網站也可以成為新產品點子和如何改進商品的公開討論場所，並在其中得到一些意見回饋。除此之外，在網站上所呈現的自助桌面，可以列出一些常見的問題和解答，讓顧客自行查詢，增進顧客的滿意度[54]。

處理負面的宣傳

雖然大多數的廠商都設法避開一些令人不太愉快的場面，但危機還是會不定期地發生。舉例來說，就在消費者愈來愈瞭解到英代爾（Intel）公司所生產的奔騰晶片（Pentium chip）有著難以解決的瑕疵毛病之後，該公司就不得不面對這個現實了。在這個新聞自由的環境下，公共宣傳是很難受到控制的，特別是就危機事件而言。**危機處理**（crisis management）就是指處理負面宣傳效果的各種協調作法，確保在緊急狀態下，進行快速精準的溝通傳播。

危機處理
處理負面宣傳效果或非預期性負面事件的各種協調作法。

壞的時機比好的時機更需要有優良的公共宣傳人員。舉例來說，批評家嚴厲指責在長島發生空難的運輸世界航空公司（Trans World Airlines，簡稱TWA），因為在空難發生後，這家航空公司的反應動作非常遲緩，不僅無法配合乘客家屬的需要，提供存活者的有關資料，就連媒體打進去的電話也是置之不理。TWA的首席執行長在向乘客家屬和公共大眾保證該公司會一切負責到底的行動上，也顯得太慢。所有的公關專家都從這個事件中學到了寶貴的一課，那就是公司本身應該在災難發生前就先制定好一套危機處理模式，因為時機是很難掌握的。

針對危機的發生，立刻進行回應，通常可以把對公司形象的傷害降到最低。為了形象的問題，各廠商必須不浪費時間，盡快花在問題的處理和解決上。下列幾點方向可供危機處理時的參考：

◇早點開始處理！對公司或商品的信譽來說，只要公眾一瞭解到問題的嚴重性，最大的傷害往往即刻產生。

◇為了要贏取公眾的信賴，危機出現時的公司發言人最好由資深的執行主管來擔綱，最好是總裁或首席執行長。

◇避免使用「不予置評」之類的說法。

◇組成危機處理小組。這個小組可由資深管理階層、公關專家、律師、品管專家以及製造和行銷人員等共同組成。

事實上，沒有任何一種單一辦法可以處理得了所有危機，但是在問題發生前，先擬定好危機處理的模式將有助於降低可能的傷害。舉例來說，許多航空公司的公關部門就是奉行著這種作法，例如，聯合航空公司

（United Airlines）擁有五個危機中心的工作網，可以在緊急事件發生時，進行即刻的串連合作。其中一個危機中心會在一個小時之內，派遣八十個人到災難現場，以一百支分區電話完成整個工作。聯合航空一年當中進行空難演練的次數就高達了四次[55]。

當福利多——雷公司和寶鹼公司在試銷它們的無油脂洋芋片時——福利多雷馬克司（Frito-Lay's Max）洋芋片，此產品添加了由寶鹼公司所研發出來的替代油脂——這兩家的公共關係和危機處理計畫就發揮了很大的作用。在試銷正式展開的一個禮拜前，寶鹼公司發出了一千份以上的手冊給住在試銷城市裏的健康專家們，告知他們有關洋芋片的事情。參與開發這種替代油脂的寶鹼公司主席和公司內部的科學家們，也都向當地的電視台和報社發表有關該油脂絕對安全的個人看法。同時，福利多雷公司從試銷城市裏雇用了營養專家作為顧問，讓他們接受有關油脂的密集訓練，以便處理媒體方面的事宜。該公司也創設了一個獨立小組，專門處理來自於消費者有關馬克司洋芋片的詢問電話，並把對健康問題有抱怨的來電者轉接到寶鹼公司去。為了要幫助其他員工對這項具爭議性的新商品感到釋懷，福利多雷公司的總裁還寫了一封信，致呈給所有的員工，保證該公司的安全營養專家們已經詳細檢視過寶鹼公司所呈交有關膽固醇安全性的資料，絕對不會以自己公司的信譽和消費者對他們的信心做賭注[56]。

回顧

在你讀完本章後，請回想一下啓文中所談到爲全國液體牛奶加工促銷委員會（National Fluid Milk Processors Promotion Board）所準備的廣告活動。該委員會的廣告代理商就像其它的大型廠商一樣，經歷了所有相同的創意過程，也就是從決定使用什麼訴求，一直到適當執行風格的選定爲止。另外在媒體的選擇上也花了很大的功夫，因爲它要找出是哪個媒體可以最有效地接觸到目標市場。廣告代理商必須考慮的因素包括了媒體在觀眾上和地理上的選擇性、平均接觸成本、頻率以及接觸率等。

總結

1. 討論廣告對市場佔有率、消費者品牌忠誠度和認識商品屬性的影響效果有多少：首先，廣告有助於廠商增加或維繫品牌知名度以及市場佔有率。典型上來說，市場佔有率小的新品牌，其廣告支出多過於市面上的老品牌。擁有廣大市場佔有率的品牌，它們播放廣告的理由只是為了維持自己的市場佔有率而已；第二，廣告影響著消費者的日常生活以及他們的購買行為。雖然廣告並不能改變消費者一些根深蒂固的觀念，它還是可能把消費者對某商品的負面看法轉變成正面的看法；第三，當消費者對某個品牌十分忠誠時，若是該品牌的廣告量增加，他們就可能會多買一些。最後，廣告也會改變品牌屬性在消費者心目中的重要地位，只要強調不同的品牌屬性，廣告主就可以提出不同的訴求來因應消費者的各種需求或者是設法完成凌駕於競爭品牌的某項優點。

2. 確認廣告的主要類型：廣告是一種非個人性的付費大眾傳播形式，可以在其中辨識出贊助者或公司的名稱。廣告的兩個主要類型分別是機構廣告和商品廣告。機構廣告不以商品為主，它的目的是要在一般大眾、投資團體、顧客和員工之間，建立起公司的正面形象。而商品廣告的主要設計是為了要促銷商品或服務，它可以再被分成三種主要類別：先驅式廣告、競爭性廣告和比較性廣告。商品究竟應該使用哪一種廣告類型來促銷，可依照商品生命週期的所在位置來決定。

3. 描述廣告活動的過程：所謂廣告活動就是指專注於某個共通性主題和目標的一系列相關廣告。廣告活動的過程是由幾個重要的步驟所組成的。促銷經理一開始就要設定明確的活動目標，然後再靠廣告代理商的協助，做出有關創意上的決策，將注意力集中在廣告訴求的發展上。一旦創意決策達成之後，就會開始評估和選定媒體。最後，再透過各種不同形式的測試來評定整體的活動。

4. 描述媒體評估和選擇的技巧：在廣告活動過程中，媒體的評估和選定是一個非常具關鍵性的步驟。廣告媒體的主要類型包括了報紙、雜誌、廣播電台、電視和類似像廣告看板、公車廣告之類的戶外廣告。最新的廣告媒體趨勢則包括傳眞、影像購物推車、電腦顯示幕裝置和全球資訊網的網際網路。促銷經理會根據下列幾個變數來選定廣告媒體的組合：每千人平均成本（CPM）、接觸率、頻率、目標市場的特性、觀眾選擇性、地理選擇性、彈性程度、噪音程度、壽命等。選定媒體組合之後，再來就是進行媒體進度表的排定，也就是廣告出現的時間以及出現在何種媒介的上頭。

5. 討論公共關係在促銷組合中的角色：公共關係是公司促銷組合中的一個重要部分。公司企業體著力於有利的公共宣傳，以便增進自己的形象和促銷旗下的商品。常用到的公關工具包括了新商品的公共宣傳、商品配置、顧客服務專線、顧客教育、活動贊助、話題贊助和網路上的網站等。公共關係當中的重要的課題之一就是處理負面的宣傳效果，把對公司形象的傷害降到最低。

對問題的探討及申論

1. 廣告、銷售促銷和公共宣傳要如何一起合作呢？請舉幾個例子。
2. 請討論一下爲什麼市場佔有率較小的新品牌，在廣告和促銷費用的比例支出上要大過於市場佔有率較大的品牌呢？
3. 商品位於生命週期的什麼階段時，會需要用到先驅式、競爭性或比較性廣告？請就每一個廣告類型，舉出目前的實例。
4. 什麼是廣告訴求？請就你最近在媒體上觀察到的，舉出幾個有關廣告訴求的實例。
5. 電台廣告的好處是什麼？爲什麼電台可以擴充成爲一個廣告媒體？
6. 你是某家航海雜誌的廣告經理，而你最大的廣告主對你的廣告價格感到質疑。請寫一封信函給這名廣告主，解釋你爲什麼相信你的讀者選擇性值得該廣告主付出這個價碼。
7. 身爲某運動服飾的新任公關總監，你被要求爲某條運動鞋的商品線設定公關目標，該商品線將會被推銷到青少年的市場上。請草擬一份備忘錄，概要建議該商品的上市目標，以及背後的理由是什麼。
8. 市面上的報導大略提到，經營速食連鎖店的貴公司，曾售出一些遭受到污染的食品，已導致數人嚴重致病。身爲貴公司的公關經理，請準備一份計畫來處理這次的危機。

9.請為下列幾個商品找出適當的媒體組合：

　　a.口嚼式香煙

　　b.《花花公子》雜誌

　　c.大麻解癮劑

　　d.除腳臭劑

　　e.由啤酒釀製商所發起的「酒醉責任」（drink responsibly）廣告活動

10.請為某個新品牌的軟性飲料設計一張全頁的雜誌廣告。學生可自由決定該飲料的名稱和包裝設計。請在一張紙上，寫明這則廣告所強調的利益點或訴求是什麼。

11.請組成一個三人小組，分工合作找出幾家當地餐館的報紙廣告和菜單。當你們在餐館處取得菜單時，請注意觀察店內的用餐氣氛，並訪問一下該店的經理，瞭解他或她認為顧客選擇到這裏用餐的主要原因是什麼。把蒐集到的資料全部集中起來，製作一張表格，在其中比較各餐廳的地點便利性、花費、食品的種類變化和品質、用餐氣氛以及其它等等。請就這些餐廳對大學生的吸引力來說，進行排名，解釋一下你的理由是什麼。還有哪些市場區隔會受到這些餐廳的吸引，為什麼？它們的報紙廣告能為自己做出最有力的訴求嗎？請解釋原因。

12.黑人資訊網路（Black Information Network）中，列出了幾個協會和組織？如果你是一個想要接觸這些消費者的廣告主，你會如何設法吸引住這些族群的不同興趣？

http://www.bin.com

13.營養大學（Nutrition University）該如何援助這個企業在公關上的努力呢？

http://www.kelloggs.com/

學習目標

在讀完本章之後，各位應當能夠做到下列各項：

1. 界定和闡述銷售促銷的目標。

2. 討論消費者促銷活動中的幾個最常見形式。

3. 列出業者促銷活動中的幾個常見形式。

4. 說明人員推銷。

5. 討論關係推銷和傳統推銷這兩者之間的不。

6. 指出不同類型的銷售任務。

7. 列出銷售過程中的所有步驟。

8. 說明銷售管理的功能。

第18章

銷售促銷和人員推銷

　　當數千名小孩開始突然發出「瑟加尖叫」（the Sega Scream）時，瑟加（Sega）這個廠商便有了在美國翻身的機會了。從小學生一直到成年人，每一個人都突然叫喊著「瑟加」這個字眼，這股流行風潮乘勢而起，搞得父母和老師們全都一頭霧水。當然，這波流行也迅速成為另一波促銷活動，讓瑟加的創世紀（Genesis）遊樂器穩穩保住第一名的品牌地位，超過任天堂（Nintendo），傲視整個總價值在六十億美元左右的電視遊樂器市場。

　　其實瑟加驚叫只是電視廣告上的旁白方式而已，可是卻牢牢抓住了小孩子的注意力，再加上瑟加公司很聰明地將它順勢提升為銷售促銷，成為一種行銷活動上的利器。這種千載難逢的機會再配合上一長串的整合式促銷活動、競賽舉辦、和其它廠商的合作活動、店內的購買點陳列和展示、隨貨附贈的贈品、以及多媒體的推波助瀾等，使得瑟加公司獲得了廣告年代（Advertising Age）所舉辦的年度最佳促銷廠商獎。

　　瑟加公司在銷售促銷的策略上並沒有任何規定範本。它和多數成功品牌的廠商不同，並沒有雇用過促銷代理商來協助它，也沒有委員會來從事所有促銷活動的監督，甚至到目前為止，更沒有任何一個執行主管負責協調過每一個活動。理由是：「如果你看得太遠或是老是在這個行業中重複一些點子的話，你就死定了。」瑟加公司主管促銷的副總裁湯姆亞柏拉森（Tom Abramson）如是說道，「你必須常常冒險，或者舉辦消費者的小組討論會、到市場上偵察一下或是靠一點勇氣和直覺。你在這個市場上永遠不會有安全感，因為它每六個小時就會產生一次變化。」他補充說道。

　　瑟加公司最聰明的作法之一就是深入市集，鎖定最難纏、最不易瞄準到的目標市場，而這個市場幾乎全由男性所組成，其中辦法包括了在他們的四周環境舉辦許多特定活動，讓瑟加這個品牌在非傳統的場合下以一對一的方式盯住每一個使用者。不管是遊樂場、體育館或者是在大學校園裏，瑟加公司都可以在使用者當中創造出一群平民化的行銷大軍。在全國近五十所的大專院校當中，代表廠商的學生，領薪為瑟加公司組織各種活動和競賽，同時也發送出去一定數量的樣品和試用品。

　　除此之外，瑟加公司也說服了數百名消費者在達拉斯所舉辦的明星對抗賽（All-Star FanFest）中，拿瑟加遊樂器做為遊戲樣本，在這一場比賽中，示範了許多以十六位元創世紀主流系統為名的遊戲。瑟加在奧蘭多（Orlando）的環球宇宙片場（Universal Studios）和華特迪士尼世界的未來都市中心（Epcot Center），都擁有很大的曝光展示機會，在這兩處地方，數千名以上的遊客都可以免費玩玩看這些瑟加遊樂器。「第一手經驗是這些遊戲的主要銷售之道，若是想要有口耳相傳的效果，最好的辦法就是讓孩子們親身上場玩玩看。」瑟加公司的行銷總監這樣說道。

另一些佔有同等重要地位的就是瑟加公司最新開拓出來幾條戰線：有線電視瑟加頻道（Sega Channel）與CompuServ線上服務公司所發展出來的獨家合作關係以及在網際網路上所建立起來的專屬網站。另一項成功的促銷妙計是它在線上電腦所舉辦的競賽活動，可以讓線上使用者試展他們的「瑟加尖叫」聲，使用者將他們的尖叫錄音載入到瑟加公司，和該公司總裁湯姆卡利思凱（Tom Kalinske）的尖叫版本比較看看，當然，這名總裁的尖叫聲也可以下載到使用者的家用電腦裏，讓你試聽看看。

也許對瑟加公司來說，最大型又最成功的促銷活動莫過於它為「音速和鐵拳」（Sonic and Knuckles）的上市活動所舉辦的世界級電視遊樂器比武大賽。這個活動從全國各地網羅了數百、數千名的電視遊樂器玩家，最後優勝者全都集中到舊金山的阿卡特刺斯監獄（Alcatraz Prison）裏進行最後的總決賽。這個活動是由MTV進行電視的實況轉播，最後這個為時30分鐘的節目，又重新播放了四次左右。但是瑟加公司發誓，永遠不重複使用促銷的點子。

隨著該公司最新六十四位元鈦星（Saturn）遊樂器的上市，瑟加公司也跟著拉磊波露瑟（Lollapalooza）巡迴演唱會到各地旅行，讓參加演唱會的群眾們也來排隊免費試玩這種最新式的遊樂器，為了造勢，有二十五輛瑟加貨車呈十字狀地停靠在美國境內，不管是海灘、停車場，都可看到它們的蹤影，免費讓群眾們試玩遊樂器[1]。

試用樣品和競賽活動是瑟加公司的兩大利器，專門用來獲取創世紀和鈦星遊樂系統的新使用者。如果你是拿任天堂遊樂器的忠實玩家，什麼樣的促銷活動才會讓你轉換品牌，去玩玩看瑟加的電動遊樂器呢？

瑟加

你在瑟加網站上，找到哪些線上促銷活動、競賽和贈品？這個網站是如何為瑟加公司瞄準為數眾多的男性觀眾？

http://www.sega.com/

銷售促銷

除了使用廣告、公共關係和人員推銷以外，行銷經理還可以採用銷售促銷來增加促銷成果上的功效。**銷售促銷**（sales promotion）就是指廣告、人員推銷和公共關係以外的行銷傳播活動，可以利用短期上的誘因，如低價或附加價值等，來刺激消費者或配銷通路裏的成員，立刻進行貨品或服務的採購。

銷售促銷
利用短期上的誘因，來促進某項貨品或服務的採購。

廣告提供消費者購買的理由；銷售促銷則提供購買的誘因。兩者同等重要，可是銷售促銷通常要比廣告來得便宜，而且比較容易進行結果的衡量。一個主要的全國性電視廣告活動，可能就要花掉兩百萬美元來進行創意、製作和媒體的播送。相對的，一個報紙優待券的廣告或是促銷競賽，可能只要花掉上述金額的一半而已。而且你很難去估計究竟有多少人是因為看了電視廣告才來購買這項商品。但是就銷售促銷而言，廠商就可以從中知道有多少張優待券拿到店裏兌換，或者是有多少人報名參加競賽。

銷售促銷通常瞄準在兩種明顯不同的目標市場上。**消費者促銷活動**（consumer sales promotion）的瞄準對象是消費者的市場；而**業者促銷活動**（trade sales promotion）則是直接向行銷通路中的成員展開促銷，例如批發商和零售商等。銷售促銷已成為廠商在整合式行銷傳播計畫中的一個要素。在過去幾年來，隨著競爭力的與日俱增、各種媒體選擇的增加、以及消費者和零售商對製造商的交易索求有愈來愈盛的趨勢，所以銷售促銷的費用支出也一直呈現穩定成長的局面。據估計，一年下來，消費者促銷活動在1995年的支出就超過了八億五千萬美元，和前一年比起來，增加了19%。相反地，廣告支出在同時間內，只上升了9%[2]。

消費者促銷活動
銷售促銷下的各種活動，瞄準對象是最終的消費者。

業者促銷活動
銷售促銷下的各種活動，瞄準對象是行銷通路裏的成員，例如批發商和零售商等。

銷售促銷的目標

銷售促銷最擅於影響消費者的行為，而不是態度看法。不管促銷的形式是什麼，立即的購買就是銷售促銷的目標。因此，在計畫銷售促銷的活動時，根據消費者的行為來進行瞄準似乎是很合理的一件事。舉例來說，消費者對你的商品忠誠？還是對競爭者的商品忠誠？消費者會因為某個交易比較划算就轉換品牌嗎？消費者只買最便宜的品牌嗎？不管任何理由都

購買者的類型	希望下的結果	銷售促銷的各種例子
忠誠的顧客 最常購買你的商品，或者一向購買你的商品	增強行為；增加消耗量；改變購買時機	●忠誠度的行銷計畫，例如飛行哩數累計卡或愛買者的俱樂部 ●隨貨付贈免費贈品，可誘使忠誠的消費者增加一些購買量；或者要求消費者提供購買證明，以便兌換獎品
競爭對手的顧客 最常購買競爭對手的商品，或者一向購買競爭對手的商品	打破忠誠度；說服對方轉換購買你的品牌	●樣品展示，介紹你的商品品質是如何地優於其它品牌 ●舉辦抽獎、競賽、或贈品，創造出大眾對該商品的興趣
品牌轉換者 在面對某個商品類別時，總是購買各種不同的品牌	說服對方多多購買你的品牌	●任何一種能降低商品價格的促銷活動，例如優待券、有減價效果的商品包裝、或是附贈贈品的包裝 ●和零售或批發業者協議，使得自己的商品可以比其它競爭品牌更有在店內露臉的機會
價格至上購買者 哪個品牌最便宜，就買哪個商品	以低價來吸引，或是輔以附加價值，讓價格的高低變得比較不是那麼的重要	●優待券、有減價效果的商品包裝或與零售、批發業者達成協議，可以降低自己品牌的售價，和原來可能被購買的其它品牌相抗衡

資料來源：摘錄自《銷售促銷要素》（*Sales Promotion Essentials*），2E，Don E. Schultz、William A. Robinson與Lisa A. Petrison著，此翻印係經過NTC出版集團（NTC Publishing Group）之同意，該公司住址爲：4255 W. Touhy Ave., Lincolnwood, IL 60048。

一樣？消費者只買你所提供的商品類別嗎？

　　促銷目標是由目標消費者的行爲來決定的（請參考**圖示18.1**）。舉例來說，廠商若是想瞄準對自己商品非常忠誠的使用者，就不需要去改變他們的行爲，反而應該加強現有的行爲或增加商品的使用率。鞏固品牌忠誠度的有效利器就是進行所謂的愛買者計畫（frequent-buyer program），在計畫中獎勵消費者的重複購買行爲。另外，對那些偏好轉換品牌或對競爭品牌十分忠誠的消費者們，其它的促銷類型也很有效，不管是去零頭的折價券、免費樣品、或者是店內搶眼的陳設展示，往往都可以促使購物者嘗試另一種新的品牌。再者，也可以透過免費樣品的致贈，來讓那些不曾使用過的消費者試用看看。

　　一旦廠商瞭解自己商品類別中所發生的種種動態，而且找出他們所要影響的消費群和消費者行爲，就可以進行促銷工具的選定來達成目標了。

消費者促銷活動的工具

行銷經理必須針對某個活動，決定該使用哪些消費者促銷手法。而且所選出的辦法也必須契合目標的要求，才能確保整體促銷計畫的成功。消費者促銷活動中的常用工具包括了優待券、贈品、忠誠度行銷計畫、競賽和抽獎、樣品試用以及購買點的陳列和展示。

優待券

優待券（coupon）是一種權利證明，可以讓消費者在購買商品的時候，立刻獲得價格上的優惠。消費者可透過直接郵件、媒體（例如週日報紙的夾報）、商品包裝、合作式廣告（廣告上有某家製造商的優待券，只能在特定零售商店才能出示使用）以及商店裏的優待券配發機等，獲取優待券。優待券的使用可以鼓勵消費者試用商品和重複購買商品。它們往往也能增加商品的購買量。

過去幾年來，兌換券的配發情形一直有穩定成長的趨勢。生產包裝商品的廠商每年都會透過平面媒體發出三千億張以上的優待券。可是平均結果卻是發出五十張優待券，才會有一張回籠，所以優待券的使用率大約是2%左右。

這其中的問題在於有很多優待券都落到了對該商品不甚有興趣的消費者手上。舉例來說，沒有養寵物的消費者拿到了狗食優待券。另一個問題則是大部分的優待券在消費者有機會用到它們之前，就已經過期失效了。除此之外，優待券也比較能鼓勵某項商品的一般使用者進行重複的購買，更甚過於要求非使用者去試用某個品牌[3]。因此，有些廠商開始重新評估優待券的使用方式。例如，寶鹼公司就刪減了優待券的發送數量。卡夫食品也選擇發送「通用性」優待券，可以用在二十多種不同的波斯特（Post）和拿必斯可（Nabisco）穀類食品上[4]。其它的廠商則透過網際網路，嘗試利用線上優待券的辦法來進行。舉例來說，趁著亞特蘭大夏季運動會的舉辦期間，Reebok透過網站（http://www.reebok.com）把商品的優待券配送出去[5]。

為了要讓促銷有更好的效果，許多廠商都把優待券放在最可能影響消

優待券
一種權利證明，可以讓消費者在購買商品的時候，立刻獲得價格上的優惠。

優待券可以鼓勵商品的試用率和增加重複購買的行為，同時也可增加商品的購買量。

©1996 PhotoDisc, Inc.

費者購買決策的地方，例如消費者會在商店的走道上，決定該買何種商品。因此，優待券配送機可以放在商品的貨架下，如此一來，使用率就可達到18%（也就是說，每五個擁有優待券的消費者，就有一名消費者會使用它），這個使用率是夾報優待券使用率的九倍。而目前廠商也在調查在結帳櫃台放置兌換券的使用情形究竟如何，因為這個放置地點剛好可以回應消費者剛完成的採買行為，而這類優待券的配送範圍可能包括剛剛才買到的商品或者是競爭品牌的商品。電子式結帳優待券的使用率大概是9%左右[6]。

雖然美國仍然是全世界最大的優待券使用市場，其它市場也正開始遭遇到美國在1980年代所曾經歷過的優待券成長期。在歐洲地區，政治和經濟上的改變給了廠商更多的機會去利用一些創意性的促銷手法。英國和比利時就是當地最會利用優待券的兩個國家，光是英國，每年發出去的優待券數量就超過五十億張。優待券的使用在義大利亦有日漸成長的趨勢，但是在丹麥，優待券才剛剛通過立法，成為一種合法的促銷手法。另外，其它歐洲國家的優待券使用情形還是不夠普遍。例如，在荷蘭和瑞士，有幾個主要零售商就拒絕利用優待券來招攬生意。除此之外，其它地區在優待券的使用上也不甚理想。例如蘇俄只具備了有限的廣告媒體，而且許多商品的取得也不容易，這個情況更加深了優待券的使用不易。在日本，優待券的使用情形還處於早期的階段。儘管日本的平面媒體現在已可刊載優待券，日本的零售商和消費者還是不太願意使用它。許多消費者認為，使用優待券讓自己看起來好像很沒有錢的樣子，而且有「廉價」的感覺[7]。

贈品

贈品（premium）就是指提供給消費者的某個額外項目，通常必須以一些購物證明來換取。贈品可以促進消費者的購買決策、增加消耗量和說服非使用者進行品牌轉換。當消費者購買化妝品、雜誌、銀行服務、汽車以及其它商品時，就會附贈像電話、背包和雨傘之類的贈品。另外，以同樣的價格買到更多份量的商品，也是贈品的作法之一，例如「買一送一」的包裝，或是包裝容量加大，價格不變等。舉例來說，家樂氏公司在派普糕（Pop Tarts）的促銷上就做得相當成功，它在現有的六塊裝包裝內，再多增加兩塊糕餅，可是售價卻不變。家樂氏利用這個促銷，把自營品牌和新競爭者所奪去的市場佔有率再度搶了回來[8]。

廠商常常需要消費者收集一些UPC商標或其它購物證明，以便日後換取贈品或商品。舉例來說，百事可樂的百事促銷活動就拿印有百事可樂商標的夾克、帽子、和T恤來贈送給集點的百事可樂飲用者。當數百萬名的忠誠消費者混身上下都穿著印有百事可樂商標的衣著時，的確讓百事公司的可樂生意為之一振。事實上，因為這個促銷活動在百事可樂飲用者之間所造成的轟動，使得該公司不得不抽回一些廣告[9]。

贈品的適當與否是成功的關鍵所在。舉例來說，兒童玩具一向常用來做為甜味穀類食品的盒內贈品。速食店則常常和電影或特殊活動合作，隨兒童餐附贈紀念杯或小玩具，為的就是要吸引兒童的上門光顧。舉例來說，麥當勞在1997年的春季，就以快樂兒童餐的名義，贈送出非常多的提尼比尼娃娃（Teenie Beanie Babies）[10]。

忠誠度行銷計畫

忠誠度行銷計畫（loyalty marketing programs）的目標是在公司和主要顧客之間，建立起長期共通的利益關係。1980年代中期，透過飛行哩數累計活動的舉辦，航空產業受到空前的歡迎。忠誠度行銷可以讓公司有策略地將銷售促銷的預算花在每一個可以爭取到更多收益的活動上，這些收益都是來自於對公司或旗下商品非常忠誠的顧客身上[11]。某項研究指出，如果公司每年可以多保有5%的顧客群，利潤收益就會增加至少25%。更好的

贈品
提供給消費者的某個額外項目，通常必須以一些購物證明來換取。

忠誠度行銷計畫
此促銷活動是要在公司和主要顧客之間，建立起長期共通的利益關係。

是，只要多保有2%的顧客群，就可以降低10%的成本[12]。

愛買者計畫則是忠誠行銷當中，成長最快速的形式之一。在愛買者計畫（frequent-buyer program）之中，忠誠的消費者可以因為自己的多重購買行為而得到獎勵。零售商和小型企業主全都是愛買者計畫的擅用者（請參考「市場行銷和小型企業」方塊文章）。集點卡就是讓顧客在每一次採買之後，進行打洞或蓋印的卡片，它非常受到小型零售商和服務業者的歡迎。舉例來說，打高爾夫球的時候，每次購買一籃高爾夫球，該球場的巡迴車就會在購買者的卡上打洞，集滿十個洞之後，再免費贈送一籃高爾夫球。

較大型的公司則使用掃瞄器和電腦方面的技術來建立資料庫，用來獎勵忠誠的顧客群。舉例來說，位在米爾渥奇（Milwaukee）的鎂加商場超市（MegaMart），它們的忠誠顧客只要在店前的電腦攤上自動刷一下手中的愛買者卡片就可以了。電腦會自動列出該購物者在未來三個小時內可以購買到的二十四種特價商品項目。這些項目是根據該名購物者以前儲存在店內資料庫中的購物資料所得來的。舉例來說，這部電腦可以確認出該名購物者每六個禮拜就會買一次牙膏，所以他會在購買牙膏後的第五週，得到屬於牙膏商品的優惠價格。其它公司則利用愛買者計畫，向忠誠的顧客群定期寄出宣傳單，裏頭附贈優待券或針對不同持卡人所設計的不同優惠條件。舉例來說，如果某位顧客養了一隻貓，他或她就會收到貓食的優待券，而不是狗食的優待券[13]。

競賽和抽獎

競賽和抽獎的活動通常可以讓消費者對商品或服務產生一些興趣，進而鼓勵品牌的轉換行動。競賽之類的促銷活動就是讓參加者利用自己的某些技巧或能力來爭取獎項。消費者的競賽通常需要參加者回答問題完成一些句子或是寫一段有關商品的文章，並提供購物證明。另一方面來說，抽獎則是完全靠機會或運氣，參加資格完全免費。一般來說，抽獎活動的參加人數往往是競賽活動人數的十倍以上。

在確定要舉辦競賽或抽獎活動之後，銷售促銷經理就應該要找出一些真正能吸引目標市場的獎品才行。舉例來說，以異國蜜月之旅為首獎的抽獎活動，一定會讓很多準新娘在瀏覽婚嫁之類的雜誌時，特別注意到這項

愛買者計畫
忠誠的消費者可以因為自己的多重購買行為而得到獎勵。

市場行銷和小型企業

小型零售商所使用的──顧客鎖定行銷（customer-specific marketing）

1993年的時候，可口可樂公司出版了一份報告，名稱就叫做「測定下的市場行銷」（Measured Marketing），這份報告在超市業者以及小型零售行銷和促銷當中，掀起了一陣革命。該報告的作者，布萊恩渥爾夫（Brian Woolf）是零售策略中心（Retail Strategy Center, Inc.）的總裁，他花了六個月的時間走訪八十三家超市，調查顧客的支出形態。

在他的調查過程中，最令渥爾夫感到驚訝的是，蒐集和利用顧客相關資訊的零售商竟然這麼的少。除此之外，他還發現到任何一家零售商的最佳顧客，不僅經常來買東西，每一次的購買量也是最多的。在進行單一食品零售商的一年度調查當中，就購買金額來看，支出排名在前20%的顧客，所花金額是後面20%的五十倍。此外，大眾行銷中的「全部售價一元化」（one price fits all）作法已經逐漸式微，因為現在的零售商更有辦法去取得有關顧客的資料。

從這項調查中，渥爾夫發展出顧客──鎖定行銷的概念，這種概念適用於所有的零售商，無論大小之別。這個零售行銷的新概念就是把焦點放在愛買者卡片（frequent-buyer card）這項行銷利器上。因為忠誠度行銷計畫和愛買者俱樂部都是相當低成本的促銷工具，所以渥爾夫的概念特別適用於小型零售主。

渥爾夫相信，與其在拍賣期間降低售價來吸引顧客的上門，但是收益也因為售價的降低而跟著滑落，倒不如讓顧客在商店最能獲益的情況下，到店內來購物。要如何才能做到這個地步呢？答案就是透過顧客特效行銷計畫，獎勵店內的最佳顧客，進而增加銷售量。在顧客鎖定行銷當中，最有價值的顧客可以獲贈愛買卡，同時再加上直接郵寄的瞄準努力。以這樣的方式，店內的銷售量和行銷成本幾乎可以完全集中在最有貢獻的顧客群身上。

顧客鎖定行銷的兩個基本原則是：（1）所有的顧客都不是平等的；（2）有了行為，就要獎勵。首先，渥爾夫發現到在所有顧客當中，有20%的人花錢花得最多，這個現象讓他想到一個問題，為什麼這些顧客所得到的待遇和那些錢花得少的人一樣呢？小型零售商應該捫心自問，這些顧客對他們生意的價值究竟有多少？依此類推，各公司付給內部員工的薪水，也不是個個相同的。員工的薪水高低和工作表現以及他們對公司的價值多寡有很大的關係。同樣的道理也適用在顧客的身上。愈有價值的顧客，愈需要多多獎勵。就像員工一樣，必須根據他們在工作上的貢獻比例來分配。

第二，渥爾夫認為有了行為，就要獎勵。換句話說，如果消費者光顧了某家店，就可以獲得一些獎勵，他們就可能會經常拜訪這家店，在裏頭多花一點錢。舉例來說，某家零售商可能會設立一個愛買者俱樂部，參加俱樂部的卡片持有人可根據自己在店內的消費額度而得到一定額度的獎勵。如果卡片持有人在店內花了20塊美金，就可以額外獲得5%的會員折扣，用來購買店內的某些特定項目。要是消費額是20塊到50塊美金，會員折扣就增加到10%。再如果消費額高達50塊美金以上，折扣就是20%。這種方式會不會鼓勵購物者多買一些東西，只因為買得愈多，省得愈多呢？我敢打包票絕對會的！

零售商都知道在拍賣的時候，顧客很重要，可是在拍賣期間的利潤卻會滑落下來。有了顧客鎖定行銷，零售商就可以追蹤它的最佳顧客，並在利潤增加的時候，也順道獎勵他們。而且最大的優點是，愛買者俱樂部在執行上很容易，成本也低，利潤回收遠遠超過其它的促銷形式。渥爾夫給零售商的建議是「無論是哪一家廠商，只要它能瞭解並善加利用有關顧客的資料，就是能在長期戰中得到最後勝利的佼佼者」[14]。

小型零售商可以從渥爾夫身上學到什麼寶貴的經驗？小型零售商該如何善加利用直接郵件，再配合上愛買者俱樂部來增進整體計畫的效益呢？愛買者俱樂部會如何影響投資在其它促銷活動上的預算呢？比如說廣告活動等？

競賽活動可以讓消費者對商品或服務產生一些興趣,進而鼓勵品牌的轉換行動。參加者需要回答問題,完成一些句子或是寫一段有關商品的文章,並提供購物證明以便贏得最後大獎。
©1996 Shawn Spence

消息。由吉尼斯進口公司(Guinness Import Company)所贊助的競賽活動,就要求參加者寫一篇五十字左右的短文,說明吉尼斯啤酒對他們的意義是什麼,寫得最好的作者可以贏得一家位在愛爾蘭的小酒館。響應這個競賽活動的人數遠超過該公司所曾舉辦過的任何一場促銷活動,甚至造成了全球性的宣傳效果[15]。同樣地,菲利摩里斯(Philip Morris)公司也在抽獎活動中讓得獎人搭乘豪華萬寶路無線火車,展開五天的火車之旅,穿越過科羅拉多州的「萬寶路之國」、懷俄明州、愛達荷州和蒙大拿州[16]。

　　網際網路的線上競賽或抽獎也很受到廠商的青睞。靠著網站上訪客的登入和圖案資料的記錄,廠商就可以創造和加強與消費者之間的緊密關係,而網際網路的使用者也有機會可以得到免費的獎品。森代公司(Sendai)是幾本電子遊戲雜誌的出版商,它在最近就推出了一種線上競賽活動,參加者必須在幾個不同的謎題中找尋線索,每一週都會出現不同的謎題,而最後的優勝者可以得到一台免費的筆記型電腦。結果森代公司的網站(http://www.nuke.com)光是一週之內,就有一百萬名以上的訪客上

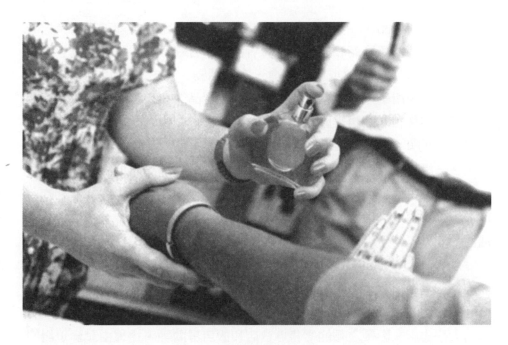

線拜訪[17]。

試樣

　　消費者嘗試新商品時，往往需要付出一點風險。很多人害怕買到一些根本就不喜歡的東西（例如新口味的食品），或者花了一大筆錢，相對報酬卻很低。然而，試樣（sampling）卻可以讓顧客在無風險的情況下，試用一下某個商品，唯一的缺憾是，試樣的成本相當高。所以有一個通用法則是這樣的：商品必須要在以下兩種情況下才能提供免費的樣品，首先，新商品的利益點必須明顯凌駕於現有商品的利益點；第二，該項目必須擁有某個獨特的全新屬性，是消費者必須親身經歷才能相信的。最近針對試樣的效益性而進行的研究調查發現到，對那些不曾買過某個商品的消費者來說，約有86%的受訪者指出，他們之所以決定第一次購買新的商品，免費樣品是個很重要的影響因素。除此之外，對那些以前買過試樣商品的人來說，約有一半的受訪者表示，接到免費樣品對他們的再一次購買，影響很大[18]。

　　試樣可以透過直接郵寄，把樣品送到消費者的手上；或者是逐門逐戶地送遞樣品；再不然就是在零售店前進行試樣；或是在其它商品的包裝上

試樣
可以讓消費者免費試用商品或服務的促銷計畫。

附贈一個免費樣品。在特殊活動舉辦時進行試樣,是個很普遍又很有效的配銷作法,可以讓廠商和有趣的消費者活動結合在一起,這些活動包括了運動比賽、校園展覽會或嘉年華會、海灘活動、烹飪競賽以及其它活動等。在活動中所舉辦的試樣遠比在家中收到樣品,要來得有更大的宣傳效果。可是這種和活動舉辦緊密相連的試樣作法,往往會遇到一個風險,那就是商品的知名度可能會受到活動中的競賽或其它因素所干擾。舉例來說,在一場精采的比賽中,很少人會注意到手中的那罐新飲料。但是從另一方面來看,參加活動的消費者往往對試樣的接受度很高,因為他們的心情很好,不管是人口上、種族上、地理上或心理因素上,都擁有很大的共通性[19]。

現場試樣(venue-based sampling)就是在消費者為了共通目標或興趣而經常聚集的特定場所中,直接發送樣品,這是最有成本效益的方法之一。這類地點多得不勝枚舉,其中包括醫院、健康俱樂部、教堂、產婦病房、大學書店、影帶之類的零售專賣店和飯店房間等。這種由試樣現場的員工擔任發送的作法,可以降低成本,增加商品的可信度。現場試樣的另一個好處是目標消費者會對試樣商品產生親切的感覺。如果某個人會定期性地上健康俱樂部活動筋骨,他或她就可能成為某個健康食品或維它命補充劑的真正顧客。同樣地,專精於糖尿病的醫生,他的病人就是以下幾種商品的最佳試用者:無糖零食、自我診斷組合工具或其它和糖尿病有關的商品等。除此之外,因為這些商品都是在醫生的辦公室裏發送的,所以不僅提高了可信度,也暗示該醫生就是推薦這個商品的代言人[20]。

購買點的陳列展示

購買點的陳列展示(point-of-purchase dispaly)就是在零售商的所在地進行促銷上的陳列和展示,為的是要吸引客源、推銷商品或是誘發購買動機。購買點的陳列展示,其中最大的好處就是它們可以在零售店內為製造商吸引到一些觀眾。由購買點廣告機構(Point-of-Purchase)所執行的研究調查指出,70%以上的購買決策是在店內完成的[21]。因此,購買點的陳列和展示最有利於衝動型商品的購買,這類商品在購買之前,不像計畫性購買一樣,需要消費者在事先就做好決定。

購買點的陳列和展示包括了貨架貼紙(shelf talkers)(固定在店內貨架

上的招牌標誌）、貨架延伸物（shelf extenders）（某種附著物，可延伸貨架的空間，讓商品突顯出來）、購物推車或購物籃上的廣告、放置在走廊盡頭的落地式陳列展示、超市結帳櫃台前的電視機、店內的廣播內容和影音式的陳列等。店內的展示可以很簡單，例如把運貨用的條板箱立在地上做成展示架，但是為了更有效益性，必須在其中放置有關商品的資料，並排列得有創意一點。

研究調查也顯示出購買點陳列展示的效益性如何。其中一個調查測試了六種不同商品類別的品牌，發現到購買點陳列展示對那些未曾使用過這類展示的商店來說，很有助益。例如，在購買點上陳列展示的咖啡，其銷售量是一般貨架上咖啡銷量的六倍左右。由資訊資源（Information Resources）公司所執行的研究調查，是在每台收銀機處使用掃瞄技術來記錄購買項目的條碼（正如第九章所討論的），結果發現到購買點的陳列展示可以促進冷凍晚餐、洗衣粉、軟性飲料、零食點心、湯料和果汁之類的商品銷量，成果高達100%到200%[22]。

電腦和互動式的電子裝置也正開始在購買點的陳列展示上扮演一個重要的角色。高科技的展示，不管是獨立坐落的電腦攤或是貨架上的個別電腦，都能抓住大眾的注意。舉例來說，華納藍伯（Warner-Lambert）公司的加拿大分部就在六百家加拿大藥房的咳嗽——感冒——過敏販售區內裝置貨架上的電腦。這種展示方法有助於購物者根據自己的病癥，選擇華納公司所出品的成藥，進而增加銷售量[23]。同樣地，PICS預告（PICS Previews）公司在量販店的音樂、影帶和電器部門都裝置了互動式的電腦攤。這座六呎高的互動式電腦攤包括了一台彩色電視機和一面觸控板，觸控板上涵蓋了店內所售的音樂CD、電影或電動遊樂器等代表圖案，只要輕輕一觸，就可試放其中的影像和音樂。這套系統被證明可以增加這些商品項目的銷售量，從19%到47%不等[24]。

業者促銷活動的工具

3 列出業者促銷活動中的幾個常見形式

消費者促銷活動藉著需求的創造，透過通路，「拉」住商品；而業者促銷活動則是透過配銷通路，去「推」這個商品一把（請參考第十四章）。

業者促銷活動是透過配銷通路來推商品一把。例如,製造商提供交易折扣給批發商和零售商,用來交換店內空間的配置或是在特定期間內,某個商品的購買。
©William Taufic/The Stock Market

廠商在將商品賣給配銷通路中的成員時,會利用到許多在消費者促銷活動中就已經用過的工具,例如銷售競賽、贈品和購買點的陳列展示。但是這其中還是有些工具對製造商和中間商來說,算是獨一無二的:

交易折扣
由製造商提供優惠的價格給批發商或零售商這類的中間商。

◇交易折扣:所謂交易折扣(trade allowance)就是由製造商提供優惠的價格給批發商或零售商這類的中間商。為了達成某特定目的,以價格上的折扣或回扣來作交換,例如為新商品配置貨架空間,或是在特定期間內,某個商品的購買。舉例來說,一家當地的自營商只要在店內舉辦奇異電話的促銷活動,就可以獲得一定的折扣。

推銷獎金
提供給通路中間商的獎金,鼓勵他們「推銷」商品,換句話說,就是鼓勵通路中的其它成員販售這個商品。

◇推銷獎金:中間商可以因為在配銷通路上大力推銷某製造商的品牌,而獲得類似像紅利之類的**推銷獎金**(push money)。推銷獎金的對象通常是零售商的業務人員。例如,製造商可能會提供某家電器行的業務代表一些推銷獎金,每售出一台該製造商品牌的電視機,就可獲得五十美元。但是這種方式只會創造出對該製造商的忠誠度,而不是對零售商的忠誠度。

◇訓練:有時候,如果商品相當複雜的話,製造商也會代為訓練中間商的員工,這個情況常常發生在電腦業或電信業。舉例來說,如果某家大型百貨公司購買了一座NCR的電腦化收銀系統,NCR就會提

化妝品公司也會派遣
自己的代表到百貨公
司，藉著為顧客進行
臉部的化妝或保養，
促銷旗下的美容用
品。
©1996 PhotoDisc, Inc.

供免費的訓練，如此一來，業務人員就可以學會該如何使用這套新
系統。

◇免費貨品：通常製造商會以免費的貨品來抵銷數量上的折扣。以早
餐穀類食品為例，凡一次訂貨達二十箱的零售商，該製造商就免費
多贈送一箱穀類食品。有的時候，免費貨品也會透過其它銷售促
銷，用來做為交易折扣。舉例來說，某家製造商原本應該給一次訂
貨量達某個數額的零售商一筆交易折扣，可是卻以額外的免費貨品
來替代（也就是說，該貨品的成本相當於交易折扣的價值）。

◇店內示範：製造商也可以安排零售商在店內進行商品的示範。舉例
來說，食品製造商通常會派遣業務代表到雜貨店和超級市場，協助
消費者在購物時試吃樣品。化妝品公司也會派遣自己的代表到百貨
公司，藉著為顧客進行臉部的化妝或保養，促銷旗下的美容用品。

◇商業會議、集會和商展：業者的聯合會議、研討會和各式集會等，
對銷售促銷和成長中的數十億美元市場來說，是非常重要的一環。
在這些展示會議中，製造商、配銷商和其它自營商都有機會來展示
它們的貨品或向顧客們描述它們的服務內容。商展的平均接觸顧客
成本大約是推銷電話成本的25%到35%左右。商展很適合用來介紹
新商品，而且，商展對商品在市場地位的建立上，成效要大過於廣

告、直接行銷或電話推銷所能做到的。公司參加這些商展的目的，就是要吸引和找出新的顧客；服務現有的顧客、介紹新商品、增進企業形象、測試市場對新商品的反應、增進公司士氣以及蒐集競爭商品的資訊等。

業者的促銷活動相當受到製造商的歡迎，其中原因有很多，包括這類促銷活動有助於製造商為旗下的商品爭取到新的配銷商，也可以讓消費者的促銷活動，得到批發商和零售商的支持、建立或降低自營商的存貨以及改進業者之間的關係等。舉例來說，汽車製造商每年都會為消費者贊助幾十場汽車展。其中有許多展覽都標榜互動式的電腦站，可以讓消費者輸入汽車的種類，然後就會列印出車種的價格和當地自營商的名稱。相對地，當地的汽車自營商也會得到潛在顧客的名單。這些汽車展可吸引數百萬名的消費者，進而增加自營商的店內客源和一些顧客線索。

有時候，製造商是為了競爭的理由，才提供以上這類業者交易的——「因為每個人都這麼做」。另一個壓力來源則是起自於零售商，有些大型零售商在通路上相當有力量，所以就可以要求商品折扣，或要求廠商付費購買有限的貨架空間（又稱為上架津貼），特別是針對新商品的上市而言。

4 說明人員推銷

人員推銷

人員推銷
業務人員直接和一或多位可能買主進行溝通，試著去影響其中的每一個人。

　　人員推銷（personal selling）就是指業務人員直接和一或多位可能買主進行溝通，試著去影響其中的每一個人。就某種層面來看，所有的商人都可以算是業務人員。而每一個人也都可能成為工廠經理、化學家、工程師或任何一種職業的工作人員，可是卻必須常常進行「推銷」的行為。在找工作的時候，求職者必須在面談時，向可能的雇主「推銷」自己。為了要爬到工作組織中的最頂端，個人必須向同儕、長官或部屬推銷點子。更重要的是，終其一生，只要任何人和你有持續性的連帶關係，你就必須不斷地向他們推銷點子，推銷的對象，有的甚至只見過一兩次面而已。而機會就在於有些學生湊巧主修的是商學或行銷，這使得他們剛好可以發展自己在業務上的事業。即使不是主修商學的學生們，也有可能從事業務工作。

人員推銷比起其它形式的促銷來說，也有幾點好處：

◇人員推銷可以詳細解說和示範商品。這對複雜或新出爐的商品或服
　務來說，尤其需要。

◇銷售訊息可以根據每個可能顧客在動機和興趣上的不同而有所更
　動。此外，當可能買主有問題或提出反對意見時，業務人員可以當
　場進行說明解釋。相反地，在廣告和銷售促銷上，只能以文案人員
　就自己對顧客問題的所知認定，進行回應而已。

◇人員推銷可以只向有條件資格的可能買主進行。其它形式的促銷活
　動則無法避免掉浪費的可能，因為觀眾群中有許多人，並不具備可
　能買主的身分。

◇可以經由業務人手規模（產生的支出）的調整，來達到人員推銷的
　成本控制。從另一方面來看，廣告和銷售促銷的購買量往往相當龐
　大。

◇也許這其中最大的好處就是在於爭取生意和讓顧客滿意的這檔事
　上，人員推銷比起其它形式的促銷要來得有效多了。

　　就某些顧客和商品特性而言，人員推銷可能要比其它形式的促銷來得
有效多了。一般來說，潛在顧客的數量愈低，商品性能愈複雜，而商品的
價值愈高，人員推銷就愈形重要（請參考**圖示18.2**）。當潛在顧客的數量很
少時，推銷人員親身拜訪每一位顧客的時間和旅遊成本就能被打平。當然
該貨品或服務的價值也必須足以抵銷得過每一次業務拜訪的成本才行 ， 例
如，一部主機電腦、一套管理諮詢計畫、一棟新建築物的建造等等。對那
些高度複雜的商品來說，例如商業客機或私人的通信系統，也會很需要用
到業務人員來判定顧客的需求、解說商品的基本好處和提出一些能確實符

如果……，人員推銷就比較重要。	如果……，廣告／銷售促銷就比較重要。
●商品的價值高。	●商品的價值低。
●是特別訂製的商品。	●是規格化的商品。
●顧客數量少。	●顧客數量大。
●商品在技術上相當地複雜。	●商品很容易被瞭解。
●顧客很集中。	●顧客在地理的分佈上相當地分散。
例子：保險業務、訂製的窗戶、飛機引擎等。	例子：香皂、雜誌訂閱、棉製T恤。

圖示18.2
廣告／銷售促銷和人
員推銷之間的比較

合客戶需求的建議。相反地，當潛在買主的數量比較龐大、商品性能比較簡單、買主的分佈情況極為分散以及商品的價值低，商品規格又是高度標準化的情況下，廣告和銷售促銷就能有效且符合經濟效益地進行商品促銷（例如牙膏或穀類早餐食品）。

5 討論關係推銷和傳統推銷這兩者之間的不同

關係推銷

直到最近，有關人員推銷的行銷理論和實際作法都只著重在生意上的交易而已，換句話說，廠商最關心的是完成一次交易，再繼續尋找下一個可能對象。從人員推銷的傳統角度來看，它強調的是有計畫地向可能顧客進行提案說明，為的就是要達成一次交易。不管它採取的是面對面的業務

關係推銷強調的是雙贏的結果。
Courtesy Acclivus

拜訪，或是透過電話進行推銷（電話推銷），傳統的人員推銷辦法都只是試著說服買主接受某個觀點或採取一些行動，一旦顧客有些動心，推銷人員就會用盡各種技巧，去促使對方進行購買。通常來說，推銷人員的目標就是拿買主做為自己成功下的代價犧牲品，進而造成了輸贏立現的結果[25]。儘管這類的推銷手法還沒有完全絕跡，可是對那些專業推銷員來說，也愈來愈不常運用了。

相反地，另一種人員推銷方式強調的則是推銷人員和買主之間所發展出來的關係。這種作法是關係行銷下的自然產物，這也是第七章所曾談到過的內容。所謂**關係推銷**（relationship selling）或稱**諮詢推銷**（consultative selling），就是建立、維持並增進和顧客互動關係的一種作法，為的是要透過共通互惠的合夥關係，讓雙方培養出長期的滿意心態[26]。因此，關係或諮詢推銷人員會成為顧客的顧問、合夥人和問題的解決者。他們可以長時間地培養對彼此的信賴，設法和主要的客戶建立起長期的關係。所以焦點就從一次的交易轉變成為長期的關係，在這個關係中，業務人員和顧客一起合作，發展解決之道，以便增進顧客的實力。因此，關係推銷強調的是雙贏的結果[27]。

關係推銷的目標是要創造出能重複購買的長期顧客，這個目標對公司來說有幾點好處。一般來說，顧客和公司的往來愈久，顧客的價值就愈高。因為長期顧客買得比較多，佔用公司的時間比較少，對價格的變動也不是那麼的敏感，而且還能引進新的顧客。最棒的是，他們完全不需要公司方面多花成本去教他們如何認識和使用商品。優良的長期顧客對某些產業來說實在是太划算了，因為它可以降低顧客的毀約率，而且一年只要五個百分點（假設是從15%降到10%），利潤上就可以有兩倍的收益[28]。

其實，關係推銷比較適用於產業類型的商品和服務業，前者的例子包括了重型機器或電腦系統，後者則有航空公司和保險業等。對消費性商品來說則不然。（**圖示18.3**）列出了傳統人員推銷和關係或諮詢推銷這兩者之間的主要差異。這些差異在我們繼續探討本章內文中的人員推銷過程時，將一一地浮現出來。

關係推銷
或稱「諮詢推銷」。建立、維持並增進和顧客互動關係的一種銷售作法，為的是要透過共通互惠的合夥關係，讓雙方培養出長期的滿意心態。

傳統的人員推銷	關係推銷
推銷商品（貨品和服務）	推銷意見、協助和諮商
著重在交易的完成	著重在顧客實力的改善
有限的銷售規劃	將銷售規劃列入最優先的考量
時間大多花在告知顧客有關商品的事情上	大部分的時間都花在如何為顧客營造一個可以讓問題迎刃而解的環境上
只以客戶對個別商品的需求為重點	全盤瞭解客戶的整個運作情形
對客戶採取的是「孤獨一匹狼」的作法	對客戶採取的是團體分工的辦法
根據定價和商品的特性，進行提案解說	根據對顧客的收益影響和策略性利益，進行提案解說
售後的後續服務很短暫，著重在商品的送達而已	售後的後續服務是長期性的，著重在長期關係的增進維繫

資料來源：1996年三月由全國銷售管理會議中所出版的《學報》（*Proceedings*），〈諮詢推銷：在新的推銷環境下走一遭〉（Walking the walk in the New Selling Environment）。

6 指出不同類型的銷售任務

銷售的任務

推銷這一行提供了很多的工作機會，例如批發業或零售業的推銷工作、電話行銷、製造業的推銷、服務業的推銷或者只是擔任加強銷售的支援性工作等。一般而言，所有的銷售任務大致都可以被分類成三種基本類型：爭取訂單、接受訂單和支援銷售。

訂單爭取者
積極為商品尋求買主的人。

訂單爭取者（order getter）是指積極為商品尋求買主的人。訂單爭取者的主要任務就是把可能和現有的顧客，轉變成公司商品的買主。為了要達成交易，訂單爭取者必須積極尋找可能顧客，聯繫現有的顧客，判斷他們的需求，如果商品可以滿足他們的需求，就向他們提出建議，說服他們購買商品。訂單爭取者可以是公司業務部門的成員之一，也可以是獨立自營的銷售商。製造業的公司通常會利用旗下的業務代表把貨品賣給批發商、經銷商和零售商，有時候則是直接賣給消費者，就像安麗（Amway）的商品和雅芳的化妝品一樣。電話行銷也是訂單爭取者的其中一員。許多公司

都設有電話行銷的運作部門，以便讓整體的銷售戰力更趨完善，好應付任何一種顧客層面和商品區隔。

　　相反地，訂單接受者（order takers）不需要外出為自己的商品或服務尋求新買主，因為在多數個案裏，買主會自己上門來，或者是分配到屬於自己的客戶。訂單接受者又可被分成內部訂單接受者和現場訂單接受者。內部訂單接受者（inside order taker）是站在櫃台前、拍賣樓層或是透過電話和郵件等方式，接下顧客的訂單。其中例子包括麥當勞的收銀員、梅西（Macy's）百貨公司的售貨員和直接零售郵購的業務人員等，如戴爾電腦和J夥伴（J. Crew）。現場訂單接受者（field order taker）則是建立重複的銷售和接受訂單。這些訂單接受者會定期拜訪他們的顧客，檢查存貨的多寡，填寫新的訂單，然後再為顧客送貨和儲貨。這類訂單接受者普見於啤酒業、食品業和飲料業。舉例來說，可口可樂、福利多——雷和美樂啤酒公司（Miller Brewing Company）等，都雇用了現場訂單接受者來服務它們的

現場訂單接受者
他們會定期拜訪顧客，檢查存貨的多寡，填寫新的訂單，然後再為顧客送貨和儲藏。

零售業顧客。

業務支援人員並不會實際地去推銷商品或服務，通常他們是透過誠意的舉動和售後服務來促銷商品。這種支援性角色有幾個重要類型：宣傳業務代表、技術性專門人員和業務小組。宣傳業務代表（missionary sales representative）是爲製造商工作，目的是要透過配銷通路來帶動善意的回應，並支援公司在業務上的努力成果。對消費性的包裝商品製造業來說，例如食品業和藥品業，就很常見到這種宣傳業務代表。就零售層面來看，宣傳業務代表會到現場進行商品的陳列展示、檢查存貨和貨架空間、向零售商解說新商品的好處提供等。對產業性的商品來說，他們則是製造商和主要客戶之間的溝通橋樑，會把有關問題向製造商重述一遍，也會把新商品或商品的用途告知顧客。

技術性專門人員（technical specialist）則是擁有化學、工程、醫學、電腦或相關領域等背景的業務人員。他們會研發出特製商品的細節內容，直接和可能買主的技術人員進行溝通。業務代表可能會向採購委員會進行第一次的提案說明，接下來，再由技術性專門人員接手即問即答的部分。如果買主對賣方的商品表現出很大的興趣，技術性專門人員就會扮演一個比較重要的角色，他會規劃出商品的規格和安置過程，並監視最後的整體安裝。在交易完成之後，業務代表通常得靠技術性專門人員的告知，才能知曉安裝日期、檢修時間和其它相關訊息等。

團體分工式的推銷手法在最近幾年來，有愈來愈普遍的情勢，因爲很多公司都採用關係推銷的作法，強調的是長期的關係、售後服務和顧客的滿意度。業務小組（selling team）可被視爲是業務和非業務人員的結合體，指揮人員的首要目標就是建立和維繫長期的顧客關係。整個業務小組可能是由一或多個業務代表、技術性專門人員、電話行銷代表、行政助理、業務協調員和顧客服務人員等組合而成。事實上，所有成員只要在某些地方能協助業務的推展，就對整個業務的成功與否有絕對性的影響關係。當某個客戶對該公司的整體營業額有10%以上的貢獻時，或者是某個客戶對該公司的整體業績貢獻只有一小部分，可是採購潛力卻相當大時，這種小組分工的作法就非常符合效益上的要求。因此，多數的大型客戶往往是業務小組的鎖定目標。例如全錄公司就利用了小組分工的方式來應付AT&T這樣的大客戶。這個小組成員總共由兩百名業務人員所組成，多數都是各分區的代表，除此之外，從其它領域來的專家，例如財務、行政、和服務專家，也都是小組中的成員之一[29]。

銷售過程中的所有步驟

　　儘管人員推銷聽起來好像很簡單，可是實際上，整個交易的完成卻需
要用到許多步驟。所謂**銷售過程**（selling process）或稱**銷售週期**（sales
cycle）就是指某家機構的業務人員為了推銷某個商品或服務，所要經歷到
的整套步驟。每一個商品或服務的銷售過程（或稱週期）都各有不同，全
視該商品或服務的特性、區隔市場中的顧客特性以及該機構的內部過程等
（例如如何蒐集線索等）而定。

銷售過程
或稱「銷售週期」。某
家機構的業務人員為
了推銷某個商品或服
務，所要經歷到的整
組步驟。

　　有些銷售只需要花幾分鐘即可完成，可是也有些銷售卻要花上幾個月
甚至是幾年的時間，特別是就那些需要特製的商品或服務而言。不管業務
人員花的是幾分鐘抑或幾年的時間來完成一筆交易，他們在銷售過程中都
需要經歷以下幾個步驟：

　　1.發展線索。
　　2.找出符合要求的銷售線索。
　　3.做出需求評估。
　　4.發展和提出解決辦法。
　　5.進行疑慮的處理。
　　6.終結交易。
　　7.後續動作。

　　就像其它形式的促銷一樣，銷售的所有步驟也遵循著AIDA概念的作法
（請參考第十六章）。一旦業務人員鎖定客戶之後，他或她就會設法去引起
對方的注意。在完成整體的需求評估之後，接下來就是以有效率的銷售提
案來打動對方的興趣。當客戶有了初始的欲求（最好是發生在提出銷售建
議時），業務人員就該採取行動，設法讓對方同意購買，進而終結交易。交
易完成後的後續動作，也就是銷售過程中的最後一個步驟，不只可以降低
認知失調（請參考第七章）的程度，也能開啟未來再行合作的可能契機。
有效的後續動作可以達成重複的交易，而整個過程則從需求評估的階段開

圖示18.4
銷售過程中，主要步驟所花時間的多寡

主要銷售步驟	傳統推銷	關係／諮詢推銷
發展客戶的線索	多	少
找出符合要求的銷售線索	少	多
作出需求評估	少	多
發展和提出解決辦法	少	多
進行疑慮的處理	多	少
終結交易	多	少
後續動作	少	多

始進行。

傳統推銷和關係推銷都是遵循著這些基本步驟，其中不同的地方在於對每個步驟的重視程度（請參考**圖示18.4**）。傳統推銷的作法是客戶線索愈多愈好；然後做出銷售提案，結束交易，也就是說，讓顧客在訂單上簽名。他們不會爲了找出顧客的需求或爲了想以商品或服務的利益點來滿足顧客的需求，而花很多的時間在問題的詢問上。相反地，奉行關係推銷的業務人員，強調的則是時間和精力的投資，用來找出每一位顧客的特定需求，並設法儘可能地以商品或服務所提供賣點的來配合他們的需求。因爲他們的作業方式是如此地直接，所以這些業務人員可以依照當時的必要情況，直接完成一筆交易[30]。

讓我們來看看銷售過程中的每一個步驟：

發展線索

線索醞釀
或稱探測。找出最有可能採購買方商品的公司或個人。

最基礎的工作就是儘早進行潛在買主和業務人員之間的溝通。所謂**線索醞釀**（lead generation）或稱**探測**（prospecting），就是指找出最有可能採購買方商品的公司或個人。這些公司或個人就成爲「銷售線索」（sales leads），或稱「可能客戶」（prospects）。當然，並非所有的人都是公司旗下商品或服務的可能客戶；也不是所有的可能客戶就一定會購買公司的產品。所以奉行關係推銷的業務人員就要以良好的關係去吸引適當的顧客。而客戶的業務量也要大到足以值得業務人員投資額外的時間和精力去維繫和客戶之間的關係[31]。

銷售線索可以幾種不同的方式獲得：

◇廣告和其它媒體是尋找線索的兩種最重要方法。廣告可刊登在同業刊物上或是一些具有高度瞄準性的媒體工具上，例如有線電視。優待券或免付費電話也常常拿來為可能客戶服務，因為他們會透過這兩項工具，來詢問更多的商品相關資訊。

◇許多業務專家也會透過公司網際網路上的網站，來獲取非常寶貴的客戶線索。上網的使用者在拜訪過某家公司的網站後，往往會在上頭留言，要求該公司的業務人員提供更多有關公司的產品或服務資訊。若是知道潛在顧客還可能到哪些網站中拜訪，業務人員就可以藉由熱線連結的設置或是在熱門網站上刊登廣告，讓上網的使用者循線直接進入到公司自己的網站中[32]。

◇好的公共宣傳也有助於線索的搜尋。讀者或觀眾通常會致電或去函給那些刊物或電視台，詢問他們在文章中或新聞報導中所讀到或看到的商品及其公司的相關資訊。

◇直接郵件和電話行銷計畫也是搜尋銷售線索的兩個好辦法。這類線索的產生往往是因為先有了一份潛在客戶的名冊，其中的顧客特性與目標市場非常相符，例如皆是從事於某種職業等。舉例來說，如果某家販售醫療設備的公司試著想要推銷一種用在開心手術上的全新設備，它在一開始的作法上，就是先獲取一份全美心臟病專家的名冊。然後再寄出直接郵件信函或手冊，通常還會附贈一張可以寄回的兌換券或者是800免付費電話號碼，以便收件者來電詢問相關問題。有些公司甚至雇用電話行銷的業務代表，讓他們利用名冊，透過電話來聯絡那些潛在顧客。

◇**隨機拜訪法**（cold calling）也是一種搜尋客戶線索的方法，業務人員不需要預知可能客戶的需求或財務狀況，就直接接觸可能的買主。這類方法通常用在消費性的產品上，例如長途電話服務和百科全書等。

◇另一個蒐集線索的辦法就是透過**介紹**（referral），也就是由顧客或生意上的夥伴來引薦。**網絡系統的建立**（networking）就是利用朋友、生意上的聯絡夥伴、工作同仁、認識的人或是專業領域和公眾組織中的一些新知舊雨，來找尋各種可能客戶的一種裙帶關係辦法。舉例來說，某位保險經紀商可能相當重視和鄰居、教堂教友以及社區組織會員之間網絡關係的建立，為的就是要獲取新的客源。

和自己商品不相牴觸的業務代表以及非業務部門的同事等，都是客戶線索的最佳來源。舉例來說，某家公司可能會鼓勵員工在非工作時間內，儘量找出一些客戶線索，而且能在某段預定時間內，找出最多線索的員工，也會獲得公司的獎賞。

◇商展和集會則是搜尋線索的另一個好辦法。因為這些活動都是針對某項特定商品或產業的興趣而設計的，所以在這些活動中所找到的客戶線索往往非常可靠。

◇舊客戶留在公司的採購紀錄也是另一個搜尋線索的好辦法。

找出符合要求的銷售線索

當客戶表示想要對產品更瞭解的時候，業務人員就有機會進行後續，或者說是確定線索的合格性如何。親身拜訪不符合格要求的客戶，只是在浪費業務人員寶貴的時間和浪費公司的資源而已。線索合格要求（lead qualification）是指可能客戶是否具備了三種決定性的資格[33]：

◇公認的需求：判定某人是否就是某商品的可能客戶，其中最基本的條件就是找出對方是否有未被滿足的需求。業務代表列入最優先考慮的應該是那些知道自己需求的客戶們，可是對那些不知道自己需求的客戶們，也不應全然地放棄。因為只要稍稍認識到商品的些微好處，他們就可能決定自己的確有對這個商品的需求存在。要判定某位客戶究竟有沒有這類商品上的需求，可不是一件簡單的事。第一次的見面訪談和問題交換往往可以提供業務人員足夠的資訊，來判定對方究竟有無需要。但是有些商品或服務是用來滿足一些不具體的需求，例如聲望或地位，在這種情況下，就很難判斷了。

◇購買力：購買力是指購買決策權和付款能力的兼備。為了避免時間和金錢的浪費，業務代表在提案之前，就應先查明對方的購買力。各公司企業體掛在牆上的圖表可能是個好線索，另外，也可以問問電話總機或秘書人員。如果還是不確定的話，業務人員可以直接當面提出一個簡單的問題，例如：「你能簽發這張訂購單嗎？」在某些個案裏，購買決策必須留待採購委員會的最後決定。因此，業務人員應找出最具影響力的委員會成員。有些時候，採購權則可能集

線索合格要求
可能客戶是否具備了商品或服務的採購以及付款能力等決定性因素。

中在另一座城市裏的地區性或總部主管的手上。對付款能力的判定則簡單多了，透過鄧普徵信所（Dun & Bradstreet）的信用評分或其它財務報告服務公司的協助，就能清楚地掌握該公司的信用狀況。有關比較小型的財務問題，當地的信用單位也可以提供相關的資訊。業務人員最好牢牢記住一點：與其擁有一張好幾個月後才會兌現的支票，倒不如先確定對方是不是擁有立即就能付款的能力。

◇接受性和可親性：可能客戶應該要願意接見和親近業務人員。有些客戶只是單純地拒絕業務人員的拜訪，另一些人則可能礙於自己在公司內部的地位，只願接見和自己有著同等職位等級的業務人員或業務經理。

通常線索資格的探究任務是由電話行銷小組或業務支援人員來進行預先的過濾。資格預先過濾系統可免掉業務人員對客戶需求、購買力和接受性等這方面線索探究的時間耗損上。資格預先過濾系統也可以為業務人員和客戶預約會面的時間。機器人研究（Robot Research）公司是一家位在聖地牙哥的封閉電路監視系統製造商，該公司就奉行一種正式的電話行銷計畫，專門用來為業務人員過濾客戶線索。也因此，該公司業務員的業務後續比例能從原來的8%到9%轉變成80%，也就是說，由電話行銷專員所轉呈過來的業務個案，80%都能有後續進展[34]。

做出需求評估

業務人員對需求評估（needs assessment）的最終目標就是儘可能找出客戶的當下狀況。整個過程包括了和顧客面談，研判出對方的特定需求，並找出能讓對方心滿意足的可能選擇範圍。針對自己所能提供的部分和顧客所想要得到的部分，這兩者之間的最大契合程度，正是業務人員所應找出來的。因為這也正是需求評估的一部分，所以扮演諮詢角色的業務人員必須知道所有應該知道的事情[35]：

需求評估
研判顧客的特定需求以及找出讓對方心滿意足的可能選擇範圍。

◇商品或服務：商品知識是進行需求分析的成功墊腳石。也就是說，業務人員必須專精於自己所售的商品或服務。它是在哪裏製造的？如何製造的？技術性規格有哪些？可以符合顧客的要求嗎？商品的特性和利益點是什麼？它們提供給顧客的利益點又是什麼？價格和付款方式如何進行？能提供什麼樣的保證和售後服務？商品的表現性能和競爭對手比起來如何？其它顧客在使用了該商品或服務之後，有些什麼樣的經驗？該公司的目前廣告和促銷活動，所傳達的訊息是什麼？

◇顧客及其需求：說到顧客的部分，業務人員就應該比顧客本身還要瞭解顧客才行。這也正是關係和諮詢推銷的祕訣所在，那就是讓業務人員不再只是商品或服務的供應商而已，而是一個可信賴的諮商顧問。專業的業務人員不只是販售商品，他還會為每一位客戶提供有益公司的構想和各種解決辦法。對顧客而言，向一位專業的業務人員請益就像是如虎添翼般地多了一名免費的共事夥伴一樣。舉例來說，中克美占藥廠（SmithKline Beecham）業務代表的工作項目之一，就是蒐集有關顧客的資料，例如誰是決策者？是誰在影響決策者？誰又是檯面上進行接觸的第一人。業務代表在拜訪過實驗室之後，也會記錄一些相關資料，例如設備的尺寸和類型。即使需要額外努力才能完成這類對顧客的剖析作法，多數業務代表還是很樂意進行，因為當合作機會來臨時，他們就有足夠的參考資訊了[36]。

◇競爭環境：誰是競爭對手？它們最為人所知的部分是什麼？它們的商品和服務和什麼很類似？又是如何進行比較呢？它們的優缺點各是什麼？它們的強弱點又各是什麼？業務人員對競爭對手的瞭解程度就要像對自己公司的瞭解程度一樣才行。

◇產業：瞭解整個產業是指業務人員應積極參與整個產業的探索活動。這表示業務人員應參加業界的聯合會議、多讀一些同業出版刊物上的報導、關心每一條可能影響到該產業的律法和法案動向、瞭解來自於國內外競爭對手的替代商品或創新發明以及關心可能影響到該產業的當今經濟和金融局勢。

發展和提出解決辦法

一旦業務人員蒐集到有關客戶需求的適當資料之後，下一步就是針對公司的商品和服務是否能符合顧客的需求，進行研判。然後再發展出一套解決辦法，可能的話，數個解決辦法並行也可以，好用來擺平顧客的問題或是滿足顧客的特定需求。

這些解決辦法通常是以銷售提案的方式在銷售提案會議中向客戶進行推薦。所謂**銷售提案**（sales proposal）就是指書面的文件或專業性的呈現手法，將該公司的商品或服務能如何地滿足或超越客戶的需求，進行概要性的略述。而**銷售提案會議**（sales presentation）則是指讓業務人員有機會面呈銷售提案的正式會議。因為業務人員通常只有一次機會來呈現他的銷售提案，所以提案內容和會議本身的品質便左右了這筆交易的成敗與否。業務人員必須要能自信又專業地進行提案，回答客戶當場所提出的任何問題。如果業務人員不能表現出令人折服的自信態度，客戶就往往就會忘掉前者所提出的任何資訊。客戶會把眼前的肢體語言、音調形態、衣著和身材類型等記入腦海中，事實上，客戶常常只記得業務人員的自我表現方式，更勝過於其中的談話內容[37]。

提案的方式有兩種基本辦法：刺激——反應式和需求——滿足式。第二種辦法比較類似於關係推銷的作法。

刺激——反應式辦法

刺激——反應式辦法（stimulus-response approach）就是給予刺激，激發反應（請參考第六章）。應用在推銷的情況下，則是由業務人員表達對商品或服務的幾點看法（刺激），最後再完成交易（反應）。這種作法大多運用在傳統個人推銷式的情況下。

一個經過熟記或**準備充份的銷售提案**（prepared sales presentation）就是以刺激——反應式的辦法來進行的。許多電話推銷的方式都是遵循這樣的架構或稱「罐裝」（canned）模式來進行。這種罐裝辦法的好處就是它可以保證業務人員一定會把有關商品的事情交代得十分清楚完整，整個銷售的重點安排也會以非常邏輯系統化的方式來進行，所以在內容上會把客戶所有可能提出的疑慮和問題都涵蓋在內。

但是，罐裝作法也有一些缺點。或許這其中最大的壞處就是它不能讓業務人員因個別客戶的需求而做調整。因此，業務人員和提案本身可能給人的感覺很虛偽又很制式化。罐裝作法相當沒有彈性，而且無法讓客戶有參與感。要是客戶中途打斷的話，業務人員就得「重新再來一遍」了。

銷售提案
書面的文件、或專業性的呈現手法，將該公司的商品或服務能如何地滿足或是超越客戶的需求，進行概要性的略述。

銷售提案會議
讓業務人員有機會面呈銷售提案的正式會議。

刺激——反應式辦法
一種銷售辦法，來自於給予刺激，就激發反應的概念。

準備充份的銷售提案
架構式，或「罐裝」式的銷售辦法。

需求──滿足式辦法

相反地，需求──滿足式辦法（need-satisfaction approach）認為，人們購買商品是為了滿足需求和解決問題。所以奉行這種辦法的業務人員會利用客戶的特定需求來做為銷售提案會議中的跳板。業務人員一開始就會先徵求客戶的同意，讓對方瞭解目前的確存在著某種需求，然後再提供解決辦法來滿足這個需求。這種提案方式可以針對不同銷售情況下的個別客戶來應變，所以又稱之為應變性推銷（adaptive selling）。最適於這類作法的狀況就是業務人員擁有非常複雜的商品線，所出售的對象也是世故老練的。

需求──滿足式辦法的好處就在於它有很強的行銷和關係導向。它的設計可以符合市場的需求，也能和顧客建立起長期的關係。因為它是屬於關係──行銷這方面，所以強調的是辦法的解決以及這個商品會如何地提供解決之道，而不只是陳述商品的實質特點而已。

需求──滿足式辦法需要業務人員做出需求評估，也就是先瞭解顧客的需求，並環顧整個競爭態勢和產業狀況。接著，以能符合客戶需求的商品或服務，提出可能的解決之道，最後再就客戶最有興趣的其中一項商品或服務，做出適當的推薦。因此，整個需求──滿足式辦法需要業務人員花上比一般推銷手法更多的時間和相當的技巧來完成。其中所需的技巧大概都著重在傾聽和詢問上，取代以往那種滔滔不絕的推銷手法。聰明的業務人員絕不敢以高壓式的銷售技巧來迫使交易在還沒有成熟的情況下就先開花結果，進而破壞了整個局勢關係。相反地，成功的諮詢性業務人員會利用提案的機會來增進和顧客之間的關係，不僅關心顧客的偏好所在，也很留意顧客決策做成的所需時間[38]。只要能和顧客同時建立起私人性和專業性的合作關係，業務人員就比較能成為客戶的夥伴或顧問，而不再只是一名兜售商品的推銷人員而已。

在日本這個市場上，銷售提案會議中所用到的需求──滿足式辦法是非常重要的，因為在當地，賣方和顧客之間的長期關係是很普遍的。傳統上，日本人只和他們認識或信賴的人作生意。舉例來說，豐田汽車擁有十萬名以上的業務人員在推銷汽車，他們最重要的任務就是逐門逐戶地進行拜訪。這些業務人員都和顧客們維持著定期性聯絡拜訪的關係。一般來說，一次交易的完成可能需要花上好幾回的會面時間。而豐田的業務人員在交易完成之後，就會進行定期性的拜訪，瞭解車子的使用情況，並致贈親手書寫的祝賀卡以及特別的邀請函，請車主參加低價促銷的機油更換活動或自營商所舉辦的活動等。而許多年來，顧客在每次換車的時候，也都只會尋求同一位業務人員的協助[39]。

進行疑慮的處理

幾乎很少有客戶在提案完成之後，就直接回答道：「好，我買了！」通常他們總會提出一些疑慮，或質疑這份提案和這個商品。舉例來說，潛在買主可能堅持認為價格太高了，或者是資料不夠充份，使他無法下決定；再不然就是商品或服務無法滿足現有的需求等；也有可能是因為買主對賣方的公司和商品不具信心的緣故。

對每一位業務人員來說，所學的第一課就是不管客戶對商品有任何疑慮，都不能認為這是一種個人的挑釁或侮辱。事實上，業務人員應該將對方的疑慮當作是客戶對資料上的更多需求。好的業務人員在處理問題時，會十分地鎮靜，並把它視做為購買決策中的一部分。所以預先想好可能有的問題，例如對價格上的疑慮，就是最好的解決辦法。

終結交易

在提案結束時，業務人員會探詢顧客是否想繼續下去。如果顧客表示他已經準備好要購買，而且所有的問題也都獲得了答案，疑慮也已經澄清，那麼，業務人員就可以試著終結這筆交易了。顧客通常都會在提案中或提案後給予一些信號，表示他們已經打算要購買，或者是一點興趣也沒有。其中例子包括了臉部的表情、手勢和詢問的問題等。業務人員應小心觀察這些信號，並做適當的回應。

交易的終結也需要一些勇氣和技巧。當然，業務人員並不想碰釘子，所以在詢問交易的達成與否時，也往往存在著可能被否決掉的風險。因此業務人員在面對成交與否的關鍵性時刻時，要抱持著開放的心態，隨時準備承受肯定或否定的答案。很少有人在第一次拜訪的時候，就成交一筆生意。事實上，平均來說，業務人員起碼要進行四次以上的拜訪，才能做成一筆生意[40]。有些業務人員可能要花上幾年的時間和一些大客戶周旋，才能成交一筆生意。正如你所看到的，和顧客建立良好的關係是非常重要的。

協調溝通

業務人員和客戶在嘗
試達成一筆交易協議
時，彼此提供讓步空
間的一個過程。

一般來說，如果業務人員能和顧客發展出強固的良好關係，只要再花上一點點的努力就可以讓生意成交了。

一般來說，協調溝通在交易的終結上扮演了一個很重要的角色。所謂協調溝通（negotiation）就是指業務人員和客戶在嘗試達成一筆交易協議時，彼此提供讓步空間的一個過程。舉例來說，業務人員可能會提供減價、免費安裝、免費售後服務或試用商品等多種優惠辦法。但是厲害的協調溝通者會避免使用價格來做為協調的工具，因為一旦在價錢上直接讓步，就會影響了最後的盈虧。所以，真正有經驗的業務人員會向顧客強調商品的價值，而把商品的價格問題剔除於議題之外[41]。

有愈來愈多的美國公司都在擴張它們的市場行銷，並致力於全球市場的經營。在國外市場進行推銷的業務人員，應該要讓自己的提案方式和結案風格能迎合當地的市場。舉例來說，在德語國家中，例如德國、奧地利和瑞士的部分地區，業務人員就要對當地那種嚴肅不苟的商業氣氛和缺乏彈性妥協的溝通方式習以為常才行。可是到了中南美洲，和當地的顧客溝通協調的時候，就要懂得討價還價的技巧。私人關係的運用對中南美洲地區來說是很吃香的，所以業務人員三不五時地會在會議和提案的過程當中，和客戶進行面對面的接觸聯絡[42]。中國人則凡事過度小心謹慎，在同意購買任何東西之前，會先尋求和供應商建立起長期的關係。在中國市場上的多數交易都是在社交場合中達成的，也許是一同喝酒或者是共進晚餐[43]。請看看「放眼全球」方塊文章中全球推銷術裏的有所為和有所不為。

後續動作

後續動作

推銷過程中的最後一
個步驟，業務人員必
須確保交貨的時間沒
有延誤；商品或服務
的表現一如當初的預
期保證；以及買主的
員工受過適當的訓
練，能夠妥善地使用
該商品。

不幸的是，許多業務人員都把生意成交認定為最重要的事。一旦生意做成之後，就把顧客給拋在腦後了。這是不對的！業務人員的責任不只是完成交易和下訂單而已，其中最重要的工作之一就是後續動作（follow-up）。他們必須確保交貨的時間沒有延誤、商品或服務的表現一如當初的預期保證以及買主的員工受過適當的訓練，能夠妥善地使用該商品。

傳統的推銷辦法對顧客的後續動作只侷限於商品的成功送達和商品的性能表現；然而關係推銷中的最基本目標卻是透過長期關係的發展和培養，誘導客戶不斷地回頭找你，一次又一次，成為永遠的客戶。多數的生意往來靠的就是重複的銷售，而重複的銷售則得自於業務人員對老客戶所

放眼全球

全球推銷術中的有所為和有所不為

多數在國外市場有所涉獵的大型公司，都會雇用當地員工來推銷旗下的商品。而國際性買主通常對美國人的兜售行為，也都採取敬而遠之的態度。所以對那些想要在國際市場上縱橫無阻的美國人來說，最好做出完善的準備之後再上路。

在美國本土能夠成功的銷售技巧，大多也可以在海外市場上暢行無阻。可是能否瞭解如何因應某些文化上的要求舉止，則是生意成交或丟掉客戶這兩者之間的分界所在。有一些老美視為理所當然的事情，卻可能讓他們在海外市場上重跌一跤。僅僅是舉起大姆指這樣的日常手勢，在另一個國家卻會讓顧客感到受辱。另外在世界其它各地，還有一些事情是我們必須注意的。

阿拉伯國家：不管是抓握物品、拿取物品給他人、或者是接受來自於他人的物品，都不要使用你的左手。因為阿拉伯人的左手是用來接觸衛生紙之類的物品。如果你必須用左手來書寫，請先向他人致歉。

中國：在生意討論進行中，千萬不要拒絕主人所提供的茶水。要一直喝它，即使你在這一天當中，已經喝了很多杯的茶水了。此外，呈交給中國老闆的印刷資料請務必是白紙黑字，因為對中國人而言，顏色的象徵意義有很多。還有絕對不要在主人未開動之前，就先自行吃喝了起來。

法國：不要排定早餐會議，因為法國人不到早上10點，是不會露面的。

德國：對商業夥伴，千萬不要直呼其名諱，即使你已經認識對方好多年了。請等到對方要你直呼其名時，才可這麼做。另外，這裏也沒聽過什麼早餐會議。

拉丁美洲：在這裏的人們不太把時鐘當一回事，所以你如果在一天之內排定了兩場以上的約會，下場將會慘不忍睹。

日本：不要把生意帶到高爾夫球場上來談，要耐心等到你的主人先提起這個話題。在日本請不要疊腿而坐，因為露出你的腳底板是很沒有禮貌的行為。

墨西哥：千萬不要贈送一束紅色或黃色的鮮花，因為墨西哥人會把這些顏色聯想成惡魔和死亡。最好是送一盒上選的巧克力。

越南：在和越南婦女初見面的時候，請等她先伸出手，你才可以和她握手，但是她也可能只是點個頭或鞠個躬而已，因為這兩種方法是越南當地最普遍的致意方式。越南人不喜歡在社交場合中，被人觸摸或被人拍打肩膀和後背。

其它：豎起大姆指的舉動在中東地區有攻擊性的意味，在澳洲地區則是無禮的象徵，在法國則表示萬事「OK」。到了土耳其，碰到當地人的時候，千萬不要在胸前交疊你的雙臂，因為這是很沒有禮貌的。另外，在中東地區，千萬不要提：「你的家人好嗎？」這類的問題，因為這被認為是很私人性的話題。在多數的亞洲國家裏，直視對方的眼睛也被認為是很無禮的[44]。

持續提供的完整後續服務。找尋一名新顧客的支出成本要比維繫一名老顧客來得昂貴多了。當顧客覺得有被遺棄的感覺時，認知失調就會產生，重複銷售的數量也會跟著降低。就今天而言，這個議題要比起以前要來得合情合理多了，因為現在的顧客不管是就品牌或是賣方來看，都愈來愈沒有忠誠度可言了。買方總是想盡辦法要找出最好的交易，特別是對那些得不到良好售後服務的案主來說，更是如此。有愈來愈多的買主都開始喜歡和賣方建立某種關係。

銷售管理

　　在商場上有一句格言是這樣說的：「除非生意成交，否則什麼事也不必做」。沒有了生意，就不需要會計師、製作工人或甚至是公司的總裁。有了生意才能提供燃料，讓整個企業體的引擎活動起來。類似像西點派普洛（West Point Pepperel）、道康寧（Dow Corning）、阿爾考（Alcoa）等這些公司，以及數以千計的其它產業製造商，它們要是沒有成功的業務人員或製造商代表，整座公司就會停工甚至消失於市面上。即使像寶鹼（Procter & Gamble）和卡夫通用食品（Kraft General Foods）這類公司，雖然主要賣的是消費性商品，而且大量使用廣告活動來促銷商品，可是也需要靠業務人員將它們的商品透過配銷通路推到市面上。因此，銷售管理算得上是市場行銷中最具關鍵性的專業技術。旺盛的銷售士氣是讓銷售管理茁壯長大的最佳養分，進而能在經濟上和效益上達成銷售的使命。不良的銷售管理只會導致收益目標的落後，甚至是整個企業體的一蹶不振。

　　就像推銷是一種個人關係，銷售管理也是如此。雖然業務經理的基本工作就是在合理的成本範圍內，盡力擴大銷售量，同時也擴大利潤上的收益，但是他也有許多其它重要的責任和決策必須執行。業務經理的任務包括了：

1.界定銷售目標和銷售程序。
2.建立銷售組織結構。
3.培養銷售團隊。
4.指導銷售團隊。
5.評估銷售團隊。

讓我們看看這些任務的內容。

界定銷售目標和銷售程序

經驗老到的業務經理一開始就會先設定銷售目標。因為沒有目標的驅策，業務人員的表現就不會出色，而且可能會造成公司的倒閉。因此，設定銷售目標是業務經理在工作上的當務之急。同樣地，管理階層也要負責擬定整個作業程序，好讓業務人員能夠具體遵循，以便在最有效益的情況下達到銷售的目標。

設定策略性銷售目標

就像任何一種行銷目標一樣，銷售目標也必須以清楚、明確、有衡量標準的字句來描述，而且要為目標的達成定出時間表。整體來說，銷售目標通常是以營業金額、市場佔有率或收益程度為主要標的。舉例來說，某家保險公司可能將目標設定在每年的壽險營收額應達五千萬美元，相當於12%的市場佔有率，或者是年收益一百萬美元。

每一位業務人員也都有屬於自己的目標，通常是以銷售配額的方式來進行。配額（quota）就是指業務人員銷售目標下的內容聲明，往往是以營業額為標準，有時候，還會包括主要客戶（擁有很大購買潛力的客戶）、新客戶、重複銷售以及個別特定的商品等。除此之外，配額也可以根據活動內容或者是財務上的目標來制定。舉例來說，某家分區電話公司的業務代表，他的銷售配額可能是每週售出價值一千美元的設備或者五具全新的分區電話。許多公司，特別是那些奉行關係推銷的公司，都把重點放在財務目標上，所以會要求業務人員把個別商品的收益多寡列入考慮之中。對那些有較高收益的商品來說，比較能得到公司方面的重視。

配額
業務人員銷售目標下的內容聲明，往往是以營業額為標準，有時候，還會包括主要客戶（擁有很大購買潛力的客戶）、新客戶、重複銷售以及個別特定的商品等。

界定銷售程序

優良的業務經理不會只重視銷售的目標，他也會很著重整體的銷售程序，因為它是讓整個業務組織體達成目標的背後驅策動力。業務經理要是無法清楚瞭解銷售的過程，不管銷售目標做得再完美，或者手下的業務人員再能幹，他都無法成功。擁有才智兼備和賣力的業務人手還不夠，業務經理必須規劃出良好的制度來協助業務人員打贏這場銷售戰。因此，業務經理最重要的任務就是研判出最有效益性的銷售程序，讓業務人員在推銷不同的商品和服務時，可以具體遵循。

銷售過程的基本步驟和本章前文所討論到的內容是一樣的（也就是找出客戶線索、需求評估、建議發展和提案、終結交易以及後續動作等），業務經理應該要嚴格要求旗下的業務人員遵循這樣的銷售程序，在推銷時，一步一步地踏實進行。不幸的是，許多經理都發現到業務人員並不太買這一套，這是因為很多公司從來不界定清楚該有的銷售程序，鞭策業務人員確實遵守。有些時候，則是因為業務人員很少受過正式的業務訓練之故。如果沒有正式的業務程序可以遵循，業務人員對顧客的需求就會採應急的方式，而不是事先預防的方式。

在判定所需要的明確銷售程序前，必須先瞭解顧客的購買過程（你的顧客希望你如何地進行推銷？），並和業務人員面談一番，瞭解現有的推銷步驟是什麼（你的業務代表現在使用什麼樣的步驟在推銷商品？）。舉例來說，在羅斯頓（Ralston Purina）公司的業績開始下滑之後，業務經理就著手進行客戶調查，詳細瞭解旗下業務代表所遵循的業務程序內容究竟是什麼。結果發現到客戶最大的抱怨就是業務代表根本沒有花時間去瞭解客戶的生意，電話打進來之後，總是轉接了好幾次，還是找不到承辦人，帳單作業也是糟糕透了。最後，羅斯頓公司不得不重新整頓銷售程序，集合公司內部所有功能於一身，將來自於行銷、後勤、業務、財務和製造等各單位的代表組成一個業務小組，為的就是要降低在銷售程序中所可能發生的漏失問題。業務小組聚集了公司各種領域上的人才之後，就可以放心大膽地為顧客呈現出最好一面的業務服務，並從各個角度去滿足顧客的需求[45]。

建立銷售組織結構

因為人員推銷的費用很龐大，所以業務部門沒有雜亂無序的權利和本錢。也因此，架構好整個業務部門，並決定業務人手的多寡，這些都是非常基本的工作。適當的組織規劃有助於業務經理釐清業務責任，為業務人員提供正確的作業方向。

規劃銷售組織架構

多數業務部門通常有五種規劃類型，正如以下圖解所描述的。而公司也常常會將這些類型加以結合。

◇以地理區域來劃分的組織架構：規劃業務人手的最常見辦法就是指派業務人員到某特定地理區，稱之為業務領域（sales territory），例如某個行政區、州、城市或是其它貿易地區等。消費性商品公司的旗下商品若是關聯性很接近，也不是什麼技術性商品，就多會採納這種方式。若是顧客分佈的很廣泛，或者是各地區的顧客購買行為有很大的差異時，也很適合採行這種地理架構式的業務組織辦法。舉例來說，在南方各州的雪地輪胎銷售成績並不能保證每一個業務區域的業績如何，但是到了北方，情況就大不相同了。

業務領域
派業務人員到某特定地理區

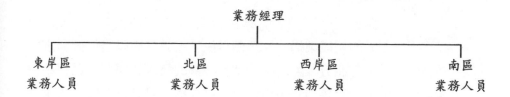

◇以商品來劃分的組織架構：另一種常見的辦法是根據業務人員所販售的商品或品牌，來進行架構組織的安排。若是商品很複雜，彼此之間差異也很大，而且各商品或商品群的重要性也足以得到業務上的個別注意，這時就很適合採用這種模式。依照商品別所劃分的銷售團隊，往往都對個別商品特別專精。出售辦公室設備的業務人員，就是這類架構辦法的代表例子。

◇以功能來劃分的組織架構：根據功能別所組織而成的業務部門，著重的是需求下的各種業務活動，例如客戶的開發或是客戶的維繫。這種架構辦法最有利於表現銷售活動的專業性和效益性，而且適用

於那些只出售少許商品或類似商品給幾個目標市場的公司行號。因為它需要較多的工作人員，所以小型公司很難維持下去，因此它最適用於中大型公司。這些公司有本錢讓自己的業務人員只專注於一個任務或少許一些任務。舉例來說，許多紙類製造商都雇用業務代表來進行主要客戶的開發工作，一旦交易協商達成之後，屬於客戶服務部的業務人員就會接手有關客戶的售後服務部分。

◇以市場來劃分的組織架構：在這個辦法下，銷售團隊是依據顧客群或目標市場來作劃分。若是每一個目標群的需求和購買行為都不盡相同時，就很適用這種以市場為導向的作法。另外當有需要去辨識或解決不同的顧客問題時，這種作法也很適用。舉例來說，伊士曼柯達公司在最近重組了整個業務部門，因為它發現到旗下的銷售團隊有不勝負荷的現象。柯達公司的業務人員為了因應商業攝影棚、人像或婚紗攝影棚以及各種專業轉售商的不同需求，而必須通曉六十種以上的底片類別，所以要一一拜訪這些在需求上差異頗大的各種不同顧客，實在是很困難。經過仔細的分析之後，柯達公司重組整個業務，根據市場區隔，將人手分成九個明顯不同的小組：三個專門處理商業服務的小組以及六個專門處理人像／婚紗攝影和攝影師／轉售商的小組。然後再因應不同的市場區隔，依照業務人員的專業知識和行銷技巧，指派各人的業務領域。這樣的安排方式使得業務人員可以專注在單一類型的顧客群上，讓他們比較能注意到市場上的趨勢走向，協助解決顧客的問題[46]。

◇依主要客戶來劃分的組織架構：許多公司都採用以市場為劃分的更
　進一步作法，那就是以個別客戶或業務量來做劃分。這種作法和關
　係推銷的日益普遍有很大的關係。通常企業體會指派一名業務人員
　或一組業務人員來專門負責一個客戶，為的就是要提供更好的顧客
　服務。許多公司希望藉著這種以顧客為主的業務重整作法，並以改
　善顧客服務的品質、鼓勵公司各部門之間的合作，凝聚業務士氣，
　發揮小組力量。

判定業務人手規模

　　建立銷售組織的另一項任務就是對理想的銷售團隊規模做出判斷。業
務經理可以利用很多種方法來判斷自己究竟需要多少業銷售團隊。業務經
理可以利用工作負荷量法（workload approach），把某特定業務領域的所需
總時間除以每一位業務員的推銷時間，這種辦法的好處是簡單明瞭。但是
能否成功地運用這類技巧，全在於業務經理是否有能力估算出拜訪顧客的
理想頻率是多少以及潛在顧客的數量有多少。但是，這種工作負荷量的計
算方式卻無法考慮到勞動力增加下的可能成本，以及每一次業務拜訪時，
所可能產生的成本支出和收益。

　　第二種判定業務人手量的辦法就叫做增量生產法（incremental
productivity approach）。根據這個辦法，只要額外增加的交易業績超過額外
多出的銷售成本，業務經理就可以增加銷售團隊的人數。檔案紀錄保持良
好的公司就會知道訓練一名業務人員所需要花費的成本有多少。這個成本
再加上實地推銷時的現場支出和新進人員的薪水，就可以拿來和交易結果
下的收益做比較。不幸的是，許多公司都沒有這類成本資料可以利用。

　　其實，業務經理很少只利用單一種方法，就來決定業銷售團隊人數的
多寡。他們大多會結合自己對某些議題的看法，例如經濟因素、產業趨
勢、市場成長量和顧客需求等，再配合以上那些方法，最後才做成有關業

工作負荷量法
決定銷售團隊人數的
辦法之一，就是把某
特定業務領域的所需
總時間除以每一位業
務員的推銷時間。

增量生產法
決定銷售團隊人數的
辦法之一，只要額外
增加的交易業績超過
額外多出的銷售成
本，就可以增加銷售
團隊的人數。

銷售團隊人數的決定。

培養銷售團隊

業務經理已經設定好目標、發展出業務人員可以遵循並達成目標的銷售程序；也根據區域和規模的不同，設計好銷售上的組織架構。現在該是進行業務人員的培訓階段了，因為有優良的業務人員，才能組成卓越的業務團體。業銷售團隊的培訓包括招募和聘請最好的業務員來推銷公司的商品，當然，也必須負擔新進人員的訓練課程和後續的訓練工作。

銷售團隊的招募

銷售團隊的招募應先根據公司所界定的業務任務，進行精確詳細的描述，然後業務經理再寫出其中的工作內容來配合整體的業務目標。從工作內容的描述上，業務經理應該先設想好最能符合該項工作的候選人條件是什麼，這些條件包括了教育程度、工作背景和經歷、過去工作的穩定性如何、獨立作業和獨自旅行的能力如何、有關推銷技巧方面的專業知識和以前所受過的業務訓練有哪些、口語和書寫溝通的程度以及組織能力又如何、還有上一份工作的報酬是多少等。

除了候選人的一般條件以外，還有哪些特質是業務經理所期望的？有什麼特點可以保證招募到的新兵就是最佳的業務人員？其實在所有的表現特質當中，最重要的就是這個人必須是以自己的目標做為前進的驅動力，換句話說，他們通常會把個人的目標設定在管理階層為他們所設定的目標之上。此外，他們是非常在乎自己的成就，總是在談業績上的表現成果如何，而且信心滿滿。好的業務人員總是和自我在做競爭，他們知道自己的表現如何，並拿它來和上一次的成績作比較。他們很樂觀、對商品非常瞭解、而且很有自信。他們瞭解該如何傾聽顧客的談話，是個很好的合作夥伴，知道該如何支援彼此雙方。他們也是自我訓練員，時時為提升自己的專業技術而努力。這類應徵者結束面談的方式就和終結一場交易的方式一樣。他們會問應到何時以及如何進行這份工作？或者會問下一步該怎麼做？好的業務人員在離開客戶的辦公室之前，往往會計畫下一步動作。（圖示18.5）就列出了幾點業務經理應該在關係推銷中所著重的基本特質。

站在顧客的立場 （意圖目的）	●瞭解買主的需求，把他們的需求放在和自己需求（和公司需求） 　一樣同等的地位 ●提案表現有條不紊，而且相當客觀（優缺點都會談到），對商品 　利益點的描述非常清楚 ●以建議取代「推銷」
能力 （本領）	●能展現商品的技術性和應用性 ●能充份掌握技巧、專業知識、時間和資源，來達成對買主的承諾 ●談吐和舉止都能符合自己的專業形象
可靠性 （行為舉止）	●行動多過於空談 ●行為一致，符合以前所建立起來的可靠模式 ●拒絕承諾自己辦不到的事情
坦誠性 （言談）	●提案內容對商品的侷限性和優點，都能有條不紊且公正地闡明 ●推銷員所說的內容也正如買主所知道的一樣，而且句句屬實 ●使用可靠的證據來證明自己的所言屬實 ●隨後發生的事情都能證明他的說法是正確的
人緣	●善用買主的時間 ●禮貌周到 ●能和買主一起分享共通的話題，包括目標和興趣等（可延伸到非 　關生意的話題上）

圖示18.5
關係推銷員的五種特質

資料來源：摘錄自1997年一月號《美國中產階級商業日誌》（*Mid-American Journal of Business*）第十頁的〈關係推銷：從花言巧語到句句實言〉（Relationship Selling: Moving from Rhetoric to Reality），Thomas N. Ingram著。

業務人員的訓練

　　在招募到業務人手，並進行過簡短的業務介紹之後，接下來就是訓練的開始。新的業務人員通常都會接受五種方面的訓練：公司的政策和作法、銷售技巧、商品知識、產業和顧客特性以及非關銷售的各種責任，例如填寫市場資訊報告等。好的訓練計畫可以增加受訓者的信心和士氣，有助業績的成長，並能和顧客建立起更好的關係。課堂上大約會花幾天的時間來瞭解公司的政策；然後再花幾週到幾個月的時間來教授實際的銷售技巧。學員的受教範圍從如何找尋客戶線索到如何進行售後服務等，全都含括在內。

　　旗下商品較為複雜精細的公司，通常都會提供非常周延的訓練計畫。專門銷售醫療用影像設備的柯達健康科學部門（Kodak's Health Science Division），其中的新進人員都要接受長達六個月的正式教育訓練。學員在

一開始就先到柯達行銷教育中心(Kodak's Marketing Education Center)接受六個禮拜的教育訓練,在那裏,他們可以學到柯達公司的經營哲學和基本的銷售技巧。然後他們會隨同一名經驗老到的員工到實際工作場所中實習一個禮拜。因爲有很多新進的業務人員並沒有健康醫療方面的工作經驗,所以熟悉醫院的作業環境就變得非常重要。接下來,學員再回到教育中心接受四個禮拜的密集技術訓練以及商業和推銷技巧方面的課程。然後,學員再回到工作現場待上八個禮拜,學以致用發揮他們所學到的新知識和新技術。一旦學員正式畢業了之後,還必須再花上六個月的時間和一名資深員工一起共事推銷。等到六個月期滿時,整個訓練過程幾乎已達一整年的時間,而這名業務人員也可以分配有自己的業務範圍了[47]。

大多數成功的銷售組織都知道,不只新進人員需要接受訓練,所有的業務人員都應該要時常進修,才能保持原有的銷售技術,以期和顧客建立更好的關係。爲了要追求實質的客戶關係,類似像東芝(Toshiba)這樣的公司,都會提供業務人員一些訓練課程,來改善他們的諮詢推銷技巧和擴大他們對商品與客戶的瞭解。除此之外,訓練課程強調的是人與人之間的相處技巧,這是站在第一線上接觸顧客的員工們所最需要的。也因爲溝通協調對生意的成交與否愈來愈重要,所以業務人員也需要接受這方面的訓

東芝公司
東芝全國銷售訓練部
門的任務宗旨是什
麼?他們爲自營商提
供什麼樣的銷售訓練
機會?
http://www.toshiba.co
m/tacp

業務經理認為他們的業務人員應該接受哪些訓練課程：	
諮詢推銷	47%
傾聽技巧	29
時間管理	24
商品知識	21
溝通協調	19
成交的技巧	19
提案技巧	14
疑慮的處理技巧	13
客戶線索的找尋	5
網絡系統的建立	4

圖示18.6
普受歡迎的銷售訓練課程

資料來源：1995年四月號的《銷售和行銷管理》（*Sales & Marketing Management*），第39頁。

練，才不會隨意拿公司的利益來冒險。最後，也有許多公司讓身處在業務小組中的非業務成員接受一些基本的銷售訓練，例如工程師和顧客服務部的人員等。因為讓這些員工接受業務方面的訓練，有助於他們瞭解自己該如何地支援第一線上的業務人員。（圖示18.6）就列出了幾個最普遍的訓練主題。

對那些必須在海外市場管理業務人手的公司來說，訓練課程也變得愈來愈重要了。舉例來說，聯邦快遞的規模和國際性觸角都反映出有必要在全球各地的策略性定點上進行訓練課程。該公司約有兩千名的業務人員必須準備就緒向各類顧客提供國際性的運輸專業技術。而在亞洲和歐洲所招募到的新進人員，因為聯邦快遞的名氣在當地並不高，所以這些人都被送到曼菲斯（Memphis）總部，接受完整的訓練，讓他們更瞭解聯邦快遞這家公司。同時也讓這些新進員工看看這個超級指揮中心是如何運作的，並明瞭聯邦快遞服務的規模和範圍。他們也可以聽到來自於該公司創辦人的正式談話，談話中會告知他們公司的策略是什麼，以及在全球市場上所面臨到的挑戰是什麼[48]。

指導銷售團隊

指導銷售團隊也需要業務經理的一些獨特技巧。好的業務經理必須具備分析的能力，同時也要扮演激發者和啦啦隊長的角色。然而在現實生活中，業務經理的工作範圍遠超過本y章所討論到的內容。而對業務人員的指導內容則大概包括了報酬規劃、激勵業務人員達成目標和實際的領導地位等。

報酬規劃

報酬規劃是業務經理最困難的工作之一。只有良好的規劃才能確保以實質的報酬來吸引、激勵和留住優秀的業務人員。一般來說，報酬制度不佳的公司或產業，其員工流動率必定很高，進而增加了成本的支出和效率的降低。因此，報酬制度的規劃必須要對最佳的業務人員有足夠的吸引力和激勵程度才行。有些公司把報酬制度和每季、每年或長期性的銷售與行銷計畫結合在一起，在這樣的作法下，公司方面就可以輕而易舉地敦促自己的業務人員努力完成公司的整體目標，因為這些目標的達成可以創造出相對的報酬，不僅平衡了公司的收益，也能拿來獎勵那些有功的業務人員[49]。

許多公司在發展自己的報酬制度時，都會將利潤的收益列入考慮當中。他們不是根據業務人員的整體業績來核算報酬，而是依照每一項商品售出的獲利程度來計算所該付出的獎勵報酬。也有些公司在考量業務人員的報酬多寡時，會將顧客的滿意度也一併考慮在內。最近一份調查顯示，約有26%的受訪公司會特別針對顧客滿意度的好壞，來進行報酬上的獎勵[50]。舉例來說，IBM的業績紅利就含括了顧客滿意度（佔紅利的40%）和每一筆交易的獲利率（60%）。當地的IBM經理會經常性地進行顧客調查，以便知道顧客滿意度有多少。他們不僅會詢問顧客是否滿意所購商品的性能表現，也會探詢IBM的業務人員是否定期拜訪每一位顧客。為了協助業務人員在談判生意時，當下瞭解獲利的多寡情形，該公司發展出一套軟體，可以讓業務人員立即就能對整個獲利情形做出研判[51]。

有三種專門針對業務人員所採用的基本報酬方式：佣金制、薪資制和混合制。所謂佣金制就是根據業務人員的銷售業績，給予一定比例的報酬獎勵。但是，如果這種報酬制度是屬於直接佣金制（straight commission），除非業務人員作成交易，否則就得不到任何薪水。這種作法也造成了業務經理對領取直接佣金的業務人員們沒有約束管制力。除此之外，業務人員對公司的向心力很低，而且也不太願意參加一些和銷售業績無關的其它活動。資源有限和商品定價很高的公司，通常都會採行佣金制做為報酬制度的一部分。

正如它的名稱所代表的意義一樣，**直接薪資制**（straight salary）不管業務人員的業績多寡，一律給予固定薪資。佣金制的業務人員對填寫資料報告、提供售後服務、拜訪小型客戶和參與其它非關銷售方面的活動一概不甚有興趣，相形之下，領取固定薪資的業務人員就還能忍受以上這些活動。其實這種直接薪資制比較適用於需要有較多售後服務的業務工作，或是奉行關係推銷的銷售組織。除此之外，對那些採用小組分工作法或是宣傳業務代表作法的公司來說，你很難去判定究竟是誰讓這筆生意成交的，所以也很適用於這種直接薪資制的作法。雖然直接薪資制對員工的控制約束力比較大，可是它的缺點卻是無法給業務人員足夠的刺激誘因去達成新的一筆交易。

為了要達到兩全其美的目的，多數公司都是採用混合制的作法，換句話說，業務人員除了固定薪水之外，還有另一項誘因，通常是佣金或紅利。混合制的作法對業務經理和業務人員雙方都有好處。薪資的部分有助於業務經理掌控旗下的業務人手，誘因的部分則可做為一種激勵的手段。對業務人員來說，混合制的誘因部分可以讓自己在經濟起飛或萎縮的時候，避免收入所得上的擺盪過劇[52]。

激發銷售團隊

目標設定和配額分配可以給業務人員一個努力的方向。訓練課程則可以增添業務人員的銷售利器。而報酬制度則能讓業務人員賣出更多的商品或服務。可是有時候，這些辦法還是不足以達成應有的銷售業績，或者是完成業務管理階層所要求的利潤收益。這時，業務經理通常會提供更多的獎勵或誘因來增加新商品或高利潤商品的銷售成績。這類銷售誘因包括了各式各樣的獎勵辦法，例如頒獎、匾額、假期、贈品、調薪或紅包等。

獎勵辦法有助於提升整體銷售業績、增加新客戶、振奮士氣、疏通低流通率的商品和整頓低落的營業額等。它們也可以用來達成長期或短期的目標，例如把過度囤積的存貨清除掉；達成每月或每季的銷售目標。加薪、升遷、改善工作環境；提供更多的福利保障；肯定表揚和提供個人的成長機會等，都有助於激發業務人員的銷售潛力。

直接薪資制
一種報酬辦法，不管業績多寡，業務人員領取的都是固定薪水。

實際的業務領導能力

也許在業務經理的工作中，最具關鍵性也最困難的部分就是成為旗下銷售團隊的領導者和工作導師。成功的業務人才並不一定是自然天生的，他們是被創造出來的，在業務經理的指導和仔細調教下，慢慢琢磨打造而成。

好的業務經理會透過清楚的溝通，激勵旗下業務人員努力達成銷售目標。他對公司的宗旨目標有遠大的目光，承諾完成使命，也能灌輸手下對榮耀的重視，贏得旗下員工對他的尊敬。好的業務領導者會持續進修，同時也鼓勵其他人這麼做。他非常贊成業務人員應多花點時間磨利自己的推銷技巧和學習最新的知識技術。

好的領導者不只和顧客建立起強固的良好關係，就是和旗下的業務人員也不例外。不管是銷售現場，還是辦公室，業務經理都應該要多花一點時間和業務人員相處，以便在必要的時候提供支援和做出建設性的批評指教。這種關係的建立也可以延伸到其它工作領域中的同事們，以及那些在機構組織體內位階較高或低於自己的管理階層們。這是關係推銷中最基本的動作，因為整個企業體都必須同等地和顧客打好關係才行。儘管在銷售組織體內，服務提供是非常重要的一環，但團隊上下一心對顧客的一致承諾，則益加重要[53]。

有關業務經理領導方面的另一個重要事宜，就是為其它業務人員樹立良好的典範。因為業務人員會仿傚業務經理的做事方式。如果業務經理給了業務人員一個新式的自動工具，業務經理就應該要會使用它才行。假定新的線索搜尋系統剛剛建立完成，業務經理應率先示範使用，讓這個工具的利用價值發揮到最大的程度。

評估業務表現

業務經理的最後一個任務就是評估業務部的效能和表現成績。為了要做成評估，業務經理必須先蒐集一些回饋性的資料，也就是說，定期從業務人員那裡收取資料。電話記錄報告或者是個別業務人員以自動軟體輸入到中央資料庫裏的資料數據等，都可以讓業務經理大概瞭解整個業務活動的情形，其中包括業務提案的數量和生意成交的數量等。

這類資訊有助於業務經理透過銷售週期來監控業務人員的進度活動，並找出有問題的部分在哪裏。一旦瞭解了每位業務人員在銷售週期的各個步驟中所掌握到的客戶線索數量，以及有幾條線索是在哪一個步驟中斷停止的，業務經理就可據此判斷出業務人員在銷售過程中各個步驟上（找出客戶線索、需求評估、提案製作和提出、交易終結和後續動作）的成效如何。

因為瞭解業務人員是在哪個步驟中丟了客戶，有助於業務經理知道這名業務人員需要接受哪方面的訓練補強。舉例來說，如果業務經理注意到有名業務代表在銷售過程一開始的時候，總能找到許多興趣濃厚的客戶，可是到了需求評估的階段就會掉了幾個客戶，這時，業務經理就可以建議這名業務人員補強有關如何傾聽客戶的談話和資訊蒐集等這類技巧。同樣地，若是業務人員在提案完之後，客戶就不再上門了，這名當事者就可能需要進行有關提案發展、疑慮處理或交易終結等這些方面的技術補強。

業務經理也可以根據銷售業績、收益進帳、每一次訂單成交下的客戶拜訪總次數、每一次客戶拜訪後所得到的成交業績或收益；或者是為了達成某些目標（例如推銷公司正在大量促銷的某些商品）而完成的客戶拜訪率等，來評估各業務人員的表現。另外，也可以用質化或主觀性的方法來評估業務表現。主觀性的審核標準包括了業務人員對公司、商品、顧客、競爭對手以及業務工作的認識瞭解有多少。

回顧

在本章，你學到了兩個非常有效的促銷方法：銷售促銷和人員推銷。在本章啓文中，你瞭解了美國瑟加（Sega）公司是如何地利用許多銷售技巧，特別是試樣和競賽的辦法，來瞄準年輕的消費群。而本章的後半部則讓你認識到人員推銷是如何著重與顧客之間的直接互動關係，不僅在其中試著評估顧客的需求，也提供商品或服務來滿足他們的需求。

總結

1. 界定和闡述銷售促銷的目標：銷售促銷就是指廣告、人員推銷和公共關係以外的行銷傳播活動，它會利用短期上的誘因，如低價或附加價值等，來刺激消費者或配銷通路裏的成員，立刻進行貨品或服務的採購。銷售促銷的主要目的是要促進嘗試購買、重複購買和增加消費者的存貨量。

2. 討論消費者促銷活動中的幾個最常見形式：針對消費者所進行的銷售促銷形式，包括了優待券、贈品、忠誠度行銷計畫、競賽和抽獎、試樣以及購買點的陳列展示等。優待券是一種權利證明，可以讓消費者在購買商品時，立刻獲得價格上的優惠。優待券最適於鼓勵商品的試用率和品牌的轉換。而贈品所提供的額外項目或好處則需要消費者在購買一些商品或服務之後才能獲得。贈品可以促成消費者的購買決策、增加消費量，並說服非使用者轉換品牌。獎勵老顧客則是忠誠度行銷計畫中的基本原則，忠誠度計畫有助於建立公司和主要客戶之間的長期互惠關係。愛買者計畫則是忠誠度計畫中最普遍的一種運用形式。而競賽和抽獎則是常用來創造消費者的興趣和鼓勵品牌的轉換。也因為消費者認為試用新產品多少帶了一點風險，所以試樣就成了攫獲新顧客的最佳辦法。最後是零售處的購買點陳列展示，這個方法可以帶動客源、宣傳商品和誘發衝動性的購買。

3. 列出業者促銷活動中的幾個常見形式：製造商會利用很多和消費者促銷活動一樣的工具，例如銷售競賽、贈品和購買點的陳列展示等，來進行業者間的促銷。除此之外，製造商和通路中間商還有幾種獨特的促銷策略可以運用，例如交易折扣、推銷獎金、訓練計畫、免費貨品、店內示範和商業會議或商展等。

4. 描述人員推銷：人員推銷是指業務人員直接和一或多位的可能買主進行溝通，試著在溝通中去影響其中的每一個人。廣義地來說，所有的商人都會利用個人推銷的方式來促銷自己和自己的構想。人員推銷有幾點好處凌駕於其它促銷形式。首先，它可以讓業務人員清楚完整地解說和示範商品，也能因應個別顧客的需求和喜好，來彈性變通銷售提案。而人員推銷之所以比其它形式的促銷要來得較有成效，是因為業務人員可以專心瞄準資格符合的可能顧客，避免浪費時間在一些不可能的買主身上。而且人員推銷的作法可以讓管理階層有效地控制促銷的總成本。最後，人員推銷對交易的達成和讓顧客滿意的這檔事上，往往比其它形式的促銷要來得有效多了。

5. 討論關係推銷和傳統推銷這兩者之間的不同：關係推銷就是建立、維持並增進和顧客互動關係的一種銷售作法，為的是要透過共通互惠的合夥關係，讓雙方培養出長期的滿意心理。從另一方面來看，傳統推銷則是以交易為重心，換句話說，業務人員最關心的是完成一次交易後，就將箭頭放在下一個可能顧客的身上。奉行關係推銷的業務人員，需要花比較多的時間來瞭解顧客的需求，並發展一些辦法來解決顧客的需求。

6. 確認出不同類型的銷售任務：銷售任務通常會被分類成三種基本類型：爭取訂單、接受訂單和支援銷售。訂單爭取者是指積極爭取可能買主和試著說服他們購買的人，他可能是公司內部的業務人員，也可能是轉售商。訂單接受者處理的不是內部的訂單就是現場實地的訂單。內部的訂單接受者是站在櫃台前、拍賣樓層或是透過電話和郵件等方式，接下顧客的訂單。相反地，實地訂單接受者則必須拜訪顧客、檢查存貨、接受新訂單和為顧客送貨與儲藏貨品。銷售支援則包括了宣傳業務代表、技術性專門人員和業務小組等。宣傳業務代表會提供各種不同的促銷服務來支援公司在銷售上的努力。技術性專門人員則協助業務部門描述、設計和裝置商品。奉行關係推銷的廠商都開始自組業務小組，以便滿足客戶的需求。業務小組是業務人員和非業務人員的結合體，其首要目標就是建立和維持穩固的顧客關係。

7. 列出銷售過程中的所有步驟：銷售過程是由七個基本步驟所組成：（1）發展線索；（2）找出符合要求的銷售線索；（3）做出需求評估；（4）發展和提出解決辦法；（5）進行疑慮的處理；（6）終結交易；和（7）後續動作。

8. 描述銷售管理的功能：銷售管理算是市場行銷中最具關鍵性的專業領域，其中內含了幾種功能。業務經理設定整體的公司銷售目標，並界定出最有效的銷售程序，好讓業務人員達成目標。他們也會根據地理位置、商品別、功能別或顧客別，來建立業務組織上的架構，並判定業務量的規模大小。業務經理可透過人員招募和訓練來培養業務人才。然後再經由報酬規劃、對業務人員的激發和有效的業務領導，來指導帶領旗下的員工。最後，業務經理還可從銷售團隊那裏蒐集資料，或利用其它判定表現的辦法，來進行業務部門的評估工作。

對問題的探討及申論

1. 為什麼每一年消費者對優待券的利用只有少許一點比例而已？有些公司會採用什麼辦法，讓優待券的促銷方式更有效？

2. 請就不同形式的銷售促銷會如何地破壞品牌忠誠度或建立品牌忠誠度，進行討論。如果某家公司的目標是增進消費者對該公司商品的忠誠度，最適用的銷售促銷技巧有哪些？

3. 為什麼試樣這個辦法很能激發出消費者對新商品的試用？

4. 關係推銷和傳統的推銷辦法有什麼主要的不同？你認為有哪些商品或服務很適於採用關係推銷的作法？

5. 你是一家著名商業電腦系統公司的新進業務人員，而你的顧客之一就是某個醫師團體組織。你剛剛才和該組織的經理訂下初步會議的時間。請概要列出幾個你會在會議中提出的問題，以便瞭解該客戶的需求。

6. 交易的後續動作需要做些什麼？它為什麼是銷售過程中的基本步驟，特別是從關係推銷的角度來看的話。它和認知失調的關係如何？

7. 身為某家公司的新任業務經理，你已經決定要為業務部門重新修正整個報酬制度，讓它結合薪資制和佣金制於一身。請寫一份備忘錄給貴公司的總裁，在其中解說你覺得你的計畫為什麼會成功？

8. 請組成一個四人小組，讓小組成員分工合作，取得一些促銷資料。禮拜天的報紙應該會刊登一些超級市場或其它種類的優待券。也請翻翻雜誌，或者是拜訪一些當地的商家，都可能可以獲得一些銷售促銷上的材料。請準備一份表格，比較這些銷售促銷的不同之處。找出有哪些目標區隔市場最有可能回應這些促銷活動，以及理由何在。請就這些銷售促銷的應用賣點，提出一些改進之道。

9.這個網站是用哪些方法來進行人員推銷？

　　http://www.xerox.com/soho.html

10.這家餐廳如何透過全球資訊網來進行銷售？

　　http://www.hww.com.au/merronys

學習目標

在讀完本章之後，各位應當能夠做到下列各項：

1. 瞭解網際網路和全球資訊網的發展和架構。

2. 說明網際網路的人口變動。

3. 討論網際網路對行銷策略的影響。

4. 解釋如何在線上進行行銷研究。

5. 描述圍繞在網際網路之各種商機上的隱私權和保障權議題。

6. 解釋網際網路如何影響傳統上的行銷組合。

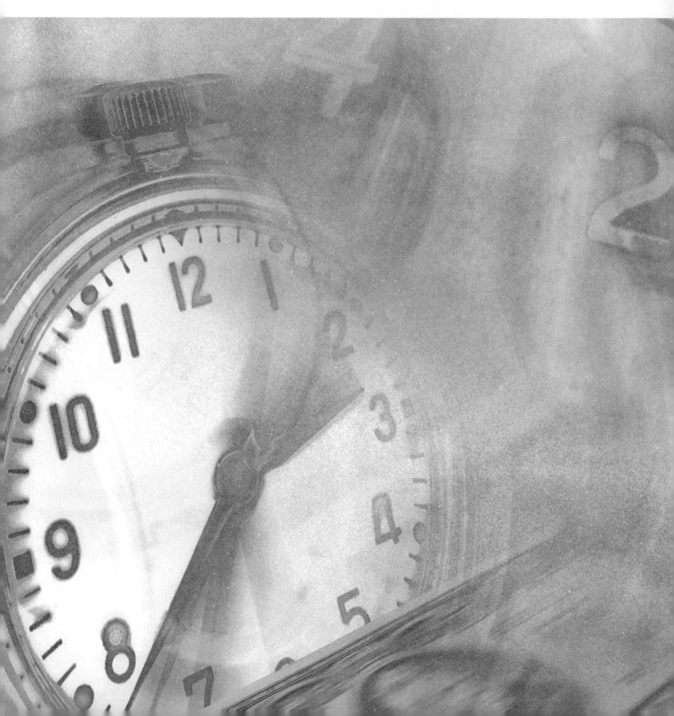

第19章

網際網路行銷

每一種新崛起的主要傳播媒體都曾改變過市場行銷的命運。電話讓1890年代的經理因為能夠掌控整個配銷過程，而得以長途運送他們的商品。當廣播電台在1920年代崛起的時候，它也促成了大眾消費市場的誕生。1950年代的電視，因為可以藉著大量的廣告為商品塑造出強烈的品牌形象，更是對整個過程產生推波助瀾之效。今天，網際網路的成長速度更甚於前述的任何一種傳播技術，因此也可能會比上述技術為市場行銷帶來更多的變遷。

使用一整組全新的工具

網路改變市場行銷的第一步就是給了商標經理一組全新的使用工具。其中有幾個主要特性是網際網路的基礎所在，而每一個特性對工具的使用來說都很重要：

1. 網際網路是一種數位化技術，聽起來好像是在說電腦，可是它真正代表的卻是快速和便宜的意思。過去三十年來，數位化技術的成本每十八個月就會滑落50％。在整個經濟體上，沒有任何一種東西可以像它一樣，長久以來都維持著這種低價位。市場行銷的目標之一就是想想看該如何好好利用這個來自於矽產業的上好資源。
2. 網際網路可以讓每個人進行對談。就像電話一樣，網路可以用來直接和一名消費者溝通。可是它也像電視一樣，可以同時傳播給數百萬名的消費者。這種靈活彈性的力量很大，而且它代表的意義是，若是有更多人加入網路的行列，在網路上的每個人都會有所獲益。
3. 網際網路可以讓使用者進行選擇。網際網路的使用者只要在滑鼠上輕輕一按，就可以自主選擇他們所想要到的地方。消費者可以在其中找到距離自己好幾千哩以外的最小型公司。若是有任何孤立離群的消費者對某商品感到有意思，該公司也可以在網路上找到他們。就算再特別的興趣也有辦法可以滿足，因為它能夠專門鎖定非常小眾的市場區隔，在消費者的興趣和商品之間仔細小心地找出契合點。

每一種新崛起的主要傳播媒體都曾改變過市場行銷的命運。電話讓1890年代的經理因爲能夠掌控整個配銷過程，而得以長途運送他們的商品。當廣播電台在1920年代崛起的時候，它也促成了大眾消費市場的誕生。1950年代的電視，因爲可以藉著大量的廣告爲商品塑造出強烈的品牌形象，更是對整個過程產生推波助瀾之效。今天，網際網路的成長速度更甚於前述的任何一種傳播技術，因此也可能會比上述技術爲市場行銷帶來更多的變遷。

使用一整組全新的工具

網路改變市場行銷的第一步就是給了商標經理一組全新的使用工具。其中有幾個主要特性是網際網路的基礎所在，而每一個特性對工具的使用來說都很重要：

1. 網際網路是一種數位化技術，聽起來好像是在說電腦，可是它真正代表的卻是快速和便宜的意思。過去三十年來，數位化技術的成本每十八個月就會滑落50%。在整個經濟體上，沒有任何一種東西可以像它一樣，長久以來都維持著這種低價位。市場行銷的目標之一就是想想看該如何好好利用這個來自於矽產業的上好資源。

2. 網際網路可以讓每個人進行對談。就像電話一樣，網路可以用來直接和一名消費者溝通。可是它也像電視一樣，可以同時傳播給數百萬名的消費者。這種靈活彈性的力量很大，而且它代表的意義是，若是有更多人加入網路的行列，在網路上的每個人都會有所獲益。

3. 網際網路可以讓使用者進行選擇。網際網路的使用者只要在滑鼠上輕輕一按，就可以自主選擇他們所想要到的地方。消費者可以在其中找到距離自己好幾千哩以外的最小型公司。若是有任何孤立離群的消費者對某商品感到有意思，該公司也可以在網路上找到他們。就算再特別的興趣也有辦法可以滿足，因爲它能夠專門鎖定非常小眾的市場區隔，在消費者的興趣和商品之間仔細小心地找出契合點。

創造全新的顧客認定價值感

成功的網路商人瞭解到這門技術可以爲消費者創造出全新的認定價值感。在市場行銷上，最有效的網路運用方式之一就是讓目前「真實世界」裏的商品更加美好。直覺（Intuit）公司的加速理財計畫（money-managing program quicken）就因爲網路的利用而顯得更加妥善，因爲它在其中添加了保險、金融規劃和大學經費等各種線上資源。這家公司也利用網路來充實它的顧客服務部門，使其益加十全十美。

接下來就是讓網路的利用達到個人化的地步。數位化技術的速度絕對可以達到上述的要求，而網路則提供了每個人都想要得到的必要資訊。各商品則可以配合個人的品味要求，以接近標準大眾市場的合理價格來出售。

線上社區的建立

因為和使用者的關係以及和顧客之間的關係一直是市場行銷中的一部分，所以網路也戲劇化地轉變了這一點。線上社區的建立成了服務消費者技術使用上的一種關鍵性方法。線上書局可以讓讀者投書評論，也可以直接和作者對談。這種方法創造出參與上的真實感，也催生了真正的書友俱樂部。線上社區可以因某種類似的交易而逐漸發展出來，例如房子的購買或是嬰兒產品的購買等。也可以因為個人的不幸遭遇而發展出一個線上社區，讓這些不幸之人在其中分享和討論一些問題的看法。

這種線上社區會對贊助該社區的企業組織體非常配合，擁有很高的忠誠度。它也可以用來預估消費者的趨向動態。因此這類顧客群逐成為網站贊助商非常重視的一筆有價資產。

對廣告、定價和配銷的衝擊

網際網路行銷最大的挑戰之一就是如何引起注意，這有點像森林裏的一棵樹一樣。這個挑戰也促成了資訊網廣告產業的全新誕生，也就是在某個〝www.xxx.com〞網站上刊登廣告，或者是促使消費者上網瀏覽的各種努力動作。

網路改變市場行銷的重要部分就在於定價方面。消費者可以發現到許多有關商品、自營商和價格的資料，相當地便宜。這種眾所皆知的情形讓大家變得對高價格非常敏感。同時，各公司也競相使用低成本的傳播管道，例如電子郵件等，來傳遞一些機位、飯店訂宿或訂購酒類的訊息用途。

網路行銷中最有趣的部分就在於許多新興行業趁勢而起，他們都希望能夠節省顧客的時間和金錢，直接提供商品和服務。這類新的配銷通路若是對網路知之甚詳，又能善加利用網際網路的力量，讓商品和顧客有較好的連結關係，那麼，效果就會很不錯。

現在正是研究市場行銷的大好時機，因為革命性的技術是不太常見得到的。而且很少有機會可以看到商品變得更好、消費者變得更開心、公司變得更有利可圖的這種三贏局面。可是這也正是目前所發生的狀況，就在此時此地！電腦線上！

渥德漢森（Ward Hanson）

史丹福大學（Stanford University）

商業研究所（Graduate School of Business）

請到下列網址，查閱本章：

http:/www.swcollege.com/lamb.html

第五篇
批判思考個案

可口可樂公司（Coca-Cola Company）

　　自1982年盛大推出健怡可樂（Diet Coke）以來，可口可樂公司最近又在美國市場推出了一種淡綠色、柑橘口味、低碳酸的蘇打飲料，名稱就叫做波濤（Surge）。波濤汽水的現身為的是要直接挑戰百事可（PepsiCo）公司的成功上市商品：高山露（Mountain Dew），後者也是柑橘口味，內含咖啡因，專門瞄準在年輕人的市場。波濤汽水的目標市場也是十幾歲的孩子和年輕的成年人，這些人都喜歡飲用有點刺激、好玩的蘇打飲料。除了加重咖啡因之外，波濤汽水的成份還包括了麥芽精，這是一種可以增進體力的碳水化合物。

　　多年來，可口可樂在推出新商品的成效上，一直不甚理想。回顧這二十五年來，可口可樂總是不斷想要利用自己在市場上的第一品牌地位，推出其它口味的類似飲料。可是直到目前為止，這項策略下的成功比例並不高。霹啪先生（Mr. Pibb）在面臨派普博士（Dr. Pepper）的挑戰下，前者只略勝一籌而已。同樣地，美露耶露（Mello Yello）是第一個在1979年上市，專門想要單挑高山露的競爭品牌，可是現在前者的銷量卻不到高山露的十分之一。

　　直到最近，可口可樂又在1994年推出水果烏托邦（Fruitopia），想要趕上史奈波（Snapple）飲料所快速引爆的新世代（New Age）飲料風潮。可惜的是水果烏托邦這個類似商品在進入市場時的腳程太慢，市場佔有率只有史耐波的三分之一而已，而後者則穩居新世代果汁飲料市場的第一名寶座。同年，可口可樂又推出OK飲料，這是一種有著辛辣橘子口味的飲料，目標對準在MTV的觀眾群，未料結果卻不太OK，這個商品一直無法推展到全國市場上。

　　為了要吸引剛成年的年輕人，特別是年輕男子，波濤汽水的促銷活動來勢洶洶，非常類似高山露的促銷活動。高山露飲料的成功得自於它的「露帥哥」（Dew Dudes）廣告，其中精采地描繪了一群追求刺激生活的青少年。上市期間的波濤汽水，它的廣告標語「滿足衝勁」（Feed the rush）和「滿載柑橘蘇打」（Fully loaded citrus soda）就暗示了飲用者在喝了這罐汽水之後，能一鼓作氣地往前衝。它創新的包裝設計也讓波濤汽水的商標在紅綠相間的瓶身罐上，異常地突顯引人。而且十二盎斯裝的罐裝波濤，其開口比一般尺寸大一點，為的就是要讓飲用者可以享受大口暢飲的快感。

波濤汽水於1997年超級杯XXXI期間，趁勢播出兩支電視廣告，正式宣告它的上市，隨後又推出積極的廣告活動。在上市的一個月內，該公司的執行主管就預估波濤汽水在全美各地的市場，約有90%的家庭戶可以收看到至少三次的電視廣告。除了電視廣告以外，促銷活動還包括了廣播電台和銷售點廣告，同時，上市的第一個月內，還針對五百萬名以上的青少年和年輕人進行大規模的試飲活動。

問題

1. 請利用特定的人口資料和心理分析來描述你所認定的波濤汽水目標市場。
2. 假定你是波濤汽水的廣告經理，就你在問題1中所描述的目標市場來看，你的廣告活動會有什麼樣的特定目標？
3. 請為該活動草擬一份你對創意決策的看法。主要訊息或訴求應該是什麼？你的執行風格又是什麼？
4. 看過了可口可樂過去推行新商品和類似商品的紀錄之後，你如何就波濤汽水的促銷訊息和形象與高山露所用過的一些內容做區分？
5. 在你介紹波濤汽水的上市時，公共關係的角色又該如何扮演？請舉出一些實例。

第五篇
行銷企劃活動

整合式行銷傳播

接下來要為行銷計畫所描述的行銷組合部分就是促銷活動，其中涵蓋的領域包括廣告、公共關係、銷售促銷、人員推銷和網路行銷。請確定你的促銷計畫一定要契合目標市場的需求，而且也要能和前面所談到過的商品、服務以及配銷等互相配合。此外，請參考（圖示2.8），看看其中的行銷計畫主題。

1.評估貴公司的促銷目標，請記住，你不可以把促銷目標和銷售目標直接連結在一起，因為這其中有太多的干擾因素（競爭市場、環境、價格、配銷、商品、顧客服務、公司商譽等等）會影響到最終的銷售結果。促銷目標必須要能和促銷活動的結果有所直接關聯才行，請詳列明確的促銷目標。舉例來說，兌換優待券的人數；電視廣告播出期間的收視比例；電話行銷活動前和活動後，民眾態度的百分比變化；使用免付費電話熱線的人數等。

行銷建立者應練習

　　※行銷傳播樣板中的行銷策略部分
　　※行銷預算的試算表
　　※運作預算（Operating Budget）的試算表
　　※來源碼主要表格（Source Code Master List）的試算表
　　※代理商選擇矩陣（Agency Selection Matrix）的試算表

2.貴公司的促銷訊息是什麼？這個訊息可以告知、提醒、說服、或是教育目標市場？

行銷建立者應練習

※行銷傳播樣板中的廣告和促銷部分

3. 請調查不同的媒體刊登費用（例如某學校的校刊、當地的報紙、全國性的報紙、當地的廣播電台、當地的電視台、一般性或專門性的雜誌、當地的廣告看板、交通廣告、網際網路以及其它等等）。你可以打電話直接詢問當地的媒體業者，或是查詢標準廣告費和資料服務（Standard Rate and Data Services, SRDS）這本書。貴公司是採用哪個媒體？貴公司可負擔什麼樣的媒體？什麼時候會使用媒體？

行銷建立者應練習

※廣告進度表樣板
※行銷傳播樣板中的初步進度表部分

4. 請列出貴公司應使用的公關活動有哪些？負面的公共宣傳該如何處理？

行銷建立者應練習

※行銷傳播樣板中的公共關係部分

5. 請為貴公司評估和設計平面資料（例如資料單、手冊、文具、或價格卡）。其中的內容說明足以解答問題嗎？有提供足夠的資訊，方便對方進一步連絡嗎？可以有效地促銷商品的特性和顧客服務嗎？請注意其中的競爭性利益點。

行銷建立者應練習

※附屬規劃矩陣（Collateral Planning Matrix）的試算表
※直接郵件分析（Direct Mail Analysis）的試算表
※行銷傳播樣板中的銷售支援附屬材料部分
※行銷傳播樣板中的整體潛能手冊（Corporate Capabilities Brochure）單元

6.貴公司參加的是什麼商展？請到活動線上（Eventline）資料庫找出一些適合貴公司的商展。請訂購其中的媒體套裝資料，瞭解參加該商展的可能性和成本如何？

行銷建立者應練習

　　※行銷傳播樣板中的商展部分
　　※商展核對單和進度表樣板

7.貴公司還可以利用哪些銷售促銷的工具？成本是多少？這些方法的使用對定價上會有些什麼影響？

8.請爲貴公司的業務部找出最適合的類型（內部訂單接受者或外部訂單爭取者）和架構組織（商品別、顧客別、地理別等）。

行銷建立者應練習

　　※銷售計畫樣板中的現行推銷辦法部分
　　※銷售計畫樣板中的行銷責任部分
　　※銷售計畫樣板中的銷售策略部分
　　※銷售來源分析的試算表

9.貴公司對旗下的業務人員該如何雇用、激發和報酬？

行銷建立者應練習

　　※佣金制銷售預估和追蹤的試算表

10.請爲貴公司的業務部設計一套銷售辦法。

行銷建立者應練習

　　※銷售計畫樣板中的下一步部分

11.請到全球資訊網／網際網路上搜尋貴公司及其的競爭對手和整個產業。在這個媒體上，應該如何處理廣告和促銷活動呢？

第六篇

定價決策

學習目標

在讀完本章之後，各位應當能夠做到下列各項：

1. 討論定價決策對經濟和各個公司的重要性。

2. 列出和解釋各種不同的定價目標。

3. 解釋在決定價格時，需求所扮演的角色為何。

4. 說明以成本為導向的定價策略。

5. 證明商品生命週期、競爭環境、配銷和促銷策略以及品質認知等會如何地影響價格。

第20章

定價概念

清新田野（Fresh Fields）是一家天然食材連鎖店，它已經違背初衷，大刀闊斧地砍低售價，以求吸引更多的主流顧客上門。天然食材一向比傳統超市中所出售的貨品要來得貴，而且它的價格也往往讓人都望而卻步，只有那些真正醉心於天然食材的顧客才會上門。這家坐落在馬里蘭州洛克維拉（Rockville）的天然食材公司，已經在價格上降低了40%。它在芝加哥地區的四家分店試驗這項新的政策，現在這個政策則擴大延伸到康乃狄克州、新澤西州、維吉尼亞州和華盛頓特區的其它分店當中。

該連鎖店把促銷活動中所屬的廣告口號，從「有益於你的食物」（good-for-you foods）改成為「以有利於你的價格買到有益於你的食物」（good-for-you foods at good-for-you prices），並在報紙廣告上列出了所有新價格和舊價格的比較。在這個活動中，清新田野也以廣告標語強調了它在品質維持上的一貫性：「我們降低了售價，但沒有降低我們的品質標準」（We've lowered our prices, but not our standards）。降低售價有幾點好處，例如平均交易量增加了，而且也吸引了非核心顧客的上門。可是其中的危險卻在於有些消費者會把低價和低品質劃上等號。位在科羅拉多州包頓市（Boulder, Colo.）的荒野牧歌市場公司（Wild Oats Markets, Inc.），它的採購總監戴爾卡米拜亞西（Dale Kamibayshi）說道：「天然食材的消費者曾經無法將高品質的食物和高價位劃上等號，可是現在他們已經瞭解這其中的道理了。」

為了要吸引非核心顧客的上門，清新田野中的多數降價商品都是一些很基本的項目，例如牛奶、麵包和農產品等。「那麼，它們就不是專門針對天然食材的購物者，」卡米拜亞西說道，「而是把重心放在一般大眾的身上。」他說降低售價會把天然食材店的這種構想變得廉價不堪，就好像一般傳統的超級市場一樣。

為了吸引非核心顧客，清新田野也開始實驗性地在店內出售「非天然」的商品，例如精製白砂糖和一些主流類的穀類早餐食品。根據清新田野的說法，全美超市和雜貨店共三千五百億美元的營業額當中，有0.3%是來自於「天然」食品。清新田野想藉著提供更多樣化的選擇，讓自己定位成「一次就可買齊的商店」。有了更多樣的商品和近似於傳統超市的售價，清新田野有把握自己可以和它們一較長短[1]。

降低售價一定能產生更多的收益嗎？又該如何在定價程式中進行成本的調整呢？價格可以影響商品的認定品質嗎？競爭環境又會如何地影響價格呢？

1 討論定價決策對經濟和各個公司的重要性

價格的重要性

價格對消費者來說是一回事，對賣方來說又是另外一回事。對消費者而言，它代表的是某樣東西的代價；對賣主而言，則是收入財源。就廣義來看，價格在自由市場的經濟體上進行著資源的分配。正因為觀看價格的角度有很多面，也就難怪行銷經理會認為定價這個差事實在是一種挑戰了。

什麼是價格

價格
拿來交換的東西，以便獲取某項貨品或服務。

所謂**價格**（price）係指拿來交換的東西，以便獲取某項貨品或服務。習慣上，價格通常是指用來交易貨品或服務的金錢。它也可能是指為了獲得貨品或服務，而必須在時間上所付出的代價。舉例來說，許多人都曾在西南航空公司二十五周年慶的時候，在該公司的櫃台前面等候了一整天。即便如此，有些人還是沒能拿到一心想要得到的超低折扣機票。對某個沒有工作和必須依賴救濟金來讓衣食溫飽的人來說，價格也可能代表了「尊嚴的喪失」。

在一項針對兩千名消費者所作的研究調查指出，64%的受訪者宣稱，「合理的價格」對他們的購買行為而言，是個很重要的考量因素[2]。「合理的價格」代表的真正意義就是指交易時的「合理認定價值」。這本書的作者之一曾以四十五塊美金的代價買過一台很特別的歐式設計烤麵包機。這台烤麵包機的開口大到可以烘烤硬圈餅（bagel）；還可以熱一下鬆餅；如果再多付出十五塊美金，就可以再附贈一個可燒烤三明治的配件設備。該名作者認為具備了這麼多功能的烤麵包機，絕對值得六十塊美金的代價。可是在使用了三個月之後，吐司的邊緣總是烤焦，中間卻還半生不熟。這個失望的買主不得不把這台烤麵包機擱放在閣樓。他為什麼不還給零售商呢？因為那家精品店已經關門大吉了，而且又沒有其它當地零售商有售這

類似像目標商場這樣
成功的零售商，他們
瞭解「合理的價格」
和「合理的認定價值」
對消費者來說，都是
同等重要的。
Courtesy Target Stores

個品牌，況且，這裏也沒有設置美國服務站。請記住，所付出的價格是根
據消費者預期會從商品那兒得到多少滿意度而定的，但卻不一定是他們實
際用過後的滿意程度。

價格也可以和任何有關認定價值的東西有所關聯，並不只代表金錢而
已。當交換了貨品和服務時，這筆交易過程就叫做以物易物。舉例來說，
如果你在期末時，拿這本教科書去換了一本化學類的書刊，你就參與了以
物易物的過程。你為了換取化學書刊所付出的代價就是這本教科書。

價格對行銷經理的重要性

價格是收入的關鍵所在，然後，再轉換成企業組織體的利潤關鍵所
在。所謂收入（revenue）就是指把向顧客收費的價格乘以售出單位的數

收入
把向顧客收費的價格
乘以售出單位的數
量。

量。得到的收入可用來支付該公司的所有活動：包括生產、財務、銷售、配銷以及其它等等，之後剩下來的錢（如果還有剩下的話）就是所謂的利潤（profit）。經理們總是設法想要訂出一個利潤還算不錯的價格。

利潤
收入減去支出。

　　為了要賺取利潤，經理們必須選定一個售價，不能太高也不能太低，這個價格要剛好相當於目標消費者的認定價值才行。如果消費者認為售價訂得太高，認定價值就會低於所付代價，銷售機會也就隨之化為泡影。許多汽車、運動器材、CD、工具、結婚禮服和電腦的主要買主，大多會購買二手貨，為的就是要划算。所以若是新產品的定價太高，可能就會促使某些購物者走向二手商的懷抱[3]。

　　生意丟了，表示收入沒了。相反地，如果售價過低，就可能會被消費者認定為物超所值，可是公司方面卻喪失了它所應該賺取的收益。把價格訂得很低，並不見得如經理們所想的那樣，可以吸引到很多顧客的上門。有一項研究調查訪問了全美各連鎖店的兩千多名顧客，結果發現到有超過60%的受訪者打算只買全價的商品項目[4]。零售商要是太過強調商品的折扣，可能對那些購買全價商品的顧客們來說，就無法滿足他們的期待心理了。

　　對行銷經理而言，訂出適當的價格是件壓力沉重的工作，正如在消費者市場中所見證的趨勢一樣：

◇在面臨排山倒海而來的各式新商品時，潛在買主會小心地評估每一個商品的售價，並拿來和現有的商品做比較。

◇因為隨處可見特價折扣的自營品牌和一般品牌，這使得整體市場售價承受了非常沉重的壓力。

◇由於一連串的通貨膨漲和經濟蕭條接踵而至，使得許多消費者對價格都變得異常的敏感。

◇許多公司都正在降低售價來設法維持自己的市場佔有率。舉例來說，福特釷星汽車在1992年接過本田雅哥的寶座，成為全美銷量第一的自小客車。可是雅哥汽車從此以後，一直在削價推銷旗下一些很受歡迎的舊款車種，試圖趕上釷星汽車。於是福特公司不得不以折扣價來設法維持住自己的市場佔有率[5]。

　　在企業市場中，包括政府機關和企業團體在內的顧客群，這些買主都對價格愈來愈敏感，甚至非常專業。在消費市場中，消費者利用網際網路輔助自己做出最明智的購買決策。而電腦化的資訊系統也使得企業買主能夠輕易準確地比較各種價格和商品性能。改良過的傳播方式以及電話行銷和線上銷售的使用普遍化，也使得許多市場對新的競爭者大開方便之門。最後是整個大環境的競爭愈趨激烈，結果造成某些裝置、配件和零件組合等，都被當做是一般無所區別式的商品在出售。

定價目標

　　為了在當今這個高度競爭性的市場上存活下來，各公司都需要擁有很明確、可完成、又可進行事後評估的定價目標。然後還需要對實際的定價進行定期性的監測，以判斷該公司策略上的成效如何。為了方便起見，定價目標可以分成三種類別：利潤導向、銷售導向和維持現狀導向。

利潤導向的定價目標

　　利潤導向的目標包括了利潤極大化、滿意的利潤和投資上的目標報

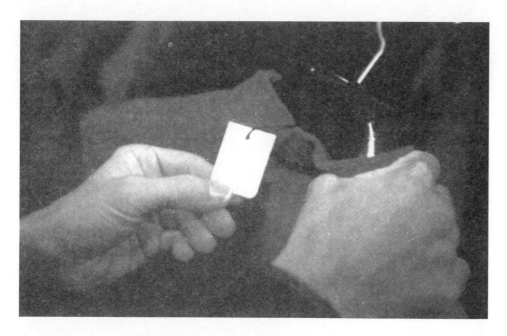

公司方面應監測自己的定價目標，好判斷它的成效如何。
©1996 PhotoDisc, Inc.

酬。接下來會對每一個目標進行簡短的討論說明。

2 列出和解釋各種不同的定價目標

利潤極大化

利潤極大化（profit maximization）就是在價格上的設定，隨著整體成本的比例儘可能地擴大整體利潤。（本章稍後會對利潤極大化有更理論性的精確定義和解釋說明）但是利潤極大化並不一定就是代表了不合理的高價位。不管是價格還是利潤都是根據該公司所面臨的競爭環境類型而定的，例如究竟是處於獨佔的地位（市場中唯一的賣方）；抑或是處於競爭非常激烈的市場。（請參考第三章所談到的四種競爭環境的類型）另外，也請牢記一點，公司訂出的售價絕不能高過於商品的認定價值。許多公司並不具備他們所需擁有的會計資料，好用來計算利潤的極大值。有人說，只要收入超過成本，公司就應該繼續生產和銷售商品，這句話聽起來好像很簡單，可是在執行上卻很難制定一套精確的會計系統，用來判定利潤極大化的那個極限值究竟是多少。

有時候經理們會說，他們的公司正設法讓利潤極大化，換句話說，就是設法儘可能地賺更多的錢。雖然這個目標讓股票持有人聽起來印象深刻，可是就規劃而言，卻不夠完善。「我們要盡其所能地賺很多錢」這句話不僅語焉不詳又缺乏重點，它只是給了管理階層一個為所欲為的職權罷了。

滿意的利潤

滿意的利潤就是指合理程度的利潤。許多公司並不汲汲於利潤的極大化，而是努力達成讓股東和管理階層雙方都滿意的利潤目標。換句話說，利潤的多寡必須和該公司所面臨的風險程度相符一致才行。在高度風險的產業中，滿意的利潤可能高達35％；而在低風險的產業裏，則可能只有7％。舉例來說，為了讓利潤極大化，小型企業主也許必須每週七天都開店營業。可是店主也可以不用那麼辛苦，只要有一些利潤就很滿意了。

投資目標報酬率
可以衡量出管理階層就可資利用的資產所衍生製造出來的利潤收益及成效如何。

目標投資報酬率

最普遍也最常用的目標利潤就是**投資目標報酬率**（target return on

investment, ROI），有時候也稱之爲公司的總體資產報酬率。ROI可以衡量出管理階層就可資利用的資產所衍生製造出來的利潤收益，其成效如何。公司的投資報酬率愈高，公司的表現就愈好。許多公司，包括都彭、通用汽車、航星（Navistar）、艾克森（Exxon）和聯合碳（Union Carbide）等公司，都是使用目標報酬率來做爲自己的主要定價目標。

投資報酬率的計算方式如下：

$$投資報酬率＝\frac{稅後淨利}{整體資產}$$

假定在1996年的時候，強生控制（Johnson Controls）公司有資產四百五十萬美元，淨利五十五萬美元，目標ROI設定10％。以下則是它的實際投資報酬率：

$$ROI＝\frac{550,000}{4,500,000}$$

$$＝12.2\%$$

正如你所看到的，強生公司的ROI超過了自己的目標，這表示這家公司在1996年是很賺錢的。

把12.2％的ROI拿來和該產業的平均值做比較，就可以對整個輪廓有更具意義的瞭解。任何ROI都需要就競爭環境、產業風險和經濟狀況等各種角度來做評估。一般說來，各公司所尋求的ROI值大約都在10％到30％之間。舉例來說，奇異電器（General Electric）尋求25％的ROI；艾爾可（Alcoa）、盧本梅（Rubbermaid）和多數的主要製藥廠都以20％的ROI做爲自己追求的目標。但是在某些產業裏，例如雜貨業，低於5％的報酬算是相當普遍而且可以接受的。

擁有目標ROI的公司行號可以事先判斷自己所想要達成的收益效果是多少。行銷經理可以利用標準值，例如10％的ROI，來判定某個價格和行銷組合是否有可行性。但是除此之外，即使報酬率是在可接受的範圍之內，行銷經理也應該衡量一下既定策略的風險如何。

銷售導向的定價目標

銷售導向的定價目標若不是根據市場佔有率，就是根據銷售金額或銷售數量等而訂定的。著重成效的經理人士應該對以下幾個定價目標很熟悉才是。

市場佔有率

市場佔有率（market share）是指某公司的商品銷售量佔該產業整體銷售量的百分比。銷售量可以指銷售金額量，也可以指商品單位數量。明白市場佔有率究竟是以金額或以單位數量來呈現，這一點非常重要。舉例來說，如果在某個產業裏有四家公司彼此競爭，該產業的整體銷售單位量是兩千個單位；整體銷售金額則是四百萬美元。（請參考圖示20.1）A公司擁有50％的最大市場佔有率，可是就以金額量市場佔有率來說，卻只有25％。相反地，D公司的單位量市場佔有率只有15％，可是金額的市場佔有率卻高達30％。通常，市場佔有率都是以金額量為主，而非單位量。

許多公司都相信，市場佔有率的維持或增加是行銷組合上的成效指標。事實上，由於規模經濟的龐大，再加上市場力量和對管理精英報酬能力的提升等，只要市場佔有率擴大，也就往往表示了利潤的攀升。自古以來，市場佔有率和投資報酬率，這兩者即有著非常緊密的連帶關係。對大多數的公司來說，這句話是千真萬確的，但是，也有許多公司只有很低的市場佔有率，可是卻依然能夠生存甚至興盛起來。若是想要以低市場佔有率來成功地立足，該公司就必須處身在低成長和商品變化也不多的產業當中，比如說，產業性質的零件業和供應業；再不然，也必須是製造日用品

圖示20.1
衡量市場佔有率的兩種方法（單位量和金額量）

公司	售出單位量	單位價格	總收入	單位量市場佔有率	金額量市場佔有率
A	1,000	$1.00	$1,000,000	50%	25%
B	200	4.00	800,000	10%	20%
C	500	2.00	1,000,000	25%	25%
D	300	4.00	1,200,000	15%	30%
總計	2,000		$4,000,000		

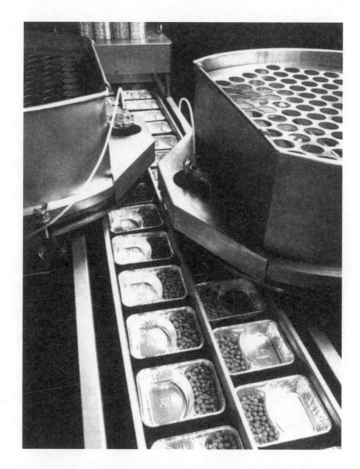

的產業才行,例如消費性的便利商品等。

　　1990年代證明了古人所言有關市場佔有率和收益性之間的關聯,也不見得很可信。由於某些產業的競爭實在太過激烈,結果造成許多市場上的領導者不是無法達成他們的目標ROI,就是有實質上的虧損。航空公司、個人電腦和食品業等,都有類似的問題。寶鹼公司在瞭解到利潤並不一定是來自於龐大的市場佔有率之後,就將重心從市場佔有率的身上轉移到ROI的目標上。百事可公司也聲稱,新百事可樂的挑戰是在爭取產業利潤佔有率的第一名寶座,而不是銷售量的佔有率[6]。

　　然而對某些公司而言,市場佔有率之爭,仍是它們的重心所在。過去這十年來,麥斯威爾咖啡和佛傑士咖啡(Folgers)這兩個全美最大的咖啡品牌,它們就一直不斷地為了爭取市場上的盟主地位而爭戰不休。舉凡曾用過的武器,例如廣告、多年不斷的價格戰和數百萬張不計其數的折價優

卡夫通用食品公司
請拜訪卡夫的食品
間。麥斯威爾咖啡在
網址上有強調它的口
味嗎？如果有的話，
是如何強調的？
http://www.kraftfoods.
com/

待券等。而目前最新戰況是麥斯威爾（卡夫通用食品的旗下商品）已贏回了一點市場佔有率，而這一點點贏回的市場佔有率是它在以前戰役中曾輸給佛傑士（寶鹼公司的旗下商品）的疆土。麥斯威爾所用的策略是以大量的廣告（一年超過一億美元），再加上新商品的推出，試圖以口味而不是價格，來取悅吸引消費者。其中例子包括放在冰鎮紙箱裏的即飲咖啡和咖啡糖漿，這兩個的設計都是爲了方便消費者直接倒出，並可以在必要的時候，用微波爐溫熱一下。儘管如此，雖然卡夫通用食品公司旗下還有優柏（Yuban）和山卡（Sanka）這兩個咖啡品牌，總計共擁有35%的市場佔有率，可是佛傑士咖啡仍然算得上是全國最熱銷的咖啡商品。寶鹼公司在全美咖啡市場佔有率的成績是32%。

類似像尼爾遜（A. C. Nielsen）和俄哈巴比（EhrhartBabic）這樣的市場調查公司，它們就提供了很多產業別的市場佔有率報告。這些報告可以讓各公司長期地追蹤自己在各種不同商品類別上的表現成績如何。

銷售量的極大化

有時候有些公司不再爲市場佔有率的多寡傷腦筋，反而是設法讓自己的銷售量極大化。銷售量極大化的目標就在於：只要銷售量不斷地攀升，就不必去在乎利潤、競爭對手和行銷環境究竟如何。

如果某家公司正短缺資金或面臨不可預知的未來時，它就可能設法在短期之內，儘可能地籌出最多的現金。在這個目標之下，管理階層的任務就是去計算哪一種價格——數量關係最可能生產出最多的現金收入。而銷量極大化的作法正可以被有效地拿來暫時出清過剩的存貨。舉例來說，我們很常見到每逢假期過後，聖誕卡和聖誕裝飾品等等，就會以五折到三折的超低零售價被出清。除此之外，管理階層也會在年終拍賣的時候，趁新款商品未推出之前，利用銷售量極大化的作法來出清一些舊款商品。

這種儘可能籌現的作法畢竟不是長久之計，因爲現金的極大化也可能代表了利潤很低，或甚至是完全沒有利潤可言。沒有了利潤，公司根本就活不下去。

維持現狀的定價
一種定價目標，維持
現有的價格，或者是
使用和競爭者同樣的
價格。

維持現狀的定價目標

維持現狀的定價（status quo pricing）訴求的是維持現有的價格，或者是使用和競爭者同樣的價格。這種定價目標有一個好處，那就是不必做太多的規劃，所以基本上，算是比較被動性的政策。

若是某公司所置身的產業，在價格上已有既定的領導行情，該公司通常就只能跟著走而已。這類產業比較不像某些競爭性十足的產業一樣，會有激烈的價格戰出現。就某些個案來說，經理們常會定期到市面上走訪，看看自己的價格是否和競爭品牌相當。目標商場（Target）的經理必須每週走訪競爭對手K商場，和它們比較一下價錢，再做調整。AT&T為了回應MCI和史賓律特（Sprint）對消費者聲稱它的長途電話費索價過高一事，就在廣告上反擊，告知消費者它的費率其實和競爭對手是一樣的。所以AT&T是試著告訴目標消費者，它是採取維持現狀的定價策略。

價格上的需求因素

3 解釋在決定價格的時候，需求所扮演的角色為何

行銷經理設定好定價目標之後，接下來就必須明定價格以便達成預定的目標。他們在為每個商品設定價格時，大多必須依據兩個因素：對貨品或服務的需求以及賣方為貨品或服務所付出的成本。若是定價目標主要是以銷售為導向，對需求的考量就會大過於其它因素。而其它因素，例如配銷和促銷策略、認定價值以及商品生命週期的階段等，也都會影響到價格的最終決定。

需求的本質

所謂需求（demand）就是指某商品在特定時間內，以各種不同價格在市場上可能售出的數量。商品的價格會影響人們的購買量。價格愈高，消費者的需求量就愈低。相反地，價格愈低，需求量就會升高。

需求
某商品在特定時間內，以各種不同價格在市場上可能售出的數量。

（圖示20.2A）就顯示了類似的趨勢描繪，該圖表記錄了美食家爆米花在零售店內，因每週的不同價位而產生的不同需求結果。這個圖表又稱之為需求曲線（demand curve）。圖表的垂直軸代表的是爆米花的不同價格，單位是每一包的金額。水平軸則是爆米花因每週不同價位所售出的需求數量。舉例來說，當售價是兩塊五毛美金的時候，一週可以售出五十包爆米花；當售價掉到一塊美金的時候，消費者的需求量就增加到一百二十包。

對行銷經理來說，在
為Snappy這類新商品
定價時，應考慮哪些
因素？
Courtesy of Play
Incroporated

正如（圖示20.2B）的需求一覽表所列出的一樣。

位在（圖示20.2）的需求曲線是呈現向右下滑的局面，這表示價格愈
低，對爆米花的需求量就愈大。換句話說，如果爆米花的製造商在市面上
舖了大量的貨，想要全部售罄的唯一希望，就是低價出售。

為什麼低價位要賣得比高價位好呢？理由之一就是較低的售價可以帶
進新的客源。這項事實應驗在爆米花商品上可能還不夠明顯，可是請參考
一下牛排的例子，一旦牛排的價格不斷地滑落，有許多不吃牛排的人也會
開始購買它，而放棄掉原來可能想買的漢堡。而且在每一次的降價時，現
有的顧客也可能會多買一點。同樣地，如果爆米花的價格降得夠低時，許
多消費者的購買量也會比平常時候多一些。

供應（supply）則是指單一或多家供應商在某段時間以不同的價格在

供應
單一或多家供應商在
某段時間以不同的價
格在市場上可能提供
的商品數量。

(A) 需求曲線

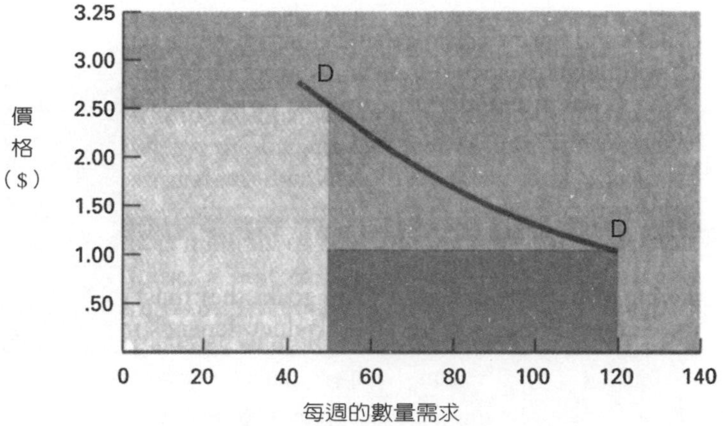

(B) 需求一覽表

美食家爆米花 每包的價格	美食家爆米花 每週需求的袋裝數量
$3.00	35
2.50	50
2.00	65
1.50	85
1.00	120

圖示20.2
美食家爆米花的需求曲線和需求一覽表

市場上可能提供出來的商品數量。（**圖示**20.3A）就描繪了爆米花供應曲線的結果。它不同於向下滑落的需求曲線，反而是向右邊逐漸地上揚。售價愈高，爆米花的製造商就會購買更多的材料（玉米、香料、鹽巴），製造出更多的爆米花。如果消費者願意爲美食家爆米花多花一點錢，製造商就能夠多買一些材料。

價格愈高，輸出量就跟著增加，因爲製造商賣得愈多，利潤就賺得愈多。（**圖示**20.3B）的供應一覽表就說明了當價格是兩塊美金的時候，供應商只願意在市面上提供一百一十包的爆米花；但是售價若是高達到三塊美金，他們就會提高鋪貨量達到一百四十包。

供需之間如何決定價格

現在，讓我們把需求和供應這兩個概念結合在一起，看看如何從中找出最具競爭潛力的市場價格。直到目前爲止，理論上的前提是如果價格是X，消費者就會購買Y數量的爆米花。那麼究竟該如何拿捏價格的高低？生產數量又該如何掌握？而消費數量又是多少呢？光是需求曲線，並無法預

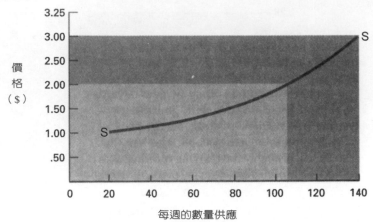

(A) 供應曲線

(B) 供應一覽表

美食家爆米花 每包的價格	美食家爆米花 每週供應的袋裝數量
$3.00	140
2.50	130
2.00	110
1.50	85
1.00	25

測出消費數量，供應曲線也無法單獨告知生產量應該有多少？我們要看的
是當供應曲線和需求曲線互相交叉時所產生的結果是什麼？這也正是我們
會在（**圖示20.4**）所看到的結果。

　　當價格在三塊美金的時候，大眾對美食家爆米花的需求量只有三十五
包。可是供應商準備要以三塊五的價格在市面上鋪貨一百四十包（取自於
需求和供應一覽表的資料）。如果他們真的一意孤行的話，美食家爆米花的
過剩量就會有一百零五包。廠商究竟該如何消除掉這些過剩量呢？就是降
低價格。

　　當價格在一塊美金的時候，需求量就會達到一百二十包，可是市面上
的鋪貨量只有二十五包，所以短缺量會高達到九十五包。萬一商品的貨源
不夠，而消費者又一定要購買該商品，那麼消費者會如何地從商家那兒取
到貨呢？答案是只要付出更高的價格，就可買到它。

　　現在讓我們看看一塊五美金的這個價格。在這個價位上時，有八十五
包的需求量和八十五包的供應量。當供需處於平衡的時候，就達到了所謂
價格平衡（price equilibrium）的狀態。低於平衡點的短期性售價──比如

價格平衡

當供需處於平衡時候
的價格。

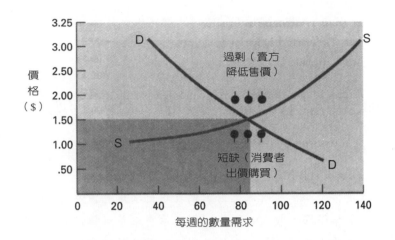

說一塊美金——就會造成市面上貨源的短缺,因為在這個價位時,消費者對美食家爆米花的需求量大過於可以買到的供應量。而短缺的現象會造成價格的上揚。可是只要需求和供應保持一致,短期間的價格上揚或滑落,往往還是會回到原來的平衡點上。在平衡點上,價格是不會有上揚或滑落的趨勢。

　　平衡的價格可能不會立刻就達成。當某個貨品或服務的市場正逐步邁向平衡點時,價格可能會隨著嘗試——錯誤這個階段,而不斷地有所波動。但是早晚,供需之間終究會達到一個適當的平衡點。

需求彈性

　　為了要認識需求分析,你必須先瞭解彈性的概念。所謂**需求彈性**(elasticity of demand)指的消費者對價格變動的回應性或敏感性。當價格有所變動,而使得消費者對某樣商品的購買量變得比較多或比較少時,就產生了**彈性的需求**(elastic demand)。相反地,**無彈性的需求**(inelastic demand)則是指不管是價格的上揚或滑落,都不會影響到市場對某商品的需求。

　　需求曲線裏的彈性範圍,可以用下列這個公式來求得:

$$彈性(E) = \frac{對A商品需求數量的百分比變化}{A商品價格上的百分比變化}$$

需求彈性
消費者對價格變動的回應性或敏感性。

彈性的需求
消費者的需求對價格變動變得很敏感的狀況。

無彈性的需求
不管是價格的上揚或滑落,都不會影響某商品需求的情況。

如果E值大於1，就是有彈性的需求。

如果E值小於1，就是無彈性的需求。

如果E值等於1，就是單一化的需求。

單一化彈性

當價格改變時，總收入還是維持相同的狀況。

所謂單一化彈性（unitary elasticity）是指銷量的增加可以實際彌補得過低滑的價格，所以總收入還是維持相同的成績。

也可以靠觀察總收入的下列幾種變化，來測量彈性結果：

如果價格下降，而收入上揚，就表示需求是有彈性的。

如果價格下降，收入也下降，則表示需求是無彈性的。

如果價格上揚，收入也上揚，則表示需求是無彈性的。

如果價格上揚，而收入下降，就表示需求是有彈性的。

如果不管價格上揚或下降，收入都維持恆定，就表示彈性是單一化的。

（圖示20.5A）呈現出一個非常有彈性的需求曲線。把新力牌錄影機的價格從三百塊美金降到兩百塊，就可以讓銷量從一萬八千台提升到五萬九千台。收入則從五百四十五萬美元（$300×18,000）增加到一千一百八十萬元（$200×59,000）。因此，調降價格可以增加整體的銷售量和總收入。

（圖示20.5B）則是一個完全沒有彈性的需求曲線。內華達州降低該州

圖示20.5

新力牌錄影機和自動審查標籤的需求彈性

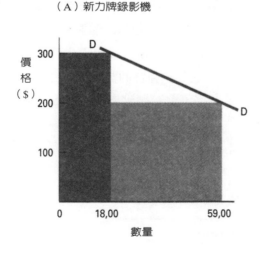

（A）新力牌錄影機

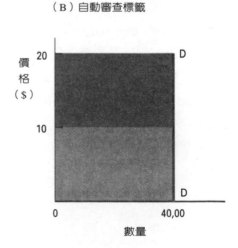

（B）自動審查標籤

(A) 需求曲線

圖示20.6
對三盎斯裝春憩牌防
曬乳液的需求

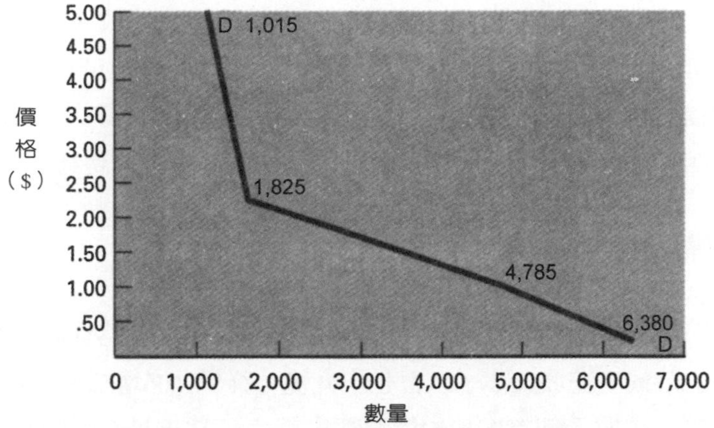

(B) 需求一覽表

單價	需求數量	總收入（單價x數量）	彈性
$5.00	1,015	$5,075	無彈性
2.25	1,825	4,106	
1.00	4,785	4,785	有彈性
0.25	6,380	4,785	單一化

的二手車審查費，從二十塊美金降到十塊美金，可是該州每年待審的二手車數量，仍然維持在四十萬輛左右。由於價格（審查費）降低了50%，並不能促使更多的人去購買二手車。所以對審查費（法律上的規定）來說，其需求是完全沒有彈性的。也因此，你或許可以讓內華達州的審查費調高到四十美元，使該州在審查費上的收入達到兩倍，因為人們不會因為審查費調高了（合理範圍內的調高），就不再購買二手車。

（圖示20.6）的需求曲線和需求一覽表，代表的是三盎斯瓶裝的春憩牌防曬乳液（Spring Break suntan lotion）。讓我們看看當需求曲線從最高價格滑落到最低價格時，需求彈性發生了什麼樣的變化。

無彈性的需求

春憩牌防曬乳液在一開始從五塊美金調低到兩塊兩毛五分的時候，總收入也少掉了九百六十九美元（從五千零七十五美元掉到四千一百零六美元）。當價格和總收入一起滑落的時候，就表示需求是沒有彈性的。價格的降低大過於銷量（八百一十瓶）的增加，因此從五塊美金到兩塊兩毛五

第二十章 定價概念 291

美金的這個價格範圍內，需求是沒有彈性的。

　　當需求沒有彈性的時候，賣方就可以為了增加總收入，而抬高價錢。通常便宜又便利的商品，往往沒有什麼彈性需求。其中的例子包括你在使用自動提款機（簡稱ATM）時，所需付出的手續費。有些人認為因為銀行家非常明瞭這種無彈性需求的前後關聯性，所以常常會調高手續費。

彈性的需求

　　（圖示20.6）所呈現的春憩牌防曬乳液個案，當價格從兩塊兩毛五掉到一塊錢的時候，總收入多了六百七十九塊（從$4,106增加到 $4,785）。當價格滑落時，總收入卻有增加的情況下，就表示需求是有彈性的。讓我們用前述的公式來計算一下當價格從兩塊兩毛五滑落到一塊錢的時候，春憩牌防曬乳液的需求彈性是多少？

$$彈性（E）= \frac{數量的變動／（數量的總和／2）}{價格的變動／（價格的總和／2）}$$

$$= \frac{(4,785-1,825)／[（1,825+4,785）／2]}{(2.25)-1／[（2.25+1.00）／2]}$$

$$= \frac{2,960／3,305}{1.25/1.63}$$

$$= \frac{0.896}{0.767}$$

$$= \quad 1.17$$

　　因為E值大於1，所以需求是有彈性的。

影響彈性的幾個因素

　　下列幾個因素會影響到需求的彈性：

　　◇替代品的便利取得性：若是市面上有很多方便易得的替代性商品，
　　　消費者就很容易從一個商品轉換到另一個商品身上，這使得需求變

得有彈性。反之亦然：協和式客機的飛行速度是子彈的兩倍，因此
從紐約飛往倫敦的一張協和機票索價四千五百零九美元，即使英國
航空公司要價這麼高，還是有辦法讓機位客滿，因為這種客機是僅
此一家，別無分號[7]。

◇和購買力息息相關的價格：如果某個價格低到對個人的預算完全沒
　有任何影響，需求就是沒有彈性的。舉例來說，如果食鹽的價格調
　漲了一倍，消費者還是不會停止在他們的菜餚裏加上食鹽和胡椒，
　因為它實在是太便宜了。

◇商品的耐用性：消費者通常會選擇修理耐久品而不是以汰舊換新的
　方式，來延長它的使用生命。舉例來說，如果某個人已經計畫要買
　一部新車，可是價格突然地攀升，他就可能退而求其次地去修理這
　部舊車，再開它個一年左右。換句話說，若是人們對價格的調漲很
　敏感的話，就表示需求是有彈性的。

◇商品的其它用途：商品的不同用途愈多，需求就愈有彈性。如果某
　個商品只有單一用途，比如說某種新藥，那麼購買的數量可能就不
　會隨著價格的變動而有變化。因為不管價格多寡，消費者可能只是
　根據處方箋上的要求，購買該有的數量而已。從另一方面來看，類

似像鋼鐵這樣的產品，用途非常的廣泛，所以一旦價格滑落，就可以更符合經濟效益地應用在各種不同的用途上，使得需求變得相當有彈性。

4 說明以成本為導向的定價策略

價格上的成本因素

　　有時候公司方面會故意忽略掉需求方面的考慮，而改以成本來做為價格上的決定因素。可是完全以成本為考量的定價，對目標市場來說，有時候可能太過昂貴，因而造成銷量的降低或甚至是滯銷；或者也可能因為太低廉，而使得公司只能賺到一點蠅頭小利而已。僅管如此，成本仍然是價格決定因素上的重要一部分，因為它可以讓我們有一個定價上的最低下限，而這個最低下限的定價也非常不適於商品或服務的長期使用。

　　成本看起來好像很簡單，可是實際上卻是一種有著多層面貌的概念，特別是對產品和服務的製造商來說，更是如此。變動成本（variable costs）是指那些會隨著產量的程度變動而發生變化的成本，其中例子包括了材料的成本。相反地，固定成本（fixed cost）則不管產量的增加或減少，都不會有所改變，其中例子有房租和執行主管的薪水等。

　　為了要比較生產的成本和商品的售價，先計算出單位成本（或稱之為

變動成本
會隨著產量的程度變動而發生變化的成本。

固定成本
不管產量的增加或減少，都不會有所改變的成本。

平均成本）將會很有幫助。所謂平均變動成本（average variable cost，簡稱AVC）就是把輸出總量除以整體變動成本。平均總成本（average total cost，簡稱ATC）則是把輸出總量除以總成本。正如（圖示20.7A）所描繪的一樣，AVC和ATC基本上都是U字型的曲線。相反地，平均固定成本（average fixed cost，簡稱AFG）則會隨著產量的增加而持續下降，因爲整體固定成本是恆常不變的。

邊際成本（marginal cost，簡稱MC）則是每增加一個單位產量，所造成的總成本變動。（圖示20.7B）告訴我們，當產量從七個單位提升到八個單位時，總成本就從六百四十美元變成七百五十美元，因此邊際成本就是一百一十美元。

所有呈現在（圖示20.7A）的曲線，都有清楚的連帶關係：

◇AVC加AFC等於ATC。
◇MC向下滑落了一會兒，就開始上揚了，在這個案例中，是在四個單位的時候才開始向上攀升。因爲就在那個轉折點上，遞減報酬開始介入，這表示從那時候起，在變動資本上所追加的每一塊錢，都會讓產量逐步地下降。
◇MC剛好在AVC和ATC最低點的時候，與它們交叉而過。
◇當MC低於AVC或ATC的時候，增量成本（incremental cost）就會持續地把平均值往下拉。相反地，若是MC大過於AVC和ATC時，它就會拉抬平均值，使得ATC和AVC開始上揚。
◇ATC曲線上的最低點對那些有著固定產能的公司來說，正好代表著最低成本的關鍵點，但它並不見得就是最有利潤可圖的那一點。

以成本來定價，有各種不同的方法可以利用。在這裏最先要討論的兩個方法分別是加成定價法和公式定價法，這兩者都相當地簡單。另外三個則是最大利潤定價法、損益兩平定價法和目標報酬定價法，這三種定價法使用的則是比較複雜的成本概念。

加成定價法

加成定價法是批發商和零售商最常用來制定零售價的一種方法，它並不需要對生產的成本進行直接的分析。相反地，加成定價法（markup

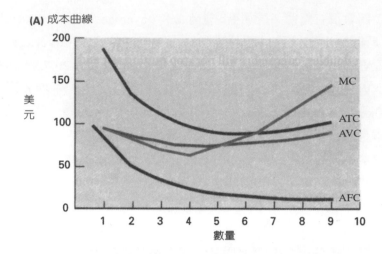

圖示20.7
假設性的成本曲線和
成本一覽表

(A) 成本曲線

（縱軸）美元：200、150、100、50、0

曲線標示：MC、ATC、AVC、AFC

（橫軸）數量：1 2 3 4 5 6 7 8 9 10

（B）成本一覽表

(1) 商品總產量 (Q)	(2) 總固定成本 (TFC)	(3) 總變動成本 (TVC)	(4) 總計成本 (TC)	(5) 平均固定成本 (AFC)	(6) 平均變動成本 (AVC)	(7) 平均總成本 (ATC)	(8) 邊際成本 (MC)
			每一週的總成本資料		每一週的平均成本資料		
			TC = TFC + TVC	AFC = $\frac{TFC}{Q}$	AVC = $\frac{TVC}{Q}$	ATC = $\frac{TC}{Q}$	(MC) = $\frac{TC的變動}{Q的變動}$
0	$100	$ 0	$ 100	—	—	—	—
1	100	90	190	$100.00	$90.00	$190.00	$ 90
2	100	170	270	50.00	85.00	135.00	80
3	100	240	340	33.33	80.00	113.33	70
4	100	300	400	25.00	75.00	100.00	60
5	100	370	470	20.00	74.00	94.00	70
6	100	450	550	16.67	75.00	91.67	80
7	100	540	640	14.29	77.14	91.43	90
8	100	650	750	12.50	81.25	93.75	110
9	100	780	880	11.11	86.67	97.78	130
10	100	930	1030	10.00	93.00	103.00	150

pricing）只要算出從廠商那兒所買進的成本，再加上想賺取的利潤以及在其它方面無法一一列舉解說的支出成本就可以了。這個加總下來的數字就是店內的售價。

舉例來說，某零售商在收到貨品的成本價上增加一定的百分比例，以求出零售價格。該零售商賣的某樣商品，其成本是一塊八毛，售價是兩塊二，所以該商品的加成利潤是四毛，也就是說有22%的加成比例（40￠÷$1.80）。可是，零售商往往是從零售價的角度來討論它的加成比例，舉上述的個案為例，就是18%（40￠÷$2.20）。而零售商成本和售價之間的價差（40￠）就是所謂的毛利（gross margin），這也是我們在第十五章所曾討論過的內容。

加成的多寡通常是依照經驗值而來的。舉例來說，許多小型的零售商往往在貨品的成本上加上100%的加成比例（換句話說，就是成本的兩倍），這種作法又稱之為安打上壘法（keystoning）。其它會影響到加成結果的因素還包括了貨品對顧客的吸引力、對加成價格的過去經驗反應（對需求上的含蓄考量）、該商品項目的促銷價值、商品的季節性、商品的流行魅力、商品的傳統售價以及競爭環境等。多數零售商都會避免對加成價格有預設的立場，因為就是考量到促銷價值和季節性等多種因素的存在。

加成定價法的最大好處就是它的簡單性。而最大壞處則是它會忽略掉需求的問題，而且可能造成商品的定價過高或過低。

最大利潤定價法

製造商所使用的定價法往往比經銷商所用的方法，要來得複雜多了。其中一個就叫做利潤極大化（profit maximization），它發生在邊際收入相等於邊際成本的時候。你在稍早前學到了所謂邊際成本就是每增加一個單位產量，所造成的總成本變動。同樣地，邊際收入（marginal revenue，簡稱MR）則是指每多賣出一個單位，所得到的額外收入。只要最後一個生產出來的單位，售出的收入大於它的生產和售出成本，該公司就會繼續製造和出售該商品。

（圖示20.8）利用了來自於（圖示20.7B）的成本資料，假設出某個公司的邊際收入和邊際成本結果。最有利潤可圖的數量是六個單位，也就是MR等於MC的所在。你也許會問：「如果利潤是零，為什麼要生產第六個

安打上壘法
百分之百的加成價格，或是把成本乘以二的定價作法。

利潤極大化
邊際收入相等於邊際成本的時候。

邊際收入
每多賣出一個單位，所得到的額外收入，或者是每增加一個單位產量，所造成的總成本變動。

數量	邊際收入（MR）	邊際成本（MC）	總利潤累計
0	-	-	-
1	140	90	50
2	130	80	100
3	105	70	135
4	95	60	170
5	85	70	185
*6	80	80	185
7	75	90	170
8	60	110	120
9	50	130	40
10	40	150	（70）

*最大利潤

單位呢？何不在第五個的時候就打住呢？」事實上，你可能是對的，可是公司方面並不知道第五個單位後就沒有利潤可言，除非它確定利潤並沒有如預期地繼續成長。所以經濟學家建議產量到達MC等於MR的時候就可以打住了。如果邊際收入只是大於邊際成本一分錢而已，還是可以增加總收入的。

損益兩平定價法

損益兩平分析
在公司的總成本等於總收入之前，應達到多少銷售量的判定方法。

　　現在讓我們仔細看看銷售和成本這兩者之間的關係。**損益兩平分析**（break-even analysis）可以判定公司在損益兩平（總成本等於總收入）之前，也就是無利潤可言之前，銷售量應該達到多少。

　　典型的損益模式會假設出一個固定成本值和一個平均變動成本值。讓我們假定有家公司就叫做環球運動服飾（Universal Sportswear），它的固定成本是兩千美元，用在每一個單位產量的勞工成本和材料成本是五毛錢。假設它不須降低售價，就能以一塊美元的價格，銷售出六千個單位的商品。

　　（圖示20.9A）呈現出環球運動服飾的損益兩平點。而且正如（圖示20.9B）所指出的，只要環球運動服飾每次多生產一個新單位，總變動成本就增加五毛美元，可是總固定成本不管產量多寡，卻還是維持在兩千美

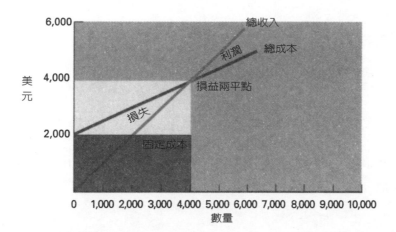

（A）損益兩平點

圖示20.9
環球運動服飾的成本、收入和損益兩平點

（B）成本和收入

產量	總固定成本	平均變動成本	總變動成本	平均總成本	平均收入（價格）	總收入	總成本	損益表現
500	$2,000	$0.50	$ 250	$4.50	$1.00	$ 500	$2,250	($1,750)
1,000	2,000	0.50	500	2.50	1.00	1,000	2,500	(1,500)
1,500	2,000	0.50	750	1.83	1.00	1,500	2,750	(1,250)
2,000	2,000	0.50	1,000	1.50	1.00	2,000	3,000	(1,000)
2,500	2,000	0.50	1,250	1.30	1.00	2,500	3,250	(750)
3,000	2,000	0.50	1,500	1.17	1.00	3,000	3,500	(500)
3,500	2,000	0.50	1,750	1.07	1.00	3,500	3,750	(250)
*4,000	2,000	0.50	2,000	1.00	1.00	4,000	4,000	(0)
4,500	2,000	0.50	2,250	.94	1.00	4,500	4,250	250
5,000	2,000	0.50	2,500	.90	1.00	5,000	4,500	500
5,500	2,000	0.50	2,750	.86	1.00	5,500	4,750	750
6,000	2,000	0.50	3,000	.83	1.00	6,000	5,000	1,000

*損益兩平點

元。因此，四千單位的產量能讓環球運動服飾的總固定成本維持在兩千美元，而總變動成本也是兩千美元（四千個單位×五毛錢），或者說是四千美元的總成本。

　　而它的收入也是四千美元（四千個單位×一美元），結果造成在四千個單位的損益兩平點時，淨利值只有零。請注意一旦跨過了損益兩平點之後，總收入和總成本之間的差距就會愈來愈大，因為這兩者都被假定是線性函數。

計算損益兩平值的公式相當簡單：

$$損益兩平量 = \frac{總固定成本}{固定成本貢獻}$$

所謂固定成本貢獻就是把售價減去平均變動成本所得到的值。因此，對環球運動服飾來說：

$$損益兩平量 = \frac{\$2{,}000}{(\$1.00 - 50\,¢)} = \frac{\$2{,}000}{50\,¢}$$

$$= 4{,}000 單位$$

損益兩平分析的好處是它可以讓我們很快地算出公司方面應該銷售多少數量，才能打平成本和收入，以及如果銷售量再提高的話，可以賺到多少利潤等。假使某家公司的營運正逐步接近損益兩平點，接下來就可能要看看究竟該做些什麼才能讓成本降低或者銷量提高。此外，在簡單的損益兩平分析下，並不一定需要去計算邊際成本和邊際收入，因為我們可以先假定價格和平均單位成本是一個恆常不變的數值。此外，因為有關邊際成本和邊際收入的計算資料很難取得，所以不靠這類資訊，對公司來說可能是比較方便的作法。

而損益兩平分析也有一些侷限性。有時候我們很難區分某個成本究竟是固定的？抑或是變動的？舉例來說，如果員工贏得了一份極為強硬的保證聘用合約，這個合約下所造成的支出費用算是固定成本嗎？中級主管的薪水算是固定成本嗎？另外，比成本因素更重要的是，簡易式的損益兩平分析會忽略掉需求這個要素。比如說，環球運動服飾該如何知道它可以用一美元的價格來銷售掉四千個單位的商品？難道它不可以用兩塊美金或甚至是五塊美金的價格來出售同樣四千個單位的商品嗎？很明顯地，這類的資訊絕對會對公司的定價決策造成很大的影響。

其它的價格因素

5 證明商品生命週期、競爭環境、配銷和促銷策略以及品質認定等會如何地影響價格

除了需求和成本之外，還有其它因素也會影響到價格。比如說，商品在生命週期上所處的階段、商品的配銷策略和促銷策略以及認定品質等，都會影響到定價。

商品在生命週期上所處的階段

當商品在生命週期上不斷演進的時候（請參考第十一章），商品的需求和整個競爭態勢也是不斷地在改變當中。

◇引進期：在引進期的時候，管理階層為商品所定的價格通常比較高。理由之一是希望能夠很快地彌補研發上所付出的成本。除此之外，只有市場中的核心份子（這些顧客的需求和此商品的屬性，在配合上來說完全是天衣無縫）才會對這類商品產生需求，所以需求是相當沒有彈性的。從另一方面來看，如果目標市場對價格的變動非常敏感，管理階層就會發現到最好把商品的售價維持在市價行情上，或者是低一點也無妨。舉例來說，當卡夫通用食品公司推出鄉村時光檸檬汁（Country Time lemonade）的時候，它的售價就相當於飲料市場中的商品售價，因為這個市場對價格是非常敏感的。

◇成長期：當商品進入到成長期時，價格往往開始穩定了下來。其中有許多理由：首先，競爭對手已經進入了這個市場，進而增加了商品的供應來源；第二，該商品已經開始能吸引到較廣大的市場，而這個市場通常是指收入較低的族群；最後，規模經濟也在降低成本當中，所以省下來的錢可以靠降低售價的方法，回饋給消費者。

◇成熟期：一旦競爭者增多，沒有效率又負擔著高成本的公司就會在市面上一一關門大吉，所以成熟期往往會讓價格益加滑落。但是配銷通路卻成了最大的成本因素，因為你需要為高度區隔的市場、廣泛的服務網、和少數幾個能吸收大量貨源的自營商，提供各種不同的商品線。仍留在市場上，並邁向成熟末期的製造商們，通常所提出的價格也都相當一致。其實只有那些最有效益的公司才能繼續存

當手握式計算機剛推出的時候，只有幾家公司製造這種商品，而且售價很貴。一旦消費者的需求增加，競爭環境也加劇之後，價格就會滑落了下來。

留下來，而它們的成本都是非常相似的。在這個階段，價格的調漲都是為了要反映成本，而不是為了需求之故。同時在成熟期的價格調降措施也不會激發出很多的需求，因為需求是有限的，廠商們的成本架構也都相當，所以其它廠商往往很快就會跟進。

◇衰退期：到了生命週期的最後階段時，一旦存留下來的廠商想要打撈市面上的最後一點需求時，價格就會更便宜了。等到市面上只剩下一家廠商，價格就會趨於穩定的局面。事實上，如果該商品存活了下來，被歸類到特殊商品的類別時，它的價格有可能會戲劇化地止跌回升，例如馬車和老式唱片等。

競爭環境

在商品的生命過程當中，整個競爭環境也會不停地改變，當然，有時候它也可能對定價決策造成重大的影響。比如說，雖然某家公司在一開始的時候是不會有任何競爭對手的，但是它的高售價卻可能引起其它公司的覬覦，而紛紛投入該市場的競爭當中。

鹹味零食產業正是一個活生生的例子，可以用來告訴我們，高售價的作法是如何點燃了整個市場競爭的戰火。1980年代晚期，柏敦公司

（Borden）注意到整個產業只有福利多——雷（Frito-Lay）一家公司在其中悠遊，所以還有很大的空間可以讓第二家公司加入其中。此外，福利多——雷公司在每年的價格調漲中，都可以讓利潤的年成長率保持在20%左右。於是，柏敦公司全心投入，並把策略的運用發揮到極致完美的地步。結果另一家公司安豪瑟（Anheuser-Busch）公司也決定擴張它的老鷹（Eagle）零食部門。老鷹零食在超級市場取得了很多的貨架空間，據報是因為他們付給了零售商每英呎貨架空間五百美元之故，同時又降低了售價。於是乎，戰火開始點燃。到了1990年代早期，老鷹覺得自己必須要更具競爭力，才不會從這場遊戲中被判出局，所以它把箭頭對準在福利多——雷的多利多司玉米片（Doritos tortilla chip）上。福利多——雷公司則對老鷹的每一項促銷計畫都還以顏色。老鷹在電視廣告和低特價促銷活動中花了一千五百萬到兩千萬美元左右。1995年的時候，福利多——雷的市場佔有率從40%躍升到50%，而安豪瑟公司的品牌卻從來沒有突破過六個百分點。同年，老鷹虧損了兩千五百萬美元，相當於四億美元的銷售額。到了1996年，安豪瑟公司終於關閉了老鷹零食部門，將力量全數傾注在核心品牌之身上，也就是百威啤酒和淡啤酒[8]。

要是某家公司在進入一個成熟市場時，卻沒有市場領導者來提供一把「價格傘」的話，眼前它就只有三條路可以走：讓自己的售價低於一般市價，正如老鷹零食所做過的事情一樣。再不然，如果這個新的競爭者有非常明顯的競爭優勢，就可以把售價抬高超過一般市價。終身自動化產品公司（Lifetime Automotive Products）在進入汽車雨刷市場時，就把售價訂在十九塊九毛五美元，足足是一般雨刷的三倍多，該公司的競爭優勢在於它的專利三葉式雨刷設備，可以比傳統雨刷刷得更乾淨，再加上終其一生的品質保證。最後一條路則是採用「現行價格」（going price）的作法，也就是假定自己可以透過非價格上的競爭手法來達到利潤和市場佔有率的目標。以現行價格進入市場的這種作法，可以避免引爆市場上的價格戰。

價格戰和劇烈的競爭並不只發生在美國而已。一旦歐盟在經濟體上完成更龐大的聯合關係之後，市場上的價格就會更形地混亂。然而，正如「放眼全球」方塊文章中所談到的，瞭解市場之後再進行定價，這是非常重要的一個步驟。

各市場井然有序的時代已經過去了，那時候只有異國風情的高檔貨，如法國香水或瑞士錶等，才會擔心一些水貨的問題。現在，幾乎所有的商品都受到國際價格聯盟上的壓力影響。

一家在市場上有著領導地位的消費商品製造商，原本在幅員遼闊的當地市場和全歐洲都有配銷零售，可是最近卻碰上了一個麻煩，那就是它最大的零售顧客要求所有的商品都必須以全歐洲的最低價格來供應。該公司只得照辦，可是整個歐洲市場高達20%的價格調降，已經造成它在利潤上的危機了。

有些車種在義大利的售價低於德國市場售價的30%到40%，這全是因為里拉貶值的緣故。專業水貨進口商的資訊系統（請參考第十四章）在利用國際性的價差問題上，幾乎已經到了爐火純青的地步，因為再也沒有比盯緊一張價格表更簡單的事情了。全球性定價的定時炸彈已經開始在滴答作響，許多公司早就被炸得昏頭轉向，可是還有些公司卻依舊渾然不知眼前的威脅。

各國之間的價格差距非常地大，就某些完全相同的消費商品來說，價格差距有時可高達30%到150%。在某些市場中，差距範圍可能更大。有些藥品在德國的售價是義大利市場的五倍。如果你住在法國，可是卻在別的地方買車，保證你買豐禾汽車，可以省下24.5%；標緻汽車可以省下18.2%；福斯的傑它（Volkswagen Jetta）汽車則可以省下33%。這些價差乃肇因於各地不同的消費者行為、配銷架構、市場地位和稅制系統。而且這些因素並不會突然地消失。

一般來說，定價不是靠直覺就是靠經驗，再來就是各管各的，於是形成了混亂的場面。經理們在成本上花了很多的時間精力，反而不太在乎價格的訂定，儘管這兩者就像利潤一樣，是同等重要的。

有一種國際性的價格走廊（price corridor）將各國之間的價差和與日俱增的結盟壓力全都列入了考慮之中。這個走廊必須由各公司的總部和分佈在各國的分公司來判定。沒有一個國家可以把價格自決於這個走廊之外。低售價的國家必須提高價碼，而售價高於上限的國家也應調降價格。這個走廊會考慮每一個國家的市場資料、該國的價格彈性、貨幣匯率、該國的成本以及競爭和配銷方面的資料。價格走廊通常可以改善利潤達15%到25%。也因為它的改善成果，使得該套系統的成本變得微不足道。

歐盟裏頭的各個成員，文化差距彼此互異，你認為可能制定出一個一致性的定價策略嗎？有時候某些跨國公司的崛起成長乃是起源於不同國家的混合產物，因此，其中一些國家可能處於最低售價的此端，而另一些國家則處於最高售價的彼端。有些分公司想要開拓市場佔有率，並積極地在市場上建立起屬於自己的價格；而其它分公司則是市場上的領導者，擁有高價位，而且不想做任何改變。如果某家跨國企業的運作是採行地方分權的方式，定價走廊對它來說還管用嗎？如果某套系統雖然沒有定價走廊也做得相當的好，公司方面還需要制定一套「價格守則」來讓大家奉行嗎？

配銷策略

有效的配銷網路往往可以克服行銷組合上的其它小小瑕疵。舉例來說，雖然消費者可能認為某個商品的價格有點高過於一般行情，可是如果它是在便利商店裏出售，消費者也許還是會買它。

新商品也因為可以向經銷商提供高過於一般行情的利潤所得，而擁有還不錯的配銷成績。這個策略的另一種變化運用就是給自營商一筆很高的交易折扣，來補償促銷上的成本，進而刺激來自於零售方面的需求。

一旦製造商在配銷通路上已經逐漸喪失對批發商和零售商的控制能力時，通常就會訂出一套定價策略，以防萬一。舉例來說，有些經銷商採用的是品牌對打的銷售方式（selling against the brand），也就是說他們把知名的品牌以較高的售價放置在貨架上，然後把其它品牌，通常是他們的自營品牌，例如工匠牌工具（Craftsman tools）、羅傑牌西洋梨（Kroger pears）或削價牌紙巾（Cost Cutter paper towels），以較低的價格來出售，結果當然是高價位的品牌全盤皆輸。

批發商和零售商也可以走出配銷通路之外，直接採購水貨商品。正如第十五章所解釋的，經銷商透過未經授權的通路管道，以低於一般行情的價格買到貨品，如此一來，他們才可以賺取到比較高的加成利潤，或者是以較低的售價賣出去。進口貨是最容易受到水貨市場的影響。保時捷（Porsches）跑車、JVC音響、和精工錶（Seiko）等都曾遭遇過類似問題。儘管消費者在買水貨時的付出價格比較低，可是卻往往發現到它的製造商並不負責品質的保證事宜。

製造商可以利用獨家專有的配銷系統、加盟授權的作法以及不要和專門削價出售的折價店打交道等，來重新獲得價格上的某些控制能力。製造商也可以在包裝商品的同時，把售價印上去，或者是以寄售的方式來配置商品。但是控制價格的最好辦法還是在於培養消費者的品牌忠誠度，所以對商品品質和價值認定的傳達非常的重要。

促銷策略

價格通常被用來當成促銷的工具，以期增加消費者的興趣。舉例來說，報紙上的每週雜貨欄都會刊登許多商品的特價消息。位在科羅拉多州的雞冠山滑雪度假勝地（Crested Butte Ski Resort）就曾試過一種獨特的價格促銷活動。它在感恩節和聖誕節之間的淡季裏，提供免費的滑雪之旅。它的唯一利潤是取自於各住宿點和各餐廳業主的自由捐獻，因為這些業者一定會在滑雪客大加利用這次促銷活動的同時，大發利市。結果淡季時的住宿預約完全客滿，而旺季的遊客量則如預定目標一樣，從九千名滑雪客的爆滿情形降低到六千五百人。雞冠山度假勝地再也不用再像往常一樣，

把知名的品牌以較高的售價陳列出來，為的是要以折價的方式來出售店內的自營品牌。

李維史壯斯公司
對李維斯公司來說，
何謂FAQs（經常被問
到的問題）？李維斯
公司應該如何回答有
關價格上的問題？
http://www.levi.com/

到了淡季時候就是虧損的開始。

定價也可以被視為是業界促銷活動中的工具。舉例來說，李維斯（Levi's）公司的碼頭工人（Dockers）服飾（男性休閒褲）很受到25歲到45歲白領階層的歡迎，而這也是個成長中的獲利市場。同樣是製造生產休閒褲的巴葛男孩（Bugle Boy）公司因為感受到了這樣的機會點，也開始在市面上以較低的批發價提供類似款式的男性休閒褲，這給了零售商很大的毛利空間，更甚於碼頭工人休閒褲所能給它的。於是李維斯公司不是得削低批發價；就是得拿碼頭工人四億美元的年營業額來冒險。儘管李維斯打算讓碼頭工人休閒褲的最低零售價維持在三十五美元，可是也不得不開始以十八美元的批發價讓零售商進貨。結果零售商就能以二十五美元的超低零售價來出售碼頭工人休閒褲，進而吸引了顧客的上門。

價格和品質之間的關係

當消費者在購買的時候，往往有很大的不確定感，這時就會把價格當做是品質的認定指標。以價格的高低來認定品質的好壞似乎適用在所有商品上，可是對某些商品而言，高價格的確可以讓自己有身價不凡的好處[10]。適用於這個現象的商品包括了咖啡、絲襪、阿斯匹靈、鹽巴、地板臘、洗髮精、服飾、傢俱、香水、威士忌和許多服務性商品。如果消費者可以得到額外的資訊，例如品牌名或店名，他們對價格決定品質的看法就會降溫下來[11]。可是要是沒有其它資訊可循，人們就會假定售價愈高，商品的材質愈好，而且製作得比較精細。但如果是講究專業性的服務商品，消費者就會認定售價較高的服務提供者一定比較專業。換句話說，消費者會有「一分錢一分貨」的假設性看法。有項研究調查就指出，有些人非常篤信「一分錢一分貨」的說法，也就是說，有些人比其他人更相信價格的高低是品質好壞的指標[12]。一般說來，消費者的這種價格——品質評估辦法，比較能精確地運用在非耐久商品的身上（例如冰淇淋、冷凍披薩或微波爐清潔劑）；對耐久商品（例如咖啡壺、瓦斯烤架和十段變速自行車）[13]而言，則無法那麼確實地運用。見多識廣的商人們在設定自己的定價策略時，也會將消費者的這種心態列入考量當中。威信定價法（prestige pricing）就是以高價位來協助塑造高品質形象的一種方法。成功的威信定價策略需要有一個能理性符合消費者期待心理的零售價。舉例來說，到紐約市Gucci店購物

威信定價法
以高價位的方式來協
助塑造高品質的形
象。

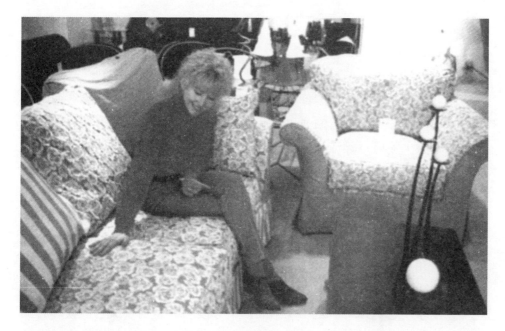

的人,絕不會認為只需花九塊九毛五美元就可以買到一雙拖鞋。事實上,如果售價真的那麼低,需求量一定會立刻地滑落。如果拜耳(Bayer)的阿斯匹靈降低售價,長久以往,也一定會喪失掉一些市場佔有率。裝在陶罐裏的全新芥末醬,若不是把價碼提高了一倍,根本就不會在市面上成功的。

消費者也認定自營品牌或店內品牌會比全國性品牌便宜一點。但是如果自營品牌和全國性配銷的製造商品牌,這兩者之間的價格差距過大,消費者往往會認為自營品牌比較次人一等。從另一方面來看,如果省下的金額不夠多,就沒有什麼誘因可以讓消費者去購買自營品牌了。某項研究的掃瞄資料顯示,如果全國性品牌和自營品牌的價格差距不到10%,人們就不太可能購買自營品牌。但是如果差距超過20%,反而會讓消費者認定自營品牌的品質比較差[14]。

總之,由最近大多數的研究中發現,許多國家的人們將知名的品牌視為研判商品品質的主要指標。倘若商品的上頭沒有品牌,那麼消費者就會以商品上所標示的價格及其外觀來判定商品的品質。除了品牌、價格及商品的外觀之外,零售商的聲譽也是消費者用來判斷商品品質的指標[15]。

回顧

讓我們回頭看看清新田野（Fresh Fields）為了要吸引主流顧客而降低售價的這個作法。降低售價並不一定能增加公司的收入，只有在需求很有彈性的時候，才可以達成。成本就是一種底價，並不適合長期的運用。價格若是只靠成本來決定，有時可能會讓定價過高，反而吸引不到顧客的上門。相反地，只反映底價的商品，也可能因為售價太低，而造成收入和利潤上的損失。

價格對認定品質也有一定的影響，它取決於幾個因素，例如商品的類型、廣告和消費者的個性等。在消費者的品質認定觀念中，品牌知名度的重要性往往更甚於價格。

競爭環境也有助於降低市場上的價格。沒有競爭對手又售價較高的公司不久就會發現到，有許多競爭對手因為市場的吸引力而紛紛投入其中。一旦競爭者投入之後，價格就會下跌，因為每家公司都為了爭取市場佔有率而紛紛降價求售。

總結

1. 討論定價決策對經濟和各個公司的重要性：價格在美國經濟體上扮演了一個整合式的角色，因為它在消費者、政府和企業體之間進行著貨品和服務的分配。定價對商業界來說非常的重要，因為它可以創造收入，而這些收入正是所有商業活動的基礎根本。在設定價格的時候，行銷經理總是努力地想要找出一定的價格標準，才能有滿意的利潤結果。

2. 列出和解釋各種不同的定價目標：設定出符合實際並可以衡量評估的定價目標，對公司的行銷策略來說是非常具關鍵性的。定價目標通常可以被分成三種類別：利潤導向、銷售導向和維持現狀。以利潤為導向的定價目標是根據利潤極大化、滿意的利潤和投資上的目標報酬等來考量。利潤極大化的目標就是隨著整體成本的比例，儘可能地擴大整體利潤。通常比利潤極大化還要實際的作法是努力達成讓股東和管理階層雙方都滿意的利潤目標。而最常用的利潤導向定價策略則是根據公司的資產，設定投資上的目標報酬。第二種類型的定價目標是以銷售為導向，它著重的不是市場佔有率的維持就是營業金額或單位銷售量的極大化。定價目標的第三種類型是比照競爭對手的售價，維持現狀的作法。

3. 解釋在決定價格時，需求所扮演的角色為何：需求是價格的主要決定因素。在設定價格時，公司必須先判定市場上對商品的需求情況如何。典型的需求一覽表顯示出需求量和價格之間的逆向關係，也就是說，當價格降低的時候，銷售量就會增加；而一旦價格升高，需求量就會滑落。但是對有聲望的商品來說，需求和價格之間的關係是很直接的：價格愈高，需求量愈大。

行銷經理在設定價格時，要考慮需求的彈性如何。需求的彈性是指隨著價格變動而衍生的需求數量多寡。如果消費者對價格的變動很敏感，需求就是有彈性的；如果不是很敏感，就是沒有彈性。因此價格的調漲會造成有彈性需求的商品在銷售量上的滑落，或者是對沒有彈性需求的商品不造成任何銷量上的改變。

4. 描述以成本為導向的定價策略：價格的另一個主要決定因素就在於成本。廠商有幾種成本導向的定價策略可資利用。為了要抵銷支出，並獲取一些利潤，批發商和零售商最常用的是加成定價法，也就是在製造商的原始價上，再加入額外的金額。另一種定價手法稱之為利潤極大化，就是讓邊際收入相當於邊際成本的作法。另一種的定價策略則可以判定該公司應該要售出多少數量的商品才能平衡損益，並利用這個數量做為調整價格的參考點。

5. 證明商品生命週期、競爭環境、配銷和促銷策略以及品質認定等會如何地影響價格：商品的價格會隨著商品的生命週期、對商品的需求以及競爭環境的改變而改變。管理階層在引進期的時候通常會採用高售價的方式，這種作法也往往會吸引許多競爭對手的競相投入。劇烈的競爭會讓價格降低下來，因為每個競爭者都在降價求售，以期開拓自己的市場佔有率。

新商品也可以因為向批發商和零售商提供高過於一般行情的利潤所得，而得到還不錯的配銷機會。價格也常被拿來當做是吸引消費者的促銷工具。超低特價往往可以吸引新顧客的上門，並讓老顧客買得更多。

　　品質的認定也會對定價策略造成影響。想要塑造高貴形象的公司，在售價上往往也是高人一等。消費者通常會把高售價和高品質這兩者聯想在一起。

對問題的探討及申論

1. 為什麼定價對行銷經理來說那麼的重要？
2. 請解釋在決定價格時，需求和供應的角色各是如何？
3. 如果某家公司因為可以提高售價而增加整體的收入，它不應該照做嗎？
4. 請解釋彈性需求和無彈性需求的概念。為什麼行銷經理必須懂得這些概念？
5. 貴公司過去一向根據成本來訂定售價，身為貴公司的新聘經理，你認為這個政策會改變嗎？請寫一份備忘錄給貴公司的總裁，解釋一下你的理由是什麼？
6. 瞭解損益兩平點的概念，對經理人士來說為什麼很的重要？這裏面有些什麼缺點？
7. 請就定價目標的每一個主要類型，舉出一個例子。
8. 請將班上同學分成五個小組，每一個小組都被指派了來自於不同連鎖集團下的雜貨店（自營獨立的雜貨店也可以）。請選出一位小組長，小組長們必須集會組成另一個小組，然後在會中選出十五個全國性的雜貨品牌項目，每一個品牌都要詳列出它的品名和包裝大小，然後再將每一個品牌分派到每一家指定的店中，並進行這十五個品牌項目的資料蒐集。如果可能的話，小組成員最好能蒐集到店內十五個類似的自營品牌和十五個一般品牌這兩者的價格資料。

　　每個小組都要在班上呈現自己的成果，並討論各店之間以及各全國性品牌、自營品牌和一般品牌，它們之間為什麼有這麼多的價格變化？接下來，請回到被指定的雜貨店裏，和店長分享整體的成果，並請帶回店長的意見和同學們一起分享。
9. 商品的生命週期會如何地影響價格呢？請舉出一些例子。
10. 網際網路上的資訊該如何定價呢？下列網址上所討論的資訊——定價模式（information-pricing models）有什麼優缺點？
http:///www-sloan.mit.edu/15.967/group 17/home.html
11. 如果全世界各地的人都可以使用到網際網路，因為各國的消費者所使用的貨幣不盡相同，廠商該如何處理這些交易呢？

http://www.burmex.com/store/pricing.htm

學習目標

在讀完本章之後，各位應當能夠做到下列各項：

1.說明適當價格的訂定過程。

2.確認在定價決策上，所遭遇到的法律和道德限制。

3.解釋應如何利用打折地理性的定價和其它特別的定價戰術，來調整基本價格。

4.討論商品線的定價。

5.說明在通貨膨漲和經濟蕭條的時候，定價的角色為何。

6.討論行銷組合中的定價可能會有什麼樣的未來。

第21章

訂定適當的價格

設計師雷夫羅倫（Ralph Lauren）早先是以鄉村俱樂部的貴族服飾起家，建立了屬於自己的時尚帝國，現在他決定要把目光轉向一般的消費大眾。1996年的時候，羅倫先生那已有二十九年歷史的波羅（Polo）／雷夫羅倫（Ralph Lauren）企業體，簽定了力霸國際公司（Reebok International）和莎拉李企業（Sara Lee Corp.）等新的許可使用者，為的就是想設法在年收入達四十億美元，涵蓋了男女性服飾、兒童服飾、香水、家用傢俱、甚至是繪畫作品的零售加盟業身上，再多榨出一些成長額出來。

人們一向常聽到和波羅公司有關的人士說，該公司最近的財務表現相當強勁。然而1980年代那種親近貴族式的波羅風已經在1990年代開始式微，百貨公司因為缺乏消費者對這方面的需求，而幾乎完全放棄掉高度時尚性的精品服飾。類似像維它帝尼（Adrienne Vittadini）和安娜克萊恩（Anne Klein & Co.）這樣的設計屋，也都在最近捨棄掉它們的上流精品服飾線，把重點轉移到較低售價的商品線上。

對那些配有簽名標籤的高級襯衫來說，波羅公司都把價格從五十五美元調降到四十九美元。波羅牛仔褲在1996年秋天的售價是四十八美元，而對羅倫系列的女裝部分，也做了適度的降價措施，目的是要和麗茲卡萊邦（Liz Claiborne）之類的公司在市場上一較高低。除此之外，全新又售價較低的男性波羅運動衫，也在近三百家的百貨公司設置了專櫃。

「身為一名設計師，我可以感受到這個世界的脈動，」全身被太陽曬成古銅色的56歲羅倫先生，在麥迪遜大道（Madison Avenue）的總部接受訪問時，這樣說道。根據他的說法，他已經準備要討好「喜歡高品質和高品味，但卻買不起雷夫羅倫時裝的消費者們了。」牛仔褲恰好是這點訴求上的一個案例：「我們從來沒有擴大過牛仔褲的生意，」他說道，「為什麼要讓這個生意給溜掉呢？」

事實上，這位在紐約市布朗克斯（Bronx）誕生的設計師曾經涉足過低下階層的市場配銷。舉例來說，他的卻普斯（Chaps）男性服飾部門就是以低價來出售商品，而卻普斯香水也在藥房裏有售。老實說，他根本就沒有拒絕過普羅大眾這個市場。最近，有一些零售商很快地以兩千美元的零售價售罄了他全新絕版的「紫色標籤」男性西裝，這些西裝都是在英國縫製的。

可是想要一網打盡所有的價格範圍和品味，多少有點冒險。卡文克萊公司（Calvin Klein, Inc.）就曾靠著標價一千美元女性套裝的帶動，推銷旗下的牛仔褲和內衣商品。可是義大利的設計師喬治亞曼尼（Giorgio Armani）卻在商場上滑了一跤，只因為他把自己的商標貼在亞曼尼A/X牛仔褲的上頭¹。

為商品設定高價位，各有什麼好處和壞處？雷夫羅倫的波羅商品線究竟是遵循著什麼樣的價格策略？一旦他降低售價之後，可能會面臨到哪些問題？

1 說明適當價格的訂定過程

如何設定商品的價格

為商品設定適當的價格，這是一個四步驟的過程（請參考圖示21.1）：

圖示21.1
為商品設定適當價格的各個步驟

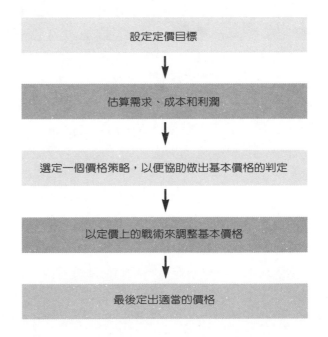

設定定價目標

↓

估算需求、成本和利潤

↓

選定一個價格策略，以便協助做出基本價格的判定

↓

以定價上的戰術來調整基本價格

↓

最後定出適當的價格

1.設定定價目標。
2.估算需求、成本和利潤。

3.選定一個價格策略,以便協助做出基本價格的判定。

4.以定價上的戰術來調整基本價格。

我們將在下文中討論前三個步驟,最後一個步驟則會在本章稍後的地方再行討論。

設定定價目標

訂定適當價格的第一步就是先設定定價的目標。請回想一下第二十章所談到的定價目標,它往往有三種類別:利潤導向、銷售導向和維持現狀。這些目標都是起源自公司的整體目標。

全盤瞭解市場和消費者,有時候可以讓行銷經理很快地得知,他所設定的目標究竟夠不夠實際。舉例來說,如果A公司的目標投資報酬率(ROI)是20%,它的商品開發和執行成本是五百萬美元,所以這個市場應該要相當大才行,或者是要設定出能賺到20%ROI的市場價格才行。再假設B公司的定價目標是要在上市後的三年內,讓所有新商品達到至少15%的市場佔有率。這時候,一份全盤性的市場環境調查可能可以說服行銷經理,整個競爭環境實在是太過強勁,以及這樣的市場佔有率目標是不可能達成的。

對於所有的定價目標,經理們都應該要衡量一下其中的成敗機會。利潤極大化目標可能需要在最初的時候,做出比公司方面可以承諾或想要承諾的更大投資才行。達到一定程度的市場佔有率通常也表示必須先犧牲掉短期的利潤,因為要是沒有小心的經營管理,就不可能達成長期的利潤目標。配合競爭環境的定價方式可能是最容易執行的一種定價目標。但是,經理們真的可以忽視掉需求、成本、生命週期階段和其它方面的考量嗎?在制定定價目標的時候,經理們必須要就目標顧客群和環境的角度來衡量一下上述幾個決策的優缺點。

估算需求、成本和利潤

第二十章說明了總收入是價格和需求量兩者合作下的一個函數,而需求量則是由彈性來決定。在設定了定價目標之後,經理們應該要估算不同價格下的總收入會是多少。接下來,他們也要判定出每種價格下的相對成本又是如何。如果有利可圖的話,就可以估計一下利潤若干,以及在每一種可能價格下的市場佔有率會是如何。而這些彙總而來的資料就成為發展價格政策的核心內容。經理們也可以就收入、成本和利潤的角度，來研究其中的幾個選擇方案。另外，這些資訊也有助於經理們判定，究竟是哪一種價格才最能符合公司的定價目標。

選定價格策略

價格策略

基本長期性的定價結構，可以為商品訂定最初始的價格，也可以為商品的整個生命週期制定出價格變動的大致方向。

不管是商品或服務，它長期以來的基本定價結構都必須邏輯性地延伸自定價目標才行。而行銷經理所選定的**價格策略**（price strategy）不僅可以界定一開始的價格多寡，也可以為商品的整個生命週期制定出價格變動的大致方向。

價格策略會根據界定清楚的定位策略，在特定的市場區隔中制定出一個非常具有競爭力的價格。舉例來說，類似像朋馳汽車製造商可能會根據（圖示21.2）六種標準的其中之一，設定出一個基本價格。所謂的E級車款，就是屬於高價位的車種。若是想要從高價位晉升到超高價位，就必須在商品上做些改變，另外目標顧客群、促銷策略或配銷管道等也都不能免俗地需要有些變化。因此，價格策略的改變意味著行銷組合上的巨幅變更。如果某部汽車看起來和開起來就像是一部經濟實惠型的車種，它的製造商就不可能成功地在超高價位的汽車市場上和他人競爭。

公司為新商品定價以及制定價格策略的這方面空間，必須由市場狀況和行銷組合中的其它要素來決定。舉例來說，如果某家公司所推出的新商品，在市面上早就有了幾個類似的競爭商品，前者的定價空間就會受到侷限。為了要成功，該公司可能必須讓自己的價格儘量接近平均市價。相反地，若是某家公司所推出的是在市面上不曾見過的全新商品，就可以有很大的定價空間任意游走。

三個設定價格的基本策略，它們分別是吸脂價、滲透價和維持現狀價。以下就是對這些價格類型的個別討論。

吸脂價

吸脂價有時又稱之為定價上的一種「市場──正數」（market-plus）辦法，因為它比競爭商品的價位還要再高出一些。雷迪亞斯企業（Radius Corporation）製造了一種獨一無二的橢圓頭牙刷，是由黑色的合成橡膠所

價格範圍	車種		
特高價位 十萬美元以上	Lamborghini Rolls Royce	 Lamborghini USA, Inc.	 By Permission of Rolls-Royce Motor Cars, Inc.
超高價位 六萬美元到 十萬美元	BMW 850Ci Porsche 928 GTS	 BMW of North America, Inc.	 Porsche Cars North America
高價位 四萬美元到 六萬美元	Mercedes E-Class Lexus LS 400	 Mercedes-Benz of North America, Inc.	 Lexus, A Division of Toyota Motor Sales, USA, Inc.
中價位 一萬五千美元 到四萬美元	Buick Regal GS Mazda Miata	 Buick Motor Division	 Mazda Motor of America
經濟實惠價 一萬美元到 一萬五千美 元	Saturn SL1 Honda Civic	 Saturn Corporation	 Honda Motor Company, Ltd.
基本價位 一萬美元以下	Geo Metro Ford Aspire	 Chevrolet Motor Division	 Ford Motor Company

製成的，看起來就像是潛水水肺的附屬零件一樣。雷迪亞斯採用了吸脂策略，把它的牙刷定價在九塊九毛五，而一般牙刷的市價大約都在兩塊美元左右。

吸脂價
一種定價策略，一開始的索價極為高昂，通常會伴隨著大量的促銷。

　　吸脂價（price skimming）這個專有名詞是取自於「把浮在上頭的那層奶油給撇取掉」這句話的意思。若是目標市場認定某個新商品具備了獨一無二的優點，出品的公司就會利用這個策略來進行推銷。舉例來說，凱特匹勒（Caterpillar）公司的建築設備的定價就相當高，目的是要維持它的認定價值。傑士米（Genzyme）企業所推出的喜瑞丹斯（Ceredase），是第一個可以治療古丘病（Gaucher's disease）的有效藥劑。這個藥丸能讓病人免於多年的肌肉疼痛和退化，使病人可以繼續正常地過活。可是一名病人的一年劑量費用就超過了三十萬美元[2]。

基因技術公司
（Genentech, Inc.）
基因技術公司如何就它所經常運用的高價位，來為它的商品定位和促銷？
http://www.gene.com/

　　隨著商品生命週期的變化，製造商也可能會降低售價，為的就是要成功地接觸到更廣大的區隔市場。經濟學家曾將這種類型的定價描述為「逐漸下滑的需求曲線」。可是並不是所有的公司都在曲線上往下滑。比如說基因技術（Genentech）公司所生產的TPA是一種抗凝血的藥劑，儘管已在市面上推出了四年，但不管競爭對手的售價有多低，它的價格仍舊維持在一劑兩千兩百美元。

　　不管某商品的價格高過於市價多少，市場上的顧客仍願意掏出錢來購買的時候，就是吸脂價最好用的時機。舉例來說，如果某些採購代理人認為凱特匹勒的設備遠優於其它競爭廠商的設備，那麼凱特匹勒就可以成功地運用高價位的戰略。若是商品受到法律上的妥善保護；或者它代表的是技術上的一種突破；也或者它在某些方面是競爭對手所無法突破進入的，那麼就可以有效地採用吸脂價的作法。如果因為技術上的困境；或者是製造商品的熟悉度和時間不足，而無法快速地擴大產量時，經理們也可以考慮採用吸脂策略的作法。只要需求量大過於供應量，吸脂價就是一個可行的策略。

　　成功的吸脂策略可以讓經理階層快速地回收商品開發或「教育」方面的成本支出。（通常消費者必須被「教育」有關某個全新商品的好處是什麼，例如高傳真電視）即使來自於市場上的反應都認為這個上市價太過昂貴，經理們也可以藉由調降價格，來輕易地解決掉這個問題。公司方面通常都覺得最好先用高價位來測試市場的反應，然後再於銷售量過低的時候，降低價位。他們互相心照不宣地說：「如果市場上有一些高價位的買主，讓我們先接觸他們，盡可能地擴大自己平均單位的收入額。」成功的吸脂策略不只可運用在商品的身上，像是知名的運動員、娛樂界明星、律師和髮型設計師等，也都是擅用吸脂價的高手。一般來說，吸脂策略往往會對競爭對手進入市場的這個舉動產生鼓勵的作用。

滲透價

滲透價則是另外一種極端的定價法，剛好和吸脂價完全相反。**滲透價**（penetration pricing）的意思是以相當低的價格出售商品，爲的是要接觸到普羅大眾市場。它所設定的低價位，絕對可以捕捉到基本市場中的絕大多數，進而降低自己生產的成本。如果行銷經理把市場佔有率的攻佔列爲是自己的定價目標，那麼滲透價的作法就是一個很合乎邏輯的選擇。

但是，滲透價也表示比較低的平均單位利潤。因此，爲了達到損益兩平點，它所需要的單位量遠大於吸脂策略下的單位量。如果要花很久的時間才能完成高額的銷售量，那麼，商品開發的成本在回收上也就相形地慢了下來。但也正如你所想到的，滲透價的作法通常會讓競爭對手對這個市場感到興趣缺缺。

滲透策略對價格敏感的市場來說，往往很有效。當需求有彈性的時候，價格就會滑落的比較快，因爲市場可以透過低價促銷的作法達到快速擴張的目的。此外，價格的敏感度和劇烈的競爭壓力，也都會造成比較低的初始上市價格，而在稍後階段的價格滑落速度也會比較慢。西南航空（Southwest Airline）公司的成功竅門就在於它的滲透策略。光就波音七三七的飛行來說，該公司就深深瞭解到庫存零件和訓練飛行員與技師的效益性如何。此外，它也避免使用成本甚鉅的電腦訂位系統，例如：阿波羅（Apollo）或SABRE等系統，並免掉空中餐飲的供應，如此一來，西南航空公司就能在該產業中擁有單人／飛行哩數的最低成本了。幾家主要航空公司的單人／飛行哩數平均成本分別是：美國空中航空（USAir）10.8￠；聯合航空（United）9.6￠；達美航空（Delta）9.4￠；西北航空（Northwest）9.1￠；美國航空（American）8.9￠；西南航空（Southwest）7.0￠。以前每週大約有八百人次會在路易士維拉（Louisville）、肯德基（Kentucky）和芝加哥（Chicago）這幾個城市之間搭乘飛機，現在自從西南航空加入這幾條航線的市場之後，每週旅客數量就達到了兩萬六千人次。西南航空於

滲透價
一種定價政策，一開始的時候，公司所定的商品售價就相當的低廉，以便可以接觸到整個大眾市場。

西南航空首頁大門
西南航空公司如何在網站上促銷它的票價好處？
http://www.iflyswa.com/

1995年進入佛羅里達州市場，在當地製造了比當初預期還要高出40%的收入。現在它的競爭對手都對它將於1997年進入東北部市場（紐約和附近地區）的這項行動，感到非常緊張。

定價策略的選擇全是由整個世界的競爭態勢來決定。舉例來說，李維史壯斯公司（Levi Strauss）在維持原來美國市場的同時，也切入了國際市場當中。該公司之所以成功就在於它對兩面價格策略的運用得當：在美國採用的是滲透價；到了國外則採行吸脂價。有時候某些公司運用的卻是相反的作法：在國際市場上採滲透價、在本國市場則採吸脂價。

消費者所認定的滲透價並不一定就能通行於全球各個市場中。例如在德國購買李維斯牛仔褲的美國人，很快就會發現到這條牛仔褲根本就不值得這個價錢。相同的現象也適用於位在國外的美國特價連鎖飯店，詳情請看「放眼全球」方塊文章。

維持現狀的定價

第三種基本價格策略就是維持現狀定價法，或者是說配合競爭對手價位高低的定價法。（請參考第二十章）它的意思就是在定價上和競爭對手的價格完全一樣或者相當接近。舉例來說，蒙哥馬利零售連鎖店（Montgomery Ward）就派遣業務代表到西爾思商店購物，以確保自己的售價和對方旗鼓相當。

雖然維持現狀定價法非常簡單，它卻可能會忽略掉需求或成本的問題。但是對小型公司來說，完全配合競爭對手價位高低的這種作法，也可能是求長期生存的最安全辦法。

2 *確認在定價決策上，所遭遇到的法律和道德限制*

價格策略的合法性與道德問題

正如我們在第三章所提到的，有些定價決策受制於政府的條例規範。因此行銷經理在設定任何價格策略之前，最好事先瞭解相關的法律條文。有關這方面的爭議問題包括了不公平的交易手法、固定價格、價格歧視和掠奪式的定價。

放眼全球

國外的特價飯店（budget hotels）可不見得划算

Anne Auberjonois暗忖自己如果在巴黎的Best Western飯店裏過夜，應該很省錢。可是這名來自於紐約的美工設計師卻為一間牆上掛著缺角畫作和浴室裏沒有浴簾的房間，付出一個晚上180美元的代價。「特價飯店對我來說，代表的是乾淨舒適的客房服務和合理的價格，」她說道，「可是我得到的卻是高價位的平庸旅館。」

特價飯店和許多中價位的飯店，現在都以破紀錄的速度競相在全球市場上廣設分店。它們吸引了各種的人，從捨不得為出差人士訂用豪華飯店的公司行號，到錙銖必較的遊客等，全都一窩蜂地湧向這類旅館。可是有個前提，那就是許多特價飯店可並不便宜哦！

部分問題出在房客的預期心理上。當旅客在特價飯店預定了一個房間之後，他們就自忖應該蠻省錢的。可是就像Quality Inn的例子一樣，雖然你可以找到划算的交易，比如說在美國，Quality Inn一晚的住宿只索價65美元，可是到了羅馬，卻要付出160美元的代價。而且更過份的是，開發中國家的客房住宿費還不見得比較便宜哩！比如說，在北京的假日飯店（Holiday Inn）一晚索價160美元；而位在新德里的Best Western飯店則是135美元。

其實這不見得都是飯店的錯。疲軟的美元是造成這些高價位的部分原因，再加上國外的飯店在營運成本上本來就比較昂貴。可是顧問們卻說，許多飯店連鎖業者在國外急速地擴張，根本就是在利用住宿產業的有限資源。在很多未開發國家中，飯店的供應品質界於「五星級飯店和簡陋的青年旅社之間」，Runzheimer國際公司的Rolfe Shellenberger如是說道，他的公司就位在威斯康辛州的Rochester，是屬於管理顧問性質的。「飯店連鎖業者知道商業旅客付得起錢，而且再多的錢也付得出來。」「所以它們的前提就是『讓我們好好抓住這個機會吧』！」位在賓州西卻斯特（West Chester）的Lodging Unlimited公司，其總裁Morris Lasky就做了上述的表示，他的公司就是專門管理各家飯店的。「這只是一個單純的供需問題。」

特價飯店的成長大多歸功於美國旅客的思鄉情切，及他們對這類飯店的合理價格認定。而商業旅客也正開始往這類型的飯店進駐當中，因為公司方面大多刪減了出差費用中的豪華支出部分。授權Quality Inn、Comfort Inns和Sleep Inns進入加盟的總公司——Choice飯店國際公司，其發言人就說道，在一些大都會定點上的國外旅客，大約有65%都是商業人士。「他們就住在特價飯店裏，」這名發言人繼續說道，「因為他們不能讓大型飯店的帳單出現在他們的支出帳戶上。」

就飯店業的責任而言，它們都將價格的問題歸咎於國外市場的經常性支出部分。在歐洲，經常性支出就佔了總收入的一半以上，和美國市場的30%有著很大的出入。部分原因是因為雇主必須負擔較高的健康醫療和退休給付。而歐洲以外的國家，工資比較低，可是卻必須雇用較多的人手，以彌補員工在經驗上的不足。

「在開發中國家的每間客房，你可能需要用到比美國市場多出兩到三倍的人手，才能應付得過來。」Best Western飯店的國際開發部總監Werner Braum這樣說道，「這些員工就是沒有相同的受訓程度。」在美國以外的地區，飯店新開張的費用往往非常的高。「光是原料成本就高出許多。」Choice公司的發言人補充說道[3]。

你相信國外市場的高價位作法是對的嗎？如果你知道再高的價位，顧客也付得出來，所以價格就定得很高，這樣子的作法有錯嗎？你該如何描述特價飯店連鎖業者的價格策略？

不公平的交易手法

　　半數以上的州,都在使用不公交易執行法案(unfair trade practice acts)來設定批發價和零售價的最低下限。若是在這些州以低於成本的價格出售商品,就算是違法的行為。批發商和零售商通常必須在它們的進貨成本和運輸成本上,加上最少的加成比率,以求得售價的數值。最常用的加成比率對零售商來說大約是6%;對批發商則是2%。如果某個批發商或零售商可以提供「決定性證明」,也就是營運成本確實低於一般平均值,那麼就可以被允許使用較低的售價。

　　不公交易執行法案的目的就是要保護當地的小型企業免於受到大型公司如渥爾商場和目標商場等的欺壓,因為後者非常擅於運用薄利多銷的作法。但是各州政府對這項律法的執行大多十分地鬆散,部分原因是因為低價的作法對當地消費者來說,還是很有利的。

固定價格

　　固定價格(price fixing)係指兩家以上的公司在某個商品的售價上取得一致性的統一作法。舉例來說,假設來自於數家彼此競爭的公司執行主管開會決定,某個商品的售價是多少,或者是有哪一家公司可以提出最低的投標價。這種作法對雪曼法案(Sherman Act)和聯邦交易委員會法案來說,都是不合法的行為。違法者必須被課以罰金,有時候也會有被拘禁的可能。法律上對固定價格的看法措施非常的清楚,所以法院對這方面的執行效果做得還算不錯。

　　目前最大型的食品原料化工公司(銷售額總計一百一十億美元)——射手丹尼爾斯內陸公司(Archer Daniels Midland,簡稱ADM),就被控以十一項的固定價格案。ADM的前任執行主管馬克惠它可(Mark Whitacre)正在為原告作證指控,該公司的世界觀就是:「顧客是我們的敵人;競爭對手是我們的朋友」。ADM有售賴氨酸(lysine),它的主要用途是添加在豬飼料和雞飼料當中。除了一上市的時候,價格曾經滑落過,賴氨酸的價格到了1990年代就已經漲了一倍多了。在高果糖類的穀類糖漿市場中,ADM也被控以固定價格的違法行為。其中一個原告是阿拉巴馬州的哥頓老鷹食品公司(Golden Eagle Foods),該公司說ADM和其競爭對手卡爾及耳公司（Cargill）在價格上共同玩了一場友誼性的乒乓球賽，可是卻拿它來當做犧牲的代價，因為其中一家在提高賴氨酸的價格之後，另一家馬上就會跟進。百事可（PepsiCo）公司也加入了指控的行列當中，它說ADM和其競爭對手共謀在液態二氧化碳的價格上玩弄花樣。[4]

價格歧視

1936年的羅賓森貝曼法案（Robinson-Patman Act）禁止任何一家公司在合理範圍的短期間內，以不同的售價，出售等級或品質類似的商品給兩家以上的買主，因為這樣的作法可能會導致其中一方在競爭力上的削弱。若是賣方為兩個買主提供的是不同的配套服務，或者是買方利用自己的採購力量脅迫賣方答應做出有所區別式的價格和服務，這個法案都會裁定這種行為是不合法的。

因此，違反羅賓森貝曼法案必須要有以下這六種情況的發生，才算成立：

◇必須要有價格歧視，換句話說，賣方必須以不同的售價，出售某個相同的商品給不同的顧客。
◇該交易必須發生在州與州之間的商業行為上。
◇賣方必須在兩家以上的買主之間，區隔出不同的價格。換句話說，賣方必須在合理範圍的短期間內，發生兩或多次的實際交易。
◇商品必須是必需品或是其它具體的貨品。
◇出售商品必須有類似的等級或品質，但不一定要完全一樣。如果貨品是可以互相交換和替代的，就是指它們有類似的等級和品質。
◇必須要有重要的競爭性傷害。

羅賓森——貝曼法案也為被控有價格歧視的賣方，提供了三種答辯方法（在每一個個案中，由被告提出答辯的證明）：

◇成本：如果價格代表的是製造上或數量上的折現存額，該公司就能以不同的售價出售給不同的公司。
◇市場狀況：如果是設計來配合不固定性的商品或各種市場的狀況，價格上的變動就情有可原。例子包括易腐敗商品、季節性商品、在

類似像蕃茄這樣的易
腐敗商品，價格變化
在羅賓森——貝曼法
案的規範條例中，是
可以被允許的。
©Jeff Zaniba/Tony
Stone Images

法院通令下的跳樓大拍賣以及合法的結束營業大拍賣。

◇競爭環境：價格上的調降可能對競爭態勢的平衡有其必要性。特別
是如果某個競爭對手大幅削減了某個賣主對買方所估算的價格，法
律上就允許賣主可以對那筆還在協談中的商品售價，再行調降。

有一樁要求幾家主要藥廠以四億九百萬美元和解的法律訴訟案，在
1996年底的時候，遭到聯邦法官的否決，因為對製造商改變自己定價的這
項事實，法律上並沒有任何的明文規定。來自於四萬家自營性零售藥房的
藥劑師，指控一些藥劑製造商只提供某些買主很大的折扣，這些買主包括
了郵購藥房和大型的健康醫療計畫中心；可是卻共謀以較高的價格出售藥
劑給零售藥房和藥房連鎖店。而法官也寫下了他自己的意見「我們相信有
足夠的證據可以合理地推論出，所有這些藥廠被告的確存在著某種陰謀。
[5]」

掠奪式的定價

所謂掠奪式的定價（predatory pricing）就是以非常低的價格出售某商品，其意圖是想讓競爭對手關門大吉或退出該產業領域。一旦競爭對手真的被驅逐出境，該公司就會馬上提高售價。在雪曼法案和聯邦交易委員會法案的規定下，這種作爲是不合法的。但是若想對這種行爲提出舉證，不僅困難而且相當地昂貴。因爲你必須證明掠奪者，也就是破壞者，很明顯地想要毀掉某個競爭對手，而掠奪式的價格也低於被告的平均成本。

儘管要舉證掠奪式的定價有很大的困難，可是阿肯色州的州立法院還是裁定渥爾商場以低於成本的價格出售藥劑商品，符合掠奪式定價的非法行爲。位在阿肯色州康威市（Conway）的三家藥房，聯合指控渥爾商場利用掠奪式的定價手法，來迫使它們關門大吉。渥爾商場承認自己的售價的確是低於成本，可是卻否認自己有任何意圖想要迫使其它人退出這個市場之外。渥爾商場申辯道，1987年當它開始在康威市販售藥品的時候，市場上就有十二家藥房，一直到現在開庭爲止，這十二家藥房還是在市面上繼續經營著。此外，藥劑師的數量從那時的三十八人增加到五十八人，因爲有很多家食品店也都開設了藥品專櫃。雖然最後渥爾商場敗訴了[6]，可是它已經向最高法院提出再一次的上訴。

調整基本價格的幾個戰術

經理們在瞭解了法律和價格策略下的行銷結果之後，就會開始訂定基本價格（base price），也就是公司預期商品或服務可以賣出的一般價格標準。（請回想一下（圖示21.2）的汽車案例）一般性的價格標準和定價策略很有關聯：高於市價（吸脂價）、同於市價（維持現狀的定價）或低於市價（滲透價）。然後最後一步就是調整基本價格。

調整定價的技巧手法也只是短暫性的，並不能改變一般的價格標準。但是卻可以在標準範圍之內，做出些許的變化。這類的定價戰術可以讓公司爲了因應某些市場上的競爭狀況；或是爲了配合朝令夕改的政府法令；也或者是爲了利用某些獨特的需求情況和配合促銷或定位的目標，而在價

掠奪式的定價
以非常低的價格出售某商品，其意圖是想讓競爭對手關門大吉或退出該產業領域。

3 解釋應如何利用打折、地理性的定價和其它特別的定價戰術來調整基本價格

基本價格
公司預期商品或服務可以賣出的一般價格標準。

格上做些調整。所謂調整定價的戰術包括了各種不同的折扣辦法、地理性的定價以及特殊的定價手法。

折扣、折讓和折現

基本價格可以透過折扣、折讓、或折現等類似相關的技巧，來達到降價的目的。經理們利用各種不同的折扣形式，爲的就是要鼓勵顧客們做他們平常不做的事情，例如以現金取代信用卡；在淡季時取貨；或者是在配銷通路中表現某些功能等。以下就是幾個常用手法的摘要：

◇數量折扣：只要購買多重份量的商品或是購買量超過一定的金額，買主就可以享有較優惠的價格，這就是所謂的**數量折扣**（quantity discount）。累計式的數量折扣（cumulative quantity discount）是依據某特定期間內買主總購買量的多寡，從價目上來決定該買主可以享有多少的價格折扣。相反地，非累計式的數量折扣（noncumulative quantity discount）則是依照每一次的訂單多寡，而不是某段特定期間內的總訂購量，來決定買主在價目上的價格折扣。它們的目的都是要鼓勵大量的訂購。

◇現金折扣：現金折扣（cash discount）就是提供一筆價格折扣給消費者、產業使用者或是行銷中間商，以便讓帳款快速地付清。迅速的付款可以爲賣方省下帳單方面的支出費用，並免除掉呆帳的可能。

◇功能性的折扣：若是通路中間商，例如批發商或零售商，特別爲製造廠商提供某種服務或功能的話，就需要有補償的代價。這類補償通常是在基本價格上算出一定比例的折扣，所以又稱之爲**功能性折扣**（functional discount），也稱爲**交易折扣**（trade discount）。各通路之間的功能性折扣差別很大，全看中間商的任務表現而決定。

◇季節性折扣：季節性折扣（seasonal discount）就是在淡季時才購買商品，因而得到的一種價格折扣。這種作法可以把庫存的機能轉到買主的身上。季節性折扣也能讓製造商在一整年都能擁有穩定的生產進度。

◇促銷折讓：促銷折讓（promotional allowance）又稱爲**交易折讓**（trade allowance），就是付給自營商一筆款項，以促銷製造商的商

數量折扣

只要購買多重份量的商品或者購買量超過一定的金額，買主就可以享有較優惠的價格。

非累計式的數量折扣

依照每一次的訂單多寡，而不是某段特定期間內的總訂購量，來決定買主在價目上的價格折扣。

現金折扣

提供一筆價格上的免除金額給消費者、產業使用者或是行銷中間商，以便讓帳款快速地付清。

功能性折扣

又稱交易折扣。因爲批發商和零售商所表現出來的通路功能，所給予它們的一種折扣。

季節性折扣

在淡季時才購買商品，因而得到的一種價格折扣。

回扣有助於製造商刺激市場上的需求，並以實際的購買誘因提供給顧客。
Courtesy of Canon
U.S.A., Inc.

品。它是一種定價上的工具，也算是一種促銷的手段。做為定價的工具，促銷折讓就像是功能性折扣一樣。舉例來說，如果某零售商為某家製造商的商品打廣告，該製造商就可能代付一半的廣告費用。如果某零售商為某製造商的商品進行特別的陳列展售，該製造商就會在零售商下次訂貨的時候，給予一定數量的免費貨品。

◇折現：所謂折現（rebate）就是在某段特定時間內，付給某商品購買者的一筆現金退款。為了刺激需求而在簡單的價格折扣上所做出的折現辦法，其好處就在於它是一種短暫性的誘因，可以在不改變基本價格結構的情況下，輕易地被解除。因為製造商若是在短期間內使用簡易的價格折扣辦法，往往會因為想回復到原始高價位的情況，而遭受到不少的阻力。

促銷折讓

又稱交易折讓。其為付給自營商一筆款項，以促銷製造商的商品。

折現

就是在某段特定時間內，付給某商品購買者的一筆現金退款。

重額交易和每日特價

重額交易

製造商暫時性地調降
價格的一種作法，好
誘使批發商和零售商
多進一些貨，其進貨
數量超過合理期間內
所能售出的數量。

重額交易（trade loading）是指製造商暫時性地調降價格，好誘使批發商和零售商多進一些貨，其進貨數量超過合理期間內所能售出的數量。假設寶鹼公司飛柔（Prell）洗髮精每瓶可少掉三毛美金，該公司願意以這樣的超低價賣給超值商店（Super Valu），結果超值商店的買主二話不說，一次就購買了足足可供應三個月貨源的飛柔洗髮精。一般說來，超值商店會在第一個月的時候，把折扣回饋給顧客，然後在後面兩個月就回復到原來的售價標準，而它也因此賺了一筆額外的利潤。

類似這樣的交易折扣在過去十年內增加了三倍有餘，1996年的紀錄是三百八十億美元左右。這種作法最常見於消費性的包裝商品產業中。估計約有一千億美元的雜貨商品，多數是非腐敗性的商品，就被堆放在卡車和火車上，或是堆積在配銷中心裏，造成嚴重的阻塞，其背後原因都是重額交易的緣故。這些沒有流通的存貨預估每年都會在全國四千億美元的雜貨帳單上再多添加兩百億美元[7]。

但是根據估計，這類的交易作法可以為批發業和超市業分別帶來70%和40%的利潤進帳[8]。因此批發業和零售業都很沉溺於這種重額交易的作法。

不幸的是，正如（圖示21.3）所呈現的一樣，重額交易最後還是要消費者（和製造商）付出金錢上的代價。它在生產和配銷上的雙重損失，增加了製造商的成本。全美最大的包裝商品製造商：寶鹼公司，就預估這種重額交易的作法已經製造了價值十億美元左右的庫存貨，它們就堆放在寶鹼公司配銷管道上的各個角落裏。此外，寶鹼公司的前任主席愛德華安茲（Edward Anzt）也做了下述的表示：

> 重額交易已經造成了消費者忠誠度的崩潰。只要零售商或批發商因為某些折扣交易而採買了許多貨源，他們就會把這陣價格風以未可預知的形式吹向消費者的身上，而這些購物者絕不是傻瓜，他們會「預先採買」非常多的商品。而人們也都養成了一種習慣，那就是如果不是大拍賣，就絕不出手購買。他們一家逛過一家，只為了要找到最划算的交易，不管是什麼東西，哪怕是寶鹼的克瑞斯特牙膏（Crest）；或是高露潔公司的高露潔牙膏，通通無所謂，只要它

在重額交易的作法下

製造商屯積原料和包裝性的供應物資，以便配合生產高峰的來臨。

工廠準備要加緊趕工，可是整個進度表混亂一團，必須超時工作和聘用許多臨時雇員才能趕得上進度。

貨運公司趁機在製造商人仰馬翻之際，抬高價碼，方才肯幫製造商運送大量的成品。

經銷商因為短期性的折扣優惠，進了過量的存貨。因此一箱箱的貨物被存放在倉庫裏好幾個禮拜。

在配銷中心裏，因為貨品的過度擠壓或搬動，產生了一些瑕疵品，而退回給原製造商。

這些商品在離開了生產線十二個禮拜以後，對消費者來說可能就不是那麼地新鮮了。

在沒有重額交易的作法下

不再需要痛苦地進行採買。公司的庫存原料數量降低，手邊多了很多靈活可用的資金。

工廠以正常的進度進行運作，公司方面不用付出超額的加班費，也不用因為臨時聘雇的員工，而多支出一筆人事費用。

製造商消除了高峰/離峰的兩極配銷狀態，有助於節省5%的運輸成本。

| 批發商的存貨被刪減了一半，這表示倉儲成本和處理成本也降低了17%。 | 零售商收到完好無缺的商品，對製造商的品質認定也相對地提高。 | 消費者提早二十五天拿到貨品，更棒的是，售價還低了6%。 |

資料來源：摘錄自1992年十月三號出刊的《財富》(*Fortune*) 雜誌，第八十八頁到八十九頁的〈最愚蠢的行銷技倆〉(The Dumbest Marketing Ploy) 一文，Patricia Sellers著。1992年版權所有©係歸於時代（Times）公司。原始圖稿作者：Jim McManus，此圖形的採用係經過原作者的同意。

是當週的特價品就可以了[9]。

每日特價

一種價格技巧，就是永久性地提供低於傳統售價10%到25%的價格，同時消除掉會造成重額交易的各種折扣手法。

現在寶鹼公司已經決定要以每日特價（everyday low prices，簡稱EDLP）的方式來解決重額交易的問題。其技巧就在於提供較低的價格（通常是九折到七五折之間），並持續這樣的價位不變，同時消除掉會造成重額交易的功能性折扣。比如說，原來一盒速成蛋糕的價格大多是維持在十美元，有時候則以七美元的價位出售，目的是要達成重額交易。可是從現在起，寶鹼公司開始以八點五美元的價格出售這盒速成蛋糕，而且不再有所變動。自1994年起，寶鹼公司就已經為旗下所有商品的價目從原來的12%調降到24%[10]。EDLP的方法非常管用，因為利潤達到了二十一年來的最高峰。也因為在洗衣精市場上（喜悅牌和汰漬牌）巧妙地運用EDLP，使得它的市場佔有率從1993年的41%攀升到1996年的47%。

雖然渥爾商場多年來也曾是EDLP的領導使用者，可是現在有許多公司也都開始跟進。1996年的夏天，菲利摩里斯（Phillip Morris）公司的早餐穀類部門決定要在葡萄——堅果（Grape-Nuts）和葡萄乾麥麩（Raisin Bran）這兩個品牌上降低20%的售價，以便擺脫掉重額交易和折價券的問題。其它的跟進者包括了高露潔公司、羅斯頓公司（Ralston-Purina）、桂格燕麥公司和卡夫通用食品公司[11]。而福特汽車、克萊斯勒汽車和通用汽車等公司也都在試行EDLP的作法。通用汽車在加州所擁有的EDLP經驗，已逐步推廣到其它各州去。舉例來說，通用公司把一部配備完善的尊貴型龐帝亞克（Pontiac Grand Am）定價在一萬四千九百九十五美元，和兩萬零兩百二十美元的本田雅哥（LX）以及兩萬零六百五十八美元的豐田卡蜜立（Camry DX）比起來，當然前者要划算多了[12]。據說，通用汽車正打算「將自己轉型為汽車產業中的渥爾商場」。[13]

地理性定價

因為許多賣主都將自己的貨品運送到全國各地或甚至是全球市場上去販售，所以運送的成本會對商品的總成本造成很大的影響。也因此賣主可能會利用各種不同的地理性定價戰術，來調整貨運成本對偏遠顧客所造成的影響。以下就是幾個常見的辦法：

◇**離岸交貨原始定價法**（FOB origin pricing）：又稱之為工廠車上交貨（FOB factory）或是交貨裝船點（FOB shipping point）。這種價格技巧需要買方吸收掉從裝船點開始算起的運送成本。所以買方離賣方愈遠，支付的錢就愈多，因為運輸成本會隨著貨物運送的距離長度而增加。

◇**統一遞交定價法**（uniform delivered pricing）：如果行銷經理想要讓購買相同商品的所有買主，都擁有同樣的整體成本（包括貨運成本在內），該公司就會採用統一遞交的定價方式，或者稱之為「郵資」（postage stamp）定價。也就是說，賣方會負擔實際的運送費用，然後再寄帳單給每一位買主，每份帳單的收費多寡都是相同不變的。

◇**區域定價法**（zone pricing）：行銷經理若是想讓大範圍地理面積內

離岸交貨原始定價法
一種價格技巧，需要買方吸收掉從裝船點開始算起的運送成本，free on board的簡稱。

統一遞交定價法
賣方會負擔實際的運送費用，然後再寄帳單給每一位買主，每份帳單的收費多寡都是相同不變的。

區域定價法
統一遞交定價的修正版。並不是以統一性的運送費率通行於整個美國市場上（或商品的整個市場），而是將市場分成幾個區域，只要顧客位在相同的區域內，就可享有相同的運輸費用。

美國郵政服務的包裹郵費，大概是美國市場中最耳熟能詳的區域定價系統了。
©1996 PhotoDisc, Inc.

在FOB的定價之下，
買方須吸收從裝船點
算起的運輸成本，運
輸的距離愈遠，成本
就愈高。
©Greg Pease/Tony
Stone Images

（並不見得是賣方的整個市場區域）的買主享有相同的整體成本，就
可以用區域定價的方法來調整商品的基本價格。區域定價是統一遞
交定價的修正版。它並不是以統一性的運送費率來適用在整個美國
市場上（或是商品的整個市場），而是將市場分成幾個區域，只要顧
客位在相同的區域內，就可享有相同的運輸費用。美國郵政服務的
包裹郵費，大概是美國市場中最耳熟能詳的區域定價系統了。

運費吸收定價法
由賣方負擔全部或部
分的實際運貨費用，
而且不會向買方收
錢。

◇運費吸收定價法：在**運費吸收定價法**（freight absorption pricing）當
中，賣方會負擔全部或部分的實際運貨費用，而且不會向買方收
錢。在競爭激烈的環境下，行銷經理就可能會採用這種方法，或者
是利用它來進入某個全新的市場領域。

基地點定價法
不管貨物究竟是從哪
座城市運送出去的，
都從某個既定基地點
開始計算，並向買方
收取運貨的費用。

◇基地點定價法：所謂**基地點定價法**（basing-point pricing），就是賣方
會指定一個定點做為基地點，不管貨物究竟是從哪座城市運送出去
的，都從這個基地點開始計算，再向買方收取運貨的費用。說到這
裏，我們要感謝幾個逆向式的法院規定，這才使得基地點定價並沒
有那麼地受到歡迎。若是實際上並沒有發生運貨的事實，卻仍要收
取運費的話，就叫做「虛構運貨」（phantom freight），這在法律上是
屬於不合法的行為。

特殊的定價戰術

特殊的定價戰術不同於地理性的定價法，前者是非常獨特而且和簡單俐落的分類方式背道而馳。行銷經理往往是因為各種不同的理由而運用到這些戰術。舉例來說，可能是為了要刺激出對某些特定商品的需求；或是為了要增加店家對自己商品的贊助和推薦；也或者是為了要利用某種特定價碼，來供應不同的貨源。因此，這種特殊的定價戰術包括了單一定價法、彈性定價法、專業服務定價法、價格線制定法、特價商品定價法、誘餌定價法、尾數——整數定價法、套裝定價法和兩部分定價法。以下就是對這些定價法的個別縱覽以及經理們利用這些戰術來改變基本定價的背後原因。

單一定價法

廠商利用單一定價法（single-price tactic），以相同的價格（也可能是兩到三種價格）出售所有的貨品和服務。採行這類戰術的零售業者包括單一價服飾店（One Price Clothing Stores）、Dre$$到Nine$（Dre$$ to the Nine$）、你的十元商店（Your $10 Store）和時尚九塊九毛九（Fashions $9.99）。單一價服飾店的營業面積往往很小，大約是三千平方英呎左右，它的目標就是提供一些在其它商店裏索價高達十五到十八美元的貨源，這家店的販售項目包括褲子、襯衫、罩衫、毛衣，以及青少年、淑女和豐腴婦女所穿著的短褲。該店並不出售二手貨或瑕疵品，每一件的售價都是六塊美元。

單一定價法
廠商以相同的價格出售所有的貨品和服務。

單一定價的銷售手法省略掉買主決策過程中的價格比較步驟。消費者只是在店裏尋找最適合自己以及看起來最有價值的商品，而零售業者也樂於享受這種定價簡化系統所帶來的好處，同時也大大降低了店員犯錯的可能性。但是，奉行這種作法的零售業者，可能會對持續上揚的成本感到頭痛不已。尤其是碰到通貨膨脹的時候，就必須經常地調高售價。發生在1990年代早期的經濟蕭條狀況，當時就帶動了許多單一價格連鎖店的急速成長。

彈性定價法

彈性定價法
或稱變數定價法，一種定價戰術，不同的顧客雖然購買相同數量的商品，可是卻必須付出不同的價錢。

彈性定價法（flexible pricing）或稱變數定價法（variable pricing）是指不同的顧客雖然購買相同數量的商品，可是卻必須付出不同的價錢。這種手法最常見於選購品、特殊品和產業性貨品（除了供應品以外）的拍賣期間內。汽車自營商、電器零售商，以及產業性機器、配件和零組件的製造商，通常都是這種方法的奉行者。它可以讓賣方因應競爭的需要，依照另一家賣方的價格來出售商品。因此，對那些以維持現狀為定價目標的行銷經理來說，大可以採用這種戰術。彈性定價法也可以讓賣方和對價格十分敏感的消費者達成交易。如果買方承諾要訂購大量的貨品，彈性定價也可以用來促使這筆生意的成交。

彈性定價法的明顯壞處就在於它缺乏一致性的利潤收益；而且可能會對那些付出高價的買主造成不好的印象；再者，業務人員也可能養成習慣，動不動就折價出售；另外也可能會在賣方之間引爆價格戰。彈性定價法的壞處已經讓汽車產業不得不採行統一售價的方式。福特公司在為美洲豹（Cougar）施行了單一價格之後，業績就成長了80%。通用汽車也在旗下的某些車款上施行單一價格的作法，其中包括釷星汽車（Saturn）和別克帝王車（Buick Regal）。

專業服務的定價法

經驗老到、訓練精良以及有證照為憑的專業人士，大多採用專業服務的定價法，其中例子包括律師、醫生和家庭顧問等。專業人士對顧客的收費方式，有時候是採小時計算，有時候則是根據問題的解決或者是某種行為的履行（例如視力檢查），而不是以實際花費的時間來計算。外科醫生可能要執行開心手術，才能收取五千美元的統一費用，可是這門手術也許只需要四個小時，所以說每小時的費用高達了一千兩百五十美元。醫生本身認定自己的收費標準相當合理，因為他們必須接受過很長的教育訓練和實習階段，才能學會這種難度十足的開心手術。律師們有時候也是採用統一收費的定價方式，例如離婚辦理是五百美元，交通罰單的處理則是五十美元。

這些採行專業定價法的人士都會面臨到某種道德上的責任問題，那就

是不能對顧客超收費用。因爲需求有時候是非常沒有彈性的，例如當某個人需要進行開心手術，或者每天都要施打胰島素才能存活下去時，就可能會誘使賣方「巧立名目」濫收費用。雖然大家常常批評藥廠的索價太貴，可是後者卻宣稱他們的收費標準是合乎道德的。藥廠們辯稱新藥品的高價格是爲了要涵蓋研發成本。

價格線制定法

　　當賣方爲某類商品制定了一系列的價格時，就會產生某種價格線。所謂價格線制定法（price lining），就是以不同的明確價位，提供一組內含好幾個項目的商品線。舉例來說，辦公傢俱製造商，賀公司（Hon），它所提供的四門抽屜檔案櫃，就可能會有一百二十五美元、兩百五十美元和四百美元這三種不同的價位。有限公司（Limited）也可能提供四十美元、七十美元和一百美元這三種不同價位的女性服飾，完全排除掉這三種價位以外的其它商品。該公司並不會出現四十美元到一百美元之間的正常需求曲線，而是以三種需求值（三種價位）的方式來呈現。因爲理論上，只有在人們以三種價位之間的價格來採買商品時，才可能產生需求曲線。舉例來

價格線制定法
以不同的明確價位，提供一組內含好幾個項目的商品線。

說，有一些衣服可能可以賣六十美元，但是卻沒有這樣的交易產生，因為六十美元並不是價格線的一部分。

價格線制定法可以減低業務人員和消費者的混淆情況。買主面對的是不同價位的各類貨品，而業務人員也可以因此接觸到不同的區隔市場。對買主而言，價格上的問題變得簡單多了，他們只要在先決的價位上，尋找一個最適合自己的商品就可以了。此外，價格線制定法對行銷經理來說，也是一種很有價值的戰術用法，因為價格制定法可以讓公司的總存貨量少一點，所以就不用常常進行大減價，還能簡化採買，降低存貨的儲藏費用。

價格線的作法也有一些缺點，特別是碰到成本持續上揚的情況下。但是賣方可以利用三種辦法來彌補成本的上揚。首先，他們可以開始貯備各種不同價位的次級貨；或者他們也可以改變價位，但是這種價位上的經常變動可能會造成買主的混淆；最後則是由賣方接受低利潤的事實，仍舊維持品質和價格的穩定性。這三種方案都有短期上的優點，但是長期運作下來，卻可能會讓業者關門大吉。

特價商品定價法

特價商品定價法（leader pricing），或稱損失──特價商品定價法（loss-leader pricing）就是由行銷經理以低於或接近成本的定價方式來吸引消費者上門，希望他們到了店裏也可以購買其它的商品項目。這類型的定價手法最常見於超市、專賣店和百貨公司的每週報紙廣告。特價商品定價法最常用在知名的商品項目上，如此一來，消費者馬上就能體會到價格上的優惠。它的目標不只是要賣掉大量的特價商品，也是設法讓本來想到別處購物的顧客能夠上門採買。

誘餌定價法

誘餌定價法和特價商品定價法完全相反，後者是真的試圖給消費者一個特價的機會，但誘餌定價法（bait pricing）卻是一種欺騙人的手法。它是透過不實或誤導的價格廣告，引誘消費者上門，然後再使用高壓的推銷方式，說服消費者購買較高價的商品。你也許曾看過以下這則廣告或相仿的廣告：

二手貨……單斜針縫紉機……八次分期付款，
每個月只要付五點一美元……ABC縫紉中心。

這就是誘餌！當消費者到店裏去看縫紉機的時候，售貨員會委稱該機種已經售完了，或者是給買主看一種沒有人會想要買的爛機種，然後售貨員會接著說：「可是我可以給你比較好的優惠條件來買另外一台全新的機種哦！」警覺性高的消費者這時可能很想溜之大吉。聯邦交易委員會認為誘餌定價法是一種欺騙的行為，所以不准它在各州使用。多數的州政府都已明訂禁止誘餌定價法的使用，可是有時候卻執行得不夠嚴格。

尾數──整數定價法

所謂尾數── 整數定價法（odd-even pricing），或稱心理定價法（psychological pricing）就是指以尾數價格來象徵拍賣的意味；以整數價格來暗示品質的意義。多年來，許多零售業者都曾使用過這種手法來進行商品的尾數定價。舉例來說，九十九塊九毛五或四十九塊九毛五。為的就是要讓消費者覺得他們所付出的價格較低。

有些零售業者喜歡尾數價格，因為他們相信九塊九毛九硬是比十塊錢要給人一種較便宜的感覺。其它零售商則認定，尾數價格的運用可以給消費者一種暗示，表示價錢已經到了最谷底，所以可以鼓勵消費者多買一些。其實並沒有任何一套理論可以證明這種說法，可是卻有某項研究調查發現到，消費者的確認定尾數價的商品就是代表了打折的意思[14]。

整數定價法有時候則被用來代表品質的保證。其中例子包括精緻香水一瓶一百美元；優質手錶一只五百美元；或是貂皮大衣一件三千美元。這類商品項目的需求曲線也會呈現鋸齒狀，但是除了鋸齒外緣可能代表的是整數價格之外，其它都算是有彈性的需求。

套裝定價法

所謂套裝定價法（price bundling）就是把兩個以上的商品放在單一包裝裏，以特價的方式推出到市場上。其中例子包括內含電腦硬體和其它辦公設備的維修合約、音響設備的套裝買賣、汽車套裝選擇方案、飯店的週末套裝假期（內含一個房間和好幾份餐點供應），以及航空公司套裝假期。

尾數──整數定價法
或稱心理定價法，以奇數價格來象徵拍賣的意味；以整數價格來暗示品質的意義。

套裝定價法
把兩個以上的商品放在單一包裝裏，再以特價的方式推出到市場上。

WE OFFER
stay for
KICK BACKS
the weekend and
TO BUSINESS
kick back
PEOPLE.

Spend the weekend here and we'll make it worth your while—with a peaceful setting,
a pool and everything else you need to rest and relax. Because Courtyard by Marriott
is the hotel designed by business travelers, people who really need to kick back. And like
any kickback, there is some financial incentive. Our special weekend rates.

COURTYARD

THE HOTEL DESIGNED BY BUSINESS TRAVELERS™

類似像飯店的服務
業，都使用套裝定價
法來刺激需求。
Courtesy Countyard by
Marriott

微軟（Microsoft）公司現在推出的就是套裝軟體，它把試算表、文字處理、圖表、電子郵件、網際網路以及微電腦網路的個體等組合套裝在一起。如果目標市場認為價格蠻划算的，套裝定價法就可以刺激出消費者對套裝項目的需求。

類似像飯店和航空公司，它們都是以相當固定的價格出售消失性的商品（飯店房間和機位）。所以套裝作法對這些產業來說可能是個很重要的收入來源，因為它們的變動成本往往很低。舉例來說，清潔一間飯店房間的成本，或是在飛機上再多安置一位乘客的成本[15]。因此，大多數的收入都能抵銷掉固定成本，製造出一些利潤收益。

汽車產業對套裝定價的作法則有不同的背後動機。人們幾乎是三到五年才會買一部車，所以銷售選擇對汽車自營商來說，根本就是千載難逢的一次機會。而套裝價格則可以協助自營商達到最大量的銷售結果。

　　另一種價格戰術叫做散裝定價（unbundling），也就是把套裝服務減少，只提供基本商品。有些飯店連鎖業者並不提高飯店房間的住宿費，而是要求住宿的房客必須付停車費。為了要維持住成本的底線，有些百貨公司則會要求顧客負擔禮物的包裝費用。

兩部分定價法

　　所謂**兩部分定價法**（two-part pricing）是指設定兩種分開計算的費用，但消費的卻是單一種貨品或服務。舉例來說，網球俱樂部和健康俱樂部都會收取會員費和每一次個人使用器材或場地的一般費用。就某些個案來說，他們會根據某個使用標準來收取基本費用，例如一個月可打十場，超過這個數字之後，就要再另行收費。

　　消費者有時候比較喜歡兩部分的定價方式，因為他們不太確定自己在類似遊樂場這樣的場所中，可能會消費的次數有多少以及進行的活動類型是什麼。此外，比較常使用服務項目的人，通常付出的總金額也比較多。兩部分定價法可以增加賣方的收入，因為這種定價法能夠吸引那些使用次數有限，又不願意付出高額費用的消費者上門。舉例來說，某家健康俱樂部裏可能只能以七百美元的年費，賣出一百張左右的會員卡，讓會員無限制次數地使用俱樂部裏的設施，結果該俱樂部的總收入只有七萬美元。可是它也可以兩百美元的年費代價，賣出九百張的會員卡，持有會員卡的會員一個月可以免費使用拍球場十次，超過十次之後，每一次要再酌收五塊錢的使用費。因此來自於會員卡的總收入就達到十八萬美元，再加上一整年下來的額外使用費。

商品線定價法

　　商品線定價法（product line pricing）是為整條商品線制定價格。和只為單一商品定價的作法比起來，商品線定價法所涵蓋的考量範圍比較廣。在商品線定價法當中，行銷經理會設法為整條商品線達成最大利潤目標或是其它目標，而不是只為商品線的單一項目努力而已。

共同成本常常運用在
石油的提煉上，為的
是要加工處理燃料
油、汽油、煤油、揮
發油、石蠟及潤滑油
等。
©Wayne Eastep/Tony
Stone Images

商品之間的關係

行銷經理必須先決定商品線中各種商品之間的關係類型為何：

◇如果各商品之間的關係是屬於互補性的，若是其中一項商品的銷量
增加，另一項互補性商品的需求也會跟著增加，反之亦然。舉例來
說，滑雪杖的銷售量是由滑雪橇的需求量來決定的，所以這兩項商
品是屬於互補性的。

◇同在一條商品線的兩個商品也可以是互相替代的。如果消費者買的
是商品線中的其中一個項目，就不可能去買另一個項目。舉例來
說，如果某人到汽車材料行購買汽車專用的龜牌車蠟膏（Turtle
Wax），他就不可能在短期之內另行買龜牌車蠟液了。

◇兩個商品之間也可能存在著中立的關係。換句話說，對其中一項商
品的需求和對另一項商品的需求，這兩者之間是沒有什麼關聯的。
舉例來說，羅斯頓公司（Ralston Purina）有售雞飼料和小麥產品，
這兩種商品之間的需求量並不會互相影響到對方。

共同成本

共同成本（joint costs）是指某條商品線上的幾個商品，在製造上和行銷上所共用的成本。這些成本會對商品的定價造成某種獨有的問題。舉例來說，在石油的提煉過程中，會產生燃料油、汽油、煤油、揮發油、石蠟及潤滑油等。另一個例子則是結合了照片和音樂的雷射唱片。

任何有關共同成本的陳述說明多少都有點主觀，因為這些成本都是共同分享的。假設某家公司生產兩種商品：X和Y。以普通的生產過程來看，它們的共同成本是以彼此的重量比例來計算分配的。X商品的重量是一千磅，而Y商品的重量是五百磅，所以成本的分配方式就是二比一。假設X商品的成本是兩美元；Y商品的成本就是一美元了。而毛利（銷售金額去掉所售貨品的成本）結果就如以下所示：

	X商品	Y商品	總計
銷售金額	$20,000	$6,000	$26,000
減掉：所售貨品的成本	15,000	7,500	22,500
毛利	$ 5,000	（$1,500）	$ 3,500

這份表列說明了Y商品損失了一千五百美元，可是那很重要嗎？是的！任何損失都很重要。但是該公司必須先瞭解，就整體而言，這條商品線上的兩個商品為它賺進了三千五百美元的利潤。此外，光靠重量也不一定就能解決共同成本的分配問題。事實上，該公司可能應該利用一下其它的根據，例如市場價值或是售出的數量等。

在經濟困境時所產生的定價問題

5 說明在通貨膨脹和
經濟蕭條的時候，
定價的角色為何

定價一向是市場行銷上很重要的一點，尤其是通貨膨脹或經濟蕭條的時候。不能因應經濟趨勢，而做調整的公司，往往都會因此而失去大好的江山，一蹶不振。

通貨膨脹期

當經濟處於高度通貨膨脹的時候，特殊的定價戰術就顯得十分的必要。它們可以是成本導向，也可以是需求導向的。

以成本為導向的戰術

以成本為導向的戰術之中，有一個常用的方法就是從商品線中挑出低利潤的商品。但是，這種作法也可能會有逆向的結果，原因有三：

◇某項低利潤商品的銷售量非常龐大，所以仍有可能算得上是非常有利可圖的商品項目。

◇從某條商品線中消除其中一個商品項目，可能會降低規模經濟，進而也降低了其它商品項目的利潤。

◇所刪除掉的商品，可能會對整條商品線的價格——品質形象造成影響。

延遲報價定價法
一種價格戰術，普遍用在工業用的機器裝置和配件業上。它們會等到商品完成之後或送交給客戶之後，再決定商品的價格。

另一個常用到的成本導向作法就是**延遲報價定價法**（delayed-quotation pricing），普遍用在工業用的機器裝置和配件業上。它們會等到商品完成之後或送交給客戶之後，再決定商品的價格。對那些剛好處在通貨膨脹時期的公司行號來說，耗時甚久的工作進度讓它們不得不採取這類的措施。核能電廠、船舶、機場和辦公大樓等的建構商，有時候都是採行延遲報價定價法。

升降梯定價法
一種價格戰術，其最後定價可以反映出製造期間所衍生出來的一些成本

升降梯定價法（escalator pricing）和延遲報價定價法有些類似，因為它們的最後定價都會反映出製造期間所衍生出來的一些成本。升降梯定價法可以讓價格隨著生活費指數或其它公式的變化而增加。管理階層之所以能夠執行這類政策，乃是因為該商品的需求是沒有彈性的。大約有三分之一的工業用商品製造商現在都採行升降梯定價法。但是，也有許多公司並不是在每次交易中都採用這種方法。通常都是用在極度複雜且製造期十分漫長的商品上，或是只針對新顧客而使用。

任何一種成本導向的定價法，若是想要極力維持住固定的毛利收益，往往可能會產生惡性循環。舉例來說，價格上的調漲可能會導致需求的降低，然後就會增加製造上的成本（因為規模經濟的喪失）。增加出來的製造

成本需要進一步的價格調漲方能彌補得過來，結果更導致了需求滑落的惡化情況，然後舊事再不斷地重演下去。

以需求為導向的戰術

需求導向定價法是利用價格來反映因通貨膨脹或高額利率所衍生出來的需求形態。當然，成本上的改變也需要列入考量之中，但絕大部分還是著重在調漲的價格將會如何影響需求的這個議題上。

價格明暗法（price shading）就是讓業務人員使用折扣的方式，來增加買方對商品線上一或多項商品的需求。可是這種價格明暗法往往會成為一種習慣，在沒有經過深思熟慮下隨即貿然答應。金屬製造商當克繆（Ducommun）公司就成功地刪除掉了這種惡習。當克繆公司告知它的業務人員：「我們絕不偏離價目表上的定價」，除非經過管理階層的授權。

為了讓需求不要那麼有彈性，並加深買主對廠商的依賴性，可以利用以下幾個策略：

◇培養精選後的需求：行銷經理可以將目標瞄準在有錢的顧客上，因

價格明暗法
業務人員利用折扣的方式，來增加買方對商品線上一或多項商品的需求。

為後者往往願意為便利性或服務品質多付一點錢。舉例來說，尼曼馬可思公司（Neiman Marcus）一向以品質著稱，因此比較上流奢華的零售商就比類似像亞歷山大商店（Alexander's Stores）這樣的折價店，更能寬厚以待上游供應商以及它們的價格調漲措施。面對資金雄厚的客戶，即使想和它們培養良好的關係，行銷經理也最好避免讓自己受到主力客戶的擺佈，因為如果很輕易就能找到替代的客戶，價格的調漲就容易多了。最後，若是有些公司的工程師權限大過於採購部門，商品的表現性能就遠比價格要來得重要許多。通常如果其它供應商在技術上的表現不盡如意的話，工程師所偏好的廠商就有很好的籌碼可以調漲價格了。

◇創造出獨特的賣點：如果賣方可以專門針對買方的活動、設備和流程，設計出一套獨特的商品或服務，那麼賣方的行銷經理就應該事先研究一下買方的需求究竟是什麼，如此一來，才能培養出雙方都能互惠的良好關係。即使想要更換供應商，買方也可能遭遇到高成本的轉換風險。所以行銷經理若是想讓買方對自己的依賴日深，就必須以高人一等的手法來滿足目標買主。早餐穀類製造商所推出的早餐穀類食品，不是增加了獨一無二的附加價值，就是以豐富的內容物來取勝，所以儘管成本增加，該商品的認定價值也跟著水漲船高，而價格當然也可以跟著調漲。這些早餐穀類包括：通用米爾公司的基礎四（Basic 4）、克拉斯特思（Clusters）以及鬆脆燕麥餐（Oatmeal Crisp）；波思（Post）公司的香蕉核仁果（Banana Nut Crunch）和藍莓早餐（Blueberry Morning）；家樂氏的繆思利克斯（Mueslix）、營養穀物（Nutri-Grain）以及誘惑（Temptations）。

◇改變包裝設計：另一個解決高成本的方法就是縮小商品尺寸，但價格不變。舒潔紙業（Scott Paper）公司就把一捲舒潔清潔紙巾的張數從九十六張減少到六十張，如此一來，價格也可以降低零點一美元。事實上，1995年的時候，紙漿成本增加了50%到60%，這使得紙巾成本也跟著攀升。因此，紙業公司改變了份量上的說詞，不再強調單捲衛生紙的內含量。「我們一向有三種尺寸份量：大份量、超大份量和巨型份量，」舒潔公司的發言人彼提裘帝斯（Pete Judice）說道，「我們現在改了名稱，叫做單一份量、加倍份量和三倍份量，因為這樣的說法比較切合（消費者的）需要。[16]

◇提高買主的依賴性：奧威斯──康寧（Owens-Corning）纖維玻璃公司提供的是絕緣體的整合性服務（從施行研究到安裝），其中還包括為經銷商所安排的商業性和科技性訓練課程，以及為最終使用者所舉辦的說明研討會。這種作法可以降低競爭上的壓力，抬高自己的價碼。

奧威斯──康寧公司該公司如何透過網站來經營買主對它的依賴性？
http://www.owenscorning.com/

經濟衰退期

所謂經濟衰退期就是整個大環境的經濟活動都處於趨緩的狀態中。對各種貨品和服務的需求降低，再加上失業率的攀升，這些都是經濟衰退期的常見警訊。然而詭計多端的廠商還是可以在經濟衰退期找到有機可趁的地方。而這時也正是建立市場佔有率的最佳良機，因為此時的競爭對手都在為最起碼的生存而努力掙扎中。

有兩種有效的定價戰術可以讓廠商在經濟衰退期，依舊穩住市場佔有率或甚至建立起市場佔有率。本章稍早所談到的價值定價法（value pricing），就是向顧客強調他們所付出的金錢是非常值得的。露華濃旗下的麗茲查理斯子公司（Charles of the Ritz），一向因其價位而聞名，該公司趁著1990年代早期所發生的經濟衰退期，推出了一組大眾價位的化妝品和保養品，名稱就叫做快速美容吧（Express Bar）。快速美容吧和一般的麗茲產品都在百貨公司裏有售。雖然低價商品的邊際利潤有限，但是銷售量的增加卻可以彌補得過這種薄利的情況。舉例來說，該公司發現到消費者一次會購買兩到三支快速美容吧的口紅。「消費者非常清楚該如何支配自己的收入，並積極尋求她能在別家百貨公司所能找到的價值和品質。」麗茲公司的行銷副總裁荷莉莫瑟（Holly Mercer）做了上述的表示[17]。

套裝或散裝（bundling or unbundling）也可以在經濟衰退的時候，刺激出一些需求。如果強調的是套裝的特點，消費者可能會認為這樣的提供方式非常物超所值。舉例來說，假設凱悅飯店以一百一十九美元的定價提供「超級休閒」（great escape）週末假期，其中包括兩個晚上的住宿和一份歐陸式早餐。此外，凱悅飯店還可以再增添按摩服務和兩人晚餐，來為上述的定價提供更大的附加價值。相反地，公司方面也可以提供散裝式的商品服務，以便降低基本價格，刺激需求買氣。舉例來說，某家傢俱公司可以依據設計諮詢、送貨、信用付款、安裝以及拆卸舊傢俱等不同作業，來訂定出個別的價格。

　　經濟衰退期也能夠讓行銷經理可以好好研究某商品線上的個別商品市場上的需求究竟如何，以及它們所能產生的收入究竟有多少。刪減掉一些無利可圖的商品項目可以節省很多資源，轉用到其它地方上。舉例來說，伯頓公司（Borden）就發現到，它生產了三千兩百種不同尺寸、品牌、類型和口味的零食點心，可是95%的收入都來自於其中的一半而已[18]。

　　在經濟衰退的時候，價格往往會滑落，因為這時候的競爭廠商都力圖要維持住市場上對它們商品的需求量。即使需求量還是一樣，滑落的價格也會造成利潤的驟跌，甚至是無利可圖的局面。因此，下滑的價格往往成為降低成本的最佳誘因。在上一次的經濟衰退期間，有些公司採用了新的技術，來改善自己的效率，同時也大幅刪減了薪資總額。它們發現到上游供應商是節省成本的最佳下手對象，因為根據估計，購買材料的成本已佔了全美多數製造商的半數以上支出[19]。奇異電器公司的電器部門就告知供應商們，它們必須降低10%的售價，否則就可能做不成奇異公司的生意。愛利（Allied Signal）公司、道爾（Dow Chemical）化學公司、聯合航空（United Airlines）、通用汽車和都彭（DuPont）公司等，也都對它們的上游供應商做了類似的要求。其實，用來處理供應商方面的特殊對策還包括下面幾項：

◇重新協談合約：寄信給供應商，要求價格調降5%或更多；對那些拒絕調降成本的廠商，儘量延遲它們合約投標的時間。

◇提供協助：派遣小組或專家成員到供應商的工廠，協助它們進行重組，或建議它們該如何改變生產的方法；或和供應商一起合作，讓零件化繁為簡，可以更便宜地生產出來。

◇持續施壓：為了確保改善的持續性，可設定年度性和全盤性的成本降低目標，通常是每年5%以上。

◇刪減掉供應商的數量：為了要改進規模經濟，可以砍掉供應商的總數量，有時候刪減數量可高達到80%，但是卻可以對主要的供應商提高採購量[20]。

　　類似上述的手法可以讓各公司在經濟衰退的時候，維持住不往下沉的局面。

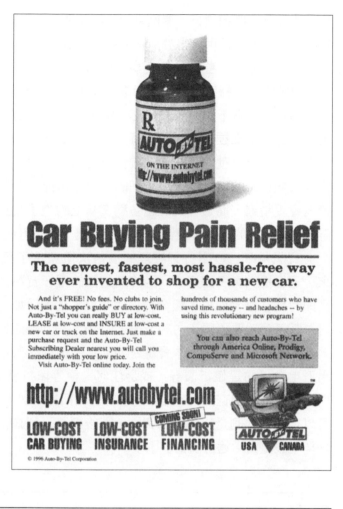

隨著直接回應式行銷
活動的增加,再加上
美國逐步轉型為以資
訊為主的社會,這種
種的改變都讓消費者
變得對價格愈來愈有
警覺心。
Courtesy Auto-By-Tel
Corporation

定價:遠眺未來

6 討論行銷組合中的
定價可能會有什麼
樣的未來

　　要預估未來的任何事情都是很困難的。然而,在定價上的某些改變卻
是可以預期到的。其中一項就是直接回應式的行銷手法會愈來愈多(郵
購、電話行銷和電腦電子目錄等)。它們的廣受歡迎正表示,以後的商品會
更快速地從生產線上交到消費者的手中。快速的配銷也表示綁在成品存貨
上的資金額度會變得比較少,因此省下來的成本,就隨賣主的意願,決定
是否嘉惠在消費者的身上了。

　　另一個密切相關的現象就是美國正快速地轉型成為一個以資訊為主的
社會。消費者和採購代理商將可以利用手邊的終端機,比較各個供應商所

提供的商品選擇和價目。舉例來說，最受歡迎的美國線上（America Online）資訊系統，可以提供來自於消費者報告（Consumer Reports）之類來源的詳細內容，並列出一些「最佳交易」供消費者參考。因此消費者會變得對價格很有警覺心，特別是對那些相當同質化的商品而言。

資訊化社會下的另一個旁支結果就是「無現金的社會」，因為資金的流動是透過電子交換的方式在進行。買方對價格的認定可能只是帳款方面的登入而已，所以就成了一種比較抽象的概念。此外，當消費者不再需要開支票或數鈔票的時候，金融管理的方式也可能會有些改變。檔案紀錄的保持將會更精確，而這都得感謝各種交易上的電子紀錄。但是從另一方面來看，有關價格的概念會變得愈來愈不具體，因此可能導致過度的花費。

資訊革命已經對行銷經理的價格決策產生了莫大的助益，而且在未來，還會提供更多的好處。像條碼這類的電子資料捕捉技術，就可以讓人們即時地在線上取得各種資料。比如說，羅傑（Kroger）超市的地區經理可以為某個地區不同店內的卡夫（Kraft）美乃滋定出不同的價格，並很快地判斷出這個商品的需求彈性是如何。同樣地，某個經理也可以立刻分析出五毛美元的等值折價券（或是任何一種等值折價券），它的影響效果如何。新的研究調查技術，如單一來源行銷研究（第九章所討論過的內容），可以很精確地測量出需求的彈性，然後再將這個技術加以延伸，就可以更精準地設定出「適當價格」了。

回顧

讓我們回頭看看本章開頭有關雷夫羅倫的故事。如果需求沒有彈性的話，高價位就可以使得公司的收入極大化。而且也有助於快速地彌補商品的開發成本或「教育」成本。除此之外，高價位的作法也能增進商品的認定價值。然而最大的壞處卻是會吸引到很多競爭對手的競相投入。

雷夫羅倫一直以來都是採用吸脂價的策略。可是現在這家公司的另一支波羅商品線，卻正在「需求曲線上往下滑」。一旦價格滑落，該公司就可能會失掉原來「專有形象」的地位，同時也丟了買主一心想在該商品身上所找尋的形象感覺。另一個危機則是可能會同類相殘到雷夫羅倫旗下其它高價商品的業績。

總結

1. 描述適當價格的訂定過程：為商品設定適當的價格，其過程包含四個主要步驟：（1）設定定價目標；（2）估算需求、成本和利潤；（3）選定一個價格策略，以便協助做出基本價格的判定；和（4）以定價上的戰術來調整基本價格。

    價格策略可以為商品或服務制定出一套長期性的定價架構，其中三個主要類型的價格政策分別是吸脂價、滲透價和維持現狀價。吸脂價的方式就是推出高昂的上市價格，但在隨後的階段會讓價格緩緩地滑落下來。滲透價則是利用低廉的上市價格來爭取廣大的市場佔有率，並求達到規模經濟的效果。最後是維持現狀的定價法，也就是努力讓自己的售價相當於競爭對手的售價。

2. 確認在定價決策上，所遭遇到的法律和道德限制：政府方面的法令規章有助於監控四種主要定價問題：不公平的交易手法、固定價格、掠奪式的定價、價格歧視。不公交易執行法案已在許多州落實了，它可以保護小型企業免於受到大型企業薄利多銷的殘害，該法案也禁止各公司以低於成本的價格出售商品。休曼法案和聯邦交易委員會法案則禁止固定價格的使用（兩家以上的公司在某個商品的售價上取得一致性的統一作法）和掠奪式的定價法（以非常低的價格出售某商品，意圖讓競爭對手關門大吉）。最後是羅賓森-貝曼法案，它禁止任何一家公司在價格上歧視不同的買主。

3. 解釋應如何利用打折、地理性的定價和其它特別的定價戰術來調整基本價格：行銷經理可以運用幾個技巧來調整一定範圍內的價格，以便因應來自於競爭環境、政府法令、消費者需求以及促銷和定位目標上的改變。這種調整定價的技巧可以被分成三種主要類型：（1）折扣、折讓和折現；（2）地理上的定價法；以及（3）特殊定價法。

    第一種類型的技巧可以讓那些快速付款兌現、購買量較大、或者爲製造商擔任某種功能的買主們，享有較低的優惠價格。重額交易則是製造商一種短期功能性的折扣，目的是要誘使批發商和零售商多進一些貨，其進貨數量遠超過合理期間內所能售出的數量。重額交易會增加存貨和通路管道方面的支出費用，並降低製造商的進帳利潤。有一種用來克服上述這些問題的技巧，就叫做「每日特價」，也就是長期維持低價手法，來消除因重額交易所導致的折扣效應。另外有關這一類的其它技巧還包括季節性折扣、促銷折讓和折現（現金退款）等。

地理性定價的手法，例如離岸交貨原始定價法、統一遞交定價法、區域定價法、運費吸收定價法、和基準點定價法等，都是爲了因應遠距顧客所發生的運送成本問題而衍生出來的解決辦法。

另外還有各種不同的特殊定價手法，可以刺激出對某些商品的需求、增加商店的贊助程度，並以特定的價格提供更多的商品。

4. 討論商品線的定價：商品線定價法就是要極大化整條商品線的利潤。在設定商品線的價格時，行銷經理應先判斷一下，商品線中各商品之間的關係類型，它們是互補型？替代型？抑或是中立性的？此外，行銷經理也要考慮一下同在一條商品線上的商品共同成本。

5. 描述在通貨膨脹和經濟蕭條的時候，定價的角色是什麼：行銷經理通常會在整體經濟處於通貨膨脹的時候，採行成本導向和需求導向的定價作法。以成本爲導向的作法包括捨棄低利潤的商品、延遲報價定價法和升降梯定價法。以需求爲導向的辦法則包括價格明暗法和提高需求的幾種技巧，這些技巧包括精心挑選顧客、獨特的賣點、改變包裝設計以及系統性的銷售等。

爲了要在經濟衰退的時候刺激出一些需求，廠商大多會使用價值定價法、套裝定價法和散裝定價法。經濟衰退的時候也正是把無利可圖的商品剔除於商品線之外的大好時機。行銷經理會趁著經濟衰退期，大砍成本，以便在收入驟減的情況下，還能維持住一定的利潤。新技術的執行、刪減薪資總額、向供應商施壓，要求降低原料成本等，都是幾種刪減成本的最常用辦法。

6. 討論行銷組合中的定價可能會有什麼樣的未來：市場行銷中的幾個趨勢很有可能會影響到未來的定價。首先，直接回應式行銷活動的增加正逐步簡化了配銷過程，也爲賣方節省了很多成本，可以嘉惠於消費者。第二，商品資訊的取得愈來愈方便，而且內容也愈來愈詳細，這使得消費者變得對價格十分地敏感。第三，資金上的電子交易作法可能會創造出一個「無現金的社會」，在這個社會裏，檔案紀錄的保持愈來愈精確，可是對價格的概念卻愈來愈模糊。最後，行銷經理有了新科技可以運用，在定價策略的控制和分析上，更是顯得得心應手。

對問題的探討及申論

1. 某個辦公傢俱的製造商決定要生產帶有古董風味的捲式頂蓋寫字檯，可是形式上的設計卻是一張個人電腦桌。這張桌子擁有一個內建式的波浪狀保護裝置；一面平台可以讓你調整終端機的高度；還有一些其它特點等。這張高品質的實心橡木書桌，售價遠低於同級商品。行銷經理說：「我們打算以低價出售的方式來爭取大量的銷售，以便降低風險。」請說出你的看法。

2. 珍納奧利佛（Janet Oliver）是某家中價位服飾店的老闆，她寫了一張字條，上述：「我的定價目標很簡單，我只根據競爭對手的定價多寡而定價。我覺得很開心，因為我賺得到錢。」請對珍納的說法提出一些看法。

3. 請為以下幾家公司發展出一套價格線策略：
   a. 大學書店
   b. 餐廳
   c. 影帶出租公司

4. 你正在為自己公司所出售的既定商品進行價格上的改變。請寫一份備忘錄，分析一下你在決策中所需要考慮到的一些因素。

5. 你認為每日特價是重額交易的解決之道嗎？為什麼還有這麼多的製造商不採用每日特價的方式？

6. 專欄作家戴夫貝利（Dave Barry）開玩笑說道，聯邦法需要有這樣的訊息放在新車的價格標籤底下：「警告愚蠢的人們，千萬不要付這個價錢！」請討論為什麼標籤上的價格總是高於車子的實際售價呢？請說出你認為汽車自營商是如何為他們的車款訂定實際價格的？

7. 請解釋運費吸收定價法和統一遞交定價法這兩者之間的不同。何時才是運用這兩者的個別適當時機？

8.價格政策和價格戰術的不同之處是什麼？請舉例說明。

9.請分成四人小組，每一組都要選定以下主題的其中之一：吸脂價、滲透價、維持現狀價、價格固定、EDLP、地理性定價、單一價格、彈性定價法或是專業服務定價法。接著每一組要選擇一家零售商，該零售商的定價策略在感覺上必須最接近該組所選定的定價策略。然後再到店裏去，寫下這個策略的例子，你可以訪問店長，瞭解一下他或她對這個定價策略的看法。每一組都要在班上進行口頭報告。

10.「資訊時代」是如何地逐步改變定價的本質？？

11.在經濟衰退的時候，你會考慮哪一種定價策略來爭取或維持旗下商品的市場佔有率？為什麼？

12.微軟公司透過下列網站所提供的軟體，你認為它是採用什麼樣的定價策略？

http://www.microsoft.com/msdownload/

13.和傳統的汽車自營商比起來，汽車連線Auto Connection™似乎提供了什麼樣的定價優惠？

http://www.auto-connect.com/

14.找出西南航空的班次定價，也找出美國航空的相同班次定價，請描述一下這兩家公司所用的價格策略各是什麼？

http://www.iflyswa.com/

http://www.americanair.com/

15.以下三家電信公司，它們所提供的定價策略各是什麼？

http://www.att.com/

http://www.mci.com/

http://www.sprint.com/

http://www.gte.com/

第六篇
批判思考個案

通用汽車往「不二價」（no-haggle）的定價目標邁進

通用汽車公司（General Motors Corporation）計畫要以簡化的車價表來提供給更多的消費者，取代傳統以往那種昂貴的混亂車價系統。瞭解內情的人士說道，這個汽車製造商中的龍頭老大，已經在加州先行試驗過這種有利消費者的「物等所值定價」（value pricing）辦法了，現在則打算推廣到其它幾個州去。這對汽車買主來說，算是一個好消息，因為這表示某個汽車製造商將會有大規模的系統性作為，擺脫掉在購車經驗中所常碰到的漫天砍價和定價上的黑箱作業。而這也是汽車買主多年來一直希望有的改變。

通用汽車的加州實驗計畫有一個簡單的前提，那就是讓汽車具備有多數人們都想擁有的選擇配備，然後再以消費者願意付出的價錢，來銷售它們。這也是多數美國零售業者所進行的辦法，而且在汽車產業中已經被談論過無數次，也被測試過無數次了。「不二價」的定價作法，正是通用公司的鈷星汽車部門在早年時候自立門戶時的特點之一。

加州的成功經驗

可是在加州，通用公司卻將這個構想運用在所有的部門身上，而不是只留給個別的自營商或行銷單位來運籌帷幄而已。這個計畫非常成功，使得通用公司得以扭轉在加州市場上長久以來的下滑情勢，它奪取了日本汽車製造商的市場佔有率，也取代了競爭對手福特公司，成為加州汽車市場上的新領導盟主。當它在1993年推出這個活動時，通用公司把「物等所值」的企畫運用許多它認為可以吸引進口車買主的車輛上頭。結果光是1996年，加州地區就賣掉了九十輛通用汽車，佔了全美汽車市場的10.7%。

以下就是它的作法：舉例來說，通用公司已經判斷出它的加州買主最常買的就是龐帝亞克尊貴型（Pontiac Grand Am SE）這個車種，該車款配備了可收聽AM/FM廣播網的收音機和卡式錄音機、反煞車裝置、雙座安全氣囊、空調設備、傾斜式駕駛盤和動力門鎖。因此位在加州的龐帝亞克汽車自營商被鼓勵以一萬四千九百九十五美元的套裝價格出售這個車種。在美國的其它地方，顧客若是想購買相同配備的同款車種，其標價往往比較高，所以可以假定汽車買主都會想爭取一些優惠折扣。

通用公司說，加州的活動給了它的自營商一個競爭上的優勢。比如說，就龐帝亞克尊貴型這個車種來說好了，根據通用公司的說法，一台同級配備的本田雅哥LX（Honda Accord LX），定價就要兩萬零兩百二十美元；而同級配備的豐田卡蜜利DX（Toyota Camry DX）也要索價兩萬零六百五十八美元。瞭解內情的人士說，通用公司計畫要把加州的定價策略率先推廣到華盛頓州和奧勒岡州，而且可能的話，也會很快地推廣到猶它州、內華達州、科羅拉多州和佛羅里達州。

就一部分來說，通用公司的這項計畫可被視為是汽車產業想要熬過慘澹經營的一項具體行動。因為物價的腳步一向快過於消費者的收入，所以汽車的整體銷售量一直遠低於汽車產業在1990年代所預估的高峰銷售量，而它們的預估則是根據過去的趨勢走向而來的。在過去幾年來，通用公司一直設法想建立起物等所值的領導盟主地位。

當通用公司推出1997年的最新車款時，就會在華盛頓州和奧勒岡州正式展開上述的計畫活動。一名通用公司的發言人說道，「當我們得到來自於加州成果的鼓勵之後，我們才開始研究這個計畫在其它地區施行的可能性。」通用公司現在正在評估幾個地區性的市場，這些地區的市場佔有率都不甚理想，所以簡化的定價手法是否能解決這些市場的問題仍有待評估。

刪減車款

讓這個龍頭老大動作頻仍的背後誘因，是它想要贏回國產車以及進口車和輕型貨車的市場佔有率。通用公司尤其在意的是進口汽車的買主，特別是由日本車廠所製造的汽車。在此同時，該計畫也有助於通用公司降低它的製造成本，因為它刪減了各種車款的數量，降低了各工廠的處理成本。

通用公司聲稱，它已經發現到消費者都喜歡這種簡化的定價方式，因為它「比較可靠而且在新車款上市的往後時間內，價格上比較有一致性，」

通用公司的發言人說道，她還補充說明，這個活動讓購車這件事輕鬆多了，因為消費者可以專注在車子的上面，而不是討價還價的過程當中。「我們把價格調到消費者願意付錢的水平之中，並讓配備水準也符合他們的要求，因此就降低了其它誘餌的使用可能。」通用公司的發言人做了上述的表示。

通用公司已經帶領了國內三大汽車廠步上這種創新的定價策略當中。它最廣受人歡迎的釷星（Saturn）部門就是在全部車款上都施行單一定價的不二價政策。同時奧斯摩比（Oldsmobile）汽車也已經跟進了。而其它的通用部門也正摩拳擦掌地打算起而效尤。而對汽車產業中的其它地區來說，大多是由個別的汽車自營商來決定是否採納「不二價」的定價政策。

儘管通用公司的價格活動可讓汽車買主受惠，但是卻不受到汽車自營商的歡迎。他們抱怨這種低廉的「物等所值」套裝方式會大大削弱了他們的利潤收益。事實上，沒有商量餘地的標籤價格，它的缺點就是減少了自營商的利潤。「不過就是壓迫、壓迫、再壓迫而已。」位在奧勒岡州波特蘭市（Portland）的自營商吉姆威斯頓（Jim Weston）抱怨道。「沒錯，這些年來車價的確上揚了，可是卻趕不上自營商所付出的成本。」

此外，自營商們也都聲稱，雖然有不二價的活動，可是即便在加州，還是有自營商以更低的價格在促銷車子，這是位在南加州地區的自營商包伯朗皮里（Bob Longpre）所說的。朗皮里先生還說，通用公司在過去幾年來所獲取到的市場佔有率，多是因為大量廣告的結果，絕不是因為簡化的定價活動。同時他也說，和五年前比起來，他的龐帝亞克（Pontiac）車系在利潤上已經少了35%。

通用公司則辯稱，就是因為有了「可靠」的定價，才能夠確實穩住甚至增加自營商的利潤收益。此外，通用公司也相信，簡化的定價有助於汽車自營商賣掉更多的車子。通用公司的發言人說道：「汽車自營商要是能瞭解定價策略是如何適合消費者需求的話，他們就會知道，隨著時間的流逝，通用公司和自營商這兩方都會受益無窮的。」

問題

1. 你為什麼認為通用公司正在往「不二價」的定價策略邁進呢？你認為通用公司會把這個策略推廣到全國各地去嗎？

2.請解釋汽車自營商在通用公司新定價策略下所扮演的角色是什麼？

3.你同意自營商在這個案例中所列舉的抱怨說法嗎？如果同意的話，你該如何矯正他們？

4.你認為「不二價」策略對消費者來說是最好的辦法嗎？萬一有個可能買主非常擅於殺價，那要怎麼辦？

5.你認為「不二價」的這種定價方式是屬於滲透價的策略嗎？請解釋你的理由。

6.若是想要「調整」顧客所付出的「不二價」價格，有哪些手法可以運用呢？

第六篇
批判思考個案

李維史壯斯公司（Levi Strauss And Company）

李維史壯斯是在1800年代的晚期，才開始在舊金山展開他的事業投資，他的事業就是把多出來的帳篷布裁製成工作褲，賣給掏金工人。現在，這家全球最大的成衣製造商在總值約六十億美元的市場上，擁有22%的佔有率。緊隨在後的分別是藍哥（Wrangler）（13%）、李（Lee）（11%）以及吉它諾（Gitano）（5%）。這四家牛仔服飾製造商控制了50%的市場，另外的20%到25%則是由一些自營品牌（佔這個市場的70%）和一些染色斜紋棉布製造商（佔了20%）所組成。酸洗（acid-washed）、石洗（stone-washed）、超大尺寸以及破舊牛仔裝等，都是目前最受歡迎的幾種款式。

藍色牛仔褲的目標市場

1989年的時候，這個產業售出了三億五千條牛仔褲，幾乎相當於全美國的每一個人都擁有一條新的牛仔褲。可是這個市場自1981年的高峰期，賣出了五億兩千萬條牛仔褲之後，就有些下滑的趨勢了。其中主要的問題就在於十四歲到二十四歲人口的銳減，因為這個年齡層正是牛仔褲的主要市場區隔。嬰兒潮那一代曾經是主要的牛仔褲族群之一，但是由於他們步入了中年，購買牛仔褲的數量也變少了，而且開始尋找另一些不同的商品。他們還是會穿牛仔褲，可是多半是在週末時穿著。而且不再像以前那樣，那麼快就穿破了身上的牛仔褲。

這四家主要的牛仔褲製造商都各有不同的辦法來區隔自己的市場。以前，吉它諾是採用粗暴肉慾型的模特兒來促銷它的牛仔褲，這類廣告特別吸引年輕女性的注意。後來，該公司瞭解到有許多忠誠的顧客都是年紀比較大而且有了孩子的婦女們，所以為了擴張自己的市場，吉它諾也擴大了訴求方式。該公司的家庭精神（Spirit of Family）廣告活動就是瞄準在母親和她十幾歲的女兒身上。

李牛仔褲則涵括了所有的區隔市場，可是電視廣告卻只瞄準在女性的身上。該公司選擇女性做為首要目標乃基於兩種理由：女性佔了這個市場的40%，而且大多數的兒童服飾多是由她們來選購。這家公司所強調的商品利益點是舒適和合身。以下就是李的廣告標語「再沒有別人更服貼於你的身體……或者更瞭解你生活的方式……只有李做得到。」這家公司對男性市場的瞄準方式是透過平面廣告來運作，試圖維持住「家庭品牌」的形象。

藍哥是專業牛仔競技協會（Pro Rodeo Association）所正式聘用的牛仔褲製造商，著重的是藍領階級的男性市場。因為該公司長久以來一直有著明顯的牛仔定位，所以現在正打算擴張自己的市場，一網打盡那些想要模仿牛仔裝扮的消費者。為了接觸到這個全新的市場，藍哥聘請了德州旗兵隊（Texas Rangers）的投手諾雷萊恩（Nolan Ryan）成為它商品的代言人。

李維史壯斯並不只以年齡來區隔市場，其中還涵蓋了地域性的不同和各個種族族群。該公司聘請史派克李（Spike Lee）來為501品牌執導一系列記錄性風格的廣告影片。而史派克李對14歲到24歲的年輕人來說，當然有著莫大的吸引力。另外該公司還在星期六早上的電視裏，以野外生物（Wild Creatures）的促銷活動來瞄準7到11歲的孩子們。在美國的西部和西南部，李維史壯斯打的卻是拉丁裔市場的主意，它的訴求是牛仔褲可適合於任何一種場合，因為該族群大多只在工作時才穿著牛仔褲。

商品線的改造

李維史壯斯所生產的商品範圍很廣，除了斜紋棉布牛仔褲之外，也生產全系列的服飾商品。

該公司從來沒有對這個不斷變遷中的市場看走眼過。李維史壯斯公司是第一家改造自己商品線的公司，只為了要配合中老年消費者逐漸改變的生活習慣。1978年的時候，市場調查指出中老年男性比較喜歡穿著寬鬆的牛仔褲，結果李維史壯斯即刻推出老爺牛仔褲（Action Slacks），這是一種既舒適又容易清理的寬鬆型牛仔褲，而且還有大小自如的鬆緊腰帶。李維史壯斯讓中年人對自己逐漸老化的身體感到滿意，因為當年齡增長時，不管你做多少運動，也無法維持年輕時的體態。到1985年為止，老爺牛仔褲為李維史壯斯賺進了一億美元的營業額。

該公司還有另一項熱銷商品就是碼頭工人（Dockers）服飾商品線。李維史壯斯找出了另一群新的消費者，他們想要有某種界於傳統牛仔褲和老爸那種寬鬆牛仔褲之間的另類牛仔褲。其實碼頭工人商品線對李維史壯斯來說並不新奇，因為該公司早就在日本和阿根廷這兩個國家，以碼頭工人這個名稱推出過既寬鬆又服貼的斜紋棉布褲了，而且做得蠻成功的。這個商品在美國市場之所以會成功，是因為寬鬆型的牛仔褲有各種不同的顏色，再配合上一系列色系協調的襯衫和大量的促銷活動，使得碼頭工人服飾系列建立起屬於自己的商品類別。即使像西爾思（Sears）和JC潘尼（JC Penny）這樣的百貨公司，也都設立了碼頭工人服飾系列的專屬部門。要是沒有李維史壯斯的推波助瀾，很多百貨公司都會錯過了碼頭工人服飾系列這樣的市場區隔。

李維連線電腦網路（LeviLink Computer Network）

製作牛仔褲是最費人工的一件事。工人們幾乎必須手工縫紉每一條褲子的接縫和鈕釦。

在這個流行和時尚變化十分快速的產業中，零售商很少會針對某些尺寸或款式，預存大量的成品。因為較低的存貨率才能降低零售商因款式的不再流行，而必須承擔的風險；但是也可能因為零售商的存貨不足，而白白喪失掉一筆賺錢的機會。對大型的零售商來說，這個問題可能更加嚴重。因為這些商店常常以手寫方式進行所有訂單的申報，然後再寄到集中採購部門進行採買。所以再進貨的這項舉動往往要花上三個禮拜的時間。而李維連線系統（LeviLink）是李維史壯斯公司的全新電腦系統，可以簡化整個訂購採買的過程。

每一家店都是透過電腦終端機直接和李維史壯斯連上線。當下訂指令輸入終端機之後，該店就會在六天之內收到貨品。這種快速的交易往返可以提供兩種主要好處：首先，再也不會因為存貨不足，而來不及上櫃銷售，因而白白喪失掉賺錢的好機會；再者，它也有助於降低存貨過多的風險，因為這個產業的流行速度相當快，商品款式很快就會褪了流行。李維史壯斯估計，使用這套電腦系統的公司，業績起碼會增加20%到30%。

李維史壯斯的最高經營者包柏海斯（Bob Haas）決定投資五億美元，在1995年以前重新架構完成李維史壯斯的製造和配銷系統。其最終目標就是要讓成衣產業擁有及時生產的等值能力。當一條褲子的訂單輸入到系統中時，該系統就會要求生產線製造出另一條褲子來。而該公司也可以利用這套系統來調整來自於供應商的訂購布量。只要把生產系統和商品銷售系統緊密連結在一起，李維史壯斯公司就不再需要在製造設備旁的倉庫裏，儲存一大堆的備用布料了。

全新的零售點

1994年，聯邦交易委員會助了李維史壯斯公司一臂之力，使它得以開設屬於自己的專賣店，因為該公司自1978年以來，就因某種原因而被禁止自己開店零售。儘管李維史壯斯並不打算成為一家大宗買賣的零售商，可是也希望能在1999年之前於全國各地的市中心和高級郊區的大型購物商場裏，完成兩百家分店的設立目標。每一家店都可能是以下三種類型之一：和現有零售連鎖店合資下的分店、李維史壯斯的原版李維專賣店（Original Levi's Store），或者是李維史壯斯所擁有的碼頭工人專賣店。

問題

1. 請為李維史壯斯公司準備一份有關現在和未來的企業宗旨說明。
2. 請就李維史壯斯公司和目前市場上的一些競爭對手進行比較。請預估有哪一個競爭對手可能會動搖李維史壯斯公司在市場上的領導地位。
3. 請檢視李維史壯斯公司的差異化利益點。請為該公司提出一份計畫，好繼續維持該公司的差異化利益點。
4. 請為李維史壯斯公司準備一份情勢分析報告，預估可能阻礙該公司成長的各種威脅和弱點是什麼。
5. 請評估李維史壯斯的企業文化。你願意為這類型的公司工作嗎？

第六篇
行銷企劃活動

定價決策

行銷規劃中所要描述的最後一部分行銷組合就是價格要素。請確定你的定價計畫能配合稍早所找到的目標市場之需求和欲求；另外，也需配合我們在前幾個單元中所談到的商品、服務、配銷和促銷等事宜。此外，請參考（圖示2.8），看看一些額外的行銷企劃主題。

1. 請為貴公司列出幾個可能的定價目標。所採納的不同定價目標，會如何地改變該公司的作為和它的行銷企劃呢？

行銷建立者的練習

       ◇市場分析樣板中的投資報酬部分
       ◇損益兩平分析試算表
       ◇銷售計畫樣板中的邊際架構（Margin Structure）部分

2. 定價是行銷策略中的整合性要素。請討論貴公司的定價會如何影響競爭對手、經濟環境、政治法規、商品特點、額外的顧客服務、配銷的改變、或者是促銷的改變？而該定價又會對上述這些事項造成什麼樣的影響？

行銷建立者的練習

       ◇銷售計畫樣板中的定價部分
       ◇行銷分析樣板中的定價部分

3. 貴公司的商品或服務，其需求有沒有彈性？為什麼？
4. 貴公司需要涵蓋哪些成本？
5. 貴公司應該使用哪一種價格政策？這樣的選擇有什麼法律上的暗示意義嗎？

6.請列出並描述貴公司所應選擇的各種定價手法，包括打折、地理性
定價和特殊的價格等。

附 錄

　　你可以利用本書中所介紹過的許多基本概念來推銷自己，進而獲取一份你所想從事的職業。行銷的目的就是要創造出讓個人和企業目標都能互相滿意的交易，而一份事業當然也可以算是你和某企業體之間的一種交易。此篇附錄的目的就是要提供一些有益的工具和資訊，來幫助你向可能的雇主推銷自己。

可以進入的行業

　　行銷工作對下一個世紀來說，具備了非常璀璨的遠景。根據美國勞動統計局（The U.S. Bureau of Labor Statistics）的估計，行銷界的工作人口到了2010年，將會有25%的成長。而這些增加出來的工作人口將會集中在業務、公關、零售、廣告、行銷研究和產品管理等各行各業當中。

業務

　　在行銷領域中，業務的工作機會是最多的。各公司的業務工作範圍互有差異。有些業務工作比較集中在資訊的提供上；有些業務則是著重在顧客的鎖定、向委員們進行提案和終結交易等。他們的報酬往往是底薪加上佣金，而且對個人所能賺取的上限額度幾乎沒有任何設限，所以往往提供了很大的報酬潛力。許多企業組織都有提供業務方面的工作，這些企業體遍佈在製造業、批發業、零售業、保險業、不動產業、金融服務業和許多其它的服務業當中。

公共關係

　　公關公司會協助個人或企業組織體建立形象或口碑，並把良好的形象傳達給鎖定的目標觀眾群。各種類型的公司、營利或非營利的組織、個人、甚至是國家，都可能會雇用公關專家。舉凡溝通的技巧、寫作和口語表達能力等，都是決定你在公關業中能否成功的關鍵性要素。

零售業

零售工作需要具備多方面的技能，因為零售人員可能要管理銷售事宜或其它人事問題；要選擇和訂購貨品；也要負責促銷活動、存貨控制、商店保全和會計等各種事宜。大型的零售商店有各種不同的職務，其中包括店長或部門經理、採購員、展示設計師和型錄經理等。

廣告業

許多企業組織體都聘用了廣告專家。而廣告代理商則是最大型的雇主；但是製造商、零售商、銀行業、電台和電視、醫院以及保險公司等，也都擁有屬於自己的廣告部門。就一份成功的廣告工作來說，創意、藝術天份和溝通技巧是廣告從業者最基本的必要條件。廣告業務代表（account executives）的角色就像是廣告代理商和客戶之間的聯絡管道，所以廣告業務代表必須具備充份的商業運作知識和卓越的銷售技巧。

行銷研究

在行銷業中，成長最快速的工作莫過於行銷研究。行銷研究公司、廣告代理商、大學院校、民營企業、非營利機構以及各政府單位，都提供了行銷研究工作上的成長契機。研究人員執行的業務包括產業研究、廣告研究、定價和包裝研究、新商品的測試和市場試銷等。在研究過程中，研究人員的涉入程度可能只是其中一個步驟而已，也可能牽涉甚廣，全看執行這項研究的公司，它的規模大小而定。行銷研究需要工作人員具備統計、資料處理和分析方面的知識背景，也要擅長心理學和溝通的技巧。

產品管理

產品經理必須因應商品的上市，而進行所有活動的協調。因此，他們需要對市場行銷的各個層面有一般性的認識和瞭解。產品經理必須負責商品的成敗，也因爲這個責任的重大，報酬還算不錯。多數的產品經理都曾具備有銷售的經驗和溝通的技能。而產品經理這個職務也正是邁向高層行銷主管之路的第一步。

從哪裏尋找

很少人有幸可以在畢業的時候，剛好找到一份工作。其實找到一份同時符合自己和雇主需求，又能讓雙方都滿意的工作，其責任就在於你自己。

所以，你要到哪裏去找工作呢？有幾個來源可以幫助你縮小搜尋的範圍。最爲人所知的就是從父母、朋友、家人、生涯規劃和職業介紹中心、生涯諮詢顧問、以及公司企業體等處，直接下手。

酬勞

許多大學畢業生都想知道他們新工作的酬勞究竟有多少。雖然這也是在選擇公司時所應考慮的條件之一，但卻不應該是唯一的考量。你應該深思熟慮，有哪些重要條件是你在考慮某份工作時，所應列入考慮當中的。

（圖示A.1）列出了各種行銷職務的酬勞範圍。其差異範圍全是由你的教育程度和地理位置上的偏好來決定。除了薪水以外，行銷職務的待遇可能還包括公司的配車、紅利或公費支出帳戶以及在其它行業中所不常見到的各種報酬形式。

職務	報酬
廣告	
廣告媒體規劃員	$18,000-$45,000
廣告業務代表助理	$22,000-$45,000
廣告業務代表	$28,000-$70,000
廣告業務督察	$45,000-$80,000
行銷研究	
分析員	$23,000-$38,000
計畫工程總監	$40,000-$70,000
研究調查總監	$75,000-$126,000
產品管理	
產品副理	$22,000-$38,000
小組經理	$40,000-$85,000
產品小組經理	$55,000-$135,000
零售業	
實習生	$17,000-$25,000
連鎖店經理	$25,000-$95,000
採購員	$27,000-$65,000
百貨公司經理	$35,000-$150,000
業務	
實習生	$17,000-$30,000
不動產經紀人	$15,000-$140,000
保險經紀人	$19,000-$150,000
製造商代表	$25,000-$100,000
現場售貨員	$30,000-$80,000
業務經理	$40,000-$100,000
證券營業員	$35,000-$400,000

找工作

在你開始尋找工作時，你需要先進行自我的評估，並寫出一份履歷表和附函。

自我評估

找工作的時候，有一點非常的重要，那就是你要非常清楚自己個人的需求、能力、特性、優點和缺點。目的是要你有充份的準備，如此一來，才能盡你所能地呈現出自己最好的一面。

　　以下幾個問題可以讓你在選擇想要從事的工作和雇主時，分析一下自己所認定的重要條件是什麼：

　　1.我最擅長做什麼？這些活動和人、事或資料有關嗎？

　　2.我的口語溝通比較好？還是文筆溝通比較好？

　　3.我自認自己可以擔任小組的領導人嗎？

　　　　a.我自認自己是小組中的積極份子嗎？

　　　　b.我比較喜歡凡事自己動手做嗎？

　　　　c.我比較喜歡在他人的監督下做事嗎？？

　　4.我在壓力下能做好事情嗎？

　　5.我喜歡負責任嗎？或者我比較喜歡聽命行事？

　　6.我喜歡新商品和活動嗎？或者我比較喜歡從事例行性的工作嗎？

　　7.當我在工作的時候，以下哪些事情是最重要的？

　　　　a.固期的薪水

　　　　b.佣金

　　　　c.兩者皆是

　　8.我喜歡朝九晚五的工作時間嗎？

　　9.我願意大半時間都花在旅行的上頭嗎？

　　10.我比較喜歡什麼樣的工作環境？

　　　　a.室內或戶外

　　　　b.大都會（人口超過一百萬人以上）

　　　　c.偏遠的社區

　　11.我比較喜歡爲大型的機構做事嗎？

　　12.我願意搬家嗎？

　　13.三年內、五年內、十年內，我想到達什麼樣的地位？

FAB學生模式

　　FAB矩陣是取材自人員推銷的一種策略方法，可以幫助你向可能的雇主推銷自己。FAB代表的是特點——優點——益處（Features-Advantages-Benefits），也就是舉出你可以帶給公司的好處是什麼，讓你的才能和雇主

雇主的需求 「這份工作需要……」	工作應徵者的特點 「我曾……」	特點的長處 「這項特點表示……」	對雇主的好處 「你將可以……」
常常向個人和小組進行銷售提案	修過十堂需要進行提案簡報的課程	在提案技巧上，我不用再接受太多的訓練，或甚至不需要任何訓練	省掉訓練的成本，而且還可以擁有一個能力和信心兼備的員工，可以在一接過工作就非常具有生產價值
具備個人電腦、軟體、和應用方面的專業知識	修過個人電腦的課程，也在大多數的高階課程中使用過Lotus軟體	我已經會使用Word 6.0版、Lotus、dBase、SAS、SPSS以及其它軟體	省下訓練的時間和金錢
這個人有管理方面的潛能	當過學生市場行銷團體和兄弟會的主席，長達兩年	我在領導統御上，很有經驗	省下時間，因為我能夠在必要的時候，直接負起領導統御的重責大任

的需求有所連結[1]。人們都想要有點好處，不管是買車或是雇用一名行銷領域方面的畢業生，情況都是一樣的。雇主需要有資訊來證實雇用你，對公司來說是有實質好處的。

（圖示A.2）是專為學生所設計的FAB模式。FAB中的第一步，不管對你或是對業務人員來說，都是非常具關鍵性的，那就是判斷顧客的需求。換作是雇主的情況下，就是指工作上的需求或是有待解決的問題是什麼。這些需求可以依照優先順序進行排列，從最重要的開始排起。第二步就是把應徵者的各個特點（技術、能力、人格特性、教育程度）拿來和每個需求進行配對。到了步驟三，你就可以排列出FAB矩陣裏的需求和特點，它們將成為你的資料重點，可以用來架構一封自我介紹信、履歷表或面談時所用的提案簡介。

在接觸可能雇主的同時，你一定要充份瞭解雇主的特點和工作上的需求是什麼。使用FAB矩陣，可以讓你精確完整地把特點和需求進行系統化的配合處理。

履歷表和自我介紹信

在撰寫履歷表的時候，你必須把自己的能力、教育程度、背景、所受訓練、工作經驗和個人資格等化成白紙黑字。其中有許多重點都可以從FAB矩陣或是其它自我評估技巧中發展出來。你的履歷表最好簡單扼要，通常不超過一頁。它的目的是要向人傳達你的資格條件，好獲取對方正面的回應，也就是來自於可能雇主的面談機會。

開場白信函在某些方面，則比履歷表更重要。它必須有說服性，而且很專業，但是又有趣。理想上來說，它應該讓你凌駕並有別於其他的職務候選人之上。每封信都要看起來或聽起來像是原版創作的內容，是專門為這家公司所特別撰寫的。而且要在其中寫明你想應徵的職務，為了要引起對方的興趣，也要描述一下你的資格條件，當然也要說明聯絡的方式。如果可能的話，附函的稱呼對象最好以收函者本人為主，而不要以一般籠統的頭銜來模糊帶過。你可以在當地的圖書館或學生職業介紹中心，找到履歷表和附函的樣本。最後寄出履歷表和附函之後，別忘了再致電探詢。

面談

在尋找工作的過程當中，面談是最重要的部份。通常是由面談來決定是否要錄取你這個人。這裏有幾個建議，可供你面談前、面談中和面談後的參考使用，還有一些問題是主考官經常在面談中會問到的，以及一些你可能想要詢問對方的事項。

面談前

1. 主考官有各種不同的風格，例如，有「讓我們彼此認識一下吧!」這種類型；質問型（問題一個接一個地問下去）；追根究底型（為什麼？為什麼？為什麼？）。所以你要有心理上的準備。
2. 找一個朋友來演練面談，並接受對方的批評。
3. 至少事先準備五道還不錯的問題，其答案是在公司的資料上所找不到的（請在事前閱讀過該公司的手冊、廣告、目錄和年度報告）。
4. 請事先預期在面談中可能會問到的問題，並將答案準備好。
5. 請避免一連串的面談，因為那會令人精疲力竭。
6. 面談時的裝扮請以保守為原則，不要打扮得太時髦。
7. 請在預定時間的前十分鐘抵達，好在被召見之前，先整理好自己的思緒。

8.複習一下你打算談到的幾個重點。

9.試著放鬆自己。

面談中

1.請以堅定的握姿和主考官握手寒暄。使用和主考官一樣的自我介紹模式（也就是說，如果主考官一開始就說出自己的名字，你也可以照著做）。請在一開始就讓對方留下好的印象。

2.在整個面談過程中，都要保持很有熱忱的模樣。

3.適當的目光交會、手勢以及明白扼要的談話等，都是非常必要的技巧。不要緊握雙手，也不要用手摸摸身上的首飾、頭髮或任何其它的東西。很舒服地坐在椅子上。即便對方允許你可以抽煙，也不要抽煙。隨身帶著自己履歷表的複本。

4.必須詳細清楚有關自己的「故事」，提出你的賣點，直接回答問題。避免只用一個字來回答對方，但是也不要長篇大論。

5.主動權通常交在主考官的手上，但是也不要太過被動。試圖找出方法引導談話內容，讓你的回答內容是你想讓主考官知道的。

6.說出重點的最佳時機是在面談即將結束前，因為那可以讓整個面談在最高潮的氣氛下結束。

7.不要害怕「結束」面談，你可能可以說：「我對這份工作非常地有興趣，而且我對這次的面談感到十分的開心。」

面談後

1.在離開之際，記下主要的重點，請確定你知道誰是這次面談中負責後續工作的人員，以及何時才會做成決定。

2.請客觀地分析你在這次面談中的表現如何。

3.寄一封感謝函給該公司，並在其中提到一些你先前可能遺漏掉的重點。

雇主經常會問到的問題

1.你的長、短期目標各是什麼？你在何時設定這些目標的？以及為什麼設定這些目標？你要如何來完成它們？

2.從現在算起五年內，你認爲你會做什麼？

3.你這一生，眞正想要做的是什麼？

4.你要怎樣計畫完成你的事業目標？

5.你希望在五年內賺到多少錢？

6.我爲什麼要雇用你？

7.你認爲在我們這樣的公司做事，要花什麼樣的代價才會成功？

8.你憑什麼認爲你對本公司會有幫助？

9.一名成功的經理要有什麼樣的特質？

10.你對本公司的認識有多少？

11.你認爲你的分數足以代表你在學術上的成就嗎？

12.在大學裏，你最喜歡的科目有那些？最不喜歡的科目又是那些？爲
什麼？

13.你從錯誤中學到什麼教訓呢？

14.畢業後，你理想中的工作是什麼？[2]

詢問雇主的問題

1.貴公司的個人成長機會是什麼？

2.根據過去的記錄來看，一般典型的生涯途徑會是如何。升遷上的實
際時間架構又是如何。

3.貴公司評估和升遷的方式？

4.請描述第一年裏，典型的工作內容是什麼。

5.請告訴我貴公司的初始訓練計畫和進階訓練計畫。

6.你會如何描述貴公司的文化和管理風格？

7.你對新進人員有些什麼樣的期許？

8.貴公司的成功人物，他們的特性是什麼？

9.貴公司對未來的成長有什麼計畫？這些計畫對我會有什麼樣的影
響？[3]

後續動作

公司內部的面談可能持續幾個小時或是一整天。你的興趣、成熟度、

工作熱忱、自信心、邏輯能力以及對該公司和所求職務的瞭解，都會被審慎地詳察。可是你也需要提出一些對你來說很重要的問題。不管是工作環境、工作角色、工作責任、成長機會或是任何你感到興趣的議題，都可提出來詢問。為了避免以後可能產生的尷尬，最好先記住你曾會面過的這些人的姓名。如果一切都順利的話，你有可能在不久的將來，為這家公司做事，所以，祝你好運囉！

註 釋

....

Chapter 14

1. Cyndee Miller, "College Campaigns Get Low Scores," *Marketing News*, 8 May 1995, pp. 1, 8.

2. Faju Narisetti, "Goodyear Plans to Offer Tire Models Available Only for Independent Dealers, *Wall Street Journal*, 23 January 1996, p. A5.

3. "Microsoft Teams Up with Visa on System of Electronic Banking," *Wall Street Journal*, 15 February 1996, p. B6.

4. Yumiko Ono, " 'King of Beers' Wants to Rule More of Japan" *Wall Street Journal*, 28 October 1993, pp. B1, B8.

5. Robert Berner, "Retired General Speeds Deliveries, Cuts Costs, Helps Sears Rebound," *Wall Street Journal*, 16 July 1996, p A1.

6. Ernest Raia, "Saturn: Rising Star," *Purchasing*, 9 September 1993, pp. 44–47.

7. Fred R. Bleakley, "Strange Bedfellows: Some Companies Let Suppliers Work on Site and Even Place Orders," *Wall Street Journal*, 13 January 1995, pp. A1, A6.

8. Kate Evans-Correia, "Purchasing Now Biggest EDI User," *Purchasing*, 21 October 1993, pp. 47, 59.

9. E. J. Muler, "Faster, Faster, I Need It Now!" *Distribution*, February 1994, pp. 30–36.

10. Robert Tomsho, "At Medical Malls, Shoppers Are Patients," *Wall Street Journal*, 29 December 1995, pp. B1, B6.

11. Vanessa O'Connell, "PC Banking Puts Accounts at Your Fingertips," *Wall Street Journal*, 25 October 1995, pp. C1, C17.

12. Nikhil Deogun, "Newest ATMs Dispense More Than Cash," *Wall Street Journal*, 5 June 1996, p B1.

13. Timothy L. O'Brien, "The Home War: On-Line Banking Has Bankers Fretting PCs May Replace Branches," *Wall Street Journal*, 25 October 1995, pp. A1, A13.

14. Jon Bigness, "In Today's Economy, There Is Big Money to Be Made in Logistics," *Wall Street Journal*, 6 September 1995, p A1.

15. Robert Berner, "Retired General Speeds Deliveries, Cuts Costs, Helps Sears Rebound," *Wall Street Journal*, 16 July 1996, p A1.

Chapter 15

1. Gregory A. Patterson, "Different Strokes—Target 'Micromarkets' Its Way to Success; No 2 Stores Are Alike," *Wall Street Journal*, 31 May 1995, pp. A1, A9; Mary Kuntz, Lori Bongiorno, Keith Naughton, Gail DeGeorge, and Stephanie Anderson Forest, "Reinventing the Store," *Business Week*, 27 November 1995, pp. 84–96; Jeff D. Opdyke, "Dallas Eatery Aims to Cash in on Taking Out," *Wall Street Journal*, 22 November 1995, pp. T1, T4.

2. U.S. Department of Commerce, Bureau of the Census, *Statistical Abstract of the United States* (Washington, DC: Government Printing Office, 1995).

3. "The Chain Store Age 100," State of the Industry Special Report, *Chain Store Age*, August 1996, pp. 3A–4A.

4. Norihiko Shirouzu, "Japan's Staid Coffee Bars Wake Up and Smell Starbucks," *Wall Street Journal*, 25 July 1996, pp. B1, B8.

5. Seth Sutel, "Japan Wakes Up and Smells the Latte—Starbucks Is Here," *The San Diego Daily Transcript*, Internet address: /96wireheadlines/08_96/DN96_08_02/DN96_08_02_fa.html, 2 August 1996.

6. Joseph Pereira, "Toys 'R' Them: Mom-and-Pop Stores Put Playthings Like Thomas on Fast Track," *Wall Street Journal*, 14 January 1993, pp. B1, B5.

7. Karen J. Sack, "Supermarkets: Sales and Earnings Begin to Rebound, But . . . ," *Standard & Poor's Industry Surveys*, 5 May 1994, p. R87.

8. Matt Nannery, "Convenience Stores Get Fresh," *State of the Industry* special issue, *Chain Store Age*, August 1996, pp. 18A–19A; Louise Lee, "Circle K Pushes for a New Look at Convenience Stores," *Wall Street Journal*, 6 November 1995, p. B4.

9. Bill Saporito, "And the Winner Is Still . . . Wal-Mart," *Fortune*, 2 May 1994, pp. 62–70.

10. Bob Ortega, "Tough Sale: Wal-Mart Is Slowed by Problems of Price and Culture in Mexico," *Wall Street Journal*, 29 July 1994, pp. A1, A5.

11. "Supercenters Providing Super Opportunity," *Chain Store Age*, August 1995, pp. 4B–5B.

12. Louise Lee and Kevin Helliker, "Humbled Wal-Mart Plans More Stores," *Wall Street Journal*, 23 February 1996, pp. B1, B4.

13. Laura Liebeck, "Supercenters Have Upscale, Trendier Look," *Discount Store News*, 18 April 1994, p. 33.

14. "Superstores as Industry Leaders," *Standard & Poor's Industry Surveys*, 9 May 1996, p. R85; "State of the Industry," *Chain Store Age*, August 1996, p. 4A.

15. Gale Eisenstodt, "Bull in the Japan Shop," *Forbes*, 31 January 1994, pp. 41–42; Susan Caminiti, "After You Win the Fun Begins: Toys 'R' Us," *Fortune*, 2 May 1994, p. 76.

16. Marianne Wilson, "Wedding Stores Go Big," *Chain Store Age*, October 1995, pp. 31–35; Stephanie N. Mehta, "Bridal Superstores Woo Couples with Miles of Gowns and Tuxes," *Wall Street Journal*, 14 February 1996, pp. B1, B2.

17. Bob Ortega, "Retail Combat: Warehouse-Club War Leaves Few Standing, and They Are Bruised," *Wall Street Journal*, 18 November 1993, pp. A1, A6; "Competition from Warehouse Clubs Hits Peak," *Standard & Poor's Industry Surveys*, 5 May 1994, p. R88.

18. Laurie M. Grossman, "Families

Have Changed but Tupperware Keeps Holding Its Parties," *Wall Street Journal*, 21 July 1992, pp. A1, A13; Suein L. Hwang, "Ding-Dong: Updating Avon Means Respecting History Without Repeating It," *Wall Street Journal*, 4 April 1994, pp. A1, A4.

19. Laura Bird, "Forget Ties; Catalogs Now Sell Mansions," *Wall Street Journal*, 7 November 1996, pp. B1, B4.

20. Karen J. Sack, "Challenges Continue in the Coming Year," *Standard & Poor's Industry Surveys*, 15 June 1996, p. R75.

21. Calmetta Y. Coleman, "Mail Order Is Turning into Male Order," *Wall Street Journal*, 25 March 1996, p. B9A.

22. Neal Templin, "Veteran PC Customers Spur Mail-Order Boom," *Wall Street Journal*, 17 July 1996, pp. B1, B5.

23. Gregory A. Patterson, "U.S. Catalogers Test International Waters," *Wall Street Journal*, 19 April 1994, pp. B1, B2.

24. Irene Bejenke, "Home-Shopping Comes to German TV Amid Concern From Rivals, Regulators," *Wall Street Journal*, 20 October 1995, p. B11; Michelle Pentz, "Teleshopping Gets a Tryout in Europe," *Wall Street Journal*, 9 September 1996, p. B10A.

25. Patrick M. Reilly, "Home Shopping: The Next Generation," *Wall Street Journal*, 21 March 1994, p. R11.

26. Calmetta Y. Coleman, "Spiegel Catalog to Publish CD-ROM Version . . . Again," *Wall Street Journal*, 15 February 1996, p. B4.

27. Jeffrey A. Tannenbaum, "Role Model," *Wall Street Journal*, 23 May 1996. p. R22.

28. International Franchise Association, *Franchise Fact Sheet*, November 1995.

29. Jeffrey A. Tannenbaum, "Big Companies Bearing Famous Names Turn to Franchising to Get Even Bigger," *Wall Street Journal*, 18 October 1995, pp. B1, B2.

30. Donna Bryson, "McDonald's Opens Eatery in New Delhi," *The Advocate*, Baton Rouge, Louisiana, 14 October 1996, p. 11A.

31. Sack, "Challenges to Continue in the Coming Year," p. R75.

32. Tara Parker-Pope, "Brooks Brothers Gets a Boost From New Look," *Wall Street Journal*, 22 May 1996, pp. B1, B4.

33. Robert Berner, "Sears's Softer Side Paid Off in Hard Cash This Christmas," *Wall Street Journal*, 29 December 1995, p. B4.

34. Raju Narisetti, "Joint Marketing With Retailers Spreads," *Wall Street Journal*, 24 October 1996, p. B6.

35. Jim Carlton, "Japanese Skip Waikiki, Head for Kmart," *Wall Street Journal*, 29 June 1995, p. B1.

36. Eleena de Lisser and Anita Sharpe, "Stealth Warfare—Home Depot Charges a Rival Drummed Up Opposition to Stores," *Wall Street Journal*, 18 August 1995, pp. A1, A5.

37. Mitchell Pacelle, "More Stores Spurn Malls for the Village Square," *Wall Street Journal*, 16 February 1996, pp. B1, B10.

38. Mitchell Pacelle, "The Aging Shopping Mall Must Either Adapt or Die," *Wall Street Journal*, 16 April 1996, pp. B1, B13.

39. Laura Bird, "Back to Full Price?: Apparel Stores Seek to Curb Shoppers Addicted to Deep Discounts," *Wall Street Journal*, 29 May 1996, pp. A1, A10.

40. Barbara Coe, "Preferences of British Consumers as Related to Desired Changes in British Retailing: A Pilot Study," *The Cutting Edge IV, Proceedings of the 1995 Symposium on Patronage Behavior and Retail Strategy*, ed. William R. Darden, American Marketing Assoc., May 1995, pp. 95–126.

41. Marianne Wilson, "Market Design Transforms Pick'n Save," *Chain Store Age*, September 1996, pp. 120–121.

42. Diane Welland, "Rhythm and Chews," *Cooking Light*, January/February 1997, p. 22.

43. Louise Lee, "Background Music Becomes Hoity-Toity," *Wall Street Journal*, 22 December 1995, p. B1.

44. "Mall Study Reveals Aromas Boost Kindness Tendencies," *The Advocate*, Baton Rouge, Louisiana, 14 October 1996, p. 3A.

45. John Pierson, "If Sun Shines In, Workers Work Better, Buyers Buy More," *Wall Street Journal*, 20 November 1995, pp. B1, B7.

46. Carol F. Kaufman and Paul M. Lane, "Who's Afraid of the Dark: Shoppers and Their Safety Concerns," *Marketing: Foundations for a Changing World*, ed. by Brian T. Engelland and Denise T. Smart. Proceedings of the Annual Meeting of the Southern Marketing Association, November 1995, pp. 207–211.

47. "Storefronts Show Advantage of Curb Appeal," *Chain Store Age*, November 1996, pp. 102–103.

48. "Success, Technology and the Small Retailer: Critical Success Factors for Small Retailers," *Chain Store Age*, October 1995, pp. 5A–7A.

49. Karen J. Sack, "Mergers, Rivalry, and Price Sensitivity Will Continue," *Standard & Poor's Industry Surveys*, 9 May 1996, pp. R75–R78.

50. "China: Poised for Retail Explosion," *Global Retailing: Assignment Asia*, Coopers & Lybrand special report for *Chain Store Age Executive*, January 1995, pp. 10–16.

51. "Mexico: Regrouping After the Fall," *Global Retailing: Assignment Latin America*, Coopers & Lybrand special report for *Chain Store Age*, April 1996, pp. 6–7.

52. Bob Ortega, "Penney Pushes Abroad in Unusually Big Way as It Pursues Growth," *Wall Street Journal*, 1 February 1994, pp. A1, A7.

53. Joyce M. Rosenberg, "That's Entertainment—And Retail," *The Advocate*, Baton Rouge, Louisiana, 28 August 1996, pp. 8A, 9A.

54. Kuntz, Bongiorno, Naughton, DeGeorge, and Forest, "Reinventing the Store," p. 85.

55. Steve Stecklow, "Some Supermarkets Get Kid-Friendly in an Effort To Build Customer Loyalty," *Wall Street Journal*, 18 June 1996, p. B13A.

56. Matt Murray, "Rx for Pharmacies: Bigger Line of Products and Services," *Wall Street Journal*, 12 September 1996, p. B4.

57. Ahmed Taher, Thomas W. Leigh, and Warren A. French, "The Retail Patronage Experience and Customer Affection," *The Cutting Edge IV, Proceedings of the 1995 Symposium on Patronage Behavior and Retail Strategy*, ed. William R. Darden, American Marketing Assoc., May 1995, pp. 35–51.

58. Sack, "Mergers, Rivalry, and Price Sensitivity Will Continue," p. R75.

59. Sack, "Challenges to Continue in the Coming Year," p. R75.

60. U.S. Department of Commerce, Bureau of the Census, *Statistical Abstract of the United States* (Washington, DC: Government Printing Office, 1995).

61. Bruce Fox, "Gates and Panel Debate the Future of Retailing," *Chain Store Age*, June 1996, pp. 57–58.

62. "The Key to Retailing: Understanding the Consumer," *Standard & Poor's Industry Surveys*, 15 June 1995, pp. R78–R80.

63. U.S. Department of Commerce, Bureau of the Census, *Statistical Abstract of*

the *United States* (Washington, DC: Government Printing Office, 1995).

Chapter 16

1. Bradley Johnson, "Windows 95 Opens with Omnimedia Blast," *Advertising Age*, 28 August 1995, pp. 1, 32; Kathy Rebello and Mary Kuntz, "Feel the Buzz: Win95's Marketing Blitz Will Be Loud—And Costly," *Business Week*, 28 August 1995, p. 31; "For Microsoft, Nothing Succeeds Like Excess," *Wall Street Journal*, 25 August 1995, pp. B1, B4; Bradley Johnson, "Windows 95 Ads Built on 'Nuts and Bolts,'" *Advertising Age*, 21 August 1995, p. 8; Laurianne McLaughlin, "Windows 95: The First 30 Days," *PC World*, December 1995, p. 70(2); Deborah DeVoe and Ed Scannell, "Windows 95: One Year Later; 40 Million Candles on the Cake," *InfoWorld*, 29 July 1996, p. 1(2).
2. Steve Gelsi, ""Bull Market: Taurus $55M Reintro Blankets the Networks' Schedules," *Brandweek*, 17 July 1995, p. 1(2); Steve Gelsi, "1996 Ford Taurus," *Mediaweek*, 17 July 1995, p. 26.
3. Kevin Goldman, "Winemakers Look for More Free Publicity," *Wall Street Journal*, 29 September 1994, p. B4.
4. Ibid.
5. Eleena de Lisser, "Low-Fare Airlines Mute Their Bargain Message," *Wall Street Journal*, 22 May 1996, pp. B1, B8; Susan Carey and Jonathan Dahl, "Flying Scared: Travelers Feel Psychic Impact of Flight 800," *Wall Street Journal*, 22 July 1996, pp. B1, B8.
6. Frank G. Bingham, Jr., Charles J. Quigley, Jr., and Elaine M. Notarantonio, "The Use of Communication Style in a Buyer-Seller Dyad: Improving Buyer-Seller Relationships," *Proceedings: Association of Marketing Theory and Practice*, 1996 Annual Meeting, Hilton Head, South Carolina, March 1996, pp. 188–195.
7. Ibid.
8. Suzanne Oliver, "Happy Birthday, from Gillette," *Forbes*, 22 April 1996, p. 37(2).
9. Philip J. Kitchen, "Marketing Communications Renaissance," *International Journal of Advertising*, 12 (1993), pp. 367–386.
10. Ibid., p. 372.
11. Major Gary Lee Keck and Barbara Meuller, "Observations: Intended vs. Unintended Messages: Viewer Perceptions of United States Army Television Commercials," *Journal of Advertising Research*, March–April 1994, pp. 70–77.
12. James Caporimo, "Worldwide Advertising Has Benefits, But One Size Doesn't Always Fit All," *Brandweek*, 17 July 1995, p. 16; Ali Kanso, "International Advertising Strategies: Global Commitment to Local Vision," *Journal of Advertising Research*, January–February 1992, pp. 10–14; Wayne Walley, "Programming Globally—With Care: Cultural Research Ensures Discovery's Success Abroad," *Advertising Age*, 18 September 1995, p. I14; Wayne M. McCullough, "Global Advertising Which Acts Locally: The IBM Subtitles Campaign," *Journal of Advertising Research*, May–June 1996, pp. 11–15; Martin S. Roth, "Effects of Global Market Conditions on Brand Image Customization and Brand Performance," *Journal of Advertising*, Winter 1995, p. 55(21). Also see Carolyn A. Lin, "Cultural Differences in Message Strategies: A Comparison Between American and Japanese Television Commercials," *Journal of Advertising Research*, July–August, 1993, pp. 40–47; and Fred Zandpour et al., "Global Reach and Local Touch: Achieving Cultural Fitness in TV Advertising," *Journal of Advertising Research*, September–October 1994, pp. 35–63.
13. James R. Rosenfield, "Integrate, Don't Dis-integrate," *Sales & Marketing Management*, April 1995, pp. 30–31.
14. See Don E. Schultz, Stanley I. Tannenbaum, and Robert F. Lauterborn, *Integrated Marketing Communications* (Lincolnwood, IL.: NTC Business Books, 1993).
15. John F. Yarbrough, "Putting the Pieces Together," *Sales & Marketing Management*, September 1996, pp. 69–77.
16. AIDA concept based on the classic research of E. K. Strong, Jr., as theorized in *The Psychology of Selling and Advertising* (New York: McGraw-Hill, 1925) and "Theories of Selling," *Journal of Applied Psychology*, 9 (1925), pp. 75–86.
17. Hierarchy of effects model is based on the classic research of R. C. Lavidge and G. A. Steiner, "A Model for Predictive Measurements of Advertising Effectiveness," *Journal of Marketing*, 25 (1961), pp. 59–62. For an excellent review of the AIDA and hierarchy of effects models, see Thomas E. Barry and Daniel J. Howard, "A Review and Critique of the Hierarchy of Effects in Advertising," *International Journal of Advertising*, 9 (1990), pp. 121–135.
18. Barry and Howard, p. 131.
19. Jennifer Fulkerson, "It's in the Consumer Cards," *American Demographics*, July 1996, p. 44(3).
20. Murray Raphel, "Frequent Shopper Clubs: Supermarkets' Newest Weapon," *Direct Marketing*, May 1995, p. 18(3).
21. Daisy Maryles, "Behind the Bestsellers," *Publisher's Weekly*, 29 January 1996, p. 18.
22. Leonard Wiener, "Going to the Movies Online," *U.S. News & World Report*, 20 November 1995, p. 110.
23. Leonard Klady, "To Cash in on Oscar, Timing Is Everything," *Variety*, 19 February 1996, p. 9(2).
24. Jeffrey A. Tannenbaum, "Priceless Promotions," *Wall Street Journal*, 22 May 1995, p. R20; Ann Brown, "High Profile—Low Price; Keep Advertising Costs from Busting Your Budget," *Black Enterprise*, June 1995, p. 46; Laura M. Litvan, "Taking Your Best Shots," *Nation's Business*, August 1996, p. 73.
25. David B. Jones, "Setting Promotional Goals: A Communications' Relationship Model," *Journal of Consumer Marketing*, 11 (1994), pp. 38–49.
26. Peter J. Danaher and Roland T. Rust, "Determining the Optimal Level of Media Spending," *Journal of Advertising Research*, January–February 1994, pp. 28–34; see also Barbara Jizba and Mary M. K. Fleming, "Promotion Budgeting and Control in the Fast Food Industry," *International Journal of Advertising*, 12 (1993), pp. 13–23.
27. J. Enrique Bigne, "Advertising Budgeting Practices: A Review," *Journal of Current Issues and Research in Advertising*, Fall 1995, pp. 17–31.
28. Kevin Goldman, "Calvin Klein Halts Jeans Ad Campaign," *Wall Street Journal*, 29 August 1995, p. B7.
29. "Klein Sheds Ads, Not Appeal," *Advertising Age*, 18 September 1995, p. 52.
30. Anne G. Perkins, "Advertising: The Costs of Deception," *Harvard Business Review*, May–June 1994, p. 10(2).
31. "A New Shell for an Old Ad Claim," *Consumer Reports*, March 1995, p. 134.
32. "Fine for Egg Producer," *Wall Street Journal*, 14 March 1996, p. B8.

Chapter 17

1. Sally Goll Beatty, "Milk-Mustache Ads: Cream of the Crop," *Wall Street*

Journal, 20 May 1996, p. B6; T. L. Stanley, "The Gods of the Milk," *MediaWeek*, 20 May 1996, p. 44(2); Melanie Wells, "Milk Group Ads Unveil New Celebrity Mustaches," *USA Today*, 10 July 1996, p. 2B; Mark Gleason, "Men Are Newest Target for 'Milk Mustache' Ads," *Advertising Age*, 1 July 1996, p. 10.

2. *Standard & Poor's Industry Surveys*, 20 July 1995, p. M17.

3. U.S. Department of Commerce, Bureau of the Census, *Statistical Abstract of the United States* (Washington, DC: Government Printing Office, September 1995), p. 416.

4. "1996 Advertising-to-Sales Ratios for the 200 Largest Ad Spending Industries," *Advertising Age*, 1 July 1996, p. 11.

5. "Time Spent with Media," *Standard & Poor's Industry Surveys*, 14 March 1996, p. M1. "Radio & TV Broadcasting: Commercials Clog the Airways," *Standard & Poor's Industry Surveys*, 12 May 1994, p. M35.

6. Amitava Chattaopadhyay and Kunal Basu, "Humor in Advertising: The Moderating Role of Prior Brand Evaluation," *Journal of Marketing Research*, November 1990, pp. 466–476.

7. Yong Zhang, "Responses to Humorous Advertising: The Moderating Effect of Need for Cognition," *Journal of Advertising*, Spring 1996, pp. 15–34.

8. Marvin E. Goldberg and Jon Hartwick, "The Effects of Advertiser Reputation and Extremity of Advertising Claims on Advertising Effectiveness," *Journal of Consumer Research*, September 1990, pp. 172–179.

9. Rick Stoff, "AD/PR Notes: Developments in Advertising and Public Relations of Tobacco Firms, *St. Louis Journalism Review*, September 1994, p. 17.

10. Rajiv Grover and V. Srinivasan, "Evaluating the Multiple Effects of Retail Promotions on Brand Loyalty and Brand Switching Segments," *Journal of Marketing Research*, February 1992, pp. 76–89; see also S. P. Raj, "The Effects of Advertising on High and Low Loyalty Consumer Segments," *Journal of Consumer Research*, June 1982, pp. 77–89.

11. Bradley Johnson and Mark Rechtin, "Nissan Packs $200 Mil into Yearlong Drive for Brand," *Advertising Age*, 5 August 1996, p. 3.

12. Michael Burgoon, Michael Pfau and Thomas S. Birk, "An Inoculation Theory Explanation for the Effects of Corporate Issue/Advocacy Advertising Campaigns, *Communication Research*, August 1995, p. 485(21).

13. Eben Shapiro, "R. J. Reynolds Ads Spotlight Nonsmokers," *Wall Street Journal*, 25 July 1994, p. B4.

14. Judann Pollack, "Marketing 100: Baked Lay's Rebecca Johnson," *Advertising Age*, 24 June 1996, p. S2.

15. Elyse Tanouye, "Battle Brews in the Heartburn Business as Two Old Drugs Go Over the Counter," *Wall Street Journal*, 22 May 1995, p. B1; Jonathan Welsh, "More Heartburn Relief Unsettles Market," *Wall Street Journal*, 7 February 1996, p. B8.

16. Robert Langreth, "SmithKline Claims It Can't Stomach Ads on Heartburn," *Wall Street Journal*, 30 August 1995, p. B2; Elyse Tanouye, "Heartburn Drug Makers Feel Judge's Heat," *Wall Street Journal*, 16 October 1995, p. B8.

17. Cornelia Pechmann, "Do Consumers Overgeneralize One-Sided Comparative Price Claims, and Are More Stringent Regulations Needed?" *Journal of Marketing Research*, May 1996, pp. 150–162.

18. For a comprehensive review of academic research on the effectiveness of comparative advertising, see Thomas E. Berry, "Comparative Advertising: What Have We Learned in Two Decades?" *Journal of Advertising Research*, March–April 1993, pp. 19–29. See also Cornelia Pechmann and David W. Stewart, "The Effects of Comparative Advertising on Attention, Memory, and Purchase Intentions," *Journal of Consumer Research*, September 1990, pp. 180–191; Darrel D. Muehling, Jeffrey J. Stoltman, and Sanford Grossbart, "The Impact of Comparative Advertising on Levels of Message Involvement," *Journal of Advertising*, 4 (1990), pp. 41–50; Jerry B. Gotleib and Dan Sarel, "Comparative Advertising Effectiveness: The Role of Involvement and Source Credibility," *Journal of Advertising*, 1 (1991), pp. 38–45.

19. Martin DuBois and Tara Parker-Pope, "Philip Morris Campaign Stirs Uproar in Europe," *Wall Street Journal*, 1 July 1996, pp. B1, B5; "French Block Philip Morris Ad," *New York Times*, 26 June 1996, p. C5.

20. Joanne Lipman, "It's It and That's a Shame: Why Are Some Slogans Losers?" *Wall Street Journal*, 16 July 1993, pp. A1, A4.

21. Sally Goll Beatty, "Staid Brands Put New Spin on Old Jingles," *Wall Street Journal*, 19 January 1996, p. B11.

22. Kevin Goldman, "Foster Grant Slogan Makes a Comeback," *Wall Street Journal*, 29 March 1995, p. B12.

23. Peter Waldman, "Please Don't Show Your Lingerie in Iran, Even if It's For Sale," *Wall Street Journal*, 21 June 1995, pp. A1, A8.

24. Marc G. Weinberger, Harlan Spotts, Leland Campbell, and Amy L. Parsons, "The Use and Effect of Humor in Different Advertising Media," *Journal of Advertising Research*, May–June 1995, pp. 44–56.

25. Noreen O'Leary, "New Life on Mars," *Brandweek*, 6 May 1996, p. 44(3).

26. Debra Goldman, "The French Style of Advertising," *Adweek*, 16 December 1991, p. 21; Lisa Bannon and Margaret Studer, "For 2 Revealing European Ads, Overexposure Can Have Benefits," *Wall Street Journal*, 17 June 1994, p. B8.

27. Johnny K. Johansson, "The Sense of 'Nonsense': Japanese TV Advertising," *Journal of Advertising*, March 1994, pp. 17–26.

28. "Radio: No Longer an Advertising Afterthought," *Standard & Poor's Industry Surveys*, 20 July 1995, p. M36; Rebecca Piirto, "Why Radio Thrives," *American Demographics*, May 1994, pp. 40–46.

29. Piirto, pp. 43–44.

30. Phil Hall, "Make Listeners Your Customers," *Nation's Business*, June 1994, p. 53R; Rebecca Piirto, pp. 40–46.

31. Rebecca Piirto, "New Markets for Cable TV," *American Demographics*, June 1995, pp. 40–46.

32. Jensen and Ross, p. 27; Sally Goll Beatty, "Super Bowl Ad Play: 'Hut, Hut, Value!'," *Wall Street Journal*, 16 January 1996, p. B5.

33. Joe Mandese, "Cost to Make TV Ad Nears Quarter-Million," *Advertising Age*, 4 July 1994, p. 3.

34. Laura Bird, "Sharper Image's New Gadget: Infomercials," *Wall Street Journal*, 19 September 1995, p. B6.

35. Rhonda L. Rundle, "Outdoor Plans Billboard-Sized Purchase," *Wall Street Journal*, 11 July 1996, p. B6; Cyndee Miller, "Outdoor Gets a Makeover," *Marketing News*, 10 April 1995, pp. 1, 26.

36. Miller, p. 1; Michael Wilke, "Outdoor Ads Entering Whole New Dimension," *Advertising Age*, 29 July 1996, p. 20.

37. Pierre Berthon, Leyland F. Pitt, and

Richard T. Watson, "The World Wide Web as an Advertising Medium: Toward an Understanding of Conversion Efficiency," *Journal of Advertising Research*, January/February 1996, pp. 43–54.

38. Kim Cleland, "NFL, ESPN, Starwave Take Web Strategy to New Level," *Advertising Age*, 5 August 1996, p. 24.

39. Berthon, Pitt and Watson, pp. 44–45.

40. "Web Start-Up Pays People to Read Ads," *Yahoo! Headlines*, 25 June 1996.

41. Laurie Freeman, "Internet Visitors' Traffic Jam Makes Buyers Web Wary," *Advertising Age*, 22 July 1996, pp. S14–15.

42. Jeff Jensen and Chuck Ross, "Centennial Olympics Open as $5 Bil Event of Century," *Advertising Age*, 15 July 1996, pp. 1, 27; Emory Thomas, Jr., "Crush of Olympic Sponsors Inspires Efforts to Break Out From the Pack," *Wall Street Journal*, 15 July 1996, pp. B1, B10.

43. Laura Bird, "Loved the Ad. May (or May Not) Buy the Product," *Wall Street Journal*, 7 April 1994, p. B1.

44. Joseph Pereira, "Toy Story: How Shrewd Marketing Made Elmo a Hit," *Wall Street Journal*, 16 December 1996, pp. B1, B7.

45. Judann Pollack, "New Marketing Spin: The PR 'Experience,'" *Advertising Age*, 5 August 1996, p. 33.

46. Fara Warner, "Why It's Getting Harder to Tell the Shows from the Ads," *Wall Street Journal*, 15 June 1995, pp. B1, B8.

47. Damon Darlin, "Junior Mints, I'm Gonna Make You a Star," *Forbes*, 6 November 1995, p. 90(4).

48. Richard Gibson, "Pillsbury's Telephones Ring With Peeves, Praise," *Wall Street Journal*, 20 April 1994, pp. B1, B4; Carl Quintanilla and Richard Gibson, "'Do Call Us': More Companies Install 1-800 Phone Lines," *Wall Street Journal*, 20 April 1994, pp. B1, B4.

49. Mary Anne Mather, "Family Computing Workshops Are the Latest Rage," *Technology & Learning*, September 1995, p. 60.

50. Aminda Heckman and Kate Fitzgerald, "Fired Up Over Torch," *Advertising Age*, 1 July 1996, p. 20.

51. Emory Thomas, Jr., "Handicapping the Corporate Games," *Wall Street Journal*, 19 July 1996, p. R14.

52. Kate Fitzgerald, "Cycle of Success," *Advertising Age*, 10 June 1996, pp. 40–41.

53. James A. Roberts, "Green Consumers in the 1990s: Profile and Implications for Advertising," *Journal of Business Research*, 36 (1996), pp. 217–231.

54. G. A. Marken, "Getting the Most From Your Presence in Cyberspace," *Public Relations Quarterly*, Fall 1995, p. 36(2).

55. Carl Quintanilla, "TWA's Reponse to Crash Is Viewed as Lesson in How Not to Handle Crisis," *Wall Street Journal*, 22 July 1996, p. A4.

56. Raju Narisetti, "Anatomy of a Food Fight: The Olestra Debate," *Wall Street Journal*, 31 July 1996, pp. B1, B6.

Chapter 18

1. Kate Fitzgerald, "Sega 'Screams' Its Way to the Top," *Advertising Age*, 20 March 1995, pp. S-2, S-9; Kate Fitzgerald, "Just Playing Along," *Advertising Age*, 17 July 1995, p. 24.

2. Kenneth Wylie, "Marketing Services: With Growth in High Teens, Direct Response and Promotion Prove Cross-Fertilization a Hit," *Advertising Age*, 5 August 1996, pp. S1–S4.

3. Laura Reina, "Manufacturers Still Believe in Coupons," *Editor & Publisher*, 28 October 1995, p. 24; Betsy Spethmann, "Coupons Shed Low-Tech Image; Sophisticated Tracking Yields Valuable Consumer Profile," *Brandweek*, 24 October 1994, p. 30(2); Scott Hume, "Coupons Set Record, But Pace Slows," *Advertising Age*, 1 February 1993, p. 25; and Scott Hume, "Coupons: Are They Too Popular?" *Advertising Age*, 15 February 1993, p. 32.

4. Kate Fitzgerald, "Kraft Goes 'Universal' as Others Rejigger Couponing," *Advertising Age*, 24 June 1996, p. 9.

5. Jeff Jensen, "Reebok Offers Online Coupons," *Advertising Age*, 24 June 1996, p. 37.

6. Kathleen Deveny and Richard Gibson, "Awash in Coupons? Some Firms Try to Stem the Tide," *Wall Street Journal*, 10 May 1994, pp. B1, B6; Matt Walsh, "Point-of-Sale Persuaders," *Forbes*, 24 October 1994, p. 232(2).

7. "International Coupon Trends," *Direct Marketing*, August 1993, pp. 47–49; "Global Coupon Use Up; U.K., Belgium Tops in Europe," *Marketing News*, 5 August 1991, p. 5; Kamran Kashani and John A. Quelch, "Can Sales Promotion Go Global?" *Business Horizons*, May–June 1990, pp. 37–43.

8. Judann Pollack, "Pop Tarts Packs

More Pastry for Same Price," *Advertising Age*, 5 August 1996, p. 6.

9. Robert Frank, "Pepsi Cancels an Ad Campaign as Customers Clamor for Stuff," *Wall Street Journal*, 27 June 1996, pp. B1, B8.

10. Karen Benezra and Marla Matzer, "Marketing 101," *Brandweek*, 5 August 1996, p. 1(2).

11. Mark Lacek, "Loyalty Marketing No Ad Budget Threat," *Advertising Age*, 23 October 1995, p. 20.

12. Ginger Conlon, "True Romance," *Sales & Marketing Management*, May 1996, pp. 85–90.

13. Murray Raphel, "Customer Specific Marketing," *Direct Marketing*, June 1996, p. 22(6).

14. Murray Raphel, "Customer Specific Marketing," *Direct Marketing*, June 1996, p. 22(6); Murray Raphel, "Measured Marketing," *Direct Marketing*, December 1995, p. 30(3); Murray Raphel, "Frequent Shopper Clubs: Supermarkets' Newest Weapon," *Direct Marketing*, May 1995, p. 18(3).

15. Kate Fitzgerald, "Ale-ing Essayists Vie for Guinness Pub," *Advertising Age*, 16 May 1994, p. 38.

16. Richard Corliss, "Chuff Chuff, Puff Puff,", *Time*, 8 January 1996, p. 51; Ann Marsh, "Red Thunder: Philip Morris' Latest Promotion Campaign," *Forbes*, 1 January 1996, p. 238.

17. Amanda Plotkin, "Online Gold Mine Awaits Exploitation," *Advertising Age*, 4 March 1996, p. S4.

18. Thomas O. Mooney, "The Proving Ground: Research Used to Be Hit or Miss; Now It's Dead-On," *Brandweek*, 13 March 1995, p. S15(2).

19. "Free for All; There Are a Lot of Good Ways to Get the Word—and Your Products—Out There," *Brandweek*, 13 March 1995, p. S5(4)

20. "Free for All...," p. S5(4); Kate Fitzgerald, "Venue Sampling Hot," *Advertising Age*, 12 August 1996, p. 19.

21. Adrienne Ward Fawcett, "Listening to the In-Store Ad Song," *Advertising Age*, 23 October 1995, p. 34.

22. Kmart/Procter & Gamble Study, Point-of-Purchase Advertising Institute, as reported in Lisa Z. Eccles, "P-O-P Scores with Marketers," *Advertising Age*, 26 September 1994, pp. P1–P4. Also see Kathleen Deveny, "Displays Pay Off for Grocery Marketers," *Wall Street Journal*, 15 October 1992, pp. B1, B5.

23. "Technology Gives P-O-P a New

Look," *Advertising Age*, 26 September 1994, p. P6.

24. Leah Haran, "Kiosks' Mass Appeal," *Advertising Age*, 6 November 1995, p. 35.

25. Frank G. Bingham, Jr., Charles J. Quigley, Jr., and Elaine M. Notarantonio, "The Use of Communication Style in a Buyer-Seller Dyad: Improving Buyer-Seller Relationships," Association of Marketing Theory and Practice, *Proceedings*, 1996 Annual Meeting, March 1996, Hilton Head, South Carolina, pp. 188–195.

26. Donald W. Jackson, Jr., "Relationship Selling: The Personalization of Relationship Marketing," *Asia-Australia Marketing Journal*, August 1994, pp. 45–54.

27. Bingham, Quigley, and Notarantonio, pp. 188–195.

28. Frederick F. Reichheld, "Learning from Customer Defections," *Harvard Business Review*, March–April 1996, pp. 56–69.

29. Mark A. Moon and Gary M. Armstrong, "Selling Teams: A Conceptual Framework and Research Agenda," *Journal of Personal Selling & Sales Management*, Winter 1994, pp. 17–30; Henry Canaday, "Team Selling Works," *Personal Selling Power*, September 1994, pp. 52–58.

30. Roger Brooksbank, "The New Model of Personal Selling: Micromarketing," *Journal of Personal Selling & Sales Management*, Spring 1995, pp. 61–66; Donald W. Jackson, Jr., "Relationship Selling: The Personalization of Relationship Marketing," *Asia-Australia Marketing Journal*, August 1994, pp. 45–54.

31. Jackson, p. 47.

32. "Generating Electronic Sales Leads," *Sales & Marketing Management*, August 1996, p. 93.

33. Marvin A. Jolson and Thomas R. Wotruba, "Selling and Sales Management in Action: Prospecting: A New Look at This Old Challenge," *Journal of Personal Selling & Sales Management*, Fall 1992, pp. 59–66.

34. Robyn Griggs, "Taking the Leads," *Sales & Marketing Management*, September 1995, pp. 46–48.

35. Adapted from Bob Kimball, *Successful Selling*, American Marketing Association, 1994.

36. Nancy Arnott, "Break Out of the Grid!" *Sales & Marketing Management*, July 1994, p. 68–75.

37. Andy Cohen, "Delivering the Right Pitch," *Sales & Marketing Management*,

September 1994, p. 44; Sondra Brewer, "How to Present So Prospects Listen," *Personal Selling Power*, April 1994, p. 75.

38. Thomas N. Ingram, "Relationship Selling: Moving from Rhetoric to Reality," *Mid-American Journal of Business*, January 1997, pp. 5–13.

39. Valerie Reitman, "Toyota Calling: In Japan's Car Market, Big Three Face Rivals Who Go Door-to-Door," *Wall Street Journal*, 28 September 1994, pp. A1, A6.

40. Perri Capell, "Are Good Salespeople Born or Made?" *American Demographics*, July 1993, pp. 12–13.

41. Joseph Conlin, "Negotiating Their Way to the Top," *Sales & Marketing Management*, April 1996, pp. 57–62; Gregg Crawford, "Let's Negotiate," *Sales & Marketing Management*, November 1995, pp. 28–29.

42. Sergey Frank, "Global Negotiating: Vive Les Differences!" *Sales & Marketing Management*, May 1992, pp. 64–69.

43. "Negotiating: Getting to Yes, Chinese-Style," *Sales & Marketing Management*, July 1996, pp. 44–45.

44. Andy Cohen, "Global Do's and Don'ts," *Sales & Marketing Management*, June 1996, p. 72; Esmond D. Smith, Jr., and Cuong Pham, "Doing Business in Vietnam: A Cultural Guide," *Business Horizons*, May–June 1996, pp. 47–51.

45. Andy Cohen, "Designing the Process: Starting Over," *Sales & Marketing Management*, September 1995, pp. 40–44.

46. Melissa Campanelli, "Managing Territories: A New Focus," *Sales & Marketing Management*, September 1995, pp. 56–58.

47. Bob Alexander, "Picture Perfect: How Kodak Trains for Sales Success," *Personal Selling Power*, March 1994, pp. 19–23.

48. Malcolm Fleschner, "100% Success at Federal Express," *Personal Selling Power*, March 1994, pp. 44–52.

49. Robert G. Head, "Restoring Balance to Sales Compensation," *Sales & Marketing Management*, August 1992, pp. 48–53.

50. "Compensation: More Sales Pay Linked to Satisfied Customers," *Sales & Marketing Management*, June 1995, p. 37.

51. Henry Canaday, "Creative Compensation," *Personal Selling Power*, April 1994, pp. 24–28.

52. Head, pp. 48–53.

53. Ingram, p. 11.

Chapter 20

1. Chad Rubel, "Natural-Food Chain Targets Unnatural Shoppers," *Marketing News*, 8 April 1996, p. 2.

2. "Price Rises As a Factor for Consumers," *Advertising Age*, 8 November 1993, p. 37.

3. "Cost-Conscious Shoppers Seek Secondhand," *USA Today*, 14 March 1996, p. B1.

4. "Retailers Are Giving Profits Away, *American Demographics*, June 1994, p. 14.

5. "Honda Accord Pulls Up Alongside Ford Taurus," *Wall Street Journal*, 11 April 1996, p. B1.

6. "The Big Squeeze," *Adweek's Marketing Week*, 12 November 1990, p. 22.

7. "Unsold Seats Sully Concord's Snooty Image," *Wall Street Journal*, 23 February 1996, p. B1.

8. "How Eagle Became Extinct," *Business Week*, 4 March 1996, pp. 66–69.

9. Hermann Simon, "Pricing Problems in a Global Setting," *Marketing News*, 9 October 1995, pp. 4, 8.

10. Praveen Kopalle and Donald Lehmann, "The Effects of Advertised and Observed Quality on Expectations About New Product Quality," *Journal of Marketing Research*, August 1995, pp. 280–290; Akshay Rao and Kent Monroe, "The Effect of Price, Brand Name, and Store Name on Buyers' Perceptions of Product Quality: An Integrative Review," *Journal of Marketing Research*, August 1989, pp. 351–357; Gerard Tellis and Gary Gaeth, "Best Value, Price-Seeking, and Price Aversion: The Impact of Information and Learning on Consumer Choices," *Journal of Marketing*, April 1990, pp. 34–35.

11. William Dodds, Kent Monroe, and Dhruv Grewal, "Effects of Price, Brand, and Store Information on Buyers' Product Evaluations," *Journal of Marketing Research*, August 1991, pp. 307–319; see also Akshay Rao and Wanda Sieben, "The Effect of Prior Knowledge on Price Acceptability and the Type of Information Examined," *Journal of Consumer Research*, September 1992, pp. 256–270.

12. Phillip Parker, "Sweet Lemons: Illusory Quality, Self-Deceivers, Advertising, and Price," *Journal of Marketing Research*, August 1995, pp. 291–307; Michael Etgar and Naresh Malhotra, "Determinants of Price Dependency: Personal and Perceptual Factors," *Journal of Consumer Research*, September 1981, pp. 217–222;

Jeen-Su Lim and Richard Olshavsky, "Impacts of Consumers' Familiarity and Product Class on Price–Quality Inference and Product Evaluations," *Quarterly Journal of Business and Economics*, Summer 1988, pp. 130–141.

13. Donald Lichtenstein and Scott Burton, "The Relationship between Perceived and Objective Price-Quality," *Journal of Marketing Research*, November 1989, pp. 429–443.

14. "Store-Brand Pricing Has to Be Just Right," *Wall Street Journal*, 14 February 1992, p. B1.

15. Dawar Niraj and Phillip Parker, "Marketing Universals: Consumers' Use of Brand Name, Price, Physical Appearance, and Retailer Reputation as Signals of Product Quality," *Journal of Marketing*, April 1994, pp. 81–95.

Chapter 21

1. Teri Agins, "Ralph Lauren Tries to Bring Polo to the Masses," *Wall Street Journal*, 24 April 1996, pp. B1, B8.

2. "What's Fair," *Wall Street Journal*, 20 May 1994, p. R11.

3. Jacqueline Simmons, "Budget Hotels Aren't Bargains Abroad," *Wall Street Journal*, 17 November 1995, pp. B1, B8.

4. "ADM Watch: Price Fixing Lawsuits Are Piling Up," *Fortune*, 18 September 1995, p. 20.

5. "Judge Rejects Settlement of Drug Suit," *Wall Street Journal*, 6 March 1996, p. A4.

6. "Wal-Mart Admits Selling Below Cost, but Denies Predatory Pricing Charge," *Wall Street Journal*, 24 August 1993, p. A9; "Wal-Mart Loses a Case on Pricing," *Wall Street Journal*, 13 October 1993, p. A3.

7. Patricia Sellers, "The Dumbest Marketing Ploy," *Fortune*, 3 October 1992, pp. 88–94. © 1992 Time, Inc. All rights reserved.

8. "Eliminated Discounts on P&G Goods Annoy Many Who Sell Them," *Wall Street Journal*, 11 August 1992, pp. A1, A6.

9. Sellers, pp. 88–89.

10. "Ed Artzt's Elbow Grease Has P&G Shining," *Business Week*, 10 October 1994, pp. 84–86. For an excellent study on EDLP and its impact on retailers and manufacturers, see Stephen J. Hoch, Xavier Dreze, and Mary E. Purk, "EDLP, Hi-Lo, and Margin Arithmetic," *Journal of Marketing*, October 1994, pp. 16–27.

11. "Brand Managers Get Old-Time Religion," *Wall Street Journal*, 23 April 1996, p. A19.

12. "GM Expected to Expand 'No Haggle' Pricing Plan," *Wall Street Journal*, 24 April 1996, p. A3.

13. "The Frills Are Gone In GM's Showrooms, But Profits Are Back," *Wall Street Journal*, 15 January 1996, pp. A1, A5.

14. Charles Quigley and Elaine Notarantonio, "An Exploratory Investigation of Perceptions of Odd and Even Pricing," in *Developments in Marketing Science*, ed. Victoria Crittenden (Miami: Academy of Marketing Science, 1992), pp. 306–309.

15. Francis Mulhern and Robert Leone, "Implicit Price Bundling of Retail Products: A Multiproduct Approach to Maximizing Store Profitability," *Journal of Marketing*, October 1991, pp. 63–76; Dorothy Paun, "Product Bundling: A Normative Model Based on an Orientation Perspective," in *Developments in Marketing Science*, ed. Victoria Crittenden (Miami: Academy of Marketing Science, 1992), pp. 301–305; Manjit Yadav and Kent Monroe, "How Buyers Perceive Savings in a Bundle Price: An Examination of a Bundle's Transaction Value," *Journal of Marketing Research*, August 1993, pp. 350–358; R. Venkatesh and Vijay Mahajan, "A Probabilistic Approach to Pricing A Bundle of Services," *Journal of Marketing Research*, November 1993, pp. 509–521; and Asim Ansari, S. Siddarth, and Charles Weinberg, "Pricing a Bundle of Products or Services: The Case of Nonprofits," *Journal of Marketing Research*, February 1996, pp. 86–93.

16. "Marketers Try to Ease Sting of Price Increases," *Marketing News*, 9 October 1995, p. 5.

17. "Value Strategy to Battle Recession," *Advertising Age*, 7 January 1991, pp. 1, 44.

18. "How to Prosper in the Value Decade," *Fortune*, 30 November 1992, pp. 89–103.

19. "Cut Costs or Else," *Business Week*, 22 March 1993, pp. 28–29.

20. Ibid.

Appendix

1. C. F. Siegel and R. Powers, "FAB: A Useful Tool for the Job-Seeking Marketing Student," *Marketing Education Review*, Winter 1991, pp. 60–65.

2. Ibid.

3. Ibid.

行銷學（下冊）

著　　者／Charles W. Lamb, Joseph F. Hair, Carl McDaniel

譯　　者／郭建中

出 版 者／揚智文化事業股份有限公司

發 行 人／葉忠賢

責任編輯／賴筱彌

登 記 證／局版北市業字第 1117 號

地　　址／台北市新生南路三段 88 號 5 樓之 6

電　　話／886-2-23660309　886-2-23660313

傳　　真／886-2-23660310

印　　刷／鼎易印刷事業股份有限公司

法律顧問／北辰著作權事務所　蕭雄淋律師

初版一刷／2000 年 8 月

I S B N ／957-818-154-X

定　　價／新台幣 400 元

郵政劃撥／14534976

帳　　戶／揚智文化事業股份有限公司

E - mail ／tn605547@ms6.tisnet.net. tw

網　　址／http://www.ycrc.com.tw

國家圖書館出版品預行編目資料

行銷學／Charles W. Lamb, Joseph F. Hair, Carl
　　McDaniel 著；郭建中譯. -- 初版. -- 台北市：
　　揚智文化，2000〔民 89〕
　　　冊；　公分.
　　譯自：Marketing, 4th ed.
　　ISBN　957-818-153-1（上冊：精裝）. -- ISBN
　957-818-154-X（下冊：精裝）

　　1. 市場學
496　　　　　　　　　　　　　　　89008108

訂購辦法：
＊.請向全省各大書局選購。
＊.可利用郵政劃撥、現金袋、匯票訂購：
　郵政帳號：14534976
　戶名：揚智文化事業股份有限公司
　地址：台北市新生南路三段 88 號 5 樓之六
＊.大批採購者請電洽本公司業務部：
　TEL：02-23660309
　FAX：02-23660310
＊.可利用網路資詢服務：http://www.ycrc.com.tw
＊.郵購圖書服務：
　❑.請將書名、著者、數量及郵購者姓名、住址，詳細正楷書寫，以免誤寄。
　❑.依書的定價銷售，每次訂購（不論本數）另加掛號郵資 NT.60 元整。